La racine carrée de deux à un million de chiffres

édité par

David E. McAdams

Le site Web de l'éditeur est
http://www.demcadams.com.

Ce livre est uniquement destiné à des fins éducatives et de divertissement. L'éditeur et l'auteur ne le proposent pas à titre de conseil mathématique.

Autres livres de David E. McAdams

Couleurs de Perroquets – Une introduction au concept des couleurs à l'aide d'images de perroquets. Pour les enfants d'âge préscolaire.
Couleurs des fleurs – Une introduction au concept des couleurs à l'aide d'images de fleurs. Pour les enfants d'âge préscolaire.
Couleur du Cosmos – Une introduction au concept de couleurs. Pour les enfants d'âge préscolaire.
Formes – Une introduction aux formes. Pour les enfants d'âge préscolaire.
Nombres – Une introduction au concept de nombres. Pour les niveaux K-2.
Qu'est-ce qui est plus grand que tout ? (L'infini) – Une introduction au concept de l'infini. Pour les niveaux 1-3.
Ensembles de balançoires (Théorie des ensembles) – Une introduction à la théorie des ensembles. Pour les niveaux 2-4.
Un centime, deux – Si le centime de Jerry double chaque jour, combien de temps faudra-t-il avant qu'il puisse acheter une voiture de sport vert foncé ? Pour les niveaux 3 à 6.
Kit d'activités pour apprendre avec de l'argent fictif – Enseignez les grands nombres et le comptage avec plus de 1 000 000 $ d'argent fictif.
Mes fractales préférées (Tomes 1, 2) – Des livres d'images de merveilleuses fractales présentées sous forme d'images haute résolution. Pour tous les âges.
Monstres Créatures des Profondeurs de la Mer – Un merveilleux voyage dans les plus grandes profondeurs des océans du monde.
All Math Words Dictionary (en anglais) – Un dictionnaire mathématique pour les étudiants en pré-algèbre, algèbre, géométrie et pré-calcul.
Le premier million de chiffres de Pi – Le premier million de chiffres de Pi. Pour tous les âges.
Le premier million de chiffres du nombre d'Euler (e) – Le premier million de chiffres de la constante d'Euler e. Pour tous les âges.
La racine carrée de deux à un million de chiffres – Le premier million de chiffres de la racine carrée de 2. Pour tous les âges.
Les cent mille premiers nombres premiers – Les cent mille premiers nombres premiers. Pour tous les âges.
Patrons géométriques – Livre de projets - 80 filets géométriques à copier, découper et coller ensemble en polyèdres tridimensionnels. À partir de 9 ans.
Geometric Nets Mega Project Book – Tabbed (en anglais) - 253 filets géométriques à copier, découper et coller ensemble pour former des polyèdres tridimensionnels. À partir de 9 ans.

Pour une liste à jour, voir https://www.DEMcAdams.com..

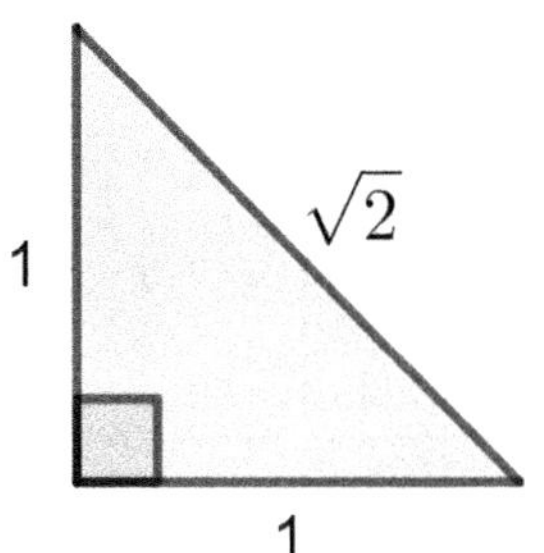

$\sqrt{2} \approx$

1.414213562373095048801688724209698078569671875376948073176679737
9907324784621070388503875343276415727350138462309122970249248360558
5073721264412149709993583141322266592750559275579995050115278206057
1470109559971605970274534596862014728517418640889198609552329230
4843087143214508397626036279952514079896872533965463318088296406206
1525835239505474575028775996172983557522033753185701135437460340849
8847160386899970699004815030544027790316454247823068492936918621
5805784631115966687130130156185689872372352885092648612494977154218
3342042856860601468247207714358548741556570696776537202264854470158
5880162075847492265722600208558446652145839889394437092659180031
1388246468157082630100594858704003186480342194897278290641045072636
8813137398552561173220402450912277002269411275736272804957381089675
0401836986836845072579936472906076299694138047565482372899718032
6802474420629269124859052181004459842150591120249441341728531478105
8036033710773091828693147101711116839165817268894197587165821521282
2951848847208969463386289156288276595263514054226765323969461751
1291602408715510135150455381287560052631468017127402653969470240300
5174953188629256313851881634780015693691768818523786840522878376293
8921430065586956868596459515550164472450983689603688732311438941
5576651040883914292338113206052433629485317049915771756228549741438
9991880217624309652065642118273167262575395947172559346372386322614
8274262220867115583959992652117625269891754098815934864008345708518
1472231814204070426509056532333398436457865796796519267292399875
3666172159825788602633636178274959942194037777536814262177387991945
5139723127406689832998989538672882285637869774966251996658352577619
8939322845344735694794962952168891485492538904755828834526096524
0965428893945386466257449275563819644103169798330618520193793849400
5715633372054806854057586799967012137223947582142630658513221740883
2382947287617393647467837431960001592188807347857617252211867490
4249773669292073110963697216089337086611567345853348332952546758516
4471075784860246360083444911481858765555428645512331421992631133251
7970608436559704352856410087918500760361009159465670676883605571
7400767569050961367194013249356052401859991050621081635977264313806
0546701029356997104242510578174953105725593498445112692278034491350
6637568747760283162829605532422426957534529028838768446429173282
7708883180870253398523381227499908123718925407264753678503048215918
0188616710897286922920119759988070381854333253646021108229927929307
2871780799888099176741774108983060800326311816427988231171543638
6966170299993416161487868601804550555398691311518601038637532500455
8186044804075024119518430567453368361367459737442398855328517930896
0373898915173195874134428817842125021916951875593444387396189314
5499999061075870490902608835176362247497578588583680374579311573398
0209998662218694992259591327642361941059210032802614987456659968887
4067956167391859572888642473463585886864496822386006983352642799
0562831656139139425576490620651860216472630333629750756978706066

8564981600927187092921531323682813569889370974165044745909605374727
7965244770940992412387106144705439867436473384774548191008728862222
1495895295911878921491798339810837882781530655623158103606486758733
0360145022732088293513413872276841766784369052942869849083845574455
7940959862607424995491680285307739893829603621335398753205091998933
6075139064444957684569934712763645071632791547015977335486389394233
2572775400382602747856741725809514163071595978498180094435603793900
9855901682721540345815815210049366629534488271072923966023216382388
2666126268305025727811694510353793715688233659322978231929860646799
7898640920856095581426143636310046155943325504744939759339991254199
5323009321753044765339647066276116617535187546462096763455873861644
8801988484974792640450654448969100407942118169257968575637848814988
9864168549949163576144840470210339892153423770372333531156459443899
7036531667219490493518829058063074013468626416724701106534634939166
4071462855679801779338144240452691370666097776387848662380033923244
3704741153318725319060191659964553811578884138084332321053376746188
1217801429609283241136275254088737290512940733947943306194395693677
0207942951587822834932193166641113015495946983789776743444353933777
0995713498840789085081589236607008865810547094979046572298888089244
6128281601313370102908029099974564784958154561464871551639050241988
5790613109345878330620026220737247167668545549990499408571080992577
5992889323661543827195500578162513303815314657790792686850080698444
2847915242427544102680575632156532206188575122511306393702536292711
6196825125919202521605870118959673224423926742373449076464672737533
4796459881914980793171800242385545388603836831080077918246646275411
1744425001872777951816438345146346129902076334301796855438563166777
2351838933666704222211093914493028796381283988931173130843004212555
5018549850652945563776603146125590910461138476828235959247722862900
4264273616326458544339287726386034314980489639736332975488592568111
4929683612672589857383321643666348702347730261010613050729861153411
2994880877447311122954265275165366591173014236062652586907719821700
3709810464436047722673928298741525930695620638471082740821849067377
2330587430297092428994817392440786937528440104439904852087885191411
9354151290068173517030693869705900474251576552480784473621441050166
2008454441222559562029847259403528019067980680983003964539856859300
4586252606377974535599277472990648887454512424960763780108639001911
0580928747647207511092386059501954322816020887962151623385216128755
2285180252928761832570371728574067639449098254644221846543088066100
5802015847284067126302545937989065081685713716566859413005331970366
5964033766741461049563765103083661348931094780268129355733189055199
7052018451503996909866315251241161119259405528085649893195898345622
3319836834948808061715624391128663127978483719789533690152776005499
8055166350197855571101405552976338412750446860464766318326611651822
0675012047669910987219104447440326894364159594279219944235537187044
2995592403140917128481585438660053857135836398163094524075570093255
1682434416824083619792733728252154622469615332170268299509790890344
5948588783494396162043584224973971871139589273050921970549171769611
6004455808994278788803691694328945951472267229261248506961731638099
4108218600452861026965475763043102560271523139694821355198214097166
5490973199928349256740974903922971263486934145749331980417180761111
9639022786640759224341677624662362389131102703433045763681411283211
3263085822394562195980866129399962012341561763181743124200890149833
8485604808798646083935964923665142968125773143229145687168276219966
1182782695315749838026246517590541039761812876042163861345022132622
7277566124411336107751955577495086563606737866506231856406991228011
8757417854946612532759976979605977605907564891066610158384172028188
5304321190446577525542775437987260548817361982675816862832952607899
9322266836028385135122810593185910286415081570563197173151831362500

2435904146321223921766339826893682531505300598915470290953719326622
0734112349474336788469020139049784285216341442921458955828784766933
9464642678122190497856363552633682780518600986992489377860023987691
1698076566219438985443708059464333623338105874581623547560013659243
3524265714308346554576800237081467573252547025507476374716350678515
5991736937932510326827606286459146182047214863703707719269268236233
3347203792459646918105261391530862802914409654825638730927304265443
6629290458960637519187114693453619733247895727070315309309019211993
1999936157650035039840540674253879275279227247335667706078379113843
4889362613676570602636003151329520953952028548973844862561349244144
7086070866026763499787934208758361219471169942238484825959143045282
1070626015089691353030177200627170544020906695149152745977197059473
6954740952102878725578568800221937177435581107939308833845586482773
2910086295545661413067212308487402271210586863233882374138844289383
1554446471057556514684357029466350628938735698686883764803265195283
4146535173953027361201374203009867398385143219004360289826982935293
3994141292305803845650227072168151619410114498263013649008770483983
4883860906533685990545838952031856480414932721423908651649994316593
2079659535694307231129116292867975171566889054393220356912933245703
2080671944404973049439814082278296027994245410831666759214248351823
7238172050410392742888015562233807961475124335147310212845459448993
4449960007524375195701166834174474907958820995178367680232365176743
9723014874577427259947609621984327148352986111902728735849052179753
9083741974860267060537462315300393752123678677528486921958571375543
2696848278363178611099336801439159059748428580545161302301439790573
0161088986277796107506733326760486549292513997813905358822768937323
2049414839401355603565604421401761206051318068919899626061848318533
4018362378217266375804552471962661749254228528045714420485783421133
2280085287042054889923412785548123676153770710425446986852199112283
3542663499971274836607624624182073646661712839474847328047443040333
4410720042872712756702795675824292627194545805300266648996507956973
7817862194217200523716536946770419511191270462483605113028904643773
5114869488784961511884147191000125588383666067720841123515355881123
6778957155859041257626160106751315358021242733187100063582495450403
9957940725479890031682651237311905566829151943053708489307869197423
8290490386037231160992834243171222509945471501928666487871079519953
1800546338838443154817246354802445180308452734310006213710346257333
0600123497374435581809656784646415339051465691932456235314057791933
6989884236471835253758052577133112007971040683154926654020260468063
8183914378272147690632424695171286367384431398333711761594186999343
6626234537345235679401241680922911636095637216745283917099091466483
5073920515160560473787106154702169960746569309794426121469256159343
2564940191229895147325447151812632583688972822628332952403597007273
8633646045947071241747294687757059581573499628480995678392554742403
4489918870710696752425077452012293608105741426532347240641621410333
3533405511045212617503590284037454591864504727624342071770929793543
0102140964645028368341804075860810014072161924771798098596811154043
4644372856895928683197779778693464159846974513391774153790487788083
3002205833504674655532302858732583515708599649068672875967295038723
5475708791695547366917087012413339221484668517437066615488195293323
2727374360410825425966030398693265422350523691085951263008318467553
5034597583955058403567015588797773644380481821387070034402361804123
0021148372794227407873789331627081013626498289629272562445805397133
4142214511099995445821429237838810264839482339514187674689678318623
8681788272555825731939518155316951645014943572631060456949296709863
2520433938520782207622191003446926966334259085305816044978025776323
5448937080062677873179548529856683948694673356963001402931314190253
780775816945815272529343422590519791831662164448751781696775276770

913043157342564054922938187395110844166830924911159785773327363884
141850737936300263921806800194982396664712313171902523703199058771
977410007132407519204181221413242532729491860004200841548511547411
573059872196212988541663720877522483769485974767293301868390522500
148690382610848248198167593107772702648826209072384775290587650403
266727584825218516231074544988758827465678094971230876614426414824
157903570393312256518933356281836185405746706380618398489466284245
736564564213907216305295529359284877555242754559513382771500178401
655305485442285011988365575680159346450558994424849627412711869883
158047691814156796185321657169645222594594712469319957116419861884
797789121142681164383772384836318673186075647785369993038705466322
969807567584682123028077261006969174078202479498821095473343011265
454421701958523758807853480037372471187611100087719035538815731922
513338424947745031188119474559536533660920641929344003507856422343
292324929727084724823557671740589500126876360081245211244875643428
094659313361856432414855780791931151265097295891605299303077105635
245451483457209224551984890588904219806543973353757599824858037546
392736537641967480626968382712920014349566748522472414548636036211
584723231736998061719936421136314580711988396812957056115881246205
885796650562215074820897477641770837870529242028802900440024806868
125422075790594243470464489575440238736936047401308603607599174387
615635296776058018334930879646627071160805073761071800221552519199
379620070916138322728017731332019005978048207960758032499462238538
580357347801871380284039812004681237079092457272857654510489717031
023705486787933643781578074007677474215280311849815576981656151626
115720204540264412993161170773312538461289367637918385370500942063
060910325402584768222036768249279473400061775129526307265637853097
368642000776666588993284566122465073002209562877272622278080395483
403810962805764928974651843631949840261299761890046781909273709647
827872435775220668465400024683307460878358765589053056942574990989
039220463004714572059053712091314275886537693148040000871791384569
099362998784788542177815407350517062532050951447822066725260862041
079962227034808180138006610071922681402919768354884243991628098036
185977193588922654858728163276905428617466323081362877649900737759
932441752147677604693696223321517592645055645256384054670040452158
007545437968103843558514794309229635219785228329574545727156479318
504188960701280594922959218359493707458039032141043660163765095548
944541902633911960741100669497780246954093656281275384963236010625
846536670507651770296951303968587023679128754135880644026342382356
806076407451761190883337120914157628056522379012735641935345652676
296244026602282454261960342283524002050329505319085320149680451356
433410343132922358969728310873956943813180943166691339052648914833
287988276285256304512063761490004521864271711150897628275286714663
611738982858742531721659624764332384003490049629878948700105188449
411866043973910749375734952893477073963866593325543858999353799414
384066242210226832851166251136834473289661321052675089379483446349
303527853213012782115268594298437565174510930399249586646094238684
700215355018037800018701111315193787540109149588908076473345500264
098056832143811600751461827884490468124814689309743000010901984320
866630922513811211159948127963678390812224378191018777994034076527
406038234150532717416278674888085754101214286674663103610880018188
435401823686532216877504119780765258115384173656218356750130344565
959365909746900776563095156366283486399797549375638405296723283563
403031591654958861122299599968682701428407239146230016173544083143
643804589220554110179535135588527134798493787613379107565599541452
891777015758134875768018624292222977666211542249711334173960319676
390935051232094761664275347438833388869997991646383675032418632486
284187846996096380827512996338173937422095347586163221630520270351

703749029856852559581419295499517655258212347310819766330134175081
512367752315160732088182956407263476450588757613618936187012890402
679226470494967872374025813008347639756446326335496752857495370151
271006944644206246175364428949860492052182321338432627533519882949
208649070960592165457376909595138937899766262877086832350596409805
018856981997405660054415321384073497815408094354075968156133896432
084041531510243243247650635582409785346811510563238980401380381484
973528744429069393443733818010901017885920564069076972639093391116
136846666993180683823467403892236722925516602446859746076358290372
852949715836906372909503368595118238724038656680384409859135999658
830062279975291368494561705199329159949232434041372725380763684029
518736981797353665709599422047510596440759070780020393623247182380
413779928373967358809638954739384712895062304484473247044382339025
131491385944752127927146106722526835555209310140982503241041356811
888934417063480181887903852437284345041399526750839074929315594899
279974020601668610106057383620343696139923705020591369122478814482
197004556462960618015295726774665402522403215201062680592469294184
146516926942970316447489225533568194701055860753950312574877927182
201980680506551347189262650998704038723936152628091171501639839183
820803710766444723112559429793084157485754971284956770768913053139
151928316074937226046483741211241052740458076907749903216761531996
566097430089028478792209894555140349566776329368418912928228889379
139256579030617042195174642667176286007376548254894908236704904178
982794694813371005437573522926259395680953716797717773842816611959
931987815037440223252940166513596488398918771266667644592828072477
419805118340357726301941505622270926688815100874081021630455111936
897033987589916343676655245969002296639061823459922443716156818871
678501955219269047700888762881701243590723842188590943230252400872
836341134600247463505407631743028561032883144639525995577714162497
515992886034410104753346774530437278688576119622685894813897884351
225166906761879132344620772426389891117519357553675508977173608077
985499293374857587940796948901185382605111362359173403913986090018
722454028726512923507251346336039947797211253440796964196584329248
583896153707862544624052734183729616587128099621567514167788885218
201782685794750886056191761433450530724225794421504401189938032821
176942753515500503593840261927124840735344805764151349209066433260
871886931878391137249135429063143277314147565234427698926410729192
964778315226765309633771907887021210173628892801332066553846887522
709821416994745346783973061884338063688567887509348371281299459471
416740210647944623047509596911213284185737450768802174200091903786
114928999321369828255050439412523429387891529294488067290453371558
685893911940586799267968019751929463531321204605827301365246354919
747717843125514719561089448171687369595009755149090580423770550765
831660455263178881915928858015141099033515999276492602091675379658
654071721490272772072079533046409492679296980145647407586168417518
270355419152328590131991897564442720919580664737853965474943503366
098455694220541232209149476985226606686931349412846052436006261919
200954559599299203576635844725208888438770109848509614553662505648
222331082774877124964592394034410384880456557209153720836923704220
390308166921534433655552965914773759520794595970591492130243833379
570937471630364094522401198254550375439726080376366587365259895269
116799601027835888111571584115744794740352868900094824133918451378
059992251898473594116542190094366985029180072615270895483247691079
054750239576659419788818441052018288716411670528264469474464709886
880658944170090145701739592379888063120134295083414410967004600697
066301139883806544103595903638542889053395979476135555393092353500
102274640257399654926031871210054395169315102736251469580843669483
749113853153237804262479496177692956225061325782666165875281706150

484688178446049185158500223578507688444677874014750442262575101736
486183263373253354192130963105322132562419461409302789335825311735
548312186188185808274496642586804545788804160409610003849873310755
633890347244188014704960144521546446352768745300463429370465787461
230411428584139315470696445598862702341355336961468894130579524344
828578813842913133400444388269456277457204464892750371889600250214
81024322662324744667592220957579680398758330118809412348594105539
793115016614982410947734045594477362140729819067342271221329828201
893551814807116129360475393545191644885191976819894324688266584699
908103487433057154252114898292494064135204869933170852436546029080
065024215298598119251209628332680767252801429242638106620922006716
242390535394287757500791358700376806504069329046236701998064642381
662780745584542797281363649612815600633612819117180777498572128490
965404563806025279792900141167180888216727623269573144529953790935
999635720195691053823183323228796036615493435619556357778872038051
407147028627486665772728496380606820908743374755778931220716618329
099796807740695830545505816946391053802547129809501916405917729214
706120537973758318816904034573730892287048764298832763431061565604
142353102111260771779308733171317133834055399077148746039878634100
181548943060212764145175368556781241048762789184459864887507256919
070705612618906511541537434331704771073512089749664585871232326061
227767648801741904170532621901129299413424068594779706484545123043
270036204444603070019114504154208127286585326598625965834129193187
433746814254099198919080093257152259502569757636258378542068760787
533642389024535242231478116950307422996882662361894379754634314869
404737054660220523658535224334918934149537318546177563908506301498
059307441312721443060968681215491679993360209112463420681604642356
345266992247106943380713975107656704229609060830002146456760756695
447822337420301223136385365488118968676221196569610683809556811074
161682888729148970892917272020316644752981556491650993296424759355
530943427234735255674233588854104081625618083858967592481296758178
858037431437644805102257548414551956003095448415378317598122227808
362610038296219136687469906013559109879017893945095070800847019710
300949634856731261765379906963665342384783947510060919802366224025
837916677336598186209690123704855441788330817432241527096185839732
054877747141962021020919122003541939937558489657965967774879666498
337384464462884923220915966252081771094551855784919342249039112644
016254035341529185960627844258497990753765035114366230126874503874
841819808002173511521273105542548954456430535217441264760373988143
239223799552080372563153827895767560326953415371316228684223119907
173662715925216680950257599135536804114031436374928570500016182589
807056873639480322361404604011480623406226830964085064565184947862
087308537993315082686383455929918002956502600712905221346145142591
683238499736379295324166767263660845139329127005281346342654445920
288246142762177537542296561177677435268363377927727053086688871203
544787678456074403451818739133581638413567183639815500757116010247
023062209136180213041332617816241751224462126905137587603315297832
296688192798031720614092427303623900983851487008360779814038114398
492015100688229636700554973943285334706986769952794008280800408871
510193767467730882920960774142894924319076599523269541480873863532
377880542082237256367753706673147303496863970704898031245446088106
656204930116583699242859143171957326639117940460873354170410387477
676568434175416519619874924892507420893760141194424029639425417630
165604729567661334499190693680733551658503150396913387483435296368
054125218883032166460594553739445123752178397465350332767285694918
193988259952860975698800611916256873292306230585674189853838045570
809358377914628586246872311025994015876757690831677174283925303011
600838846048071478361609641715594546399221829104927969229251112793

7956640133819911635069635393263609859564620576104087056838003026945197112486381118533789109814022405245839221604563452112217417010405679733075395846470584747549604432233426300669210577767005747717924479033884173998953956252183147543418288542292773885210317650331816851164239848424590906685640848647122275347291760027720870911199162535365232073041274034572811430767907488354350043217248710670333120392560589087638369474784286014511344822568815225052957047644114576981380385911927133563495517808414736321077680615675679427987637155964034837628444053251043346237257981152490578554545544521284596123041549621488397472003614229920556630452498964736582801894514304786079084792783197694969107312631098304856335067955213674594527406378300013912512064260192473433075238519776003450830755426710384398977950807029186984094318884522838953410474580083102559343223332683766729150922336413159676531206115874584959884815054424243284316840728675124303432065817733985334086697460446675714566752220043300633966532727116392162828433593639159705356053514613914845684624004846269352090635453668514854973445950221749129562168205343471694589030666501122399537392507691495999807311648756832231073560129088890744800411391149293646606795428267735789996017144747478225971973691022061766297479633594138205086538353669131708910097586293229823455852188097716091314156122837942301407428575172196097083924688072410643346638203788801942999689233405774399455871877216719494121739784248455511242394951082313341900954980974944116854469271268104643676297949516289492148642491961317149112991647235802300005064784461108119144491158122997646334244709961741485294451758299141571313728817449786634669798346830633772269462112024544203490573677610824932873879127068388893280129876791700811101390149982272447545942481421950364530177841993397102927809710031728004805124074551549732750486803723990135843376691273055995713282062188159921411308769558066389515796657753942444132413153710713696613817347005744827454600281851221948810940990932030836962866394565967627501248115050908950145078579531647113835352367831505194424626030330242338666077776239635323677925205430710728141790899634584769419878510492882850463300762223590013919630157719504826367359336404549112258621982298835505646112004300905203310069698444714235105314071504276373299915834406869863675333510796589211792326198842135412149528788336694865244861474835133380676661407399397211711742580770147761734131603558025260050613460509945144948081151767592226583224350669016507085869693016644078294761341009535585550255597339510110971298294141681331629091299716639397867702538955891914794032668269999184934935211456416738259128224462604746869983410026893570871698215899513144726246744351426712243483604648772445779053029254948858189768374090536327006900359358153818832807408281330220365090606491102788481971916313409029674768726794857081984998214627359025242435180332517940296132134163618601606706467265798338016929632689885200601362601273081227215748353450689438349412293543902425375752769352427853988629083949264597885249690631090163680953204113385204669630373541593393522756119762747306713230849142762130005309519323128841489554106806167406487993116288197243409967376009383603198095622927512337341953004227167526574854247482946033738650386675256558099645475522692658975888525638532921938019756925427734969256114768880864117267022134931528551422115705200589696666380520381045146922300179526074073867465956284014582927936380990043240835742657216061005892769349094678292546431043823588171215341639579428291721793624081977688198990199787331403612185796806586358368146535589557381878378792100253242080165674198325264395042110821539220173785039143516741995771521562146363590589085528556609747555285423403032646886231716632723063141132530658836132917768075432140462636888275944716143389283269025997050182301490370977991149321822

970034345553862403942080577861275758494151568256422080453230079309
019116615354347822117943690448501258884620286980896814654617349737
831554789210426289448390506854412032720652374931405325170693575800
090799417928559317281056994376439412694664934570902480722236062517
133594884428904861879125690145136706459235092312563008362115495698
642742822983298049518500422796155220772188169501772040152352682132
562384768196467946508310757531703922608556146933191076828363656585
285066867708773314799646708576262754660296271676307593189843573386
709657017379322828234819216178187700704734967289663187703448331207
245745902134879582560494827184614765808417211499946854803681654737
055739119000597890021034377469279468790761859868970990466907028633
273646321478565924562227186274617896242617308191565710953780887906
210137634562553455427872498576451110514792642181602336671418980139
700712972986873282822161863841631129139087937144100443787731724496
829823520214297586440824917781147307608372773515153045369225956908
916303290224998830272931041640064920140282253288875902793130857765
623765546576499418464267103698691707059191385989330859375437465778
744024340421767226124563578400296687454724507237893772604841729537
531149249611862975908219854645299621591789872203301708655899813711
247509633047309722806506025812936326292023721769898118542181621497
036652310506492195857613634072272973464467527473852366778039742256
265274288738163396279152344489475007103570432305508633073870559504
709704223112376212193195753906049935667463010742768459394995465955
497215492094314313600228526551330882682568446783672070869302727333
326543140936959799774757251648656093889015974966204772135307231257
763956628276229011536678104435642683552059590327320411019415910623
132249801210751416193214421041685387209163497848175621786177622288
901058671479941060157763509364845410154720035611054230018763937194
623790529515391264554194110993008012824631428083660358654985943824
157412766150195565964774712311455219886781344842443640738545283514
096471263474269603706175610653882758679386358840853677488804217287
683154379103824027241641035107695806918605490613362946687412931799
165577747756648524173614696709956897316255513150715263773191317175
169894978324016868714883136697811581823263858229726978780242878221
212956988162336800338798433521833226807674871764314087513247462340
523498791848476682682956164389287940389677064787672835881096606481
625315824243859159435782345293357976186094427931333034229636773288
211480125160663243622928929655705241457292581907333551590230871119
570269023870195544559723394365812869031143294581250142518845693967
768351495544304760263639819242301130991366073869109948189167016589
185352246101655243991230341546915096506133375745364431987592073348
238390436181452300041628562401789896618729932433592378912792566089
494158767347055514907207076116717309650735136469265388838630199300
305411301542202978734832296837173622891653295318271799773418424230
735005604987063161378837005471741263579607944053017421388274666841
182223432316941260940148952498752673948639048907642127211697117220
013760135904558191751687797176186602934972507103882743611570141066
445781051001350673506912848171032491332955147210296826657293583776
007765852714067357182341860915761909790748526270619609743278397440
621952813718689011786708690157900155050619223605714457397060418587
439963188225773545870913462797275607689128567486103705909806113218
760450487421727969853121605688949342243240782283052382713440629583
691719766971842758051972187195775893490824630361762171012285871913
616378478571967611839247982544888914466805290578520986447819893689
290787324805017143976065488335068891161948097295523959608412626285
603427437758010581323457246488296608572165927415635628149641008049
542568175679647680105488894332678010486404657242916975240245985799
432310202769419861945456705081404486159124461095495339850361818922

674700447241199222808664155383389965178403923279196380329340906520
064147404766509177115909907080882041043461348366188743091235148789
560038095941867919673166932191210478342089473184348857132856361440
803440373867374794993907652259630023378072562010816728437740947482
044301637221319539280890723654306664009282769851033832167983309404
060995752305990494712319398719599051631265725722617896465674770425
387132510643530974583230970841073311898120144764645779142357324887
643197112582710297987526334284335579535699225650579490923086693770
027906663645220373145157496561481626185885285668106402047201424332
222138980823352434000262572181049237403429335208540885331814541802
877781254630019365579491484427999530294411471751670818864442167070
233916887834280218966732882165158030651159881691561370913180450124
812618333980574510202835792555363546011881157541595471149228708473
358850689427085178240117385975586303933663329301436688997421023173
457966585157115595919695338704075207973733306288085268431249174317
279303616983196049760905630177859597319841771476321759314925404713
981812344083418690607331073068702281330054516681370799908798908963
195462023439931872479956437123257674189166316415203052781940695740
480894377472085451996957462535350882404561852559571080217435971267
050694025464211532739140434817493582344460288491903529717034361862
714965822337717810421989353351063663165117445016563816519240496156
251507908611235816992916132394934719059317347770401368466280509806
833753701877215170517889103548221367447445071479854325892653971791
541822006746515208539698698557357884979377970446007658652551169634
245157042829345520146999556486188964403135240958815914747203002141
384683644196620768177233103179178870528845981932518711059913503525
301798487722855793286487475101193954051503376152790104910807598042
286914003933190282633495472953234206019278094937998475652709841591
073852338841807814237705369901348716074321131488509454673936274879
765629422438173769075630418891992860113856457308801886133163292409
749710007084635194820791845407663433510275700401161940116227161039
065726674056722560095594289437318647382470501304316566661304514646
059371123355517179579737224117120687020635352191520265278490274075
110262653430433157544368810706128378128447325010521535180107724452
774583857307836482240188003226162032329072083298097693836686858000
699735187473972029591946690234506436755781023849929697274553414183
060934498993121577722419060268006235706742692497722261207437890584
761110602576661587455868756225825500357340899237490420880992681826
271485046403102990438670497613047782813172983754347584685622855153
168957774694638700640377549262437037101290954327054331603337282897
822554754444422700755977937437129782536556359922897695815966168005
701963146682804196937626574953203675839501672507155707565000626907
076167904229656059527103605667419120393584811542798887940655275589
587445527240924981267747274714523089388434180073890087243377596470
098193649552254507344155227520984329340191417154149833092888100636
942745472812807892294024867233361013697563728408199226637618546822
365193617634976478451374737566169676288557891706670822511710109432
328821940163517528793887363495462611366056265392198770150441806466
447167841704841030125005778440940062987714481121875342325588198757
786521289254703753355233263969256048851581997712443529685525012576
800575465133654716053029919282591302156103090050599448735907857303
834955713509306631531805179311589618677625470877547115908813730363
455720618577151241051502735643895563727276609900121463749378365699
843697242034171875418009866482131836129686725167614962966645646693
487785492367759862720157628416922510624565533943749174131185809226
857138155821658944500202706375824312115684562967095555271529098565
312333672562403364419796450637365225208236427084845028223074740849
930753762921871360833515951939202191861926711937013581252124848227

9195221615143971908737050583001259435479142505038564289185424361531
1671305347584897993951034668713876226236237253854867755690017467541
3782794662973938677387494564004319620658169599708320707766503212081
5563537415757588255831292978377182151231978599104420863396292730761
4608859399303287343066103077898923453453319629724468731550285874751
4010770411955161031708757116292144663557254973801299238863770568941
1557612546709782437991333337796487373601216121390294150762944197031
1122000414408965636085316615568522952307329161301841522081127121121
2773414497997042267511455668951028081280058263499734188941797236361
6054390777750164790754951428012581764696236411703360986556047596121
4792553862499571428229295567969274626088473246103632207502366947121
5556655286937197522969410778216277621457198546752878191451920308111
6454291883689273887261902377579558772849117835506418177541350530591
9791690979396979245654008791081455139845839676614557724568939555311
5073946669653502650996685027144305126293109799807952035329964300241
4463428024027473684307679695331949180423445681015631199289483439841
6046868987274224217781494938860501475488437997093973498185291352531
3830145315182879608645995232698828334710023640183829172527834127371
3864066624580214872775642897229954406059751357700198699162847255491
7001607118202457896796815856465731426222487754366947651946369383651
0656678934306239232666827511127577243033494133565136919910555924131
7821447568818578178007718654878018422214932239061824135601779942191
9917538765116157857661515510102780246280574131623372664281261390011
5621266261922300371215233379407660728181199739784124878078628047291
8417290961791195049005452747884289147468343793953740978007239550551
1429239052453494913696022031391753109211739838492747334363203095091
1182255556159914692876112466304765633640505213604284701453642283851
2720675587896907904053861152812755773375471983220323309897611927641
0075987280463182211498731429200813670349108672656939691574253434501
7021357900007003169688636802730059576357523916011495500211787104251
8719712880922230590574345788586101248247664730385856111031779845141
3565941623968250661222073470443365969057149516393929072418890459711
5650434051148082481021570543725143364204822304461750821365566946821
1884539727306263903612183189036275397656013691397005284156973485491
1903502349045160258536437938547881763965591796380348622893871353301
9615508741857410746109688180666753507056018264471518974798468660391
1100276268038073081778547838509663624504727138789702540536429996421
1131423361983219979540913657600039337507986151800017564358047832901
3328347184356126670871095486636304322586634379345478005178001175611
6601449217652808401010144036977545972244376827894429254920816796771
6464719721725754514779707521186309842451008786013265143164898779991
4785494387355325437902478672802584836151040269444245515632360113931
6842246250985153209947647044856051262599391370918970585238623563751
6269285523108189632688067528949366859979318460413423768444033690181
4922746885608391195616969587640129043051162812782170520697245277951
4950409576161933359885985722771021028871493734908062495977383913761
6633922833018406787537916202101264711177403097708793022210894688391
3729548189390985443770850141835818299180830577451506477626045054191
9477478215846428131834997179215831920559112841404861614526936595581
6185546484449356468890778147816995812301121896525935168313311214231
4045364638821135032889698752484057160449107708677780217818261313631
8339939016357745675651332980295479827611198643211635874401406546291
9356184071002157756816429957140640129590690176843332764306323208521
1708535573588656929687788758964548217388433554090316620605130443491
3937571122796552754857412076479861502407657146581984436621911838251
6264852056433657469013504258098576677812405201929011471309971049211
9531148375087445721543653384057927742629193204580131371720204071241
4866318999472138962337654589983736276158735781585360331422708445971

9280504240069345984304263008366296853261786404572187319244669963 86
9645458668000813450733659480301242326231213378637516204311113411 62
3821111978306955195891402718787659264960161685788847622207476153 20
7719395296022514020624082173284337839351423383801767839425228348 38
8543420922407710561095891845737683852857561526673235888592094747 49
3643178565070553129866799119317599865899209289192178161757520211 36
5278611476782575183980292140820390001276072897685860081175231980 22
1153512294087657429774636867093030153335404250587641971050868632 65
2580233343623304939155120167767132665927488807247964618950634571 42
6756900310765779240374018379365078413511362558954908126229441688 72
8661458398376208640804105091536531227982043479819035101168812901 49
5298127829340613355972078387183283408819601592999929912109603307 33
7371216902464163644630487488196846456475709464168968846087140959 91
1951997325496572640648384392257225841251191876993962293145320164 10
9508896385206491579931148540228058155024117926155988732558487851 31
7260514430242572606947588243648125959559154046530236298407899635 38
0770765094855851613535414679257010574996313998691237197890426547 91
5624261401000799482383248941778277227188274065283629139201823328 15
7885814503351852231853887442150888866910120481584370540492046911 10
2740017027840870270648579984497815875976930580543945874780544831 92
4420197744449210170088418402429361131953733261888523414241740621 36
8235718037398815518569594249736273441280874592245748768241843922 28
1666922754159485500804945138226872679036285024165606598280510774 14
6064050005484878487819418242321484667812231169056323028172226285 75
7594630759353247726594206054296052398869285737478930791689883700 78
6644673905057665380532970997787311691372019002765922618853416748 69
1520336394858764677628849269409949528871590878062780698780290613 94
3374760004836145349603282418989028209452071652477860092494858711 08
8606578303490682361151831745870286620470359070007181822298961761 61
0452055212208305042948280278664554733304141829491817964740787222 74
0944712865590910770235793870419343965711763981889595944792196292 47
3840238417170401560069957035654575045013293386787871351643031624 36
4401978928150319374801217192232827989490260443521220210131876146 67
3680470333262966195861544927633524872579684301440136622280872421 88
7991036563096802886695557226651604825961913861407434105417679505 70
4709553156527674047832445921514135868197441735611598345832084084 34
4907750814255803855761152992014799823106094806549578398107791069 96
8526534395370798191311323826931111787097508631804617471544666235 34
9759561234403806863010798862767381382910777335923984781054809303 69
8335134666601107313832505289766868774592093583817647165641264151 77
2731965298912217369956970562103224503858375434527718783154676505 50
4468577493195564724037411806028519235620471092580936470766384550 28
3280675503302045862495677594044142652536941494997208289999458426 83
7707179121519311960934012422901648588197496347411904774008885351 12
4170915759259122719122000235950386050904234324610509462259337272 62
1341393843675364692759959541052984000108841326444717476452012328 27
3621758989214119399994694844136951436961976384273325628523252921 95
1898917284524312385225429771089250876033978037048533448779558315 59
3667321034718897329984538801194738813365572524297519344287007200 14
4885967129553680412748230593461189971788069173854467145770011536 96
1231618059509781783415339900139848145535409937740499242699519686 18
3269926994632553715586922876186050606050706184073400056367527533 48
8603674202347515637368970388674310820986699404969050266947923147 36
4078711585810550603846251556323526324028254556483459933185587661 22
9766981456741954445106906866411528361916374914229625845674025167 82
9332444571393554384836295200022162297372847238078395312547695329 69
7841224676476689775050377870795458509946573476610595928264847916 21
2726514733371497478606872487465646845799651682381804748620863939 97

021143840036240312769531501345325318657440819407281362545257356887
722602317602444205453783665047217356400577125083009541394903863515
749564338051732578699647893272997194960262645033598878417703573303
000234320654916503660832138193352887801404433187714611296129994959
743894739563534489510494784897683129617344965065259684060892493476
477089942072820270146148719698074132915005681971600978721303323093
644911177819347440902152719440173702332500773970247069591851387676
514475453759079646678933016877597214891903044162235645781971948822
152654074838412178549179515242948827840201210770816558501913982872
527656759806989451550024229317490320650262702183681165804484476450
897317414136714592083261735404012367008285141424739892855067538334
310775306655263168437904199442474178093026021000317329453940851262
790887632294331938003422657646448410218964677355701781370360619375
483352585990498838703303841963767954484836791400180381637472848168
007676647549403949723968653902247940242154045389002702761696728887
124278579479523840375177731466083373394630238767293551754451497721
243855927466376736943939648570661929808637995671074401258502696563
045893078788053243886667303814075497341171965604222028796337791821
022880532096736815097518995208911065998669888526353083761930215746
890115376686089967947040941806265655013528687408159938861203220301
115940611824463993004826560945611703591077627962533041737481278790
518083618546052985558962923200090073054258583868325685753395132591
078049242117680415248313518874716047665886696916430810481939661393
360238906194759755994977485108758667961540758572781419372162031118
872491060558640461609998177117206728819948075157692716289296430078
629346014467144185600089314808445009596723103853041615049868044806
165839797168869417393646784107674404486877969012007032100428273744
747962118353262324320473580788806327282315854970470827249718772147
452155040085942604045109120883734325291529265324795960425731385635
886832280701400302640806128800600088986419163390599824486821871909
649398489923383014947101750804969268888243791786706157593446494426
164725718662382876139908696871560730828565212805957184798795601831
197738302705599231788234403845146023540722630070457872485269849089
415260947595830337752239347678752741044204370656126093714137265498
804706738249393123791186525951246835828044773509945807292239311309
727939873923618126319430964818985368599448200111532618422290662747
265405917736257054337610853812474422004912496327331869587600965689
311545323592213888768288245458065167535844727019592819348055063729
552313390331134076734742341539035779578290745238910940129926798717
984116986234195481830570206265822484678524225243690201357975765966
237051951998310598112533044194370170708540951779720710031903210254
539840099570709425034951507468568259804881471790131954374932943997
610980253682386969119211860152996765131786348129537319897240933067
565609559247411435219606706905569205361044842447693842411073401142
783167003020030157202292510486932350616887879889693016750602746460
040803750567565358033380661074589900202333737402990701899020286057
637512326472186424125374024349108928149660981678088535652539378500
547619678255134519302429379336581191018869463638494450122943963593
843983708812175636529967617760754319259549757181963524330730477545
335284961747985154525680608059761652232673516453192503261856376179
554319316605136671690560271379830548687378386149582306474057079000
550956140941488466468925167549020880566248485045482789243760710696
100681780337017185337794054569677260824770460813309352748103701270
294773274892749676221632671858847723680744166201266479173969771669
437798597006826873645386170044902357592863753035701795403754916731
649601332586868744575670318965756758128478162731818449562027427534
711493645425733276814324389394847041701216147439164342957035174550
064923392731897531854422164171299694252280232930044425895777067229

979438282423015652758999050889012709724917257951796034300279087595
369363749423157881390992432104596336572861894100397689539625045793
097217648008391806433416842345595960636051407640895462045538940145
328202278431586048556523492181149818755384245927281309680573529074
434238642206736990524998691546326935925892108869764363665395304331
693696401772869937471319914219466699018819669792950735262617866098
057884586476483082271411982204457487552008295967208395369651934730
481452865444941028203353655824206922079114652126512379567325304406
442379543348217725964010450405521529590523711128397461803488849033
903261962295634058432172662590918724380437455539372795420118161642
964069912361389114670508400459697696403741149670733801358046940853
657779263093087979213646549850383868378411454158437699106127814756
402920115846953068139869845322896101687932634783388768896939535265
794273987795474707827354512094870210615857573511602368001280343705
572556256281363190121796812229292691189180211417209277529969265604
100823311934472197666118413736995207824595911690689901930770920699
488144034361405074582968281258752782726399455138641362920808716881
307068633383308545478696055836034327404712994170828645179042564433
509448476457431123170481780364520770240877473374926310431750786013
316936713012735701085976924721666573430104443390579774265692055847
804098181084077333614002051633398112431958481781986133952380397749
932769835902219697046599303645511096982361368457149681409307152631
849378259981167194607749171593331736955186910401623812744787814446
790995984509901053973220330122354397452852806408067098883868408351
718184902111978975948367250968429392800476494546537946975983859111
398233901221938668914920108153577655224985657030940585193956819971
716913535798408442670865407506989888338481665595489766925006714758
544033539618451644357487408115325880692324094715554442231033795113
769567046232793922500077060251195800194298864421164216203293140770
529395453925069181014750252623128759383990698359456990848167384093
955059249406058484470183722467320659109290945366394074141053343040
514502750499462644329951627531939749277236991857180243250799244045
555336978233413544326413425602063534300103899816042902921755320543
225046500291943416861404988785866881192070395289531934433348717682
417009989628593525424024107011846217659417522681368308188317652004
873857580296610179710895491275709470464897591296390072546671883421
476051301678264034091471201256025988375132433358441316971717674156
298594784580778851144642550591602727005681921113662696628125535583
403316878555469027746585733590816615421952513661743120063293794206
013065430175825982394689564946481165450553906244627254065254794795
202197014187800429113578500414996903535046288141803055144704499175
031501956600588112127833344967473201244480323448024153937681096744
824582413120485907926814145974066673446850306102774783160416556876
227852468750588825171361852564847224279604285954702104738132988579
645354053576036973158893684191653690320230573683608670042679093624
237967845317563212051492251376478156174169456104165412438375948739
909315927447598323505973749567681311054718472793541665153955794820
362896787734857976297545025441801559358908543898442226030486401243
180396383788852767733701920629028454515970255812025043610060011125
319444268790167726373227858416007199339131855994090743107954185932
621994638931760012279905378934192650360136816054685643295503601957
337999016863389975288937272342157545015704697697202051521352937362
952429688827481412520481166507085136929208037956325142566908780256
343234295874334038821361674967864041557674944676026052820412892879
628482857587523410718055935703665304323491312090795941063570084350
342194226276494783656407869698085545420817401207858828848210566140
217302735522770668885007810411215480461614178499741653525049361357
947766227847159861247647600472289601309415099091662467221849188974

344671215974372233254992960497707263021391730654417298027959803490
840839686891586176939958580347407098605528534254037507350962928456
037058606868404951942318169717076155671045845172413619222026430537
540284431191938280483365319214933209220725472825065804042521016967
359626504966510734195867456887967174884182139326171165793629313370
387756521589087924527623587342024254231401524493346031622783082427
011737851453990421333347225086770167243572991226528039387257124032
309222295379682964642162127852153796011366273030940788449589057703
566527792938063646821361177692949519022001346739198097790273003482
861198134845463779127723892866141978520302716583638921538903853664
948761237706457032302558028619295867235032826276888977261012657477
494944808265711747239747566280525518589825672298259283222313873588
459157106065856948550588358744321690464548886033413348131066118488
250000701606405133755231889537465046094799207300082263935640931044
279574906637801196453960794266006269733429252461764386004407217669
508649692683910010884208965210974673506346859622655832839125235456
452729877662007622203714877325370704001555288259701022752801596943
408996250679537235477539996959101123697585691772029656736106129758
080507738874803378381619044645006748305613803852782136034745596011
810127885279555848742099570997532337998426996954892090174196616941
824986930484000101744767276546513339657430642198365336599628086516
296860350015897647564510877620726829637388670207028515396419092401
614282365516240296506535725876651924647115358108712955393398540699
410330023306345798553106552368966113255923134596483291185676723039
876588976877497018479899760512188132346326165330263812386365977796
740332181966505409612370632937163937970982730985807102325720127774
663500897599751048806023835276507737923092944178053333227277965774
311985840122566824188021920896283199639300360384111467133696976928
839344849126026434890656562258660577543050872909959142113234247415
745217210997264898073688901701324718883512120882963963706121477926
612300550517102984556687929863820630160989731040063376708390805125
450369014938043791082485082815944360135847458409296255871518412176
344101973200445537191292154888271603033171007058880968600777417400
455334480007907611334720819692352736407132385274587098196726475975
122369254394424775988902920962240003689592834273016808294810822831
019859702823763908002086912033595889718026402084719243016935473303
654146189624003170811373922308560167350562629241464628933862050330
552200979538959383536318097955997708688363570126870314531980181206
254516410065118121690833521506794941645173040395957204680026729505
890255151418654661138406568213727380092844267258927761475821432159
083838108325688200027771555348943747671302251419506010389213896395
669029313148892399142685841599917428266827305403977451428318952646
229366714484495738640291467612297750018104617279590650657565133276
381016619047817586644566576952148650187685610264254197311264100545
329300683976747073133363591844291314229894108034435360656456635829
404850487331709823240172711447489727703595681906320291182104232616
505955657821333235466544828843590617666057905886142488133463577650
590414668928857764403291770424617153919437978562515807951484779669
474821402330746784641397846628354250386235486309926434804102944456
735296987604609063817809653069826903867344408835380167199393689207
794046857518381512365447286840167040270758845473725619532434134485
260990355710206505867908519137971586214495398498402350041123635368
078381302750691815461735738247624757608321009623636855869762977870
095345565871397398632446309132942042736962425350234878975343551932
814785658361264832498092196522516948226659831115983502291691319168
500767272203713642274079617997881037120482859600314332684314168446
961258365213703499617029470673383529492193843255632077859650145932
175930499231573581117162029901810116080291259736532699748993578117

8909264539376951069608356369646669086321332613694188029544427259570
3675842780334963440157413676706481520914742337818101330420947747960
3031281914245492488931706073435123341575415823991861915009487681270
6936640769325684870352565896261948492715566716890393657982260170006
5186184415659381217798571735580440915607598682915725975222720539344
0982101817789122843068592282949069589653369796636933509675093566416
8100530102180589918442830845441775161474680414289615445439523290901
0580009309436525991080119714002351839451339612134964138194688898001
9761200714423284974551915971352136717259079743100799256777862693105
8277050079273280572191302642586276254382264472563983175796721606087
3772270700021138363447042683627578086491383591440275148043459289812
2034547973385301745180364729483484180893408909754492306224183962125
6870781528488715595199294916557704282521929636283500562332956753409
8433775982043055172747143946563361678752740742876275043174545445702
0402401252976164436649771893311823574438586583115314899505808029502
0676443535944851168127914081399665787322988493182139992382890184533
7294565241034844143455640782713146255947594802484935839792424234164
8181701621085629510856860862854488298064661183419365886457632109904
1687120290693249666348204159916898664379808484400314134232217218165
8847260132435671255852451058169307284656917731429130531247718944039
6949896369974477897648609233072266451704562537181861273035840595451
6366489561043733007377127227920015656799537803124720597429713141298
1259416770308527181005745430412395587546406596032691194609795151344
8828080847313734544451122987393090658853204458961489329057930452158
1752239908895287938775531881069965879932043397053489989869820876737
4943265836499721544855267749965769677935328274695651315773542066508
2981806885819351151272338270936915963092626219846068117989951037772
2653834018907111119888673763980544691467492418530193786289127643581
9954723405245312211501558714201141137497217192605963327547721911843
6855933995321993692122068219052716822095132194104553921005906743148
5714231445963031717100059242640048200753982866897541177347310859313
9331501837998492264158546951466694153700543359379646114368205531212
6651162727692102387308636872620555056729294175313712034779625567845
0490209402576756305842971246799943044623059101739941920495019434265
7820138585406388831957843416369188122243389238351143743288346288359
5907460577093781626611997342538515516976845985028460355924847783918
1798691290254464169906854289883693196118206443350573687070242811070
2166817260932052243533026707533056920333214465177063888725397373500
2715832329020543641761557879085806111808583975848034858108796594902
0284403326988507888504106046722309171254776339771368572306124349389
8569915025672260508412972369997004839250606562040918969526378696787
9803920141504828737905887625657805500052429062734639623756230546791
1862000163560419899497956262430927209123299235754665357769893817030
7917025324150989156587502723822494086215600076956061106974112689496
8554710425651673417186059523844231724877377084623877721935512792005
9889236997228415004826104324807747865599206997539757463650379444969
8363175087375450513247264487482753623060607966152286746972593567515
3815751495225657599421353878330715213388381287838596037372995200109
1605335838752764497476198635816212531228150181290598395301482452541
4557454526212738188573323133928463979356408142026972923490128392025
8090514912618390906750618845319753370206406122943044442758050647791
5974933657340153392639762767396333624833229357444011880831116944148
7931690069774888539353731197173308958396644551523034824508124284162
7931494543223205893191788683058699595031220355252145614461188442169
2457051548329391612612199982750525033051713666089422962932556199458
7944390318976630944845516575345625610579592195755535999844122423288
4314397725555958907552584226814519448694512285358663934964649098196
986520872

1134450091482814575588969036632680491316675661118532103201778056 64
3420253234631147694278791231386635417387358695733618678606453048 27
5794051814778720733980792620300872687015118536151881684187956767 31
6174341165061888152624745762334738306523446007337262281716288921 85
3899512837042310997268324824046897607126107729276738667485360521 21
0835442644240834674890726121983208131366251285792093793494479842 14
5529809923102009456786285159433526413736429886205184199044485242 21
4306547560418929083688281759775337108794523791704896873899637547 93
0105858351721624112267767128161847447975446757824263256620885099 39
7467006731076414668035938809978296861139821433754520542243944555 15
2245524110567428850699388449116180513413380829894631195694471159 19
1789778684086958853613361465272068433467128015954324840059567464 31
6021332618049022546576027528512588847320213286122465807284837099 11
8177198117734030314264853565700758587719192824024330180244489425 78
4827799446959295597221246860677731041188849203345938704231535180 23
3122289858358255700942183281115589824012099271116982843987069449 18
6075852532682272024464928896027290691817243468326399823713580426 21
2460864610597183339900487004750418704965110204935355114692070232 82
0485890422268996329515587867337167445672507594538552336889139645 83
9881143569650792751072572818297642587857494666118795789747773346 33
5938851878355343315795342629547986724358087817013695430411996215 98
5303921882563768746332996737178849532406289469138896654004863122 10
3814123660078667045282945615307397123840905847630129373126442596 73
7451684545232820087731908616066162711043757003637536732873874570 40
8637117902815999998734460444002096374929803079521334396510925922 85
9753787538041990901269225083749125520786126288299644937751486613 08
7880304945593671218119520279145982374429902140669676787582617848 57
1163705258764110179601900694234641052336006717256153989870650677 78
7546967150366013341871869750086743567771420588422870728904770135 87
7513445537269747102568935937738871242435412468286561822015895005 73
6314874708459461459186151620377292877504435242048054491230106682 98
0469261300948122957667519727736061909026177966586990069097664213 89
8757624388014291394847634479680888156013466821247743405414877825 63
0926484735038005759232331400448742948707199797051932422556560455 11
0918234549357000770355653184597844681479651382181153077263054887 52
8850842519973083805499312622728773567734156283998814698112125939 46
2594667985690495514133950634842921140820295885516672168210805642 98
2453242077806998565288311132833131054230475978269120112138511206 72
5008727890533472041916428468239490569260613372535105901909711685 37
0117423495562118271127425557000227021133751568494873868540476160 41
1382706297854801526911163481686852825623146909822636593841346334 44
2454441717049755976078397733888525524571612170078079563106667376 30
5853440719144197598222959028368675098518812583376293636836655109 98
4615657604577896635137338226745822968001717959376274018061677849 02
2861160170640648470704388864366022215581801762987841212345392701 09
3200577554067051757414825546875651384978088464299015144139551366 00
6281134856542542106876639363925879501362353044397168953837831408 39
3910775099279093048615336401839844768346402538576878152019397521 03
2536275948118557889965272734367457645558484584777350058425997630 92
5475611432098247534360914816117740060592238255275192566333488286 76
7471207846228376710101623690294364660467922507585368106003284467 11
1883707600140059758493736308636543337419773677552469925865305027 73
5026660671419155666686468788657982220901895278833316701242616974 90
9430077372995238044414949490902783531086644489237721374900681920 50
3141762786587215559483649838673360450399153225589719031928239454 75
8479713187048376283510413259110594272757807676190847400611388030 07
2851608958919240960677911223623065396205129793475212295899617643 51
6935349453004715318486366841324389400952539863265200447711789242 83

2010377986534721990457284541585181598408728616930132214940592192866
8799709794190021375310032583166640684670226160286590038643562550553
5479607193713661727322879645701402509930502791464251786168348605001
2985370482891856016773577760549779185864321265765328542216745862477
8208580295025127454898876217015784179860648091252586898800241127855
2221921620683471693167562641674142894052871294580848481573564896355
5076578924270246229329958298823911845888962033242792694776648254988
2040525937751962165299012687287344390905393667875900811148464727655
8778969761003192102699101321620623010127100453710831506380656353400
5686812621741158493393984779679949485218749682274227239065884550977
7838775546995706180124856657299318060793931618043590093478733364566
2828112868431270642211114888123242770474974375279794138881050751244
7757005439727943388288013038658151401723613786875015635593536158788
1049333846158063872571216933219833031314127335465475598239025935877
8775229050268730777012090784852665946138165134233512529326817892299
7237621570339450742172115956587377598245705259779162149185578769111
5081473273125754227471616555924841848420056255402139719929699410533
9021364818350148529131218914249367183037724208657137936253976255199
5976361587983228443739973573703562192975938676083752885392672809211
8639717509636043781103907716631388799532918319589493859224432038600
6852379456720328880037686695118933578471516570897037410309450867744
9712349351834767413781301217604278993653385363303717477990232559377
3103747974578848867053519148554969774032743686238295304901992775399
6295890931820239494056536348876372030419654438599875267871384149544
6842652894716203170834000366088263240091689446555317195378765347411
1196696641450393376632730226704975470351009824092301934238829382322
1479722970582613050815575181906263850672243414220022362443166871677
1440395034321438238835570880573367248057095643299705456777993275988
7115586533232889215653248147202617993700769764863592918534350020677
6363231394569472251393307693774983007534169398159666446205009136455
4464888334441413145520212660807471798034147251492319897373062036722
3754170225365934640418880462093374655818942874710761076151790146544
2705811403737635835983088787739196381890297514645415475075180954166
2321430838110672634905696335981044045851089043600875269584182080722
5925276214534445697292591875802260308499451187678465513583908134699
7858279395508613642030286836185343574289713064948164565172166093611
6608278090287613832655842271333030999107504595267900380516588251922
9459617499297570649930255021222265503893886669361110270543291196011
0816992823833290512335945387560623412597616317192416462171077969233
4783041918945870562324205466170021540805798683023194603798445522466
9175247501450211268293172444531654022262617759215426703329094034933
1489666540076557302384459529408511148272790038534119560578548771655
3549753877311492830955307063249702325868732070741391429499147269766
1096604687887233414323099571691004779411920057438778576530291037933
6891403076197120044781817869734924078791037232243924549288110785433
9754983718641023650491176144640773748923034503488374940235093840122
1730149096714189978560550637003295160546014722073839440134972328422
9506841929609113964918061687379271136644810406104052575862053270600
0362839228819166747085256266730394938484687670157154611564824907177
0138900414941939625562464622270782007340433246722360462437144611422
3567166899105694217076371890942929224560218755286575146883635834944
3055032876344462544820995432504009880460250686697003326946331455833
1715279619762462080018954263344305644144817215367901389705164349144
4312873376281963969490168934628169901673586293718444628718644448011
6998546709803854204782163857439475481910234694842548601663301980877
1183687298005610592455420728867723239573168610859164839323585484077
6158339492109223702422096305113023687435328476421531272187108130300
6653854744245113020572818123976076542195488372241651067846705128299

447287500338037067982915293373958284880238788249306754639273720996
578011194574919458952068732234652449879917973192366052633276456286
453991286097920296146906279602583066802496315703824003929991103013
510620070289227683167238680144167141831320918630718166845362795085
240149343602155340445944265896704648868928622294577432714505480588
457283111394268092530801058452759639910355727390964428392869963855
879450627209202566135916987108392839080523486939292282994029709677
483847591101613412920657066601971529821090011247223910593065846220
888149704775321413124375059070994158311933311488449259036698763968
383954306900316139574134564273113928406980734999841782873685550085
645104275588430911486477777812954186477139332959577065984829045952
284387251043960330603029602325923025086282857327800038269846181052
930107467354117408142105897332198808699106661388725052310210346916
321950507024036878482549405294160978965392437866213867374882384561
422627213144635561205703665806515405901640080526268931684168593759
616140782112028922657160008809764265096227310886484356188161895857
684492746667766330455640943232341149337675498562237283475249285210
149588154434591495176730214842495387174381845900798564599968122468
839668259995058693633867005719566979199644091098932924558853238401
014987528993029089655811615333631749071670874317500776218214285669
859298286729938260715713221302303139343518168342349825196315234693
398860490189905687610636274315129009437987678887776366231339651111
283074354447118981436044592782669213820877967122544113185764922771
315841409406619911163556483467410191530645371608572275660923081302
055830489187128110473891267106543160219527500516557140323932589135
206415275411356171073060985553921331785384767727496244936707655750
133576329719344918342528714658072757771118420584749302827694605919
603066319791033931255662717949236115702003604658471082597240864139
798937378721261392473728527863678298906919790872263276463896826110
524478312962338137276137380194776891643111097101623483722459492546
552411065184008646414652322467936257381807801436491053882101118129
356704183199360712062768163442581576077393896003866979218827359632
036300741908728774164905652879511206425995928801915064324365030609
242444851923878819203469821596262857413509936020389287402126816050
761512986249075663281746356538274932731870312868017769391387254113
387624659550014381450170998932671488962205692380238556657324807108
864802749098987135521145473436564744524080651454795588216783331642
208934082550715993213000244634442817477858930427383500555314205237
593879256551591015659704346050785961779897469440087411377217936933
992421526648879603160317966626506206142638185691394039606064388375
935858378463990441062704209733701602731308449382771102530744974243
452381626587997919332477971361468255345095121891581935089936535864
865157379885616365304201400871315376311759818785842494677100137846
607706151279701090048172636646024123239042650278833906579008049863
477266407405067247547573344368117096051815389910907262337088547565
354893812835431464156212438324395941339186775437445354268995609915
418939065874871334520440107206269319781879322293198089075019008013
815769819166508641104389385255484700672151581525092231928543671062
640730495505824326271256703634364762106669935854616067417372529671
275660797509529615926096120354970769357084816301215035832988013792
224455776597734421742697621885420209265661782766529872428262916534
934378544272322475531311966239439724391957484654404608698820473054
867274019570385267689352748142002115676830238550999426678590782385
606010491526874137525778293785031424510534511431032374560145056059
086797228200648222403981440260476164691363400441805373308919517231
509982810369515597926732505529462119278728183910936203809933999283
857980309888346558800156727116410917154610430758134772510668038058
934798964182026627218885295272881736879948536581397633344537431277

774357829553517547822562312639990869205929775270376103945382624858
333023293065917836116119024875524186335328454045130848968387693636
827389672560221196408321221693801474898703597371652888587086495348
748766880006809609874782238544009509883409161540636762250494156126
329519263134573203663622717828917597040030424418772834965416287159
372132631975620808318647207226521754947436756635803894716635981326
906931646801836233003484094210158268295153001966407338849213705893
859609200842389996924917669201150067918046533762559389178422015659
755312368527871271070962821136560367634648332331128413724245316100
181824544158850024390673112370786899675212970675041162786200416865
311322548588398440967654056300915033722755379566574974163794734922
486144211356137261620405459650594808449381284113204848633711192201
324064783708139261194594869273106468379217729576075311289150238706
591658277045634035628787325571215939879725009603645512870234793741
645714504698048089991734577889599026771746706321184944036870684107
564734453015108067508419942032239103756751209588737435923721913108
839791570550994360314281715562897171420014423351400761441651875811
121951057769749660332928207121257415649531570867089698105436525844
918647327304122603186693473481407128343277073204639505031038441250
130676583505943728936447590117715518706036550342721661448638756629
511546235401878714626634189846375820626477491175621127356844678074
424043275567119168273446469411404778258055138031130536065567527554
103333041962127110621035417589220644787939252221159714574974915567
414089741732988899058336436805825620316272148526835067188378604000
863892589033850283743078871371081664191050940051524132071826988755
924805495135101967896696463397256047512935080213935397920129771889
473544291189041480086363440225096369442363934896189800464089835766
212291548935877092733510851138612661429992464243590597893144210322
098288569705833635601234099214534795783230133759681041465266015210
093927435593227952442553013703620415610042419598608406139270335410
735434006252045633299892805430614838823536534252358071003893231605
854691630761985109515287052387531861268385072392998741553809306851
534551552533284184966102761914675040714631351705305288035419425560
303067011913004471358675464496475415497508503815544384030856160117
081505346878218400480551805444179808696573397351735646390878976087
299733868703870385069176289928961332415738546163320553537003503052
899958618151442677115164286428357869657428895568599889992883611411
929421000790621865240492339437145108376424233854265824400866981470
086570759997412336403870346002237757482120509305874636318768011968
144314663880616024056632473777168572740211560895636420841168522765
674964292893977414662394104754511467555736790695411864644115114949
025888914750145249954729418383940109618809637159569650704554780224
014378686636939548110121442467493620785935691997710075325239021402
663221366377517772617172568214133836899846027950384239563984348431
109223848746741356389009972324997968078363652965442721364058282946
918187063308329281662632216019235403217627253506032940597704393617
742542690045382334436298972505667736513346008337071149974094079613
541963068818390670916760034097941624949803118708218586401443752663
808453178309511804328729468381882554208375454770168299455298243415
031427128586402927945841782582203160882958025363372386923569989472
675781207466294130465544026115987505645866914010183205266254946208
836286946514703878374197051951547125339451025034241314463031428262
941350053469608147097715390093570731591291626153877912639061169689
542581722796592299896766763688213577202873456201910996509903446644
925661788661368542829353394547736717371698953124196639226668363226
490423070579161215363474835676531612521164201095143707330520742593
996022025067676218897268895383049089638398106243214119257581660823
172555957207878496937505360452338798489113004693412285896535817462

433856862952999260259195004861004834957506523543305161519907328141
072464458372617812478675798778172194318631564793028721981651825359
493114454382883773600636449400987513542161843878596687480547170246
937122320365555634956670660570469697908146493943488902944725223328
275937526756816988835367125924611981005059503089253010711412663511
581601008152544845279227582714417820005900070728921663420746939972
765684933591491176082584138788540214124263905594442631332252838209
385520250330204467781500586286976852338399552796544823790414209557
630452177690632964170059792606934950800980422944490177054155555028
950080005113498937937028554125836442797306669129447837212667369652
353414207415673580888986512657739050101445243805549870948581445299
253988185297483166424330913536302804451211361180987168443149654766
681709386009018635864558890618814573660419543577275712739703110378
243253249503745589686030354690598045800905248052194751520652219263
580967819876566528951863094400132088571842769425153092667310354294
661072422642012417328124982734024471508893831097993799104191823362
760421232957120966489800441958144366626135667883844511635641210502
634991212373097510465036719484795801815756801864569611752860748748
706853045846984366064462651375659406794170630353795190395608929318
799334451539792106751859809749567339332814242220908104274547711587
760765878308609022029819679367422139756235343935480852579199846024
451450210139506819100753691818502346618664411019730441241908581028
592706457100876253638318638827314817878485046137842627353996844733
104327977555077361011654858961873856771819073134993538629615963029
905531295446134362263921716597956177390604440787507813754945211973
208478302763224798595456590555972379298056798288462477745031982125
326002723762738858202259871195150473447408908100214612208681652785
325032109973907089144542968791040634789063732355993282192137909935
716303107425377644524774881006706458813312053552738805715080858039
614691685116704240955588373493909588361182387348111589413513835293
078054067216557532640036939135084286736053291648090977893707678999
131288823496433142785435811801958492828753772545043183137753941016
461798268382531938115361916613172792805181395072679726871242890187
225076988464052596199163059247473463578164462584460739916830221792
926319031452664823790440943089391638579328364082214116261871962923
954843267499322484787543274961903554684886695745587239227025492415
603145538523835263508087523897301290709651288195785945165578160533
372782250384075401639348629865270314015907385889723535117042853138
424078503497352314654863100678526005215952814535083409330083904132
756577588672134490636402881732120192091357497333251704692219415001
144713269063552369796506095619514156658921390896624970432352828991
298050245126550646762131164362638879059706099788704131651884837060
488873005074786018889786672309118839311397065833302349621339728204
962186886162200940297090167685838620504649347813452249484783613055
140754395306043324658841839488556171861541893350376978471481878707
8618520093960486662631159963019876765459325782053565286401082972451
369529098410908715489096308511017985549881918300839464500105304448
525482104109706908319100125811964904931430657358074492298979006460
713249997840973064838157604587257067354293213405977888986237058552
172372052056143500473157313501598234350726893415340602708378476532
675793464801910488308685467770611171458649509076620849504701685425
522710889373356784730209798472986028550216365546289580385076683886
766770022293816221494634697935735488963342068079540103477113287395
702090657532461445512500710373049125346262226777757242596072807298
481380996573893077709645518059552440606976380707282773800739929665
723916997901790484538398772684135340772759911540102065939534115201
429207990657805550524391062456472669508160166940521470513528271635
119446311241414226604370034965059326393604089572386378302467738004

1137984014732636100126343112639014092437547731781355313499620159 73
0684894377456626978056430050255118427068288169956409967730713717 94
0762982956544103576151968330865853908710989085721585148939793340 11
3937163773929478767813670776597687154954704755433974508445935257 70
3601870914490843430025566575907462274918178614846224436535051129 16
0878187380172669403665183912771616142778560129703060419448026360 57
1440628488209030491008746098907645502751733888193188798574803116 82
9309655940501977914083664313638391363606574304129767187542886877 36
3700186178489379957368925375950103232455467103307774186177651221 50
7578548501560060046040380882176791613395888815348539053683583565 73
3902411236542339765808854567374830505040204255847478889792907399 54
1882672256645155999349789928008884849581494011811521155275089416 84
0549768317158499115173426097722501201533938465987190582582286805 81
3375461830454344059783445154148354681225064519785775976180368868 58
9132320883312247988807326025224659879768710203978123447518247936 67
6843669299658146540908878230841061184092889681600717125495179083 65
0488547199918799764444790885553173715644639656332150367715335300 63
8802695113006206412488059123553132943971871249767898146801230490 44
2482948245367965774438392023907564533220677635438538794657115912 88
9670227016436807098172416982801456570721475986698580651700221915 94
6665494071410173391154901213524713527863123881487661427201320642 22
5245484211871801057852375047923613800614587299993509931436429059 06
1651593870487551561029050175257902362364805391546319586867238478 92
0375669231291556513553790915757445397798406788278737045043731178 28
5710587086932600597148218570298445744344636233956185234276769125 25
3429202690654978773833228713427758269875374303686132476713333772 53
4988430621253086148874537015879173216448091038872596682273059183 58
4517566148730253443643182908382086601630427063692807111954994007 61
9840415354159329323495267937603993500148119859977768046035140988 12
8816827432112031275553263591195968193176043700022339577722782278 96
7677675429374717566557032371664653252184136763539786379811525441 69
1936041666642174401413493496409428397248626170690482107746574639 46
8083376821647820555890935508529461002918517930449077055872562553 77
5721205248978792914793360061469367846236499907555124735148531963 73
2858715662291598818733149763257851772109482540871299537679352765 86
9374321212378341167567433064923036804587174903789099967265137492 70
3829544815303181832242417230891447367169024471699112453377223231 39
0721226846962343899613542568462372702051691504155236503949540139 07
0679196294024187034305484220489360393887701401336664820293581003 90
2076131179762631998694075966280985179981923571681729727958172971 58
4165194808477975542334618812337538254765197938659676560469448068 83
5867509275617655240973271443355776899978990945475120729586246378 37
1808736602065613994493389368017736227725372746427391512131987410 58
9681487528774226140833676530174604073226518377660042609033365971 67
6933602922020997701976817564801379653795218307356287379169115387 39
6154863258571271817509516336487103991327042741654705351548584965 45
9444435286801256652174952697969138994545310374330792467514298044 56
6297050497881530751641474639821174057799629955145530874147995518 17
1866747643092007954795853272636590218712994086792997624654570868 42
3473300153262495302547647369074565097612103227183516760398710201 89
7827736791872411592539270191289508243483511487229077611798226743 34
3576697940736060382891246942313048359927651266304216545352176332 12
7866323325971205838366627546783876592140669969380815199095671813 14
5926230812216400398532988154658272075631186130167863018733685479 39
0772588565368433198565280618771656406408460056268194377375899595 96
1988069792882244457107797537205123513996701034145426655717142639 79
0427467499775035171884902842000847336895604479149875903019794254 22
6599624219445017982906650072997366987955870213620208256798950294 87

092063242012672117319121447994926500569557598554609723990180436327
544324219025587245267365341472201985428975429545465159208862602699
271402296804771226844822860989339142079704235511465029560416491740
348805791442102730784348601012685703348872738704969788724282471511
588138618594251966864502153635314878908810201023670060412897255999
746930825924838703806414163771616677309365770204873195255476282537
5376054103821030367996185905295370821790710104198511105716823024
218038539937148310945959667179790119786966554264228194456924589004
569022233348927096848870327670007717610705245503710960153006546029
849051007010311034810799185863672584321401808227480683850841310420
547983774613879683657934736083098632914454751117702517380091562661
598838245664873072395105611755990591617177616345798573623034615259
796351843475942934676052870169914045274329264375840416846467190792
000311849547862922401257375085090444764300449532528621073103603959
173745054240980045278775558081860827798038587381800725315572075864
398951257429541746250269781494996363296101295145658559421709530698
229725189004831694843635825672315744829540008470195824491638174567
728783217349446297575661062810403234901944580436630163685456640239
853958802135751999320956731987508587690841600724047423761801158328
205265046238163901132972070377176818967652772464891967667461209253
903680520340691042353023935597024286057225046817522528545877189934
148088961137386409058871123607794045319242359410280987599918406236
069466151668836780465882227491841931580149190318191698802888487348
030440623089653295476058508321508001240353292000493516446182456589
754132224325567321802640561436185417618083962951442171788377206795
604118159420803325179436982251100851490209597157061510626230132971
967028905086250126292347225232695179286347927969494134100008423364
695349692487126641571924374609542804752626734365891817077029172145
713768812554103317351482946881989007918702265736018707384681649143
699987106984600191689096593720241885047972435728376389138752753136
002982458931858887692561219882516729402714166274110109057051670404
402408071406498828829856959197346104377331011447691475262910698853
825137038535780974653904779067255016467803360181679329887431471630
986480579478362549657833764176886790879835274602335676250018178656
294031767036627373023092372650150318692641076974688586843741406926
217164346625532916146295533259182009186877965261372564356330656930
328000571565435358092330765657957720130631938875793257086924428051
465871768974300069205330722032513886201409797823700948963305597855
858784931142383138600390173786175522090623568100329374408534126400
387815396520551675568639044844723503541766917548061538046414744450
765548385189949264172483381716509416349088134945512114655369978995
145141230301364830886559843341576778303064076509992913759659377328
528489009510586178016536326383603460339580911178329293138602013565
601390250579862845514783907063407148491454161331524588764228310105
560062277714107826625389670360564548197317753107336837589035160500
915367236132513812801871611930792012258359764383730370592117054257
953423358198015318515126042948982620100785924031693828033960472680
258501293249560560424638640064333216748278397221360514840268680599
942827359841128760884110893507804050858006132343738800839809840590
054293030177183800775190281710525966503917790960190831974926023203
560291684927003465470315057004893775563711126409434156167157552241
495001627356967672537219929973631027739754928302666627426325254605
840336874603732532129366191747964004550638388639389829482369837875
092453397782431787519711798474319363681641430147270513140586205721
334944250485365282608644461644228438502985573643191206335654939356
052822275137658330074985953051872917953824709460422985071101416790
178555587764898382610804393073106004521591657873080959078276329880
560642292321202320778555615310504502707317760244831385493404743797

039904264721942450818106955864865739276241786138634024011060413520
264026627271350221161248387585409524008720142144620039293705834361
975764810192677363400221543166008141606116064099527089622921828859
309917875609031710835574973518173088363151729187373866980620905470
242896355892334545925711836955134396033536134644860351964938902552
793968536505340279812868030449962932546547117543058761079699954723
436116134935412340889294578340568585665972536731765572564976948571
330541422737975829848787053362431013263958798600086555691014600563
436978189159237904845041722722113861768272082601631493451053178962
300343085629979735752012942291203911357465973939370818627845483270
398494871095098736074492163796542706001436129890641716005788577607
330423076749635496485992931396971351284839382339109491675881276093
185034367300198112590697964874909012505497469768284720005538373482
414119319461440356240037409110070218002622089546554654127451270670
621697141587281108668922831797403566989246104048763262006219067713
336275204016367709738445715348304958919165088092755901140171005185
752481214835047670850201129205646241095097012456761601738432857332
720827731881723062474533683868936157383397529685780250250333171972
377739917403998578259835211795439130027404096670910532842650713398
052303400141034168316987686385495547039513393789654391538500250365
670100306722181126171157156524319661792492860657487862287697247742
007791288364989670949830388641728130423589811192782824748257469110
176326301171135288128010383143248028134936845239867413310477957423
683550887554957527348852696513576158314937567100700349013527760495
664579014166453199595749744699043359879719969505320655350259547251
195257244808040092477603296691757064631634475308646854748017404591
023985301455443577912973596109039397094497978038706329531898986642
473592236687891437455595946949680692811872994691277843237049337729
827197726017131970953633151726590403971328789040565119640618022914
271362204420070535396972871873840306546897497712935662389826638627
800826819004714124220031541582501701989079904303902918499277677402
311493835159961323599158960288975270303945815485546860589257166877
843655997730206854273338362517957364354887107643308668497616433935
958320183542453608084820857329181910563641117454638794945188349430
823162847739785652073689693343250502504369009098518528874927987229
472822410156953038796402166840957154133265393613784513955273529420
702030870054599227457545236788736869465308907649642839040576580952
293277066203525203321875827019372023291463211043956361634509569025
576556816053566235164378089306963732877853810232848646268466872663
256981983602455347463453973034838177027751740231464855906871363626
663477927559314759004478848620525299264285995872410864703926593870
167402930720752236247630137172477982013455146181595780891789012727
001891663730951184273061527446699426579188888910048207624325510448
131471615534251248894711714146042749912836511577492200770794725986
098649618591134332963175539433511093045128950757363062664246214278
087916901666723479767881056032558860010360230668658841369302266973
994304914560421746854517128429419049835865498248815492892302135513
293251567306991003125846376701238444995187755989942189280844517007
821503734702413704101909018500720820582272623998721238074101973880
239393205854196157438639548864764804664068368216621629550906246729
927754986847925514492845070621652298071180613730683578355244215158
704226012897954915522313551283114526669227357345680748526938868300
727960914320200661411390423938652493703631611122162012927657841053
773124170697441625667038944756172823629567284314477315294336670042
787790177694273831111055900679808321071609189941988850708211620278
852381370134306585094427192751855373256728119190147762363835935582
817811773041664180545304563097845136336138091634703879096755541301
073708098665019736648403052508169431912843956462437153928852666965

934993598341808997484084637774249351131282116157423068531785489493
607056281934694375954996717298258501610015024676578412642212682217
658109101129003956282556114331899516450270248330700747553654072247
602624990236105045323309714671132815979963943347185279912159480515
906073044606236374634188967670329214956153440578256662816028005644
923227622338673112775727098708365441661018481422933532988826492111
649091008743694921683602082034669625292658620591848141252715838918
693039129081270240872915926628039756356334399454314219461623542738
131287526814095614872224550458935817508911406285606102817357811107
439867231122332105994120119721236180675912354679401140026354569843
481267098280260432627593664621233132362108938871247808114613074828
381816583444719047220533122464448637432189896213644148703137443511
202510404442174578407407509281152308743238466562847887667417614595
971252975297151814451322497526738471337253596115516352313862031971
590017228429250069329123052315873290295184553726154798914016999584
676698510909400813266910612508193558097366628199654193584465774076
889163096882304996791530800535342427729281401576187467757182319073
659093587436895644484615176244700466869612359223621114738492436649
713583349472057884273861654627852054769551662598241910661104413503
879822793805573735903301590819929297939948013333587477675592267662
597393221138211519965835177471444457261687315890325250870687321937
336775096122737572868054927973397290545545645436089950911173138558
705917551422948852285105001083734608565790029548118662961829997876
067297908752009459370548949359906569759535231618991122931174581660
344711105537997531595907177223728983534140421459789165569631123815
470116701172230674820579061378091908916399420996824900675609649803
572007589835261776009107167637097191388912818357972124874354205685
169235565886245951047824661072835461854056340735525188315758635762
151648873932239030655171426138997179683242928858270700952690547330
614737849111650248513094545091260330530549739644349170480990616788
446256767862007730077123260967538290593047293608966125133534456361
327907603159765861590101588440546086259330647952646337791879422529
002171845655502488072168429354673749029287220190690865545039609552
925976379534378894424994204806013393924287140347282014898387621020
883010654991802648170984845379785905252868611431601625257534584365
338274924205194392102290623004607365865497462922377007004745059948
466626752219072970743287585984699070928174667993446865230538642992
139713708083927437673121830831829451238641919475057263400735063892
469182711840584776390345505087969998833004409879186072184653578 01
468285608419628135423348911437473969436353478564236917262978995421
270155332632843257236875018729457549643820264424317411526789396007
076848388601546355279893667582152343945023868109317982749075824869
622360611767111890871804342058292895506492775928982028552540268818
878592213177126118964115876216388284590901389318309486408786619308
170867966760211575690064200651397502604646116302603605974333875754
933295380822388618318246874265456305537601525846354442172303782549
105853467271136477905797268903722403321025838075919122795243804093
365072597877593090926338595008321182333415073444095853656184391234
223032060489868776007711121714602939663688393967191538659473154528
726896334164855636942811638115334847228313243448131392994345515193
015589835957055585929000746679942636116792144915459521961737201295
830225133417017195138870849901020760396924117949339475546946711764
529142140255642970376440434725992865973666261734627865400149386039
234793277288177113728517027414891921705077971065654302954736853151
878335749534928042388057889935402774490884786971241913848313069057
333595085718185409609513062323571982658487488317968856359452585390
453938831344333902946146826987360918034386975281657157343121270703
328979102068414347064025793501119824304090729618607741587079648616

707058483502848816747538735995682685653356473135735222948543463872
969979859898917759092149932996926279857125220186093172430346006147
611882151071454251847365089427903413742392789887447528552031585023
189784807914643023280776404177362539367371119615953820270596314401
144787602012738484850207683442771410433362219945962625616410790660
115159931866817691837192988791620764800586214289542722420801882593
672614541340453093557226784257113677194348310324212801609265182166
888310526939418429236590238107933968663925968184677838187428006181
551188275820630027240883446535424860946681615209301308156428707434
491680750108008099024866037841831696875896040446122273178213289798
254272202737113535277676761054398717135793659150217437353989023827
850923853901210077110971738382659723363233072888640418317527664261
082949709927614437738876510950534260709903113070742844527939981914
267624443966587980561304742787813203745903538033823515965481278357
825917285601432354713591077761820681879055279450249933173864947742
938735779139550135675815958161334685823851230761413327449566884666
338269617289044063716757153326885311634709304302336321378872310800
694558453452697225551377394326460503521353167770130919168050239441
491874360421967720810156819159215888327075669172815732545003909939
149712426033988712021129562351858900109434465073068677569114113517
624136826156982119556810822225992186505173294802636533024714809317
558423805017780164199760727346146190989850008919026317174287145199
278169786452851098860787551467141880456306678758539361400281559779
627486705762352063106765276784720394692101309128183967105436449644
525644054730763947617555309858674890530160848727446301468568371878
950866128804994449630653404889447796956126730524483414556624735979
739657020120326604032930421463142708615363208528249952031472967565
236138095936020548395502758699906278542359153498752523192251171693
449655108836137419740740416746349609531798858007246350902204660760
787668130513696472407274108738748196422477581930774014072700338382
111024865078134259661704470725408694538416994622971545604844486809
109549542473143228748481272693736791124864089422013710015105439304
826048675764974583829582455476714186077974659662195515624995353289
911199406629797810714166049131693230231787135050175880451933757389
563666132359938654033563251318352332592850014862679700447289455441
822091819750126140960240726165280097203739563804098426446254586286
049995521975570503086218106386018640390531158249533258703759107218
623585994755589067087922004691177788542267053148400443314777587515
019912393482514532092303348289919998834594377620575652080936477362
276769704398854637140949001201245859910707026430706240601287455888
888053361585884329971232814199951252501388299458149615986209670644
068321705482266577498955007943188485049223829955284973895999006102
586441500150037619067647562720370920593072148528926181296820401646
208397900930402873942724051280764726137829652223557100445697022356
106983028902189916880853752141414683470106942029283706565238947987
043238385208038811989226430420817501046096475673095260914936148300
444974141717094356784508731683287183326694945298743680754421824097
947053404782493898173347424896657770249887705832147565395813252117
338243552536234815475257017247728914262793338972645293343453740161
237251861675209171562049584961946231131031566652196055291478205442
686377485484085521664178969965574614274207208859343201704983826729
503169885056865604465210277069387716734112990176081083508437077511
813386940462361390310224709435849893664205386512403456465690855784
142464428110459331539410568797352720406032720617225207503628646551
294371552276323797440411817185549769677052922220601360759429064233
041403587623965812697049372744237528612825674709867173025556981427
290214868900875289833708319136109211917707255689425045571978109258
535280858012461135455896843480218661013000901468975578569658383603

64506502918280258225113500548439109443185575747282188131281633554 6
89556863280125792082349069287584210363859018171677376102832091565 2
61675821200174242265399193810086916242146763381545805275609002577 1
83446465224698944508266218137735502489198762057070159287699602998 1
29471541477620151614751590922087689042337079148762351014809730089 7
51710355348753862242392621336620340186894768612354724401170300318 9
36316843164002818864148959918792954535816693782683693500318023545 7
16436758945180906264565134841748382031068055458306086712280823988 0
81281083480535239007729251560913828050124397451658665165470417271 1
11964312564133113167113930490983007495651980455240169666930033742 0
41103357968054385376171534905290516805906869483707013148142178466 3
48126441251012798637310471001721588806663742748488408408122631180 2
96581019300030753511436108708655072874920802744303498780072725173 6
29259055036268118467097643000033646369424386014070229449234082252 9
75119918392354507963879048621048239601673545317871106040606304991 4
74245552973514206418665602624894554015293669796977235324097954972 4
47576570988558817918488585538737331810647035394770126588013497970 0
54861788972387240193315382256963653637865202621138889738454273978 5
29483610168892810983076446412564147358656132569485053796379787010 0
69379061866965522208752104942755466135348312381744314358895666229 0
15541766932733508828766532083390343639192764517275411077196501315 6
70372168489617011135157220716666103434583365854759799585644744885 8
05164491053696225666705786340156460310343506828799060076933723570 5
62264574942663309463598574850004425104878021648910894550300079339 3
67201761355602915329978959117836204618120070868831586535004652737 9
98539434104889876022897051563109173161891820144363417452798298072 3
17375939275130064657357389209039884193680890753460490189758877801 7
79423428491435697939393188416226370763088895130093472729478801047 5
59376664177050404746252544262332966895715482086935783333960367052 9
05929208521049150048435514496680810192655483874062000914607801390 1
17171878726757302838353411864571645996692973479444224986223748644 4
41780591292985157820123750369047816682437277096963713776190869948 6
11834986265075138774326455604116725757908813353836209122383529446 7
70088212169282645749226432440070466913522056130227108466696149797 7
45761166441555443490243648977622738212394170971649778207879048403 6
25444545370410628322273169659546780325550038742737318123204070757 4 8
18303656155080497889726633476798125829035695097551157597239544821 9
03357230039799222743141285980998407719693829136109157459243521492 8
79660937686434045978757820760225603449091860236898801471864531670 6
70550020641066284502352845372591512396117192369430368878679309482 3
90799850376951952025199277439983091723417842749293787775487045036 6
20725817392555404456614940552344180241778127107707477868451282735 5
14858354079211980329137044820386241982387588529651778465190064399 1
30768339519171855825066735421680490435578650701639516719009261651 4
24659915824515281284003582011289877701600117640166947852863207565 0
88716399672718852040122425472188472839696646409723217106761876012 6
41819945722288152435832919482480318688699851330216634145292276517 2
30915888920644865024270569180080885494139494653551684096658748626 4
46476275220375108173906493053435964305128688190168496149063834285 0
86126294301637662907863367264477030217207692468297679581859697227 2
26604685696381045209854360995504079575937479095006227729067820563 8
71791325945220012246162563163445746134883113115873074018053438744 5
79640866410071006582387674750197901649331273527903381682340718684 7
87234970728738824839668998607781872363205482940721042609703707273 0
40950715658269137246173111232877308517542604949932151109915715294 9
88986966543244565378795149413508638199096534112386389879382721751 3
79184011765439656011242713273061747690477704234055440963818575982 5
34440246072462512056699930738415985238011631693311590742501563965 7

5988942043985778839049737916885671412838010123244458402326415414750710124930077264370554705437651844244425022596779999768549982872344764634376672921884244785255072685847300614235789059579653979457815687860616972183333645732545551379890158902563658320758048692580673572016991927191643199409118426643673049573912346998752156210652977150030399729326256422176004621510809557819992724137060306040383394092573023089166037987313806867580951191805064849162770490540506973903748035145877377006788749736309235009170269779162300195374159297564128053597419816840715699962602287894662875040865826886232821521507262158508662960652838638661733707048697059050094449458867326395697012915120391738721577475623868192252808227762868481773621806754316808570508490509393893874901498697998586469186828807296079400909994772237388560455012772678899406338724450046508703958028240541321591513176304326525360378362788086775579334999213685527302874066024022536003311110239298849022145456915509533050377398980639703177567503750557763521863660069025143389817284622021089036907396366902458727175579021615166749545514795017823939553881891804302677593705621972238910943063056102174537510146920644948953144841979889428286951624134270670154377292246056501086506957155031888607213774271840401219770060357610152497031847062493706886460166953555915984018377008180561014752343039096237421876690381094620457446198955123326020312878114906438691250166478712184171860417104374208153257306621680307742735209544882269128736081174559286962540699023428282182725059395202533286861145669170454684329244665577430529345209792486810142414975899660249588057368696921867766007785184602172461266785370960936263733651185869854390174177193280059961759156736366726748114090800980703474709238272071597529284189556545352508125231296733255748950057538855124780075693536437757035571048482769301587449220389469468197342419500500830568925363528982454676147095134860994743540092127412011999706600910849973383929312471311472993835295474964498122314481290485429793646051673362121817908982235707895914952677143271889213980523549899219408973807655378159066080129715037173540388888571846964627038814130397860000100393108386490345825353247331006788990142739772922049764890721650719781697429439701276742051695284627965647246533154210129678212732055480400042285251756295440386698336885521375564177524428615925520708024263125885092103905466770340800096232996852631337471785422860488388418595256551698091775347963889331170907952254979001031375476868821917069604160158152180853901067048232225795698127844447842674973313934621051789876976287025334706478712933888460930518376582710892265312473308608535378855805787351781766970727095536587897736295975692820445254338861821372330136306801174603555888336565585065887040595620283539046579066606566721306208488919071080488809048369341671301168128782677437311176519886057267739562570803090545607511976266834669158720029711902802088673295043868986933396781626091574554767195562073712132423097182443490723600244548583223028635895098966040858251948223833774227475636156332320344730861298872239193492106870626566194817567434586522857172333588249398050079903625784068070271923131877624474359813679462374967972443055833210204420333640392909486200854240012942334722279882592574079906614840216092793808294170600670681103422499690335427263217523410004227434818310668495020588527779397418424868271918469095416860622696650743985015854854699649610586313066951093461541272500773878882571646651240997362833949657874381662399726641737919671778106194447113054663816575337298358283817368752774938528165719345295288596472041668200366679108547711595567320229313370125791426143746219968963889838641117662188875475697398440662676122660044260319855854410914009802592585903383601355010492501207073649093274441450616762720865628235961637733941099387221131115759670399661130590656941764374

1357165725273632231106604334628872248545324425738182445440059675462
2909064116092390859798299118346775925855053910584016870940285848878
1388176155999002478522077323397819580375378136771055389862207907554
6685423516396167218455489454730795375440698398740098343142043949992
7094292499275604232847079055492132188746462567878070159141817556886
1946590205802469345534112403206056754299170143137274007283043058878
0183177235430791136694112668832677717824280219739291234738400860001
4856058564361075584388434997079826511652674899882110279707857384665
8126909223084755524613713430246509038818230052967696361345332745552
2018586335098721272658835957875812540421012365493597315110740221113
0364407707288891858938295429358975039186351153781531022970569908859
1995222200871870655577976827292945271336293791483109333028348729665
7885950389501104783045195979575773823934369587247433573204044976625
5674177697505076947879166643662802022909118484902074785662880328667
5551309958851892722988111748823828481782025904515280840551504962446
5173801242494824704572856949430492152679860898906980481165784739668
6544994109125669994486852952529814851214514940233558113056905633332
0523552059632784626247620212643239981060564097143639527158946731229
6327268127070438571661498482212683750711093608397483975518175675992
1295965828457347011435361120229872423535247829486575868600319213775
2470212227793320335669711807740782948414585282299466831635609228882
4786990499352556177784821614723205463392040565000069932998886383554
9373030262566522483973399246922864132694159719898853753707269665513
0952894017398969025504035230017456111470766530016696968741204029669
0461353141906026926072697463962987213010774193417699283250364707660
1858936176600067932138691591863688841786104911136071200609032285663
2376337023678318283219257420419464815274390553993347511009210503667
6215459061431882713570865570797173017245961838309290071913829990559
4613680542985723902282445106392399692443395231333267064847975442207
7641937255579956775191105525714103967319287827405625829818849851107
2130934412785524917814319933295971386431712147302169003616732769912
6560358638822843668287914774267478939638337212336438774782848818662
5385362370817529003207086223443912149186210116810714888224882739446
4924838857528951876553638166109476886555297179620079751150381950665
4714118711747535167246480032440204765556194562417858859224203198806
0119457118651803665071650394490592347997592273892714374226001213337
7393268043612979596673494058531372403873438967022321878620598574009
4197319090542963750369847549744639346695388830943686926033048377558
5507051607024492507354751481171179212113102665663911555078907939934
0142459386046876430282343524690922565107326638095657960452195586444
4450371852173393881958172018681465801743005216492372410775788773774
7724587009920553606352004932539690901433544585816049618501662928839
3459647930348349915267309223127705076444280898096062004010173359938
2490278807698329013423551545344220062005916177822307126535313149774
1985360714507148717775600843804047409974009766889618029039656838848
8808952086631174963762226843614195484208400317646571199992542291881
2399050841052454837659703251941613742693188456218207578073549718665
0027761254439306652452225708153150532390400379449183666346994966628
8011951190310928502823265996180036245833019423076490096000604525507
4430581998689445361290565548540117560663019349847204079548950145512
0916504413105947874723854490942260858743744996935546476061329700335
4949300300063369801430601049798934990789527881858267159848075795505
6128675430276796927707327795872046784558523482640227983253296426643
8662078871550811474081417578741893367635187622361922402045822541333
2440981414423845607652700802450629810390871094652445494680419227729
6917219471690298512019606942389914348311986829879892757931466181777
8066158139620051188677967369938262613715446390383523771092855525529
8713000219126996338151095054272669199681860079165178570541170684887

9167085353373313804548723807250050506933127422023946811310534478442744443750155800512852815961482604550783837198027617850309230621085370415483753582651735465911754963662259589690784898262620374073499772571331923096731593808574259599537809924141152032492793052696703700867334778245393014408448159869413837453971705199149497025579669708461722665170509114943020181653416042416842999704830320893662121363963797094705514968049509365753204729607460685155453997467015883777115414350087578098888750384994815721318998546988000238792667457658654430804497527300346696482952619749440950421950802192675850541574878872228738355625783492870223142950932374485305090542356506579213809987245177553892878934137375064280051636545976484479293233704843719625785335028102343492904728785828101620951628739820027201184498111800451244482717938773420010826295882795850469813234914809083613071760661994334518205664709475601602786463084239884826194184937363427001748318744082245779406436726327972688338955206938083800099825043902597902488880981831373195503505411493890443148127881270013488069947395903009522914099880266130892171809908593446699514909415942081506970736259289632709540628119011753939476974499854763989875500546297537043208047850873097344465723886801481080359685122831608422446742264944341671958359445229746415160995169962681880582959245749993648205561372645918003585332749593719187578951174344717279032064170207139494940293081749840692488271265113145328853164601535611849662642126498018815189955018988616416330985958563045737962026809184006976017261417606989603668723836076934942504382797457784958849149723754161235680869787878978098401962640737766918494276694213443709775841747727400969754659378095003798000531867910249767709730173905319958866719490293590005410132433983150045667669058807604255130686117549414436795909097212410633924543595378758917162647064988276528120655566623095575662254737984005537104503992073668425004036474270240180368839064187646858428619097621128482916533506611761607881602819482023371986690733781916873175814166023024007492924309569754955744385219238746561325360081202776755878023869382367844119485394416747838809333288863666320206227147136308714439669877333609619193361846370377828624918694487882361999812358375883394954181515976474655142559989418283022679429702935106532448258855101434231738661456857179101909269367042249618541612290647773254036623671231260015809405281936687185954707267063889499383630282915166715941540343583819528070894748097619744440464220679314481106447163178488967782747046628830851323821315846589173839125252134509097532392425231824359545445619061198173593403769195185613498454654823410622801166029338705924647817514336238076047712517288520369583910645881757084281163200679519939323378549604370430406728536054056771357071964180043283168316383009466828876039948377759652718150289494752546170938263815391307096467183441953625446337897822998666565283381242727042309672903192352565809873327758307181294278751683390886705724551479952632404195301204884364714908607009675631321104988832242053203326380814483613720918188554419872074202885078301806430212843173640871890887699017545761254828514425659957484668339571548245202955204528255307486883065831007555795210318209163664271797250568761166860327014903357040327345045814940952099820553161050728926142853613142423103142463637671617195564218337034565915221757454080831277815956470817743778229247462035900847400739440263696157819236424001402636811599414853466574332619765362699758988051080810485756249759271993900000099616326466668384814932093766678398006102074735541745969464511415026796721314761350928778858019377246244646821599752658365194828298523036649314058934152515240129170865241883716842605214843699426118049583030318587247285453319892072128559474756221753915958452718066783626862805126817588217232563896519694687295234368269268555941921214

340583065079911942310449766130569852897138191077714570815339381833
715537545299295279176111262751931450134084254851890314142119222658
138049293417674212747019201282245954695156088225036349234483206206
947635890849249125954491909219898413292439604938183885972476628998
697209158369134840621332210726946966417986855138519698652209056610
576060214618511323684977862315363795402442605265637240508769241592
843360512804576357130146624655139460548579004789201872562370424415
623842140430981277088495307069113314467221935421610744001661435534
897167938694035464899636209355647988610619078376842252145823612667
288680834994869210589537143220334807991765344381892572529059148324
241248667407021841713007050988462260582436802368933162632788041746
962259853946526937990841019518782311402301046320549772574540665384
992311488888713436795231632578934833278035097252254703318780803627
572702003774132454244358298690171476421479280910341055649619925644
514787609374717135326051296625897702682839348769681490164475177722
239714918951098290307932843108775964097354701892412390539226915752
651998988619106789955888957711207456511420485571754284045108382187
382045689055834350110927167983479216262886381054572909411937552275
519929002734578454679702006160113429637666630054244516317508708100
051536442961217878215926446333088948691867737604540970334283356623
440390786790141170773672686567349958954640523696619449597102668610
271925277912120529517959466238500521940948210923102391523361249654
710793265773037481227186083500831233172336810779130227396183349216
700294299347335994361071157537998584741658700528599129438130116932
743289130260300417029267625886050065353575315318730759301828339395
704367722207557461547456284928894514039379654463258255806272541783
180527060008855156382839546924007213099723857583826935338801955363
613204761969869325128429575241146319661558253690709544905920374653
770974589953079508600695544438921585991293645284650445514569102522
647777210176602400435485326611487645789339971563983960469643324901
870929375059462847401491761052052503923732522470990050650931725452
730524750526096851985253485581706948045633582245566183156424833732
913099239064610541690442645240972554536226685468330431279675055582
233110066908070379729482004756484047081936341689904569838704712941
032782266844631938944239326634419264462754175083825972650171812275
277911558116877225564835113590323769925848613853501583275417555150
873922836796948987151575881939223647218161431266457382710119228826
055773260323098256078942088138982919911529290375555569625991483334
516419524740757656789215139490598879609724229646922567968091657518
579374192551627112551198342990530629649417386255300220517321464565
188574932522942753216566558351618564049023282004555594135528909418
078559995555054990501266901121006376011248174583140978496681703606
041601496595447123073747468966947241396965052165862104988336828655
507813531551427778528796298274826979085645318330350425603177939722
079829736185209217842576219776792754919621107665533362710491065562
333930050101266236064086789407453741042799643162779419696140605372
078814795554799628029961549878226410661425324988284056318559967147
977453438075285334457925563652941264361234417200808655065711193364
968260084889524778468159770516427149356820335917928317716274807815
440154471992050204082987660242111582258095190501315343060101105365
509871575089531395354072725859167400667153339708308695555260213475
454909362263320745682613631450819415854273212949700674461636112970
976199601189219894094919647086541969224399749735954530619427913108
601429236903833480013799120514968068595282612546939388734364909293
047906246864998988493323503766723156005488940661236388908798891824
556253141892882330528425991872537282567637078603201569586093771736
369297635595212593814435311916092824182929041620117810398613608520
361316947657867599785928940426535050730607788445493689766839107198

2067311761170637874851252110215012837332335436243706487445633268701407294214126141578583819655514129940650921670144628012343328725840959754236971968952954112187566532204258748526092761834992565236781295020304670269904018912299723806462044238448006229131464238451489604872823180459774185700580241781294927303241952494974049341564729218343528488196727508112576782119737276055084441636930667207132253228329390348660612226639005045602266689756612045616233966547225753616251200671365830197771783446167300574045696657605910657100114164735993231257934310918101237279957059437761596709899276852365369937481650664427717516391597933666067337126269081184216937382069650869332685672783674223777363819979971985783464194126517421191221668070941413284510522833805406708986962782679403178723190081905098325670708508502281216413555738976284080744058368920926118375020348362457327780716597778179461635994718234033664931031792424610254041044980668449596283754307639569435874609863857456951585376565744178629248695330416618217499535963366703641595216130542992119948031658033452332115986056662735575878619771412113617281497999611953859206229825197269046098299639507187401578557519326079233489391643870448874451745842610546586451005430687087417270320838913658520423280753713966164128094428370410812724554393107963225204515540241070742706032947094273932172343179483151907035864431909962095508639098412726466023867122467180134672971595500184514574032071767335761669041043723387945509438207767808163131049108002521774578246521707446527879108290733900239536340718801471220522140215399101631224689985086195610048621493173721697245395352184374536368814497943581376506224108152403315854713854365800572125347895992417984967037292125328892311102801806982687955966661932910616876134760127357106961418362513491476772864112185859982763908016317795283809545587829491713068189428048121622836910514556919627018366592350533516483307694755542077529150409405190181035540191839178547813399790765698267611809420529364728853714230435426496946828152928778239740631688212237323744568623151398372583970689910936449988950374421668157449006566798089240525590421706641935048816409596391628243168321436293614401089755855067691904977026814968846369662836100299442637293757667957457287491391917603147753217991110209376451019667941478693903830533989934932993391664772590544173549043402872902989856101035947620348894598486817775279745376761775739959655575307040492731673999678223259487874059429669701814243003512541829021652127363210930823375064631626414923823595455292065492774318872262491763738171334465184798088801515135548633879143408620024253323592296896221237090088402610478255570589529966101856028960633973289754720627437700132220797858821312600468867645190073959373243314611377608574663891058377414738292260693411364473443818014671080889255488742353442381448313743601248544016766884621350526234765977665364690515679005115589257997632981115376287507195884317938258173166921329843468872381579771241224505487909139547449757281319471996537574727900424540311494660658017917689981142224157233493323425225449144990337889840035378645344035468834488701709179675190878066865656127703350754693255487739771782574987448152648933300370309195490773379470251261916810538807456674678786128953492068239904061221050925739381718440531615138398514137364038852808640897509972555645653025364592826031248120268642549893193323045885293188244858323439217007914797944908683859630751194477385606104015452434366529960923664146046098275503075606371459115789251978626502859739637236976329279913414971543547280289663777574648579564142706718323934743284939194455249840529134697320553286614101083856366818254735654463805742638551177262022623198214541563836516999406232004115831743549208446095861554294717966158703406780715747398144178688523561172253937476289392566269541532815266938674970317625157351116709160

605449073150542365979696372353385919841772400717659388941590512602
211955723734827554037015875533702922766748543049173112168767421629
538731482811932934103621399791419349169662671289665025402384951651
074720110803987979835631542736568943209086961691592208591854188743
873453521977006442167718349020707435589979648887971088152920445877
016792450210395591625422374900227337734540261692945761540998564748
609096279039786594587798487403357771100243230180059868806636273607
009566028915949753076109753036579363360983975089085951360115651737
131088306315209324906957352760947045135701701191892478888252281265
251264940726426810948762625080455824620474113626298437448074593613
788666218423172338973157649129623522632803649851880855328622573415
176213500375739158483748686415882440506156235330750447028600668907
437530573761864245216740300989960886603536489146093264618987311126
641396621683691648849093562717564027312907200770640870053097416379
828131310636651121902439991103008887827048548356942316317497907267
448494953858262417390771750869516976255583857051878800128286401925
158836702207581062777126604961179789527670325976997078642854207978
860423217138701984279664813506428483554103093876073207049081544309
074203012127159078133358664064943937949392443729770845492835970553
526540667708584932339070525724564490721748469442729004262343841886
334655498364767023238310729462562532651583877419252043723471610327
944214492430406908261481940114574652198403573869712540087163473411
645876077266346442531257015499038387315773429151445306616766492847
438195051219489488835954499981650366614650956693963832863283450099
516419280242146423557011400828689708243999476477353558989467091859
390181542568880135648419768618447193149642527100359307618926067013
104100978078096312544695495639975263899943050555407595887888594683
114939424740397674587705648941225855877984999604890303261172089492
798375405934741317038631667195098395724476892060282037286395942101
309369651055759152658687352748839061874959324237449262609378092608
310993599977043494595030797360442599422242327777304920981844920054
589783609758172160428492560566644617364308249758340295671081499230
962054007593379890472213080389392811273273546647614166233538913780
827866877196068464757848840162299215085163696394033355782428160898
953130344237774734871173163430391195977075812294480069642516002991
944436562077004079266465703481765156266921634499192916347423589684
084264480625728730720089559681019247228086768758948134745688592702
078459050171630529305872892590921378488844787798788589279472953542
179341203071798980648637254921815347886097699351808986778553108091
742920130091022507224614753366176580874681991616842585129096350964
608497608953675487101043182977699250243151942969125736091452134133
067074989629382965837797740848031573482315212853722401985857367268
474568820789138258613208602889741977339317522655729550603469072054
605595604624406066190622558525674392739096744317528103338395618247
978395832338622301667685513511048267768503705611953246668812162190
442276652160315504764045505345204074175135792624963420354489632638
787553166172166435369908592250313058248217307730386606474687001591
088707451176613047400431511439007786781193993924057970916012734287
814678586408507183707524193645474408062475312882054951958320339509
147061924092494697710716300853402836905917569370123796256894408826
975663952527777109248283196544339703201803694526541044517560657576
402722612471000745821248644627345477894408040361332825037035729298
003342518516140918137483474363831489743406467026400188258254082674
953758984047052882203449932089142955616689358556343024420859058622
460211304796522579316440541471074420976628165483612574542015626222
995616873818702087017425449899173027507607656122093037397074828984
458720344426442013511799272081880535702474558531914153746247499050
003106017103336890733101997056461975052174885479576206986208720612

7010078378706576374824756291337773642585001359466717868980825439539902564639637635134120065631409410237193140715445044575665252138619348056687055589851487547868891191443613808752793435458917871388493968005010359873591873707253162549045172113177099526603630744070471465322055515276912558017232098299125645422608817953401873950940455463292849216637057946153320286230170706963260301943478405564878783958745500550862407044886741620670250209186137619977728894106219226158928008867293875114114907228280401178881903245922826122718507854105807484727441267981177730328819369408890670881671505683174756967893688731536303873322818930336224792926842291463077857909510438643185611725112536968429711153882348451192170335188070346624849208073983633414921030978311415843471308812599520164529991171064180563816167113184732898711533870574420225546995505939857352512041762629463351519688065371271843620716465646990625301784288540415886043042767129898259981232119266390246016504902433894005797066822755735542720047950621394445165944320443902422872289351081977689068351165899212488370337874411335252932542686041602918562765504409269598113500189606119620863770849234421977820536520808230584823514310199796859818615375010280997092786494338337462171570267095173303738295139957871159192552162437759683869523143599102933236699823738449066531612367049012426436630979843012183956168862878062941018341175108595681760758998466561086175120105460187926181540205695980042415594681354116272633877216124325353288420002079985269561604503343599254645172427516952996226365258603196424848175493188606877637606863902456897645887031974811322993388979264821457773419639209363134451405284469062141229135583975145740041999929351497578304829227453622720060220578715744530677002088853275966679145981602022825115646603605700871927482891475936855018155751190048748431461762318982424555660297412390555981032682033486927822099697017430456373695146472949947085603840179166779756982607612309997918139536828425822269230740040682992721290877633861224619082549031728838690309736075525609914783932858067835801749325294881559542111670216685009987386870727080203151423967701200560571467120853617979746873954573577882026452279323188269217072012202486860291922673850428624547933798463986538776187632753933626021228652881335887439803499745252179567920387721896893717104753891180591949407466835035420064623085239758316290155801908659104200282330405860402874449484829955710323293932193071472937245896668343579998612574197419903144208320906052238756548621592897182659649411285566993721600949452393494389673340872520773462050057253347281104587877618058637069357181658912348364629759998100534363373106735930246739037227879097893316952054588945464893818453866227154915472492320654699918253968714110214107711340958230940464521625260522196399222479502459839866832619775829663231392024140711875296389495857086352840389900252844992856138845243758545676573179118747041933338239094376006454504811277025142549034521413726698344882774994609010452616986279634464386538140454229480549608325464355618377070326936375364897034020415244409457103588803652468875453623479585581996708656713543731824193003214108504615517602261419679481708921603339011621001146619088284582353856564648721339268336513052810848634956917718081194890083499460793303944156325754089158092341957795783557435003476875894387073356294613558463461536776696396235121105831607148424344059141201671558305932807002741020061762872131741758379741816546803217784620300792211690096034511397995505444488922442988178398929807549429152565018123860059409431200069071530464218068754223651064018798799273113907936944162809825304749572920885907555258684577254047721041417224529875125284917311387005170152499891766497265253533618096237887995118791607748720125157519547595096961841137958303008563738693644811289274998412436350385059445780045799453262792168770

374683010531319885374388395974802375599038597495494227753449528161
787683415449170094726069272194862906091315928670939467228737383354
050421426406881753363015501641691641062442904909320659090856696063
731066656275022470278732634216783580786257203314787288125635147790
984509919191690454444496028113562281361061920662235035607155270025
865186425652367594872143022036859135582062995219296072282512238190
082974809493244361191455451386149618842858749069701862451165088526
387991110271306243903531149774956957400164789060791340995446013337
586595189797303321671620241222297414444090948590025000948774775894
653620519037212647004166258356057218892718703145759919839697234607
677893540020681271824654448793765402902159648358353462048165535852
358403125987425330248743411901123763693169121637040612839172070987
753879472158909340143523176924837466518949722211363271197900082666
149787110563142251829378248216576829836176283943615250441047948817
204198151771479542234616443621086398628597670463277033180658908461
813887688936862894202698438989539066608760884183620316155392883868
427496872563656031337064408117108692891913569961023929613577063224
344702957418163476678442205086309522426151878042192073409049654026
199159503993929981948748572446597884755963255027034455776537515048
031422742169870564684485096233508900099230920166943241812334610721
635824815462588516776253933368652639649552936674927173134898860053
726047020861128898849016507844661027000202792761029491752827702999
939847316709902760569679040082217198958285575392569691109887664897
457107122476740568400902966020865812561278922676633084106578433096
810559700941721231800548706039368793936507367502660949817816985860
836665028082161560420050386979515195571273379491052634155471955464
085551170979585370314516814652781859773775552655726260570150482502
169805779856206073629697931328722640770188909280047617532312437443
403897291520237626197272995513633379225574023868142733810737978565
476004079687251178200870381594920540254889276040814662748785848609
762492632941982808919417031881536149156527075109164329155842197206
702596478884638872285539384875664254579343032858494645613633070163
173639034300467908640541079524423611526078357368701894884866961242
652515938065123121404403490537795179480102470630244436128459221366
501337531436611607474946412067947932009769928191322572472685982688
475865591153553804288956560876866329306411499691313825187546066494
132657536810851761793332676394402135677252255047826647388666809040
915661663203275857509374859768171738203258571452026994173082058345
748139663332208786791687951105093733268772675782305941681861305320
577476250511802087871684192170714862587071987548851868704507137095
239296386801785186729021707870379672150212851472453207884870357737
146618629936646407947346742498096712751711024335353657226104643631
733895178989388485314046485781303700469921470440011339758853279271
796522213024810311836542072530963395979258879794368773677616043389
417218504571713883992098347109928976546877583489783540995819301898
787456233321540068662116215276193892694894421622179251505368645419
898062675791772588957001355907083154174956972919641891387283117409
169588915041007081297677045058715395970215683588485594803258356113
717453099019209964728673859049939083496099407559488346680865643471
974926188139009738847125220541200552534642107280617025650363277070
073487263103630739650037559302604227359705639867681779660280933449
720361819396796497113068874651776818828033026112930222578539011976
359887452796954128684448046381160766800543580237886135522791951647
946029251531961275473031176636857193895675472325563964002187027465
853260009275974335177413996894510738965056517269243884131950191281
533953730259143131819646317659618225809561803637852707686371499915
220156016533208974439536397872509982846164425518689107673542019212
561988551627154996765544868256841268287765572681670626222895188851

103456198675883185534140084429449347113932843015199294995246823529
774616982539524280867737647045506171397835317374350418684036009737
557513567608949767018177925351305560686990584633164914675927244559
447291762783273595312986739114263634276888237492647266359990721986
964300818793021829984836208631728321600940800247729611959188491961
078440723129473547536441445170592106092526417940164647177204587458
737433612199012745614396085215461465440735891221345544260010361521
957264160295284381444283991086675653993206204012145341369513993718
838539562038547492453928534934609645166190069906310311769096761502
050401011476562203960005427180403931486186908547239694447871543138
770598329314194410596991787888437896009091539923472763672477076686
096659861912896465691342748155530911766948484318560198376315207090
121495832019807326750043626454085241369129545739404471678540809285
561302456641200461429026117508139679108783947664054270898136960318
014047631062632387578713764932419040228511191303750257654361046453
601458363130735767580852152336303565307051811932314376127490290993
239526724892336957015911157762298606122399085969753584856664506855
233767596735679146479160383404294838600822338853829578406772046688
270915648393222140086953445672147386771197868821722352502314823877
014520318045380086668413613573669015620889150694584674449752421186
854036457970870702649468086936900822659422450728564559436620874244
203428592325602082591535471253852285973206407454477712384930385248
989382562042264376354995841980847855388416643615171332098129257804
883140578101217409497449578163615226772215510131952096986746045836
859251543033613069476427494628640929431550955210744757227054057217
548957043431329046751158182928388878930093754765216369900123963473
862593986019540389078453894036300956443233192307356777204186506364
092793993300274214833453724285597383776383128947706327272896023340
545146430613766882211945676110008517036750674891945422676882214593
461150817120673729278384250982729801581797314204164769852495367199
214995155529794745165399988843822203893914069649615829591828866974
039308164830364653464910572416284560652107626944695342001343743063
652811537901131345508476219111419474112274045667138895106987583543
130956516393669745109846506171555568427805647007281747436135341268
021279436830685109309799295588500621420243227121790410833941415544
669066776295262498492950691922290574547817454632140757209870809471
229114949377076100849922835542850719832945090127428209286344262333
468965030878702143487309210001771856491147310740519435367469297157
303313750029525876679599834048568012053165889437159046214107210179
767814234487120049484789202904803416892613006532741793407540303048
609294809344989922348407294745659314261495891618102513634364935320
990484199140186499302985119699173266704445151973748855689152366981
644214718882465973411136062270479011618359596119082693413504649923
573305157362187016353058311582654874959582161961505900024005260855
513989350911142895846722251860989748408484485354465517940501755746
588514566606393775583441102658042460059062981785830222530761854061
824174035147020648975246915979478202164843105286121748501507386476
274658513972420772870390403431014007874105368961675421137132448385
466092836191855857666995460001017661747414172732250244836530696862
629726467489673885284803597957151121837006476672783279872205027925
802642684326693787362892651775663277621665034021836381700911317518
703255106404929602183527357927298470763505296402991497232274853951
262487134590879733736858323813225332567427423454977735533875079378
226977665195828289300613390250934132975140588293522660909842944393
705099086588857172406743360962110284912671280153289872414072149497
895880243761107952607200633290875312243068668157722167520480239336
897731830064281203214978471831043719601070786239570727733577773371
092334339361018150098318854061112901737735996905516945733574055039

419421467066596794807383149785772977118219165538987413667496287222
8155321648715023542650434259338136051306568709819991047066387852 52
4015658473737507961366730529543545035933282136981609313784013161 16
7199252614690253058478061122606973168937163349760956672390223762 22
0109852700372779757142358657010008102759395870426648787881569798 35
8900645862497150125216557236224916434608833591474302716401423545 87
2184034586511090796818243153351583656767521557011586584136001584 71
0640314372122621706131687336590033787030056262458764765385547597 54
2092361896308262951231831064799577596631168242460473070257433457 54
4806490044693635062607180423703988750876455218913223565603631767 89
8397696092679279694227187621990127764843329314212833873453688989 77
1298838562746122937800760536001218376741451968841399812976287129 00
7427834248941974092268806932994092771419196477246387991183531419 11
9322996612595948070151499769788949980108195806393872783564689892 52
0590885368242641000327101408992100639944055687565328160011575313 52
8259667892296955780273559906656241987025805949613328827792503881 69
0562744089946023164568580397476960568846656950116727449422534035 43
1797441247116068101485287887851098487745483035226373427320796360 21
2200899594796293471046994814020842125498490532005011890792572293 31
9997166321352058592738562460733971530750071146016555926051296722 52
3914112684095188234387881255448959172090716696701849138156619964 07
7636872927572621530199476960575737670662072385887128705849246648 48
2425054092264427342438072879225489225362571833428780088344826966 97
0972858401935295872364650905313506239348311605853031843018180914 68
9001268082243336633027339446805378246468361107537929362754776790 68
5497591608946634196773451590414247805946940655065247192683922043 44
6753577358176588463519232174361246032424327422885749918480296308 66
8759457679288572093554581816405062086122371582974600523412074978 53
9026353698139908916202198277031176779996727447389923564345527292 33
6768922483326948996505716159087986945845058317280443829967301589 11
9805788695066627043523008212240755893277990416633987826700910801 29
5242845901293254417641204651718446115286206618373193981088531884 92
3640084295640814065243647620520687116100053912565275578353771446 69
7727535923361624397265293335193225326413081617975702155862542788 86
3302982401064834408097403273095034507185639364296638586365106070 72
4465969932294614871646953445244044529889972865530986201164533899 68
3796278016988675550574292605756137390539853532457853590985538525 93
2775936060054554283277367538934890849132319027806479643751795261 86
5095426078162642489644028828329826661536397017903787144878701241 81
8973815036563352108222103516824315528358841198301952486989722588 42
6670079918855793450545398778510979360970715068383473218268428053 53
6930975182888844642963457718808081687381365779804183532230940313 48
5970762727213061533053501112961635808112643269593558350974004706 80
9874108408349422633334535517272772791862450918969177677428767447 41
4885386921064198067902138586455852099072968081473640928447641272 53
7389964670527744066705372912960039845126256081603741766596237214 86
7314211835452377287532746973006220953786215579083465540342684939 60
7855565293136058877200081401369102853211259190318856284959463948 49
9868325640291992685910387470250720900708977963039772738270005424 11
0062929651605610201597023778269592621916764870101134329434878438 51
4808842881155932171983331010653351200005348186317166262563805740 50
1057722383317201659695969153707416606498801925897967153708730180 00
9005138895084296370042707756659995617586323378797666520062813406 60
5723054265316070167138006174983442123816737321419728069387189001 92
6189552010924673385061461512409419100932890411060941600733901316 07
9770376275505583419115702533898831703972699941995055096351478159 68
4805260288935692021964959921512927089920365773958519294981139948 88
9602137919424539659957610446297452640637746982217420307993022234 19

931869715854112325556447312870844029549186746818306928502904452155
019605640002634158214345326065453014694378660808468298995187307960
141615789924404225417872531621451764621622521314266658278029546870
637751302238001946271980746888885885494921477450423603860706756074
544935129484912459894271166353042917390263989516318666637223775412
012889319103025358438618626408370345980121156632520931213943044452
707117131901424332348805201266041843288986445677506769713694709494
335717705446927728514789035897518626604701033293260929185465279017
368178883181913537675756462678519538772740508521864480724003526648
905557352139691642149135369562253638929326731617972536616877056553
227404086238488288043800711715845624559232275453743835765312931223
485671812987004871215591773006150156400495404237516975320430853572
844027027839960063562414125218661105481482283154805797062799807605
081622329663862802456977475868800969421644599653783414190406332560
478932254671165875479928442580730316476493620390858765365349793029
398496905455199574306360102289098129980273424906806901779005941496
692833298671324097636276046205597062279789347048124166728315689562
988392416859618695538766749727275987039989747589517980935759716084
115342737850267667609798267156690540692146409197228459569090836725
669992675017629783125865935286350183907917442008681431293524249549
102530040442435460250764568322066143339867286354779978409898860298
978511550483166226571764187785096856969167239493661574984186901571
245554114093897778944649528223681739240750166818242613183273491241
243278182581104483198793282164215213613870915833831624221761609564
406968584092923903403663044709672930155867583246482822105772422163
853502254512166349350343857862250295001017278727684893990079432918
317643020675654058970816829603969462587657802189974380236640495557
339845919334611895713616531236186535300340728987009639130811838008
255999804048344910321318862011908880965301631672755845145796279319
871659255522753590774088671582497911052269576283370778701640491783
593545509739621639226176852717932569163632014835171509086525989833
607544923110834964595087244687451128211642144220271852976726203107
818300000729250564437371551184484968541144855302464255791218421925
283826390732538720335895728226595495426501056373608189521930590962
089547974660189191287466488977618699712184107936037311085847885653
205271117909384439225204972886642685194674529737825163766209174480
261139478514172900282970371355403595948983652537675484555165589396
017911735658306047647605363314546623156234661630508626831816192452
196711131389800124408937214984714967795507606597376526677540277800
599156554754627865301317699167597781943029148167060285499914163010
429238843637049127488793995180133580361960510592522031218176456039
070674818801130237326732217013304543246072194397112878984837630168
003128660767750347464257251487177958573760627248881291288180644625
3102814726727201210172585743323317289010725555858169951278618743211
679719368999727241839099066353864097424000423821320261074510996684
429881285258965355362185713027852351146373431000120593150477557843
630915825965743451169948985860831788153010990152627819802639173124
481926555606610119585263494452788267507217103308553823545855634780
883023723096950943594219349648595140922867178553494488439431526033
756280031821962856054524668745446130390204635944154069171682047014
167395716624267266205893282822191389391330989060740956373003165502
092355363146090357239359775070152315655016754073008145301851985388
252395136048221938563999326076465239592621943603701424674060001879
476971534368103793729480800552521079851889155416933156832057891317
469269960861876787874023697001724620687294032514512749640316655532
444732772818097237412634417742030388629192439963149121649465895064
865486774628204319753790313645198882087128483371662703404640055343
526161350794666638366225241439167806150945738341035530000880543050

119175673278302001138413107131040837428763549994583869487445294810
751344198021599378287697800677163142099704585444686395458108555702
800020415374787659172644941998873042816816433294168405167035093549
997338443134094365627457385754241050571974817748807967714168843160
299998515608106828195164610622660608138929154791861498370376252182
547094624581009288640674250758481420478785130655964610104397278463
139985468259782669867365837513605567552455237742523969705019685794
617197919289551149322228481133297451521334268798384166490972142890
825845478865903224451776718223443365104797005821888369860189107517
339391334757785645537785621064077325625488968854072639502225100401
930245918806223130553845895447923401297317078506484001251405001135
354627058099368797323153652971975205183627052206410069176964647911
126329272791864806992924562821527549906358135829298468942257267881
104567531238453592187451898711851266890253215547958296139245295129
594088756903257332648960092770395786447155413811989977005302217537
812670623521790024080850750079087381517144609815263542813218283409
726362356182638647291459245880859023450801485912150907060027336923
385969088689199475541932183274750018677560825550790879236210552204
409367771143785178227512212400009172523222185964995800459611190235
249014214991642566717749572872642056931588990126378080396385697050
771329139203412620272814585376668640930514537495886269105656416230
176873020067726947673689101899810325782519865912374518621985849515
310429798626743658110374157510630434902370417708595714755706900431
449676162577136785547663015533943713254133236249896963885922564017
381594520091656020244524216644645953552946581011718689771895302183
763798813049512691370407791369116538713469925500413764486572142927
757478618023007681907236352098180301365826109259042267011382959277
148404158071275501460164324682530918504358417541888768380777279114
779272446560668070502374757734838040433823934647246754960394225292
904030894287986342835278934854464428237264463349333884041090197651
090304042709474389405157392242114669990611865968148238501230789847
440408400130437571865853215339143333522717193748202402692394018106
219413718277459318359730756832998457867437049803061711405234179614
899816067920548197845420489493346064407518124078049703797893470788
105790260162864561419306883396047738524165845486304818054899758280
870942938554718228883687963059484800013910528370675780807153946634
761336867560217984811305297123363110534096348501293676930707434288
484681893225546520170204251865795856785417431962215301639987045850
695732657869917372631216968781688349866787992424935055528900625422
473172958903997336426963722125581917602495776217043835146382052186
592935462560570701079944470911720265801777486751556659204489063721
963699870384395517504081380221133220168617318706969191401827049043
480845894767708917550555367905615570744211629307587960490915128118
553963338304689299552310706602575619008552688172499684026175424165
853234412416153837638439477275039044611821562439853440631124904248
713573874667660456827833003498467883946400254757307556254165570202
087383439459770052788454519282099379308214694991119170437314958143
783704740857878352979149959652961329114646595684733729298759087817
612003954241264118368269815345154006391054515124047936525867587835
691585869383387839633265792494451936760060359037996534385775926377
256062175915818465229453356512162266339495796147401936877361438812
561561036777039710480282673038910756968652633386651818318493638583
565211147387833770749576375767466502313257030006603535809187750278
682932097844529018832000777917882840297305208279219273372068780583
470481076365118002027106067485855439836892909804969006114600699760
899986598059473369897360269943513632339094627826696428469230956563
232746501297506729522958741477022372006360591489639654925523934859
624920948655177332242097739261690333522516339557405776183633463640

4910013523228096546622853706782491764547941806463576390062691870333
3722327235741841760877817369966810068150509582587823059458681313722
8545702051373655454930902752847933706265084157073600879555705301811
9499285028220455491083670047801394950462421797718248466044219759377
3029723685918793973210856765764010214016795239327815729440826907822
0969340593845866994223174658978609772634541485087687913074998779399
8338690274173046640305245246652832024776405984249666220423547794188
1664377537035128644914925818483298978777203484896170057315829710499
4973366093112463714909826089358729341841532424337276983107977961455
9818132803888691746394354856432122511730902331473518590971963731111
7353611611702863709942255453085359012852336489779241315732515696888
7260434119301802831396725963832008019896562378576118824184166767699
5887876272903317086698741916542075192096615292488511968481087415233
0149450398094222109260812400885586362048740979991215032951848372555
7565865873276140148183646589445360131951268607645621830149413163244
3514368952474875546151902846306140800931603315738090451938102637944
0404767706620651611905886993837860677104479291457227436815667335733
5191099494856715423551035357043506123026852677216023585765833715688
8342618447134661528143111170916670171572962313889418144824757521099
6030796106447603417522536083096466503144986089502183327117273322844
0754238800891583184833606783472232566587741633470298350317474768000
4735093192820269182686223336157341121560631608598384038313976835333
8944639146755742704293329257762683420512328757521908203466866647188
3240965395276142082825695176614748406287579342077681970518597817055
3382691721356455311630562205674389277462111635738906292974687538577
0233034395397057772072139859552975519660286329896909002524080502244
7096760786726537661527369859826062702397003500684340664004437769900
0451195047846445227107104022326054523829559667683904192471938125122
8887448957718371422098966785108755555166907544663850187640464555733
9385270573800319104025963123138544744173288857728360608576987772788
7755243310312766324440423356859483642143071806162674671189432582433
5906450526246263221727249806484706780616369014208923397278986535311
6045795852431040208599315239676780573958079372994044929970067743977
8523233500455890205906628919668285867562799263620889774226980662711
6994236590015925252144491434369553129323498401228258600472378712611
1564927997558433565013208317601439825235160427519749672916963622422
5673578494195460430008685828013324633421375326168047492604791764111
3544918875027542445592013102874027762185948933036544418024158490422
2587015184711498445234615844614128067976560049284352447023668143555
8537723588464021317668475958836662984297905949439423744059292615677
8048492654231974695786565845743068892272043429078648840796138277300
7263390594628562986054623322045338446175064928920479168840040111011
8423434868088422356591178438549108023877694729170273542191569426699
8563254653736371530396434611877498157557391767849676264348694040499
6304617031412441040220240037028892307057228977506462775217463847599
0959285625221300657604072467676869962990777184334686319459276230644
5230965955872385569188875940952820138316929789723526256621022603211
1753643309102918959660959837428876323358735072890465394705973320800
8813856204329993092676708246179454318609014514914079840733067473822
4973503175263956044266017867824858088483446542985630723944956287411
9572498536650774149991594245791551439236256038360900886107473021633
5533487610697201254582381890404647722139986139393734481607713989977
6863808511177614555824668035387584006468904410760852585707900581422
1832514386663268815882994605932271428346446773008278980385136424422
8281254847314255686497416154692310230570747570191464608201858469300
4644199897213455644401380756206949177072501472984336849215029812355
9253768613345326724179735453980336483440699498367792675721566735333
6650918048165498077499075280872902118769409805035667528457907625588

222305004770524079921730346086074093533388772079656921561535176201
068327280005260739858991640375825521710252734241871860021156701066
647385821663447231731937956451856778985670660749720973888235467242
787173710780916506609709184040648127486037429680511623649473231776
947570108726182049278471786633840788898283285418620048461898496699
801339784163762118747771814791397487667975009154070144883209448722
190866120351698020037968338620002233671434204483706729835930038798
955599988124100103492626854273181142219061613429098244982059544548
561478448543258078471733492040185442036887445495922558862019690825
550487432050324749193768745041724436141116279880039789611508155747
399210187644176195327232434792570810764802829905408738129447730914
012550436402135170996318106205900184289892462135005686852602532475
952010469422877007803996099680564101778692174063038013507705804889
374410171220517382099867582731056439297453676264510474565462510970
884287023966075177990979752620511344530040297205492822963398287909
534902752642866206655324963367840515253520915501426436762492746484
255409679146196285826195430859457390945282592904036212780871272342
444727713025455199887037081581948078336700768062459022068381821930
373534331070193379556406791179636344053285099328689346778180353626
999658105933444873533061832471949733558834386212165395217591965422
803825276049265700269200005287793118282753272223835096591377627391
949024105423093119876047173576900936379889299492228315574462299857
693419728628279334260127128588505295683237827483521052911193858639
121375287200905813899408939054248856202800678697916311995509899270
439702052461773486725842963593751401087202604367460401915412341601
401329207997023470406325880343147411861865680449090163115256854002
205997889144918746381015193534099600494282968522997403333801433294
283700306537187990668406089051068462972369252968106367914154834392
430872149341771029402273353603783813974732774293399224244789650804
958134365727277150755944107932055986291197114464739471811628886910
185548453626495007134441773736828364642560149650614019924077509262
310022336699854698205417021521601192169159198032241209657253874933
900945351603257556610609582469106305438924233616958139025723891957
778056441673081855006138008242734969182041013977132502274612301608
738328735376372902078646932312522480043301115225364483005433384541
188125264623990014178261339328141818348035594441508749930113897342
103876696086341360668758775414790543577738146785298293709491224332
532234397746027144257667575009698942619339959617757722445205559497
640371786866848989019121615667418643928437127970389603215742404610
669614502991993312607300335609688158526659829729084933994994382870
774414830000911904143103589424710119452431148988018462015933802980
910872131808235369143147440905312201148143298580916887236427530553
191695382695684705164636052245680233182626991156258289614085465595
634059369579066449938334073065777870826450193265435158885247477655
728355711143675289665035576576793120017534530838749686585912862253
532671284035818734212714185281387118400211781359672138843279808428
771351734950158258340014836795974319066049371780040709440046362691
157731731708864657022976116520261551919268908916717745425214606158
958618340247034636652433047486107481746916782283006652586700776703
455946602822778406289971241347904677959576222740328547328766975229
541138781885573485559882398166146679604795362413310312299785024305
802226192661962002063615935461235599519681496012760493087496650935
554285358361253025476436235741748441110638064503120100018947200557
138739745742374273667647748630339062884611696858213789482573974481
484975934478559561270327352624266595652434204076877558149000751225
712353159832749900351223303510989333614410736716919184017505810496
702713697597566632112141971983810563245462744602956926348314347045
256238859221126228558514173542177574610196355882912436528743082292

629136763837713344674192794844284428655726650064201019169288081094
828472530420784544048168020967875334010268746503666758324890644270
153697652384238780818375492746274223580236075427196879970909669050
440082893201340324338516081844707653620566424169535414128419966063
521570777796649568947737702081821985711876936117757667108698213149
353978244977850599264342613299874119954943696822561497455730053830
632929572944198881191777361951216050715779398571661174432198804871
696020924571140699106441566007241921148146369113096416948482844935
424162402332146918663276148037848546930281456988648856823880375523
822882779006285223066646904964003723157955050936876017028122677392
319955421832129930326294519553223693596996467926763214831482040310
210919921587080719235549825456119106963564608413123151115958198656
487210582728767771811527492926804605228069995273347689705820926589
729234500371737084349732147292841018919752472122017236204725316869
794255525924842921110222033067201186725993631955182844574488363012
612455604123891497630694407373885180196459935677057923887314413016
679210525734197513352181479567322031709133558187375639630972602608
959033439253216178809545887572525411050765201191589397575419941724
330649474127999646727165500039615743045503846747813702066346441798
736950028314712982101153732209840933981604152632892694637771377076
627889199846628634017239260886966471964882503991050266960532118415
290895014761731911740655960481518304885686981310452201092881852614
088918854238409593978951471105661555294514292199231381450865352307
147555787069916100261923994487249448029777376820908778144271177412
074966011923722399093383136198583154122217847926855673604995103395
890968987845715004852021644551117639293243070987913679124042792556
393431298649877943588740741265427213000273872982766305287930260423
879848691893609064843002317119669581333987730539378828779940500627
757143742246484585796036476867878733405238053098268643626654794507
559027525657851061792386544419354742125826286802883552824587172579
610649838177276162186019137407406553095412824955249470605917241409
619565763741554795587137560223063355149490946654121605612712517730
526579651116243501893551328143261552013483200582211341281311505550
483474554942444458426701362160028413942926141499435256277887551393
321814584645404039055272847700440043501976061691028889714060247007
636125633396834850831746495806837311456371596452244129619191538321
154503089842051303660838777208752150421560397486672323077919898875
159060424233249816580432944745364557992338832733156374067940518764
682106260341508313379518201769561278799418519294664753423652652156
548151069362221332813120802468126058876269836023666156798285980858
838085514794065963300845510815807684982036767734741706166338773148
314709046212994224012968816145470177227820020411768347789106328381
906061233225266513559580378355715038708358911962612600907819638699
314847483131996898523125739127337704172073141110301052781683998235
019833859991548097216236735822848488923140180894692219046010468727
059135642071588575329090675654798634354659241179257283002569645336
652468754562542491206760308992777274607489196844304786572332190854
987212285381697472182250206205912803431009323326257761074741406490
200033956068928058400225906486143606016193905362086574325304871568
337603408290115450348410686347557760407664178204135434388847571669
486259829656264564696917389669465434038167826456587040702567814734
333587560457577971311094481527106814171657687330019257801991709718
466859567348212668860979796352219056380974995258971382268848791033
877304199882065971096889275230387625898439887721665651198544396340
386032152651104298963335570202293972492975073498551626922762026105
043004135988463487851031175637657519162050962463226178880051502557
822536505080003956464122175712846166156391876681953738214573704447
771838611743241117591347372639541505250492890771263354153043501490

813668360365717221163446563180684604804195575920368349501285623402
874643938843395526076336305458751196974264744935937682532785903081
460135977010765962566399188336161845867754690895437605514246005811
445953325500641075312067356580049729732578243037884478133154083125
671663762129952155045230445743843929759266511706686042657735357875
153048747401683642758512757244525600953141792071142819685740682247
393205348917058584659837872620688298016238403324864459858052138191
886477589154336255668289513214680582585444390469964774722656360598
784317271216699501297846622749860338493783223091226214562533498936
540917763144864447854679273298394373342112273232097831642674226560
762312484425143190562752834053565549977224606073165918278466986788
151400309266815740956008743780092186659326627348081370835360899378
128221397112117053615686186591826393915762081499938642143824302765
416251698416515637816421115938428697733312260866090579014771924663
300555318670040026798067959323566580283092883446275425585551697871
887876490308658420235161932947651656035639301400204859281841688779
780185932337637995824687387961341514486634638788313104321224268953
198480198805923842946863826317623550499804567986430797296445121935
286614559833611344679387207498145789199012440260974609041560528073
621849828374105583644675076117237868593229988923068486527805327616
400881251624584888068344449171312851620043549255066708077084044886
645440074363838802402414844734825953838585902259082475163855357044
778252713970032400227389232288426256133994435525441026205229467127
153845888528161033597368340583061648919599022070952588676837929176
106155126630727980760673773763091526947363525050799710872849322633
953182300687134661437637358772107641492320281794803799242621343379
482033431911463884861498191660121303026633719119668146168710962704
925833710472637742739099873560815987942482024463212155375079927124
553594131582386822045413673450478614617385412197715930852397576644
449592472817908991675319400562267211577326743668699772293524808629
189332149199533006911584586622859745056329955600867635331382528854
185790513173145847727969091796466840374008997114933175942316239545
747544543487747511573559655017848623098521956328825159322630298415
291256502285240079293646380198253885974668534079354963905276721089
602407226902165986957701097077531452104710940664188755288569762172
944161585890367176649250679336740399512841724072006864140236647987
681125241175177028408593470301717067343810185185547219617153752137
418335111126344430887895898445474063778318358635224515362340143471
449079373302195187363997346040268169758508907231191745040432785868
719752588094537592731012884934285959645687208640187207284577438390
763901238867232187190758409524846291787624684708108681676168478084
188413286583906700000004329454952406117387935551145911457413708850
935271654923117068947909038536468460329495617535377232329378597966
591321702595008320275372732495883939974711953618621483672831622663
588712929761702284375623738150756206419931776567350594148890635640
874281815141873585469252239570037613654287553962822582996375939904
616967243898989408380724789786218700154973483097079629459189179260
805712822868902844569687013114165989138863127781593774723518682963
091058806010955290175556680675722549683497208959068954889965445681
491749325030614049507826187895539126356248586513351570989994457868
360427490195968801588385686134826543679503363252466464210958921519
626337820445804346475884502023416843911787171167793717767924047951
261029418224640862182946838784425809707476019662778765172541794510
907327749386348944372897109791139438113068118811735565904438165897
915270070080548714591376789416415469030432774050584541584217494429
340755333748110148727033126027163691902091417434114618458454200153
034875114566494317007632292809840645240666736266740797393331009289
896134504104630681370119617337659933735042698229681019852007019254

010492617960687384089472765390395679435353906509308703797335239558
739394787456656825585339014312057772739962568235688754816930753001
675331750107451670601682507558006462544029424961821208913135458097
369829435994383378274851643722220677181358392527851939272532838203
475766937071698580837406388750680785912338933506522592743863023564
450461828195298103104163547140052256266401058666382770473738054445
350928866481488822065966118390956573563252360365961803338988743455
153355748314675023469834220084131552120549495090918997365598355724
665153453996101044673867519871545256187517670888769752205282785272
125282060448546017122203725303644256814165664528092880055014376360
583107259964944140041968197311980878205323418212600020811321079206
804249996494275748166776252779259167391368097803739516663223286830
130190482666988009289862218775998757315965584161326487054034063551
897616168294742217035546322445192894786153122870681286301783422201
103451984501057864683248766088612969088297275218606718275763751132
932778657558648125940930872016004295472576208339838714628081477248
189402820552196065966514264787409536889916142560160646899990612992
215098553615765563535499376043153502857139976425347237632475771081
843013848872374031299707330498536430014072530977958107681987022293
878367145900925004968575455871090030161816478635517669763596305904
011236943321366610753726391158009018454887672888457125925109982661
103922078338275626936405860721771447534893416126284850997759082991
163935576373973765852914076461618421840996421226937943095776718961
162873282349982385225600507840209390062886971978220441691341907002
832678408290316405492255217704361494867334336172680904208602714138
489383821050488094600746603947365764560137746087900094401851222014
167515965762541595340098851811603334521922719882926058652038114649
215156720995497574657412184087226598290470981699769477046299060444
985059773743915379591172761787928258102751284708735792014653006403
998165314319391637815277208052937056104195040831563840441690982549
801169088693326739897357894664018186841569156982357563297682448222
401128792188424461857669915529464056629016690499755566941439352988
434425678542641651807658876787841127705446577002680652940846093246
418630808709119287726526314102184979683935939270588947728950992067
663622109790566298004914336283463940051569429057347712518015721155
820999691017707171923036011007043311588783883236629696654022264840
485477648283457567066890557190505051105218541543515469388393558197
737813891396811326137272434600593163145889031125429362290561559279
250174761961991019516778981690020792376225321008855847706871838501
276932772952804016585339723808971049745947381093404109119755813596
158155938968801980539937546346187277623121217923318769253807834302
983689638845898720049845908103324474786886338195053687727241926753
486838355943410854980054390336355685820638496426423465355060666815
731577170564728694352469779193180560544945707412091194967819566961
901723659458384647299401905601338791868367274449343425974312619778
047844159932175657848101107314350110578576083158285597068678523584
170501278307022282038045929208176649610664092749972988980526811118
391647886075598782342630520961510441320815075214240432450910967165
042124017110410625332621574492436133309235343158461698302458685749
860645243047337373151451836574934000607282641761656170583238497764
328652137029328735486249047720426920900414851478952205685628541128
590653373453469629638573396832328114441078496048198925550072133875
923680518868937526304891017986776363736891494769885842638756824112
776167987296526124264133885863924090284031728824496655022800162806
961287973754602491331216130681412703629449466684817775945662784049
819241359497309677514864486430892988720592364760463287458534882322
545867030494809787920232416573790119133641491107295498809053908396
302148301180237004742420920777008267185479760247522907545993257147

9195113749248900916876844462002869991523927134171170557696878915 61
7823679568310215819646202170605268062841247090176969222429250603 23
9873218683970793715150469416034366731863442207507002566320578914 75
5688747555064713998009811392613148483733264585152302298423464448 00
8829734942151994450572536496656563106482463631167553075118974502 01
4130143219861839532240334959239699747642275503548513019942361176 57
6515872699768957821579059190220483491877652440833063492664368494 41
2291351233701268002994279949241581988544598720817150219250572754 53
6374839668598689738575712465569329905192505430082906939100414219 88
6508603398132300645966218137730760808829302428147165467856699029 50
4988433938817004582940209386839077536915746377446652999010401755 26
7167297774358113176346426554373004638148907563361048092146888430 63
7367517158905262973574771560959627262302158585557117374642320988 75
2532686030661180547942090914121360014195622378837238528533728723 82
9728634882076781218844601638605343275701282671541383398053762073 68
0395271700124375396553115570201627669697781680319641721562052210 36
2946292221283016104701097407447057662910142687135155084967150032 22
0943811098896110184907852752677392010636059072237880166868674167 42
5852095262040377190473541289867537952216658943815478381873874860 82
0137904727137149971988939222482354648193099535451512553890348459 94
5709335098462770020612180879017474441630675883913400385987412659 63
8748372862701252772111914403730126856598525717019594672260471540 42
7310867380506793633798256620843331428942775830692562513760062142 47
4681658144834710510546503871896238871385241987006463380663107547 89
4031316424064154804535409924523961352622479689882636381757714970 98
1593195825078610353921060277752305216510677339843275314266450674 01
0484282675234337314954580094515256032983956293022547652336780827 35
9232907461841843476891030161344833342901755226243063511319698792 05
0849126971947271018243364428587875535293284269729825282484359482 78
7821833506052177951385602108048958402080128829538783797942057822 40
0849685622048519237217117543553617025132624354927222362952735800 70
9772928299475166588689248357999004059894584612784675689609599515 57
0905931116137854160191251552110051005274977130047879292018260377 03
3457938125164375482823725720732782957021042057410983675109220887 92
7439748017521880988408409256253245834325973868908759842113000899 45
5718586598724393991012508705161467342444873706079738343494849051 68
3806840609480718383067644498876016088593291317440485620016445520 10
7355321357047433056686686102946532978743616776470501884094742341 48
2761295125197420824981366318444136996446423108261792979985398998 03
7960667521980880112626771739268164465993658779132661046711823155 99
9770668858329351735403503718885250058947728638653572979490380552 92
4681128956854565756459725789749819461469903236694835739219581570 03
0740746344141725375923687536249560274407279669799287719790568368 06
5675758002517446452508993485322744672036308821544517845359588041 86
6655186406830526187021087511218126191361683368466245098645013679 06
4277060842274127247403680909143235005353059003845696441547439588 16
7895682699445182420806573043501223079954623511158923314665938763 81
7465915437140210678863734410503895655798040770892408671580314641 14
9439394376235372599931494152250799217303912329678867634181271106 64
1033130307966478300842085850637774763921568472466979694264816288 60
8787480086896137759699007546281181295773580303706242613078119236 44
8379973954703362284935567344782227396584445521137827520451373317 83
2850642199633675647179246511661311435737512494997693252150483233 44
0452237849818686342087184387202514000741141571856397351144734458 80
3981699689023457789919174904208324377603673564973861184062978631 96
4630255718470480763518444523704080897936615200142297942498256930 24
0496022720340151492680197089629948435784356124801842962140761906 69
2882645584123710141111312979271472186276733542786758773654142343 91

3409038535494169037033765792666015811160547512327687486217351105426389665013845472331097107644641965951347245689590281054942785170595908721227949725332795524538021462213982532959003270231309900249568729010110620568291754148067381284662547128195441511108076911645887812704987214329521669621183413139645824108573058192112127475448059918604098198575505978622637009974955884766325681802238978981659343859417853544893942694894766723142249920763436365652072569283659692224366974214209582355387476047249153899476736861900960912027093375362200390699296931034771129793969764896317183915323744352652151072632441437929821458428783967093032852018822893271306734611895044285404770187278137770784848634496728298233580704824085314228666120559477516062437950446286707029704055353839128733216478558784746392564735980228828239746493959503318376833927511767385803767732061652634135632367995215832540465822980270585612273584915964357600506105216003163455141054687945371474327342265718399189927695308906556170665879368185668912115733310231205308190715465648475389386888573215248535246697210228316236789205621432981823283879027509390843953160280911718253577453848512416637698658467474879514056280077468311689979676623979747021478944281398320231201131389526309527243961976721915566416287778505437798259100704135207429947981941960413270822465942119947279940502475120652384229988927810227159148548375692440423259446680949350205021636737512050463736008212249987147205448242912269391030137916733149561764496232849828993374137871765907423140521748329011460435286516876697901031469780738496052729369185893228407486750085542645082036629814421318395421802120760385832100009534171842370529022026927034106543848927752753325796324257382464075325428415281748038733459473197490169622018768954215001540272206029102041072532709026197576567045849750117214804125196164076018674477934937045460732258590890960416724127041716580873058772301794099927643939629116264859491347685916306743688099015194538852734914845106746689933866399788783518444937698685227851517296983440711385532661614510914333461145350391808069234666244969147096969195307953162198844424807848640589114797152456891613534577827575816020583827484911653232819483544534741640315684497136526278363538076737762885087004587378911948104025466359538399604333425799132378413211942159237647907298270725355948812882706523571404770930470232463361154267575660034688321875554300668670844129600505604427103261095880945077983571314876190150806619052045361416720874183004648771097562408853671816511052404365303332413348824649238468570333817448633271556617189448664836207887091120230004675621621889075743020995219238011978290569872213224636530887377515733999566603176872798483196626573768952303853241197360707065215324837147299264439559924161309137255008996103838416890482904794126310538790441433188856007670052828812383781287122291616717521220052070352551106134253354890031681182927082868458640292118623117989197085101253766523268581522690192813332061387390262988822458755766238961585142883330878217598730372510253851239968511008436531718261841372363229969096727042968353110279432385186992814007601382340594319061575363154612559490140643536382150886792765969043327925577204786472149420573063230842780553311974076914195352371224199830695645625772195897082383514579401536383554872422722491804180955705744085355703217784603951188015481659233588426967807269087166923338793304146898887407391594264926491910392677805673285803072255394898628562314788253383009203712574159287713925517356471332045033840788903365367561184620815492305502053514420242547738475022306014022441137805024430973895967333896932377304867432056654803368621035966055031854112652878769142256221451273474978300343632273479493763602813279733421736233056233304573903005490677278971763038937153225250753251423315925512207618415959245696764814373738822362684499750047

710162758246454551098788751149513618573696167149690750473483702410
138925931505502067111283137279772548405466270208261808773520141128
354155245861172634531891690036646310194880773586830464776227639868
509388120460342500686840467168871778602558044055319793343037858216
286912081753268621409484702214660322996358166385208628165545645102
210422955203313249961122057302085752999004757399022470859293231830
094364573574703973200230625091357234770032356085209953421922279300
086884953062677432046703632315648379658084676980261014799047444134
166446283817495513788964634980336690697030910911846972972422278957
915236151274345309525523394715058033614242434832341816687367845116
292547632157304573382091658088710776726896882611390754505399455683
785188308869987442440987003289859284911534970877530604911331499782
603701722928648231877338308895790150298517195709635741003490524692
873174575843581367924760188264823827254082701540535894137472446602
331673416110917433378557666128022849465399430482049866609342646982
946769399079104038358167434690824764145510903070254241307262477668
437645115600688976903083267294901878829655882769805210088655425976
124400519059751449561286450785187612394025808736298229248935698519
804371001423515642306163002062527369620353183397762095754657263619
253343878638363167494062334932370967734212345933714657233513008014
083824795195761156301491933233195591888305291526224955919460827280
403275906144421715945292624626081919986903528856607451157495048427
562628606808172656941914098546946323581844306454991163937668842444
271392158352305973958525820971248160882171799851941759124940042364
789956151430305515582767486088789569307191534134890178811554624198
119742623958406581986006636257273068643092755197244562921941538531
311538348672617927357988695587983576263560430569775956094331220056
794400147047548034222501875705911168594375571108684804779552845544
250334662570388403894027755975919150223542801684540133410802959428
102916112161468997223161912288795222162159053788456606480134975713
950821497738054686830844094504384560680074614830962662351672963690
595241802674279911887215409303168887906206771247858987296316187919
629018056047575073717532797588052198875484196732597942451201905270
662870479490067969530088823441823766051096774830338054847211248619
778580123496494944437967387450147776946011765152666600955185146807
727726885974748923000943275293371935966316214468609153162868944231
368527044571316598038130926339752908878546732387691452736223608116
249364646935192793832353883937796826357412852956658228647451162224
754727118007819724056826162794119905266769274070579656215764155642
811360710454033024621728443473117445600889962314507667341883955457
093967221952834366493058330492921503066109298355333876646427291264
584281752768896259550620254204857523962627003932183499576842611491
197777514207678894142983100640011838255139109366693776775871352703
972320175142155302812561285704137152363961687583147128578707017167
335675597956570821044493301491149532343224353992675116437916497845
186686310300636014001685724953216647501741097447818368275459029957
137108386033900391172890100185316839043286584836833880656791995794
585425262349940891885783942721710708333995032880038636858757615370
036263803402974530935670974243112389709367502759588577417403903581
535724387061406851805718010980813152725063352026267948968693830227
360917348711416822194254326349957566853799963987156086621855132374
690956135128632534594066790328595896416532231542448403506905710288
350305297249364133355219517929100715666033821703938487074244305516
921873482171320654968673420316011426324972802979335653032643558238
476079234853767103340721454866591612010309793002278271554668865929
202952065977335229636339452485972445038740951602858543243965256444
610009632820457430265066079403920339688253988307745239296559995609
408822437044673734782908175552175822298366909531478479972485486131

607140048857566982852099867471364990905043437646212311077419227186
639916151536182870285038663408498647695221547679954821158132528646
377327825527872815677877936264773669451270285789618429171832914083
346938222057704613324123480722688895055971061984098456124940462373
447948547411356177782419304015724628386236174384960107078178089093
632534450658460385683744364184828221452276905818694447723028977707
312462854730542924132616256457199235807925111969150295132171340344
547548407067144196311060284267556641500461788405694181145770321667
406647139437050123837005545973804030898578063048272753024955474479
653626908865535177636301065242695708469743140891529358129641015448
737186035661955206519320789978599183323267156173000120156211375828
325027066871444187713710607740342977026859063889168920207691592900
528536334805249228409835362263133417254392594312021345759485497560
618285044399500565016095975134770758713854475429893935750581805050
286892425533709118055700562227736304793089629161053399212609542681
217449081968572024942547985089041041303641152429474920574465029020
449684270585592489374645334565909785234224423182126323411950921373
746651942929419631223160265254644474182956201892966880738006930869
482518414203050143414112920722489818295476229759682663248045627177
971891184763565237762263820036022881502608870251340317839739872485
317959319854566732256566897727833994852374500378637344288068490983
039802098757581286296368591265494226233320327140435535799329145992
975552620096443979509818286087477783490511341371712986858625678687
094648905313545052641339127717798189927319874697858047310872568757
300777775089558477360731213350220605148464006157020135476951272188
793259408315284359994865796178514794181592226485453009425878371929
767686745910079650473847692524061121829837479533289111366479926341
411408738468384169545811190041311660598965113951878441950772021679
405154729374931333683648091588481657159276512235986854487656797976
167837945873951572999025627683590022525372485622736433411728896630
598687917904310011504695856064354303399599691731589180939993861849
798608575118838931833782130713005588036151633259593306841151954211
926737311148423067391721043696293754924427572466227193000433399225
581309183083127692917900426565198818514179648288974459335853167528
762724329687943491596093329507886912934485286734135672174002853198
604155609017889087421177888097382379186756953928807137456382596940
674268573141545302416823525906011725540908677554479927815597556534
384865881169771642584781610448318684476957021174158128536036653434
549998202176254920122407301479898872165446540839683086918935342706
854647077627915157302938466746291149397889288459658555446674578011
430999730889128086924703078299038050986889994571758504449123036450
724192558363480359147776191140621953047208135845143183636244562974
126389098924189970534169914979437377668562775345769066631072121442
646815349751889219949519685619260245744256737791807088661522449386
136782502001654481452975152367757652252631888481990797923548629565
308091694299468432927109110844568134456106725498611285072240848593
060725918041469095515821513068912000756212895376983230306070645735
273008293953291122228944456715289010840403377818793857538329438097
243876297635712732125950557515719401509753773752744064005323685974
792751799426192999179473444362384925019211458168149929686167921532
451613522560379698541789434802274562218193207081294563145029622296
632241281020497054346348860603044162401739741657556486849649054983
080018016633804951009398403738913803032442983792685600537248147122
055330518857908783900727553121584433490470733680829438156451166875
325724169467734973618642129894004474650532893336519312410109124226
107237007785482449192454949943869973024559886358190316985355662902
519605930555734002197218707085065117742717233917584753277757094950
839333593552731964983991450219071829488185091771398671816074186187

8171165239444603097318199429905210651196790239863036287322560139326
8970241664514726594683069914703534843134491713498285091407911488
3245460571405757212400336224322651003009179203955724576902336116156
602995206506514149086984656064214402611958838283639073169206109056
9098349613691856660238080332847181037021244401533893885720775294113
6565540208102392430182497920812183290898650204167254252095585532283
5668458958043544269487582499524377970439430559940679411053595052
1978519770601313240948551536880812301718041053882339519646832321111
2057805771329196538584742054892959851133969644270578393919589432055
1658148279329302721862278917692618731607489315536730205753738514
6659629603591746551912698923981691295685342433871059370986761309385
5506620747469317586655479647069533572979479916776037966434932703786
2881136755393897255025103682047969094817164947298665795057963459
5836460960470991994428180458473595279008340213221056565879952662322
0358774915903914081391781893484817749458930138248405112259102501205
6569145771245761157944992944014386125458569047234360103894077784
3800191878731745765419571356795729480901139158239555216671547025219
9225665611140917423150611367855795430966352877778102494807981716453
7408197384039522026457082796124466831461142241707776645990114338
6627160000723167760191330132940772799978025000206341086313651763055
0558432415501259457543603784171536966445827561627664496805142450246
0055192006861408121257298460465053126619474868276310475878483428
6554575167147471259935802028873566512649093843934853263310694727321
8284736199321173724443480124577135772674620129359086208433586488274
1570448962727516132197552320408099356468781759102031220299420244
7753644429504380150365162178811989846342625614130645714400700502412
5833280845689763629556720955464610188208325272709777618316313982792
7624910181990546868328559576720308046356322841713545197943161206
3849984059758363672459054962132633951065413298623142373866070584930
6296382775604205200239786309521070939267511710176598222602551604356
5798652196358175518382186824186000919902841346059888491238138952
1231982950827622531124121196040326530197924730782580398031406811438
6419523444171265646705648326064224974020343273344295152402099853141
4074639518199937386035101255120459422906695045628370307476147631
1280958123261389542122293476158806401125621193416571862235163729381
0485239081213588330904372253555718174538356464644806259965313205090
0060294603665043486493699234493641091639841065080416148443891430
3181559973941416197151022740608717308722046096471206433431471738628
1401136870201032341717192143474829978087603608193343724806248913098
7452134223760946447152290225962155916369794715012965146264590310
9140865611543367585022112468497438784692773976440317349338355021160
5874075125972721291924703934362092630600084057565530856900024726319
3435105786075132233520576337060461446984925569430914914498130796
5157972398205908444505792049470116807474646169759563863081669536698
3846829810692320825745488374323920710186720612233815280611661206428
8419967288632442859887976342121968328527435202484038368983681596
5801851296716081275916515273748241307339411143007955704572668325482
8528928662851418900265501785357897200274239223925559371194771911357
6020931719632998442027242230615710835593197112690420593390970584
4797205227600167221438783070169139833983312875603294787969347059977
1924755159586151028914634443788530767746174680098811225907754464556
6087366707056295564010410011613926366369930088779704729504773130
3735930189493273729609006890135551669803726287372080227178300684518
0097636062508105915906419800011428465523643738966054186195341119585
7146775035224528182957428237236730644589778804635868950481775936
3745414354519393999218681646587685744162026337449800922490135577732
6019113577008625991691185511629451671062592098241298235886593906831
7690443286152647809990894053992592456299228818927368050762403791

2014677707046168833690345948433075280508338575048608376210781767 98
8607640805136851140068761871489552838895075565621491998851928015 86
3755709546340558823004455650489577977381199756175997675020632757 42
5204845374838071886107917010694220218277401559004386142267299798 59
3884121545892856287518482567145028100628795122830645939315080853 17
3999925756411418507674543470208084088692145620582667375049502713 04
1522789749812041863405833386802406333493988208966478082558789874 65
7465179933553414305860085449275788522609483375658635623595265624 97
9397245111337275092089168401824882701921132668303949312291434131 61
6388803051992055714885079345780452654202001845365306595995538031 24
8456246006559263579659260892361171470663129842074017708084938461 15
7024656690601818602632362796165699487603519368288776106122399547 88
5327323486730884781062237317389735506862783071453766853352247928 53
4635558360480765505092093999410998196225401970224523473143482009 64
6986373074426328419225719277682328344980741958841539828421249053 66
6746526688353149997345231299475828412700805359649184652223241218 49
7880771255632922708505922550982249878011084710990199327132302258 01
3140753376013728890678242094211756100778010035492471418078734354 83
7332835790933009899439522524894860613422026526780629853980899718 47
3930284953676497167657241682177888905106857715926658386766632419 19
5546076815297407362037096345979868978534311259849648752044957587 04
0106871825123991316301514061733624566327203899773940706041938254 45
0917083123574125443268221471975350517217213983564284740103540366 19
8011170483960147876872719392629965632845127427912266960618039045 89
2773782209529736197667320024447776753513454054437118826672896096 69
8348697611945731977957952869855360034592912568121957142302578592 58
0425526907023673568775514886516539135924595860291153732192184111 63
2125056243060149876511178126088014744673499237182440559860570740 40
4511201909780434376631494333648944848835998803124127060538611519 25
4198406477335247375658728098874343336535662872300369179539457316 44
7278732982909310897824467651749905971264114485151839367692473209 85
5900082717942514698559452025465970282096520133283046514081714639 06
0107897681665711509929670433646654827645653270093532924003816333 84
7213928947931876556545324636354862063510383470686195316309864835 06
5496781308127984091982071525932950487560795978133941952220297886 88
4939041813727854095077277268648313251640311829006119933127504417 50
2459431750816926596650723994424522063174445255440021361797923373 99
5739178923632773787828514491222400061042129312539647507447835475 38
0931516606487005466575728685485490474548626970314590821419556277 52
5937224257519113728141202197400444056583220224478966026655163922 55
0169114062047528421785182083062338389872726806838405868344957023 02
7879203741930171645710381091244979519163422581479402653153774781 00
1692172192771461450224463265430330064907454122403581830851834851 44
0535140351939710790679822464935640913025446986283955333242275948 20
9843094186470882956700692140178060262907381130440315627058123463 16
9010109221342486294949304024358972806565660535631312376851134214 38
4341513890883149191522727524803327578580237487834098209031986989 51
0363909747241804423533958089753130703020102432720451029528063266 18
3771798019915941779252799294131916839563668872938825423754268798 69
9940887633982786640553586609298463131228032901997282042629515749 81
6291213149015176593269685099344986114648349226949347654892158711 06
1268312190931240115984162543314628046781658068099869208195051598 02
1098982528227041739125693209314082735565564358734126803495697700 70
2305161872011498761613432728087882214909738115757674619567564637 82
0550050234304403339941396351304160166678494462053740077405418480 97
7666221697913910445038378686482994203372593766743832564369145063 35
6999074942547546496162404999976405331241216520288030792452155086 87
3070345286768505638880214385950620885345644800388545519292556874 09

3495293662083197375796754564056185311596244039930367859528539362596466694982913052217067904872393858558602864404264693781922916641414127243643110234964150100323912051081579776152364776577346891986543137670929517812718610102268277125342448748336644257741206043266191774697913308865811226500767705842280824112480502987419860574735719591631503339983902058330630628749068879335068768792800980811552879543812071685435899060710402467594301268173364762407609626548479551797512070932237996714473890388682849707485536892061083828562650667454225530025289112613696077711406298541602431572381572716477755972004387418479534627190863526437901163887688085122853415141125463023451711575779568633643851951332156206693248465442914162566291140660028923005173946353856464276434007066293398766501872543632357736655682581364556849292373991265478845709986209735688705496794859175370868379443859544474439441616896841575687815227393965986660558252958969128843664536460330424523942254369916308830044144836494077876386800641840442245357334011144695208237775215932864398414251122220245629603640704967347915497251254942052490074311339573362279612369280863840853046125965653399087855867997837596395395320586299218377464595590267622537787262291446177602035856886484150199759222254524213981734028406782117968962110203447437082757919063483750051357991326805381748313912662337375092086488062992131883253939564599355675266703224069585651681501175847175675010871072286271536023019695599818776675769339321811410620979583362627144223353378545388944748082011412517220547869561762019368267977612155759516735703134833659814819477805859303186217778054428826406082846009004337582100418769538100855096714448889555894012180543310469300347858567812066452228454755042446131252615795569557567342964437445450936895173867108541662504031879637861284041507120295618620914051016242168009039515916101095991772377415917229672646295474003762224589934688411891551898432009662589285161716199841331704689643943450221265030741336510304094471902418656982585903151563386331709936837595921387237132018946563154712240282219003311278950564759828220814621427151508677501225613329635237640000671624767113021634439420320515653273460226939041984233063942860026379972921694383326274366029002751508908374244557018406738592548697745177183878472224126066994763562570625994925148121757301405190585922183811104083625964152807850098904295422806767902965307807989540658893058083920456244130246389034678496571778384363702490593647324598851669198038045338062598315544527188092201331776063024208591658859105395711185824825204433391091507015144505591781635658161197087951018727185624379060983581699772098676126007533429636147735792988947907254125791580823569945392092468604175737743472063255256974719747514725524386643979691080623769399533649905809315726920582446193195739831548280820221403138437485578100066977761432009550440422972046425338751208758361556377164375780165878675037668621719972777825096547974427310912363782196008207333620578038972878762990809330130665794944608784766655560204946768564930182477385241963180043252814670119734026575622552966025073160108590137876242985090249835264939745331152049220404844969366817003918173708186992780673202104675229583227997092291307830146592251655476003286255121916921431583881955836452408626051057764070847471941777181870973784297147157634189382544875169574712573582255312508611819060772272943279006406855409598026724289562583214185020887886378854941282891020832753390484463517373332465369208482382349776860851802190895493363001103825759836511830880187871705134936424854141139469177507202327226947003591637563767873432229106014232458997695741102720825013554670678818714486810950386648492378113381141609774425286461325407820803646495338834196266042084517738702268799104499590897582506252245434439195396777032434684324643377327813699459850691982985450403285112550

8622997268891841997978307299650776997938274528903895796564962823025
527321561316324095752130560607986678492191457474745542549420545728
198593068371750123380477889368303102829984667930648804962967105485
473827024897495421129656136755352200141448128571963128452955533694
948332129753682973523332280150017685530004394647720363706278485621
541920529883022494096715781674754430590711131058866271807892545605
241577881688848877187452714722322258021748563152920445443109297262
695549340561504336550642097993572704772698482029660003493307717293
173265317777949227791530149525129001378538387544103327242881734376
413003093593684899024905607103899968683049655436936361466843776711
136349554120964971325612865215207598446512677981756882129705775387
451242263577077104553028521032244139809554354670621821779314526732
087523206054819806625552313535100766996490858802557918333889513474
070969415853007250267514057450677123577968184460987917526945463713
152083452471650135431593343019493133520910513094214684701461131557
402290250927740376366484168525714095110279585026746820679038073911
267443014139811150962705485965412511081508552678840946505947357991
143496229708831870529127525019048625270244352765868464990774583116
609792333107994046431344059833899040002830342198104495780828664203
113780922266047926194044355486949753534372749741533582154501263805
293467817884027886936820952901758649869872893890221010378805515254
357441008585444293316959874387349089968642388358787224496705498011
172123549104152209071805531444976490467956800977367065788258198026
425223956083686615598808237400995766768678884212206407059297160114
726682628189295286197056481883398958534223021995127902376679252644
066395916548507070064755800490914082355164439357308210634912516448
977972543197331101778101824831782116774927741074227430968677645456
066481935629475932635629739043331468192703187655007439182990322683
324052390286189533070287926694751867551569370525329382097800122626
763760331196628247476217353345662009000399533352252815816379728701
224209039727339210614157326644094918073177464266534780379471439210
256355584237157907872287489665595685473839422322660774943314558400
591185756420703549441213909302426700473457950017465154245718044680
485938046569434669096896599906674925161303157596175679578099793488
280343868375267939735095581728558074936377566301146501595469211227
243663961549644196824139457604595657566921541582002424162859722801
827278126071047385079269870073967703376985474137954592456548579995
531750954358595772451291513186627284565755391835442994039978491305
293513694098963218229790774173995642123379719232647523679249134972
584583740248668777780231058228590736239246214604252444716229047347
400473569604791465114623359305503750041546834661605118291013945460
850335929438028505479703342184492817817859851633248380769719104045
662120998023195730715656032358818151187953359461038806723751210163
093745497523638343948056480747285266737969864181839392918213584279
359711035922043492661052796320626397052820107055362228885615788784
339912369688815936443782964522871645647676710723505322520831321144
418676489861527132718144147325188547183530029445416905097618525860
869876063593110013786116006330099789276354262160744808828212712613
797715530969901531592186679410298393171089697372283402434162824001
085456798245413199510137473027831657613360096094404204014147635593
370771621729764857677302112929149491007874315470677213566182593721
522998362795576779356319913366268594608094520915743697618589028765
896409269318631431002048505837896680479122188948048303976524600647
974373399670612938878543198259388553509327979445297962906032757826
757578216456276598995487242445373205234533788201791918944050269212
012955716243357569384084465801424244960691905386474351571879659861
449204189391951511791261909108055981061483555993528669009528619458
855864700265488085477476298479616020206184149341230633647404110665

7901785716782153926199452905276410683068596269347592605253427179317072126919194674831165731971567070249253754338960228541782028204170090735316476652634748268514416869145484739153213369028357954561287468629318610279072987575732529907054527814518974558607570859600567210146941128646611767309014222424227722794705832176665806201080846168027528705438927212545002142460655471144064124121246540744637726802645885589635714086112656572194377520640138517310158412554276453243662847761149274157656336028164567002823004926812484775003911618349986712086397968986076273107259718504042428605293302611053033137600714723235705349467578859836543149607771637310914609709201490665729290914983223250813269471009383627421202265398955351444483602261628547364772438182481027630284482139245561827125732564998490231947884639710014867835594024152203135334286531534814237648138868692472061947573773206155785165096102435266184473697999404406823564330101137006923161703093629979315605333619270110761236984980645441094335752732250151714848235578108008684820737540109945286005607995414318608282148768843594108014281306856764659496716995258512137086570443183507877472844507843542699927213573939783103039433248273127388930913780293594573039470033407746426433744377840269129693845015739001376535961547419789259826587598279262338426361776221039259900929855535950662969717903821244861762344714791761056885202621176010506000883814631731308759581954129909300524214747056290458867113244346992368171875980980293828889566180633964638979169653827944064275216508852420441770437626866606293303204613538703043801203581538813473787334977482222167879060251860725925670733484217721330924325876041557096877732758418954637690129631343322844738263750622980984042496001570870013924066572211926036100033425181351656225087520927789952545202103420649426979944831801997452502714557010004233575108956308924289667546689770030115832554766232809628552981551736278565552851378213749332496000434904520024840963987199516443530485558892160655720329599794026475794715281963154699826097671509758524630738830092559190659906184939639671214742793097870430870534843289920881840909863639807751611877251458330268641139318689836075542378059548111069446265598453404005738145053556629469233636638434264490657144671771586156627096510342618864152837302194555896620293917386201566268179798094201029163962787596589331026287923855505838758136693019694875347471501042157077908806687921748975929221224382676230024065565147371793089162926898317341492873052458774157721552735980526823070099659214442500501470160940240568743893036583217942610485289071701880799877136078051580100404050177522867213504662572642256397313405621951826770817533116536599456917614615056829966598775415736562712003445293313246716256665532590253250980635512652059805476196977598981718021711064554013929499681531189075850361708272614107983935615829946906453776608268565421548274278211849022127060629204136340971699125620296374726240559371945146197217732756916898233566537213836192508415071365223418891023698387020881177838349047930256285455585989512473223388525791415815851761867783159061141122159287805100771250629064252577466545253741780411259699829565186661820691665116674480542365499292897660554082991531916367537448847916634257233088976059940326441151848502243569812649764289357523226884466254462534196728027027437776372432719775399004654679287608577118080139703074072711904189936541729866180358070741508792724286242191598426772890932989937922013858244608021388589184687119142363802114290362023947801036441480199631197369878327139159199317744198703817214016791552215891816232151542806785869557065174884736516755567591359654182544054807318513243172117769228968754654135035432675733525581130610152919138271186015130852237190028841416491453067313929592380909670645202323560667935876040116757550626570248891169673758317627201790046040026766

766927496278621108998902463580203760714919435576636536822709946028
154126262879328529800288559749721794999346452971230881052580397660
471322470096447193654906843987350485087816301674168962669160726477
011672776551560400668347741381607878180123892126725194523637245378
083184688314338480308251671981406189680890524833205666874619014832
683677588187642278052456856579825134981895692345973403594569401132
2715063813429769410405707299026238229719012789684520555858071579447
810590716939476396264189644359263506729821528791549112750476989551
878625808016396035739787347033718355535548818150332587009552289138
886387508994821107298691295023441319225784610547355358370151425405
237384778635290332416834781961787595917999446009873498441954951158
799930579878992903421577952896516260631742498725530958479132293262
504664081334848891179035032424483945467160491698446320463883822743
275380426923034651540705216879811119427581308554330082587684711634
809137564866412504872280721898537008630499312876689656682265412880
531388800434477408246784768102107267062839933250155044626686071734
008421166702046201529154254278411310691744575169512390098578235282
274420754499292819650004767892010781533101041834094440966632980717
740110857974649098995481315159606403480076055066420984937708465051
694088393412891983399885651999118005614729314266293063843863158893
862591858848287384971208691414261061143664179854823380323562875484
799946191347001989893405913891838493692447230234210046047376702332
952959359446530787206037165444238556509190590945095017451531292942
242149934796440032560191688143058947407526565053128469871744703334
757811783396928108350588539701951172308336620344907642257491172661
128529478933141844415554985700290931459975911187296313182247970335
266682887824680904168288213369038916899632210467438729539740195313
578071689878112695575558657587617169205868390457677602930131102446
022259372033564304629223590449458859046499582673604667133500661543
934669764348126666709351210911608333793933726799160318534800563199
298023527418703212225305158573303396278164155888388894940077054278
363529287047932933246477106445403736823559095913641872208579260840
797309553704461075676881640873789492880533877763661736602133549316
169092570617682630757128200108271532845593567781694955315775642386
521345637026956855822045326332889120440962728593476081780979666298
420883646929153989017034083554488470793592920127474314705416997057
172941287998748276240678067986053868029198671660581472242218383436
005139281646183163777074002859128366761136387288876668624510219596
398052949907526465383587004104155700553249172606066981838690609151
717688332025209367219649323031369090306135294572865839736803315698
725277875823977229701167027697798588324676848337304710308117839597
932042860871679305456470857044761882703297122614019264048613646095
430746814788366994977374152586060341346856086426836451894548806585
099541195454614193842715203157921617371415216283586705338884137039
063287846683679989733658076598059373623241066723488845984722111991
595002836170240450133587282708620331029467243772135100726030300793
931172448545088685826104819377899219937892037960792456877929314766
905590858178973274259265121561072615470988929983177479801465034439
187906812494962739681873531116657313732068220464047678707894840494
454489956484665160976060454735447005221682392004828431199239062654
860265044867152208276908294858949379157598937906854918798722873848
094801168303824328316268337650470011156743560423905239609337159594
607337407887090978619105863099970988625801211322685292755042921321
880861192952747633680665847779147545640478873215588800396666447800
324461521211794672545547634217045598643376565672916520322698526049
950690939458080643194724660999528147323605930923850550283193696807
928936590957935862756437701115841017926097773266192868105915725949
584136310628033076002696605710802014023326971631523605710143212706

591626002970851461577403173460938642486128413201574909559965411073
998413444734565069778589972475668508043400760143891592571837675018
584028752532395280732155815151881280907948271403883302497843698432
273263218522947502267693453402530666295664681539985113208060778593
855737400465264979685992835953476727781086346716178147367750448711
409727453145381962211887563762238999744153319398172565390490699807
241497993320035717290507989440763376561157806282220043949378359269
155754502692513213219429769044763601543343215098291913139143560159
925202000904313455645385366753018384561104590315774374795080753760
985519144340296914398147041751626973458084430027021669514456182970
111951318772082779432152048976137088478159525735204093965537683548
217429764571602591315513692669753367919747535771349770579240162241
994654185126371882351560583031471407641572701697274834010778398807
981810621249808603592464355868737162124351184525213924903782151102
863719473143340897521673854241960490946550437949283676460430447327
490906722846485880162913769711065527149160324061368409579680825716
719647309125880569870247245584879843399173378060311277685122263153
792522609622522056154326406444007865834953248491213943632525222745
165446040487191652377606800957311104825056289217535315391817351002
059641956742990348075618490234853141177979534123211237631988310250
516386314162286314744108930552547423721286845090689804705730879406
577564796534989346581167159518431286218184666816859930746386125799
818884030437489327243233628656981337819308822087746105448831206632
620190975816388169712782831826548442156817272244099004633207236090
588216381754886487720401653871245470740445265058552680022444843439
489721982943784438815625864616959484688497318108036585641174378085
118399949409064860957000738370555188930877036945506236506379037499
631824986373836689667941475778951038326471590885599646737834669803
527826867290195732706744548118535902390818000048294283568359341698
737033193733453711521561248327399465139680700004783900751062889993
566018270113985161596982528964655406475089969898480252875023018309
488665555600951498852027873305677874774322890782283437883857506908
005583599970123434085849381596915152608489508108999525188710667724
173169234449562380287600015051842911251092889741652319622142030592
696660982031805715009598539926140745758765621746521574111868844794
830963959229185629326765392501456061629878166326214106597404348409
744600756375251797650477483309184845905493205358281061140336751750
627080600521851659744508218660594276425435320785994882285536617210
059459805162635504511537781109921238375651345924721966850476941024
367672119380809453652455597628140121311837984709286136401312040516
384366096481940207549515494073072854729229387737894306768530564821
168712504428930124967466862161705343876990323486808868940792279219
742668791406951602782617223599731438821484901408071585794191391969
735729007904055454428498299013629703100501701862013507829441431399
160311928383706900065483409901459483738278176218203392334584767138
165440169530640339746016794493795072436219410405790880366029590530
495297744333750193912971339412337932785503255634850420444666268415
083566522451632809156180681310074669040720583172360476060228187288
522413913127250488909920880840605921148175731192861175207346380973
376739181536118126210614534370812604290424732841237584600761060447
394924978801789887947371276773186651161262325102830554003590611126
322196458053003448544088153067154660590816660767077261507873576340
559599385684884318207586414627586888301553365176043769624468716018
783109389717925559908077435545230248197133424368559911056887946949
239732398167994836118920355091043125960356036469469932561222612082
637422910545276834606686365193237605888270987265164494550728371067
621336166772140417942611395220379652417162473120593225991950113911
535845518877175719382694300701509480143303103664261928135603290121

465821962171272264366174293994893678094806922221819713655472101366
334424295133797071037941063342103271463169484284088692455955324758
113375160939375156088396917584527303259494589656469494880216947178
151013716782023422473281144677022654389369966736980832853832623227
733255415956366421470627963106784251279562819190985530120611587113
432645766815238245780656405035008880365998736967406780185443326426
216162820250308773264830931334130190665231669252831965493430327661
806514004045488810242928609389322174671387270196458655901941753991
621164946965818765366330316039189475064403343829841662203048840317
377394052257202938389273565433468631625163007724941320129834853991
766460576056682790449653546315236614730419300599862017523430805859
644431014842976268128442894609216047062946926659546597197803295097
705456963252408117167250627160308417398789316372703183833273203958
647813040488258019965699107385204701626081533057050379473728941188
428603751257351672215424744527307658778248738149532957895863016846
392649948029931809301508647439039597738694101807116514246786566392
133031984860143497024483877858929377027570478571924108907531885246
051424848173952956939829902212357160846355380856377573582547208379
006440437659951825147922262081771020763230658269270868743713618189
634759618235227259459302545590575055584876752960422540447238379797
953029476104962940664899632758231612228940203046368226649321005633
221086358879876472003872010074224935234941410035856202617451349185
427657944906749865507099669924433160629610461886591168403989140320
896127413961601370678335217142255986935921057005567181624621757161
715986543927419682635866129844288915304063926846644609284134269828
368522242985941316566816243272394012900795674018120124518714350001
792840711181834125755099824040140091423278917959539335373665962757
784112211164254608795083900433623989613182135054349385573501855794
315629975595349634789528259616261539588994907003300844012081545395
816885007542268375673078000013186113571914723146390084845329708852
145850570731823931205573300589129839766238970475590432120592631334
894985103462134120335751146735481705850280310966420252508712907655
924750499953226620106629916144978396279128849471750994893154192116
815094771918741127647820673102948422212862137649387365874402596874
370070080773208368583929617208477758093769718051426830409157871009
526204083579907636912032233822558947523299305100007255810548811084
638668962198237212750552590786453052618848767775668529029647332587
237020651796111437400386249330251460280678281673275872325018086231
769722196396515510054177028430520710754244633204559783957158335995
776462207484915109166490088450784620676998485523762880178658398262
985967104739676333354005587760466293822831479408640163613239583256
934856708573453216317374082555355420644120625085409758696478656852
234124565152108421803248583157926849976642987098557077690613415503
939868364726778059476585976839329523271827315724135473678605273364
330963686993914149321371178687118399236694764536457558965456751176
465225878734816604251892127710705464702578423753906655909765861718
670849335646036264492194577900576361954495929317791911721237704228
952656527144182878051962175507984378035230392136569236609338833797
100396974324954765258838359227093947131963173191894102117299673490
629214968426503551972853360725520286563210049589244100233453597174
421681320072462062742928898621807869899736836063008175137260213418
030987407964297009770988317861290098848426448754701533917488338156
997208675484665567497402580591609931912029828523799806539658803896
291531314886224458260294559745486250776157008659187252501078647939
948777793740729282922518308108709945392804273075594554779364102167
599783990403412974625897229362954969999744435849764079530719603302
240143627744645085106555109999875211216665390228003289111354112794
715221370828050460567167019824521451325228073925322537721240158353

292986309670687341068490531499763920047815086683384887874090578709
411654593601412873855613609842979950622728713573248906051064289044
573002750989441869834121967129878079822653531791424057289985077177
158245590265971848905723477682456882472647556207175621496076855361
647809894605556010517515466322602050577097001924600425466204435667
865145708411025933740873363219318562778135568267084750419501386098
627681072027766671325422042906203935592047140753573407113308736246
176810724279344273144786988307480882590991814179449361075760130874
780381929047569687212650740636359268556698681818030862670103176482
878301322924632727314517580495757050067862894814623006541121681644
643252192201980754183525678115943467572198779698269529582637725386
098274262350155940717477681413954498975637128089043607646564499633
138293064943053506238395863034429108036623779036256689248533582783
420703305021535934691896751818150150337182612577456441822953023028
850240506392938284218950329530421857794210302168753356637136773030
860624191245473990079684330946327044920316487462841314871988492237
251918340322794854769196551722148770817820518496285368815691074313
666408872387038885202671673147692013709800785429230280269477160793
285625143750986580021030782084543628673552727697382760971303809401
703710409864368361578350804610683200961234202849805494106680839886
270790588639397372634547879680922079619546484116660601523452749438
133992545360000394875857186181340868627952955892911246378330984841
725387525047171346605404460265187745230990471438365498619141855757
864333462011159873757017284578293898074842046339406274124394857030
091956432314240791526259144057532762712581678337753348290113893264
998667544072347020074411365348570201340166888751854964605234716649
190426291342693947105943700620845231429495847381394505830107541482
607211719035993418428455731984389454626991257948551070146327124594
684191803918103307769204652705880431159182644377678458250483138230
888510952541535070745348688824528794696004094058076362620342869199
934441484470600012369496782903822580441650367088587724378893713967
895981531969176882595708097061601662467123729779600548292987808469
608682355332577866299584817516783705459114267278728653908353309835
292673747825676368130473743125555543204052944348481752063327368461
841823621705522536665077055381961622868917246822359494323530516884
897979654352281381283825130127840876277494368715710625243094205256
981251981239530614344400345267389954733155084506557153979493873782
576931760960580366401579640356795038395767408582598465055293399034
254356573315677276301907920735535072002308399302957338949418151335
515657020924651296233604220838455494037858254021537299864036070851
956212629047102353132605939721094435139566504441085647966734375139
186581446664859566064200222304500537549749582488684869378892230513
502349387688775253327481757791669242261138168473589569089513216810
770280652033137283939688782600733585314597730443451389797044402487
662277166464126316364945038440461465575726244588849141364810487333
372443832170934222483749414105620951238790041528607034083342472258
820373068542618056779088136240640186210760833180637861250440488106
820178274158922660851809817031359024808367725801179658993107955735
929276723442435378668728636399713059977662663038147501609134144807
095007602736422263052282635083749086792070266190616333703331466608
627427714736179628807608912548585050286130456909792718364618356342
137694786881838741708330730003432130056069121397692824559703455319
422631921459396539413470351370099524345651285083076829206289334256
397565953746796328198655379670558398629660734910881286072093628431
922512209703381652919535730096929537286037032799187067069669043778
582861501186914897620636091029775073815034276702195472287348658049
963060023646793585095886310757415529936898788098644516208805736300
666288407540400748817146206701992188831643103683673924999535205202

814214309224988531778090369572557146909952382798860933631450457792
404552540136682040006695849893446219426260115494489324283165153418
485479462190650976672016424095542407010489602267532861395413261524
864414090557468435266745599887817899076602267743621702059645913244
980183436318259171263658644717385791999155144697145076392660303545
114901788438308178699509451718202883404756609735749387077897308463
812732681939748822144167996761996938740760249028639787943162990546
136267421269520605512026880927250375531804566730083671016378610608
639175291121261339609323465566102328113632444359035568440689055279
908814148246788844947022870543239341494118007830668014853657380311
310860131036197715740339587814707602895775920301082566005463312401
253101371778969707657600215304176313916963719566407225015253395763
045738114082398750730810606379439824331369081891398643122517351697
746441553505842244741507045331744873255072070436766484800266474875
553267254896885917618722435578318178828298578792890049658012205616
639321388029890149269273188008750734168595013131596635166647717579
273169849658325936060714676898091692808043857139840870622331743861
957193628000109967838155922060500432792825455948428085628234311585
452288034530832281799700491208471772957918808287708804436690000717
284249683093284853804161177453665635672972718129949555600716472729
503958285485223408776826749019852123565694962536146800949184952438
669434249917239265983153302964126825734170821449830971452883754603
467024794891257086715220439877537051995877212653108371327598522494
770512457872655250390311660394741312794913893817139133858375461118
718461282426510156593944076989316629018741095248579726860938459568
095358113917074793861010511221326417277315650981203191881751335175
975919296253908229053708897739868592487182252769875143141404614055
880615404792759249107989216541542914040602677907553038400785610340
983522658512838200247059396370405637560114289405753938864982022351
312853589587412472489136312815081577665076523264287115139479734543
141535151827784795806237065693532614461633560690210844000562573487
701617564862318156585078324018052167869410976976355337812666130571
731743277800099859285443437770206961803295746722038955889582084836
280073783354918024897478561715226059262396667005171455460164018461
736903128658610854065993553411642187488043406985023574327083487942
375569062871425734860058266887961598277404687330419492871963140534
222345792120464397497414311549818321839300564489598247440144067474
477152115682569578546810272736538819621906816045800293161448982099
069880541363677440892544577403894699646304365335053381625237522159
603972232782744480788121085737893344077901738538442167111281255460
677934193454358864589983688451404899069850086785080717968288943872
467900709546408741699063573810090274081342604316764077607586381746
448263278554975784232806245419965150936356148114073769623026528529
430717670430253902395247956665734505488988221405424140961977171784
099225849778377275016612267138427073857033870075408650746461534189
365184705585550152318754157494856120493798583434378459553655496294
567588900796928062129027699078155699252565663939543360622670385472
237198007182063154023574919078203249540785780862614799582732139473
771584330757591900819052198192963929523195103782118225842102580817
818492925818862861153092464795954329661112218666565914213138695791
713639104184417252456722800490768951776932231920950566383522603991
574612315423714379699511508966466511627115721594935490543048164558
073121933141240333883170550069192910164248453310423752353137076142
129340885560146730320108483477183039799862672765296082026727229547
459781648228000293415823568016793090290728863162425751418797898245
590023082782353044398073984241091357797753576202640488191153892965
667153596686611932498380518023913755520219093978285727595351176839
397689521071816603230854215746307575741804611198213308347961523527

267241233572017816785592745464025117557473537649502938000323045455
791815527535419478763544196356950879662593721712748278550202340560
337043960855500345852266366253662618609506184982476251991331329772
534240116338506616440223097527795713061510079415665905146193075581
926190021781504727702039049776211434625043783403694322620087497382
155726871005719433213139576292221447781044112129367880734683585164
783857429296792000215242942972601814780484380719640477496609906450
781422536184597466310196727362088186973414384327990670599680574496
231963000325531249050404199435696323722454285918755346884390810797
948666236112001975898165677780674123303128306775508918548950767582
580112989797906321705603755899795330800969682184640547217010300007
732461791783125839048101764408743570791664345256983309984998386466
676127393466834442006547672525394669334983111678097394975729682087
465947896779634382108713516018393395451067845956513188200669533207
910277126443743350324037815761258514784654864843835048817952435502
509675372471978292024750903869791502743934743835656634449081720528
457353940636428490432008445370216763889144393171227844919645555801
890604876708832721616476494605242911180761745275231285841861521357
263161776965669233086978637979985464131700396105045850452688976063
193979501529241512056201651947937688365961114210857142015283698391
636694535903614673116616853059755457453849126011357086455533408297
850688220415175774955918899944396049593876168588742256052678136865
440051951973379144391309561057128405357624617833475178709402537198
071171912233209466223301262853316220543596148582319912343115594568
030891761387943553175496614239376669920959382514933546847476597490
594240921868564403009116602112437736698330120676110698260908937620
989957941998017990682665583432475701791411891214259398011596177694
485696452218321258066991487248999336518873467390447271475170123678
274051999731562434554584763284902241316944960638912465802432282405
289676916418316475943672708270443319071939742812465558529936008798
174395277137851493998963404625719356070189951440113586747334256118
224975031677903749980156921428084467522520100511325824086451424204
998432791608149497647802464084728012389535514608763529522877938572
890857856985347294811030985165020537099493209080674043820599802027
038455047175106913653834854200107993767960645367394810980538772075
721228682583184388742623293598007971053295185514536884351990489672
081955209948785487255910360285364308946102027009511507192537188328
064200011957546502432849858640793235462955080980281059720243608038
334441025250824053734750857925488257828130719723099164119826869338
473146687339028608637052754404176168119787458473226735478573019494
104788484386269304039773202150807000430460316774685718546768797026
773827893333638727718751741174362913625820416134115936281337865226
155386282806038222322440998237464385988328330364690930448809211606
880181569072230021764846357876783193492974347752876567923556840443
700818692843661647327870168498654888327085924377642559587141485768
479430386555923406880657236922356042369663821299617039919194833491
798900441348331324331939323674197717186505219617516901214701572663
171259608228911178569871554627146311770677386462250989506460953056
889130488030384683197884094513375630973332393591115520854710173692
516339074767149014177846377918413747449798211203234026043802081949
693211377729124931820728068223263530901418509738280022483408516461
298452981397689688165001745890210353185844071098767238752840075785
715419554453955204805409427071702212783770000304755747014989518962
649568438412356391116750330509300321539362893553029628140000487130
375900252226054548876977151563212418794810584382741980004368571679 7
904488157840822171208029351587828498555486720695303148539135590760
678869828323025976491933692832597849038324158772153378304814141851
598480940144807213351015547465606380879525895087118562464994688253

100588943389629815808701009264980710654775639973185554595047090510
163682977344436600109260370148790117772793270959106274408460479508
630612341361000455907882854261633817505948669180774790586834965595
474865898841782119540317335414166790579895494937719901615800151662
585501389150178218904275209287100056754786442316286693003466297035
917251889504108499073530776272425065731745147616402470454826549633
455122502335201426257785901426637197365898693106174413859074484947
453376511916516124299459485780533132818015521100069669378954875168
856649060053790568299921746752763217752970406501478975980651432691
325214069444373100732551862319019182333317958590772749249916648882
722658856226942290231006332383940437895912125053924966220699023749
502471821220802810476388720162295539578894670948989196233363746654
018894802791541664329829009188011449334373034987613591851956503649
851597698223720224945437803387984129963831541440105495237742875063
832065157641860321053743881394237277001932968433981123476350145596
922292617511468015023884731643383864316730730711205490978367123953
294457337986072801812909076419973718301975520145761947341871789747
033557454010510291802799932764564574277759843361538895294991870414
237814768852083146276879500386703980640535300193679919813660188628
963921590418560203133154757510384091882949982912249361246364968228
784399350722818005459274218285384851701550141981353259011850653886
447754945854237565154955136304417158794653219086863573186028213573
498090066483816390697329008155232314182664935438395769040091160530
973580796633014019887025507805379403410782332241326514023040917174
633247203277243134699066643412546196210153467853501321046908053754
740766572089305525390480576450176834245082433464246953385033343522
449217243982859659117517445614227514401185153969672951276870308813
362384262776658895702245008553017589937996200267624702310458244203
666126393773456442181467642997514302622571582719032596261715813016
533470013395444479730070176355159512246296001733471366477972808588
506894974001674689344935550839719072448422476014623273575351022278
493865227207251222353714653965572004724865435276789108452937585308
200837441534296653908434086492076345650817690527800722283425730554
633794073604961502027668993523541382171598650013054483769049962934
440500888502258034164448894867250079060294474467690229417036177223
994809766721477877235433178173360428224391629389741431524746537786
957605716437781374414659121389578977949089820940621485865135894118
519560491398218610167819976575028706349956127506595627908622148395
216115483811686453595352228637462987058030848220518507123516446136
061626832599845706348778077110611956871523223619585798074542705355
414130843911683978835262638173306959364044000121574467078063348434
428026682433568992895944276769461702385016867564957518839844376799
696140028320016552651454801951058306451941904286775783183838857839
697935870754891623726815960139990648652051220980298099521980838425
755988887952622682417264668090234680934109355677167177297277938599
536991693346252436232353985450485225815651837134992901483126461674
173577969658426766663241469809938190593167684173002134690570601416
366343576995320213157821163515666119929045791932581183688730945418
569971087702339828983038992484534125431294254817371541578979522361
263390085380111109927128621798060459873984521111719053466423437621
822040648336883534462923460252851906909425525854890992513727533985
398878449743710874740439534186306880688245762391820080495238903310
251330563930471120466503741385479355567231288366729667992294961184
751620505513776495053017484122512322244024906102724973567761689916
208876728714100534491477098341537281461845364526143408711838427146
706846996112760115016339207093936188765230955268585990737858525364
913384909799436300227448160962794480278531460243890593486103310031
607776553331202141369245696227655222362764811007546111489209952321

3977133678768243107413188104031757198701388099296639387286604925 22
7708305634424665595192369649035173838550012677733575139948092226 61
083623717051026568687671298869895022525447288327280978244883587368
424791750077975970424931275922851578137105547979386668975240731327
640107547319272589036371609797331978621941694412420638330279372573
566717632772254705582480818115300956117986330430046178170731747388
388689930310696565046652827639649304161602004140512293022635436024
551366053357380762345763903631878025600284526950089030295521279806
574959328452776205734214756296824790985815281857385423616514512285
570710446733145461319737210714084669460039495354836932579754651086
093151311838572657930323512996606443005715805740868944528855816795
333530538702190882338758655665903013711538116156157661081182363279
242838660689235388488524921577506627055318007365836509821800768023
646158818685549978553060486125044585702533967032871718088243340344
085755608146812978614700974929237787956219120202340907442979139991
127947513092094044001019556066084654625979995840775650988608386203
609507662100829444150826504862473165782523290776876681103120043609
218666733144706402544401922626312530828656230396608832606796475445
337386734222074232416566424772899839758436661566703744012675728517
041486983159271132976906061480142142870402795104639594945746671542
581491275091046048859725520655306819220226054627748630626565978535
138763906983620932593596342861606550789366818836448799845250558167
525108592335228217236652678266427420031403228653768567349974198667
040272084822497814063293662415046530510650065454138689008984245883
650805876707743957496825928792032363405506254883736558791163281236
506999608368959470952346885473850357949858027175879922666666358261
917537143129972741362555188467606526693577264606151537852741351582
951316696212564657613836686022272914528390085294751378380722940669
633892747084502051870202768106316500005493296267844288166877163912
925368326885478658553146844846941995190505298537196141784781003501
801913485711127734111729854427503268331302334403753339509923874086
247723291307393072915873054373623869858325224801382365884679144394
495146759074315020900378519836766642418877075358173876346929834599
879538079885406256191061068522904815282057576103414761657181751534
188926688090059335811551304445448476445137602752402782340914568945
450918804062796830377279599812267150402373199236756784507293911976
575314453906859747735204277061819592711648460892695703615426005023
636753128323001909118762129988571793936467340992825480748406419974
411088184813759817604698369945746130126703675949096569522002361519
412704257889307439699138333660925505091862962051320078527790882369
581984768586672668838567265843167850533709407627473046775305654429
908967950919232990187227342839796448535341021918318394101032075794
187827301350134621995919006348143799122097033224944771856824614754
387262164279181658486999566438243377106054644318996415678376331047
745952607492664132631308257624861013336433592316682575857277952645
704419720232384937793221538694713924254117672212441579386310730561
064800875780209023367481784050435910655897489598735917813137206754
028609980458298027000397769534376315340893615478609855047569379664
845315177281660881215670212720346192632837826447710332755805738698
607314397317604758983290964731651334286335632282763543417845388652
738185018085695371129880851719916260473816040100179378734941835838
054965051941462384424156258724423266456834992320508821450885219963
772047135573238633996233457400822907936719017489914574669908768688
123729812717671079098015341712726814345682666688036397492647344781
787326991920368156521359598434723049945053452755140492252206774679
028469703777191301073659038742860548485310537071220992130311109666
280721399319326313231451809569617006293533052864880506334709657686
887218258895999103708953658890444460250062683256913603716041555703

93371115135859483663118650319136609249574473689260946589654665020667437198188176380577883120257426671059604036865194936096851681876819673060952020837550837333869947860957864456399311187059459677864223423561171748946297127469052925853186868377630650176470318452785564324442611842236381428954821473672743602432146534872088704586031375436083192103128410579517190592061393552043995585748201034714493044326631516533663682651585611957559666474326152195588797196231260029460535661773609008894078446962188665401154337916106384504115905459012221030656795939499705755375132146986957756977951302654899883094112179013994789031952487510299600465551557605082924039751995366121560370620818036433212494859878039289650741431351644258980267264764826632593397813125299530132436356375786580306156637610625292093293444460193323036408768993776458463773223580184086843582829088456791273759215283861038618417823642773904741016790671069250229530821601401226308986850359686249584244535187091119584488167351109183449677425191215889496729348176826270701856358824753267351137486933014226104185585200292141120723323423031969736743267901038541571414533419033134255065001519514305049552626670348429744203832987317395947805438753258394811809535069266999056372289707576976091417680477742281480669312258023635358330740486583508480000984783951128186063368384345801413897068784775924842474642009224945480342364767513242501231802197755453467622894435361200571515255355166980293189912631416055577102732846217447689292872897678432680730847124494932255291047182529809017378373945031528232812237786533123440469096534686471490567548529346071344988743222096721394811913290233662220399135562036209544851531640246113683760432626493789710351953317348254334742223741846518517571239197923402308752366548577882205563968686186061808821011607334880959533548194359419022444907831862994992115560369871283487797873939059213186159224613114335291324853332395065878571973142984373307302085372969652887240747033340992474766360145340307722593592405319029345846092725909798685140704616303615766163322604311786331821647064997819427143826461653301368257141937444262470661245881900536822097777776636039743939097217639330196921505779430020735722710432871722649752567418885543204325960369579871368756762587236443106607303981033510241578812426103170945956882955835209771255472378005485060215595299109628527757149624739400110219000576061895756908203511161275079165900691246335262293313290200306464995296157354932902437240213957855855020018099087606413909712342909629520555551168217873873946279998720210108813323327424788345435149372507944835956109759446438215349614584065370487053390242391911839347313607682149510792291066446285334854637290132590790971957110132844726670062314410953456288091496812545215477779880764635504327765085993764636583959508689915879936925829157361620270814906757576088025443635505757779761386740790463762487152569271925560089825341289542595620819428021392464926597976764724336747488701535645612073585196347315354166688331218981533029031667934584538237920736061384936884634340622571956370615374153079634295151851366688326411303577064329006640088901736428086023283704417204088199035978706643171608066659756653586331778071364537548840272583246023004542837483704717620432469921501483470870009551030298430423772598438898026059843805576973776328658673199681908874677642841321179997918347407781248020484446819350477096537308318470205662129703500576424550753288423026421389964350413358859286166310358280051933938372398655258027238597481554410930346347365502372311908978953453766179491456798551894912722443342503072702737850929070550844374331979637333186540155763259206181485920309073826654590553665744550018284363738414985130689702409220457212046980178767375491534637651830286614803842152432650685940565989288065276707581473712770643651148867917800122743214989737723276693746612

810228400609952790761552974969302593145743110293467321296005437369
384865368842435002065608064896338585090070215366439105894721490986
554082720755346302305774021344519666678158828345434751241730529226
756363403071043801532208087664706935940298450961361631778058385949
229793933327384658689617473380292634599472391717791386665412753531
826570321050807067116531431271089227919507634029114601800372963385
830397171488009948751826991749252920492720848713391720709400203516
663104840209892799581594226466058110083923918384962313779863416615
310022521997465399078938544845268053542147788735203710380905949032
616670387262674312077987368952363209398901149523041066464545486119
529579789349836928211769065220213766871092031968326286451257531840
897285518524679187318566194094728174226384001834609765606711917220
419243827631629221589010753860101666194594125209819081263268168033
347878025852888483153300507557627544574331841056932866114541624155
516341343263712842954110382257381016427616167616814955568642930305
222546966691292720452292622086798927792474922669493658381515488588
010816703691274918644145242862286759523503721022867730295158577322
073523744262622291287958294577996346111198487748979509572647498541
291776512601211372425548957257658274936635838707569166561802767277
118140484827754795381746975085129831581474493901906505996721756396
964188400334339875891688965080395999096050617669573812309777444883
848220619558438601059267369830387169345399414321944435829325816648
014595894554104674642097443692974611914555745703925089652502063860
063933260960502271917480936775783596078489233919322112118433160563
715678857066228443575055809888269582046063096336944578578918952111
062607510022596709677669317533180923070111798638733454754845342568
019947629010625306190069798142752728762928225944031512511415719893
751530233039169555201337768042031535962444342373760956092466835100
902963936143298767556501208091070213740611294615215208282693539507
343746096887595589882725392650095684491795840397882980770553942640
946552162558306816076271136487751954998211272358071441112622547846
611403284192022404080265610610125123644100633595638633109787054313
054747069741416256788079529404265797716173529171028576205367960474
474938381324127868768571268680745304320510703941626127835212661880
751589788315569699379294473609016687932103410858742489134007414353
304342265577076991507526154747092975402890220020386697877006309478
538220282193612128511719692329357346710113610422005768107450032958
935392821862767713450076770164407463788372339883740806955060501549
754512210901386165611693435039570002930848784590572561761270244143
651775222845694370977595584233532423296460566116456738744130633863
773357400472799517760305994358436165200773759353404574768907542907
078687763863306378071995687533351868258258041194028282031474461122
821436404453146647027364337034127406680356790753961451925862176993
704490495061261533427908115808202865303756141115409643811662307124
030564137998618372157068313221533406334975469359063879187556117538
371398595860323977221968781243235886485977083717522141494616698574
377950513800742464939248881582513989783167808192426588344442486359
315979888954277807876499992569793160270067737239849812542316149589
446971174305751938907790228734746047282883555755105379071308814106
697065187726872536142661050616612619305332382796814620844062057937
163521938168191505354775009829323134806862328590704000960555103672
959127656670357587237568289389607163227512239642313111593435624683
032646934882110443282398738432272155345080468894346622162270202408
958784537699766882845602701553078611248894927100612402875032974371
160391380395495661803575380433966389451286981272152234520473901039
998767414134424624915312518710097722679967657873528858268412306300
845789531036409356918968770105873120221412943447251024852819442680
540654528750102881442898738238045406579064874726670608150140803024

4474515140469307077462462683339607099526623835525597629690108029865033459071260276811985349268482191652850356585616014817635050032806950402699518926148422796271864468252076542496372729857812418239011356678140279522869367952480766106203445029212392163431823035008137033835810151324623036855921787351051009220371557122466751789389654809060587517333988559887109322602825253557310306894520728254199454382501800505646922945754230552569998709287539010230488230170543936093930499834626250365449971333709407813372281547438378010854147861631815603748468885051754813604377409176659990479806013087438010287780682386451403020130027563359753218980719919445401157081507460827200120739025691740387107151905267725932472475907272582887644427752426184010149338328448130369265785368658857039574807944701397062115898940911012736387649495734961251784366948084002741057449219998433065809446189100668477444479616482454478132847458441928382102770000425925179610197556394738227317003708286656857177490107830016520826990257854346427334760906182371827279952705725934672552228558708719767341700859235321471197729889249946185701028123254371961941429491988787144230264098978091367843363638389270301041224174139206560116568558831787970572048366498697790214305806713022873024032108516605799721245070865042154896234907627307065537674025595955100222157918781324810514052745324773209454000210119874212429192896591956933312886215075719131138714180444574107118948326174837477692126428180245709677236714909612815353486367265151300809694516260715103912733002620557217009683547683686335918923786058288548391456897174906896751339274477936525640099500674120108377155429313344014690486243466556783097411041884255459762927762464924474998307269993926279669711602166370206119887383675904123533490661952217202212243545995574382223724831609839532258608062163339023736811589580477539439634169517120464290825406916520639650162697439867154009553856780616617096928055477936832878520438973193199241290389659758283150465900908123560957423028273344955698144442444938629357271776174709024838985848035065003646220678645282374132704808272727368886117860393278520827679352561776380316193093851529350098531273809496807899375286856807943026736158575972638872966886206779517424648150594921746093738684568670012260710706674578241336811692347188442311968717648856204850005728488175030109198119550332913396202111909637894797315570294828780870639707735324011997716585466964331504589372155694310270860878446948002508763121139432633807182735001852706229434659520858986565117170342178391569854086292196890948697435399503271131009709674407084602939494870962932744820056881786027822885761412287191689150658487027988321445894263442522219014054211607637935128170608397748190945936090845901405997137682149864720677727755829517926249633273735402603140124677061841918116390800909115176833482967946578753834753871138715806653768535073052032519664317068852142288498056682157927982989498796698257608036821165956094667813800364022251019413196531462617538665364664838364604876226823472054273354185650259991369120059237542660961151273038417340118951599600034805883593419407583595395159936912749844116532056306910427122788925100259527962248290241295675885963282886388793096509812188605407207125585256090297263121592479553592902298759601298674668557754044322112995351464994802036463611047376144656559614961668911011111709188246936246183955394232926728282067774804843878969442995877151019558718428063257699776416145943457389815193504427656261432982423365931182126479312564095509349976601388437093187016676091588658885189549423273106606244595218331208770486948995552771919287268167916771715932799702740339981506522551565682151577438678295543541637100615715418464087296882657939929504823349477350107880360218001355974649378592222689442147876507081622904512880579344855996485329447934440738837265533722194342507666649

724842270289716058152630507746158362630484076361675449301180665477
510653931923610024378330339474431431905477186849978941776692845087
185188641054944035212835760651193843493166390927520437593578116909
829257324231335854581717678184705162949344812506605547296068519448
095518782595201652534895635622878925438477666406350918196613579312
367286161340414457660994013174413681388381703214191831770586246508
981325745635741156244405381352844570260131021650218429769322405854
104589120993849580600275398059948569871279696495171270642686741974
045521620436784238095996630720469104855364814046162982606130266318
413341973497686521475247967575752378198325020504927621445188030596
718780063006399362618428939188725003477355501485691141067868432153
022345129433320617272652633098167238529817565216517664466881995169
186240309765412640931500627120652765201555629804337351534568599155
128097381596484182703797573058610499372258425209342316593756495789
956309576269430538982262637700156158214065326754940003180131798173
437418678475981855336436499577748086844836340378660495686512311576
744269764317790022168115422638218240579093458519114487652931393405
342335775332507439783957979802066993692146893687574808638417900068
318073351948114288456008987830283629938999457738610046820191413205
878248450602410060194288510124618988895728037623864859697014140640
602875058660753434319531179031026305682007081488749156576168507578
743453403443461876003176040951124075893295761158812832739191426644
379729990044630605773376371812318923828801160309009805445063111307
481749886415434845689101881958169016781630751044744766608832790235
342731815077925911559496649285095012157804937705611654575849668561
815490827495910737268898329208400628080953553984647567791581802270
292585087891250408874272048249286815328685536159304207397732215289
519886181835005425816000229690285114662266604853827757808527693557
002631008101822563609538835953850411766822871707761061066629830281
227733239829135073933549409385487179144816729083003498138735230718
157818227960493707056061704154073189513174435137712953241892944718
403801845300206907501588384372781264768796632011006594806022332069
751396474279537987583197687271337828537514283055225311455566153085
075440038323751108414421704790235219390203043991697293751428524084
226764330383565110495254382106944410093494380189038160839633620830
159829908908073778470749086916013285939369195187088732839380975368
710991896575096155584072230386519684057026077082518184262787613577
932115099508120315941251205265340640516457322185472860569453808728
642027934164172941567317053391789024469644128367356988373087646076
879567002354091579752296958558507673418152397772740100105753704253
193647947641466580164737625300825794167290550819631840651068853154
928782521872724485944707144628628519816728603957071686941756756438
685240627600942373480185070440304383344447576097569720188015628724
185543971085801202074372603445423476208953436593905834169553855691
220953709059012086750345509462137004116690621378643946304221938373
735355819365517630840424851939046432297565256717317764741761967186
977239277489364083897935044453355869480497388323791231124970500663
751582283708098379531568617790110396680440241080290274724556020911
604473065817986539221828274690774432060805558887848985428401870979
681851071508460051569819393984557452822543659125306709685848267108
032259742547680235513001203856833975865324746657060600419129569070
954976131018524068992788157867094418302626703100208406551392353019
451041503365097157936630303210113113376782842776313549185460876849
622910716962380986944599178274050654321449235578884802481779433256
905639695764854308518561452045896438646053963193551939184017523213
455502722477482403016679756840049224734549951105035176628371116181
695954554062388944610650549136329570764975533616196678013357628692
817627443953660285562158230153112099643905655386030812597902858846

286465950425973432147791281866683133690870110245900748147366054046
547710081618112969501411038347014746777833408383080193814942399482
822558848960508285511895309558404918877769255712745734838752096594
860038701491387254599053712154502834191539683645162555943536805837
472292618542687591863292079782242726425000632913888358990191709969
846407253456568545810764689107815291167793885081137855696657743660
106181607692447026588091511752197920028114744865093965142040888685
945478138214177085942421655396591988170408152511138106446512623566
285427707526387834240403433448222521461704631693498421263623194345
032311993261732311195672465249414197988008189092470030008917546473
292532982932194831112751637423418840925693173154715854379879003423
114397453374926755609590311145793638838288460303300716450143195928
222612218089180782562529041066103735230418999955618832098953825428
851312698935716803592199133892800772369988857895354402785793523422
614143517155473838375785483961836212788167473935250797126136355516
877378031685172090974565169313386449639703936607798396451116297763
078741115905629264789787331960416484367172805047275640399756210131
244170767618917028164698200434946451207789802080428508479869172339
141453491985042796646003475454775250628346157391228512619671307100
769452232545044947955334550537938772595379939934953871342603846351
164384834625984982603529179660866760869258464821052883384906978429
720126834334691949177206384631487675982681873622898076171214088806
868904690604988090132408283957981780013073986993513454887742617162
525269786043219160403146468810831282252675210253160075967248913074
060975280993444537560519651272310275671020061667363915337443686195
226821065608817849821379222060377981606850433370030303649707664607
266293011894007651486666016397368029437706423683145528616120033238
143552773028505188616232242889828707543050057091247317413278732010
112754441840688472235053796881290398757666069575539140088171683888
616352325754066461422640978412463796645581554822358040372434458506
721184863834473086706140454934177609983499668776938613790427780452
105234197329978758201100505766589675052819932646835309584324171992
612259560560343083321000048376761149732215370777143966158812504108
275875704597246615081353499258797404471381165332140458217368234675
501110109244238335934555872377074860466306528902407178631925440065
808042453929471822771883524970117533318555960126725404684526187026
981129738726725829016799646408963908306212613443997783702838563421
813865057035034044555419507166404061876067209073998371020561386339
496593698729756026978145295590428753030366136800743605013546629747
310807319049374607912499689999411548089935692711010277437426004025
413349531903597007535697753688173039321877405137616279346633198600
432130795437523622157858568167962622140828481833404825623045467540
746072964085684747269880982148492127525162810088532467026706984018
196837780898437361914811964386401015886829355822623806864931493601
324067389477105382104290600543143996402709996532725896589553007384
479689538920777814847166495638715930383781225439117726806314270498
617422390557078211252221526555998226214821826241572400257933604712
023725763875988032748200534266711165150370565245630720957052817934
362076923890084309588875620351970901350116228760188566867758347220
753438807986802970644543953960104655229537710065338099542062805891
719119526868441354422627339491859199450934766337960036547780056527
576726436703809853194355013531792514153207382273413840766169814011
628732096829454248730834883426694461333750600577508467581804386504
699081614810566256257288577493073745873129934109688832820097274390
590146919700228582357363964843053817629169291954174348772812670734
809704958248102789303722208860389306414221037149139374006044261379
937670221137464603243646094203855391219460428464549311067986930062
485868671034190731450059706348065967374029869736085376709472632623

156560098528201136962549092860058135708238716939149223490019050958
517161625673010585424724046237130874268011980594350546883513615450
395477718112560388074910929659599196738793616169394783647925269308
028482079243785745473194369056744145140054017513418942111802327606
073831200088821429745908274533661824907932632226045418903246980894
095763862447936349826087846026371329194716635341078099151597866128
585930743181439044775012687793368504706464686225695663912516380580
083530198667545249215545131209609243930197083481668625274870377424
977014203435858507420893728847060082974489411964542762056436266242
983295393361085010764743962439910623479091102526495505258166649483
057161893221131826217766038491925348309803860179256313609239879292
240928760724659028428715388559631561977257880747152475579424907766
998189142764634554283732060960644019059720952292140581233149340575
105870366789478312150836440502187286638278692813107599981319697721
078481070100952795215188586434776454422669928403528327150986629574
846369730599956822863440495064353223575804611459876812235521605380
130349894894843984754980133673086808558070859063762979361539734521
425184322210510632965816025908452220865501043064712815086808316137
948239500325161011652750504533301318954923478401637363978571842681
735838288184784694823405926850314983080195045027806485541543699398
172283663405312842064559854236416337195275502216758454652842071436
506249678381807732802697392259607536754488199108357725666329334019
303551187725326199389357440176505439862926980957487591014754925262
845211468446373387348364121755914836914967266122362036905279404891
907105911679757416183157848647453345800037599162504186665577416293
865067760643899746236612165330638785252413576152671006971392224358
923804589610628988061403096838763862774609962370883522794115115086
256244284023947385626185858561878047690620118207712852776392743571
729266569136340858294064889807441414857110514768969584311334295890
081269940830257318528692049959882331603009458644081825253929898618
871473520687330745078796891276049303878530109877217604144162905419
168828508541407318115989722686719318833523913459673023331860825126
163001300270671363062720187136267560551089547309355571956665658747
697493827228679538510281214413419932862822952555883096088076411751
984783430875706010834199682559503833524628857683335214797812555473
181668670744678242980805112210472778208116356490062202675451965155
634689189596207833385240678433837789126136241784367684217140035445
827042254650628904833822321480097756866427870335818693073066998001
038726539116361678338569612876836113622650003521557431006924833647
973108682220641990695811773026565882665186587083645302479592137642
939296861216026171600973539450259536739385888048255708773833333344
155558946268526316597621981237049396669362423704635246426590077082
299795259612077589827584559015371385217962227921339645430041821777
332106736835207891389220699002274990343184321036175184889602157711
644877222830175382512110571113463813137746149250919957319982891414
428906921960309407133978286752723965398349290070034338423801949455
857090978109464933823380965823420056000354228093017844044839887064
769894689837693480823609778495446416811274495287513178297930201368
035647574255805317351647670172891526432638753834398896248464212617
266929739880745522817894675931741798173993448704351872515528932071
623822375178564104490232850102554163192562588972119286816890209349
190913690059400419210194598092019583813352247906851428211904825132
169456207081494891903651936916620222030644622040298073019888307500
093780743595809458189832624696789159690515885460437712974371982459
283038035396696941721609907012003406017414000424400715217294642316
796353787897536218518107477280014182550442700850069558333097502909
610900594336181133765338966052333717983298437815618367290078252510
509996810465598501527792937387852715820298839882303960144097417421

247671365058347787343948963364050770981195958362531209501966515049
920282412763847344991474072020178313238611301040067528706028501323
426475039516879077667601926524453987151817473862936480571586958225
354518912333276433535893565376418513437487659633239637227784556348
801260898087167082966262331577976279898835498226934639488399725753
074986240379769689597750789729963157850377363905476587976657087951
625556056698033970595044419470528060956839838391450780826785540194
868738780158225430291760755973322396902300138816270968501514885930
166547385106611634591759621459195252245537263136878313814617132424
537049902078364664184880241523794936450055741785335383122386456474
553168462588961469004095829533176888323628211944602544453486346191
962040410848147588360341919147377514295227102456531610102901757237
089289294090194811070754056417986020722820893038189878392550000769
849233823700446705138287445154668614328516377861872072120289628522
487502998413519195621203155600705406148230127334180683234989150273
439845730148365222604228256860714851516680742137662674277431964146
848157250365604171914226604164811384678959808541251429993074206208
901087684488495445529927983654838580551149514546844982650169015367
796933245730098634178789440082746500505587335079354508051019536724
619546393618925157229957836518963163110048074822189313285996193969
716975531247755201343040297831049646479205774988603342287010268838
890597659584122809698889075230174013907853236574801408783640144579
788852895332924809268630798583298659747947693021362092067705495388
176410603238864783209270631553750434034546739176006636558089636133
475691529236838820052450091010025645383149972487710444480592150703
198491921665039122784971271624887140727537213676381205579099167143
831396870341569065714766613865087667688989637024404700151549555001
383983911746003560040954834693066024932450129094294913551412858038
382903092427149171199636436780112266345428482846144505717070805731
981450410020194489559421198842161567541649392309125827383198521874
595404063834060756500346739852129739122522255113300930596174736326
175972880708623966269921398365797457303779029307639335372481853690
727106012120033851190955241945383033446914882966138106627692026559
160515042235816414045373562911039783624112950290650818233961046271
549809539979288663817463140156834149244076965569051907302242886084
945187132527536273193280201757919527871435072395590258944687910862
654643899261283508702089522647269673393830122987992964335680540192
519234866605579778480934967465607414242195132085224596758430864774
360130618507695797996393251645425065513842872336442616229194947972
908070070234029458390398059358452586996572100843397432291075562861
364280488432297939471782403643466692630235658160421260292323500941
018392210804109882155091198806771687010169368544960201869165110655
234993622008882221897569191964092408901689530677800277205611438629
718845870277918639779038419152191121520178405912152636197320851821
102319855327659093330894877527283591885299053299795893914388363283
373286929171873656476007224021442781118887741424041504680813200860
807452625653022991764049036172071578185970050253754243228106193944
910437260582466425554801364903068068453282063846520525149830571468
092600469506643018730184020175299959482453712450438719624557484277
136808207315397858387740374375989017774415052508553800731486295927
872664383822755302125068371375986007490479753092273651103892157420
109243392760332042592871942624956792651248988100962790412554306461
077389745723648556276869797956788216666534132099715497940088990216
928794349610661632535447227274840795123657447228813252622293215986
301509931022268523882747136181152125942570636686651799219050167415
232328115047806254217948027368319073860052940783081069343833736933
170903899790350107149295422633867746558294168421734101000869115756
597966310920215467507171864568410152206341943391809834914894381408

679808600939528894811058396652246794511441346471256131816471118830
453623403865213970832465028766471842452380226795343518600532111761
081800436002776559073310944286838045300254726949343607046390316633
676869320568365807853355901587021706127152074619984245720089630842
962745791075752505375344086868205300950277621914826387188426414115
481153046367271444714843852536766169074517533782053313798515263528
524342814737005125522582291928578062051128895355011431491181991364
915830125035833507671706813375913719635655265436257557880718731726
664539630536306075674971768424021312201625996296601404089006069292
257640507449291716661403817773815104115719517238318451260786986257
106642696714781849620566484037741536460745570057819409761652602179
995888630758083690557831375763180786116443206099427411729846336709
461509299231074328247127842992318210689966449190201456339969029685
823029166323787932769007152416522545722906388786633580218882729250
524869653473800017783712727301338656688020428446356405057298917201
286017949548271823209815224403647495615149271055904689701772516636
021166278546631717279664089447010682906348376375250608819619419784
400582261255762176289270255666768909515583514173341130440445442947
701746650167750631277882178962522387696847119140318153377546423357
315108035665291524325226734189117284376056435983518008859647853182
927737693523636339135977872885781547500897818004970295134515196162
071672981763384164764218791884836022402292540394387671200086253340
953559106355081658199985287993082953825468024148566475992494097403
663364661212657639792132554391795452146709985740531122351138519482
889399294516494935647628383652945654746672339795514279146117785860
736002423372828925419204068249689956996272541141153594588522474390
359436886759948748901041044036328022722811675210205275654774570671
427782638796692433810384160718958498630078753107949048863665572443
823644671770699991751528309215631707053988968853509028490416941221
339572078147532585978615682928372752658980027130899453350212386661
097492308526729022244003916011424047404606249658777552554580616419
268745441992592874302125853464598710518137462676469381648815755588
991775679854623693197386704995839202180959568750057801796530453167
534327278785313922320158239424845187261472867065585209919014832582
136057160174504901423210197696313600002744890116606328595539998289
257284185515710679199394527129570003803063095128975253191082536256
955180915181977704788147641822234633228121202754290077307278745570
602125735837367484393083962411303455656214590077178490296933649697
723249452917415372272887271646458468659372640833544149809741632661
723401421459028093304279604554761185888625108944115803079063907319
753851596305389995869418071202106835013305676247554250213788919319
247140274665090609915337327333875972735227520294950513046440462166
397560878761068219612629237129656932186896246311211552031477120299
605067112678170156780407342919545679157747917472674374722177837104
897278600757603854831615553654334149996702954742841866607795279577
083601215825893141897868286579188274034521199129834413644937520696
134237952471823786712180176461335697453597250365888750756028581703
219196093421559745967408505573058707295469264342519452973669741593
005110714868786119407890192799397760839682382107277023168304381359
612386588073895490476486449400052254674457457545144172807457911281
188047555824086343145371605862958596872887208108512622058191242267
126080274264355543658098900997597602249090533221066289349478925892
128693966763437048270512743606505110923288546693096940139781977297
187230349364141391068234616572291839092113439059461122254525933005
539651869751071653570853374686188045247343166394024514150672342544
247726250680967986634097830339030423464209234824922345030305943020
846761045106363520597720256540874688166396681980006251275287472168
793591933315927969524198256173987009577509608159692062695441052722

7151969932220814157737615507474064519063798314856611464089230901993979171748097121745347096540563560433126333910893809627984197342861697429218784562724497520459774415923370291545345767680433147185170302226925633579954616873829989643076816342259591327597241493241852482856355952303178216837742559794604257539224122915129045155462806427625780700656628463905940019916034522535925284211944683327687078210771146678462561918524905195597439895025588530861229777123310491626244342988987049272338267385949133822144159340723157757012109312994946613455367293656657359516632685032608091542330585452660911259918350503797834412544365824252513116389905933601579082852683144941722201897000061097237351451503545381174611777466812784085146874384505884817283497964021549398006768042513250646806416511092012230684433323406374577483733669318161534317475165791125547501625423465995047506789824018362037076611055546178573809800222999577164345697678465148071492116608377444447967738462945077029835876249278752785145828215823465825087725065987700996085841209223302659402319262470781945052424114973992052596063457200377269646046441813257357320194806391477743951842585148178667016386524583311215378948519778327330904034919576159485348123777664785570453596207180654885515794090604762976831735364310955462531435992349513055238503814737697343935956989664304702025616134454046035148672829075941127594904854888115799493479486257388587174754496724010999027193541821670763346225936087361766611001906479457397947331554010320290753402211384115184253799022602304416439857297025637864825474221947365760564778755372015525705159197207593261655669962251886552435786816278437679948753377224230068779766325305239163820187999065798303258733992913994376989607238349540504779494657773792522794959050589991601361974330799087935648261547458918833759098769521078201976507517187343816957168406135421193468163787026257264458381184855874882417019769569098269300374045157623089219504259157511594491411036174959906923319960015623806589874142058717221660204899259015242919797115027879003330687601029448924148231491571849683989135882727229929084951697097438857651556857512321438473813597584745770091438133693058075774295340429221757519683523298030926777369020516319797252348090354318688366433898505368066171266902102257623513847255443977151873726425212909994909330372160561419900653739000137497165387474976484849995637706865209707190852562017389649477520699330211727120139261959276612230414228772994922483680690780023182597667338509112570128450451745496217363887013289456342712696581520463213147311910179135689581055994583855280854509804836637192813810481908215789171751611971600419985300337593543613622534069589725325180545750805059574159586748372439971998968422336614882758541418273557524430910886547791070492406553278089058768936949926333761690670393297029531691406813089793447314203632881894332007115740815275348210499132695399975455951939891036671534057494809749023499891556815718676478665605253106991473430188354691377074872577797293625911218901396645105027025516301417029380353602735334983606025128542839697537855224826326114669952542969370995148086963734143609201472790663386619388522760778104724393281217562127907725362977867505078235330119515479818311271526217071825072854004525420911087045718992533438877443266727669483849179111025321966377365036143903072417761955597281560919783022280696301269729171472081957629716001576076268052227656938737947898185002470561040891549647430644631792913841894274984881211912358671925406419583355453406371551488734569020357387448695716934701896363046940036950327930705486579421188320847088633747156506690645438335874033621258580123717350703893366422870007690082775587013592267382760599597855575152450165449111941363294644085310890618026895989841426384257568250107152964736482887926136514939496166435363774817743220518814189777243597671857363

937871899702138198388631244263533685127570698711647026544283374897
367752025886322145930636402538434806268189008969049347256537805072
511896592654528221226869645903021315238237296717518237444915794243
781999407451630762671736337394111360655639657452982177904549511164
895291800438859252851395903825690251206445307165008172652709204726
177275766506943007238961358236135066098813075035235472461037000225
047282359245657171798986737249898778767725248250130654535434785709
592987538303967763102969846506790461351002049548660086232100461589
795224607224401566160273882633445414889469699578720510526743479323
278193510648565220246611584806631661201133699385458778365605920812
586566430576418406466427959499545777414922502283846466289967107271
030814808251937618008881975889696384449132705863643483129243652802
947491057407912322244463045646970584043842814802733429724316909633
144128775390936380829648660187482861034504003305477205792708373729
005939875453576040513177566682688473957310078507334123262528468151
300009175315012983163401265779803762070345030460892055837426178926
358837988824196140899674128791240324888371054599148691601771282127
980105053368370132640327523290047587401197417521119645956610654147
502437433807424265858723409870918158605116415293232689277803535502
470817812204616724670146043795241595647394180150296331348815684881
957908055112080526165743733038052895312715941466945542420876075955
360455958606166216230221020100483554358189686750330843327755853326
324032594259094855067362085681011331089455939134124048701825069182
128735305287216281836687723376564217739660875996201159611164724460
145129948853025772486198831787606029660941950896003568301139150284
369476007624218563853895666325643335185848566800297586570029997553
081086346957659261615843022495171427192079021183123025549248530802
150707514262303047229930503388069046222067387634469367314949115290
037815164790225955007161565033381234059261201746992490311201337726
317957302364874002056692213912879141814492962009327713737401194859
293295595577035406327067105671055388437767773319354223512210446588
530379795749513606515516914292333810764363990820937127981593350169
334371223100179667125831822722213266405283266191858994939053307557
051814524049078513685914436892839112822269243569796940604171415458
515999605949366556364966000810521037397596882328433583958606949222
915692284870208915424478105425811949279959254436975785548233047190
362419515355393825048928877223889443594605619943079723140763465876
259844638228786945998065348316156199044466680803246491996441694408
819260208994376544980958693589438888061759306636731691245550832688
930426719918825436308974033603552688701296974925461143871570086965
217490006516077946047553434883793641419756886529259323136300374200
530570135706740806577129158398438181553749812209913516884925463303
005805036352962874014917326075620569078384291051212201519299025268
624488411522019566364224128414969866589082429254269481542717526873
268296559827578455519178308167673138901631164299393178336656116477
772874580386517637844287522527974398283182131562205097365694577553
120437100903712541466381988610466722664956805824954217519094443013
583881245023861927628230264808571815001106357752274077962533419957
305042643492101516251349347193885358066010320758078127139516382024
200713605363987013497583505345830940622064378032350444735813313147
799535474472134472281965693281122104954119286769357411339631673659
537384447666412710718698343678799444808421074704069878839366325291
966459200005143668346496199490796671645023296665824910010116879770
752335958954598362484740770290872089106914695644001109231274286111
819148720925928468876708716058072226691632394590178721694608523206
832502586651998957854255815056788836240471990548814467622692767734
808770957745553986220781285268032644062861080280605846766215035000
155691104332705654300496153264908407517618279949513389998724910823

38158230590253714534275632420859458334669599585591584513691203514
605702019595742615053106608768045311675628858465545826163958713803
288244102561049077625180540885700626087705889386030335321058464632
156084772701522512390559491382442440115033813081127662342289809594
850787481653626253751042164332135701668464894465620664039771546526
313571443170118988266296083876181489497965016924348491709426331334
756270098020859962910110279748715332542415217083867853411312581160
000710184257663407089202472350530894656550062507070396723492803785
116540047257255114838210682322878985574859193763768063736676323391
437098692552582615693677367422132675291950447458700891290160100902
200787998646675679618756224241993050536402665462751298490287199531
348467272599252304047164370772202944022224858822125165568129374205
624954104991770794263159382090514043418653976132174574065468662211
997350187729923470879657024742108666972050522600253050194282546523
040217028178768438532361785319506500922212419715348986495719862354
772431819090627999519048289343393100049052335051558297058015289510
419906401571328242935479202998969080258508526150612610931425330891
483045475723811888431500194984416292896862139450143603436498526174
714329119982550891380302560514037735460776305662968961599850449485
692508312316321342120066474028631472175641120547645952760611446237
301187768107574774756750817584390559603656238948018072186713097766
661531077884702219189971936354265396639740597826834176099460668169
147561774340014533715629782864827797095443992969906363515252879634
065315679983851347300178458572901168407733903672748351319628387500
396273683558607544383338428822881089340543413602058226472904501131
641063435252460820533935966195805309289065406618160636794628018798
886908363031393896223893674054956726031007635881837861836301085931
186908079569476810149948672442235293795592343286088712315548022378
563300699818218858630576799138269790664095306790490091908096019388
357928700496824756029891151491097500775200726485112091040260758068
393441012987267489779448369612604854627092244881897340098887261104
675678559481370470721653229508570847052513666033327533610434903113
455026957765380898665479471336831320110580824216139783111342624792
608864439053524237339325595691586662376696709825466962339508081276
145113851508930244631132250947522235992787344164526411274026974173
407860083293505358435831374408248646711433881760660681648109769778
454501232948519792628210313101055025332552295819687824359254126619
982095168117438629017944294651101655599128506246863981221620356549
991975589289431262651218404162784802308182519861377930722329398281
310340133947124613475711643573673998377744361842182892756470836626
493502953064011730808395061722284472779310451289440217091172437029
723195118785991780346763662985853854345064062521326462131832834919
499864980726432378461562662993553737174510456832371175157856118212
419236346399889330095210438991725258687498597005459287823650428587
220357554390878665830986013661054325784452103291982025269483919965
844950453739203591811577320508412426549014558985846584043138196318
725883378940205021919380790426344275429440074389955242171129050737
187846208862297613298012295858993829037499632039387154923940677020
109604808192936818484530855250428136959683618967432186278860237898
733105092136730575450432396900107395741543126869119459897322241977
354901317542436757092278925750389662735431530721557080171668208818
323217752715050553241677902599710129791428473494959704223544636408
367376031925154146253615879057901207175686296930192502854304758697
665003447009671440708467642992168313526298385469802847468394019493
712767406199394392015263910620260431324561535528204151224995117923
018408999423635914833940524792052591243621803585078022164543220221
928840245220850135693239360204984777319030454603129936943603232371
570737122855576789126565647032465918759929265290856389096832614371

626779021337903176771342278115226018093187325444131189560386326381
1244781893221079703978082251771140124316506156975431191940386576951
7637673161707615142181103079241631602818180124155723269958976413061
6447454969842867767624996288848988994585423071219426454576787245161
8684136241367790073180125966644142346124875444557836410656661516141
2566132184133782544289187868206982153687858232361743929332812895931
9585847740391384872183944334335158341171168342491918075962633086541
3446903620477397286903438054858496408159470399806194745691117486181
4476009115573733711194752779039323000724839310376365104026975506991
3534920313360866933822034191164946679766980261931461125643220566831
0166626029926087223240594783640079707611324454674101760781990793281
2551327830638080059040286427235276257760046393274235618111350941751
0894139938325981126947677567543583289806835979656539034628304616781
0885075499521217276295169817723342273644222390926775324007831632141
9051560781191764239815985639055969710426210202203487847799705646861
7913844204195923915013570609190041199328685468164945213753576298571
0017007410836449803362947465248819016514796131720529111649710629511
9010884625152605564288934187430225252486719374414830807286416322861
5495415346269807939688487720110699596740500349982718336369632697691
5092763962270674926669217799968055812540075842941252058133655771371
1758114072115821814879991958051991173528404711369217859527033056401
7611167743407794398204077280335672883431297657754923952125676883431
2405309585358361863905378236650104337031921739840221747312637833571
5464356957310640951472967984487920167747040726811467483511513922551
1748912115703647180192471937694193966565764435907595556481512156791
0567658249179926782535852247447788644063008296791478865654709231141
6875576887925556010607007883473395234329030331766628421613148615911
4682779503704817158596557046574073873863126418128538770305023778951
2860884755419231599085263001309531916553402905929887346476928394901
6764076597259083305241369665495620743092266895263172308180635664831
1994539704634059641689974479515728766758866297353850853612309677411
6397318750522292437721460953230204703020957785300621052184174061351
7615566814143018996504852337442642258905847695326685421843654781261
2045920194237701662783675718773763378131296197440764070358409041871
0390110892050210490784641825466300318854052047537945536035936400301
8200887227036537077085273934027602593851195312658849307340629609051
3943145566166517686793038483229392873273016910824566034629209634161
2810016398859864499966547327552987698092166576163890700968782683061
2474639514957445817718617904103194311566443004744536399079266976961
9170887354445660751091336571206496059913950301729219826983671044771
5627456996253871918377127968295654398668973719240215416667249942571
8360378354163089356882137201327284060752672117051213401375346741981
2244438667589796912284663196933294060923570240338312472906441205331
0712199564103085546982900746532599039309781934126378803949617562311
6642519998218841412078337616494256444592970396423210263406106934131
3017118658119045595346529361398515539823020308266228959178076834531
2346331958439905492497525059796665126857834478910319711859276465391
5937275929332765824425731102811151681411799954943844555063988776621
4445761278296279433765859360503621498720295734528202884908257885001
7561832258646308188435911714726498127180373139138589722985404840011
8085046496908939721450882193414529801674405187626572929044580782481
2227222190419527455502541125421883100928986858571460819652791174161
2769933800610236966781199321215937676924342374886959099329469582941
8357375847717493529576926279312905399041113976787140516909041014441
9761832988493621592706119796634696507220599139193381005481885153121
0374029840452766339369641176965961895564201791424081406878263316341
7465190435302974074219157039099072630536224574250751217848463631821
4207289456009958233434407090475344805059287747447133083432973885741

365691948715731637845093972021305792610883406417126400183548099347
834960414259469455484599880076788026603426219906254945175343249619
418758909047637705842685956077983232161372520391300885480926371233
259635238426080062256844781902575027567757933593833924027742116916
685001980301891081185414430718621465530302530874395354598530349008
875353576446577107889373567403330613487754682035260517724849305508
4813043899780203989788803325222626959286104576945778130759785915222
259654090218413420425478657480907355060675081890958161096307419362
389537565041789585133011130940743885760889230768132389734449083657
340390725086663908612335401295824274459320839327724834466544378431
410929633707044037893755259667901713669668107687478016546728892416
176197048280123555946188536297944217362440238143298724979488380996
573415026226857045753937618640793558817304189536056277669339421551
198496304824331600638370961579010717232737881176751846742967604690
260183087399984590943990897991506819771082181764482905012342204139
023443229373371569716930693800924144759611699145445183793902093575
224725791968819919903473479392573683217551096646645696142527743465
878085464103156988160339626543918599759131058221880352506890915915
798555339548306784396278857135072692433011331911593080177585009977
637901348754631194849690058999458259221919894493618160300612362919
552693645886903382663739625986732482623527581309467245795126415412
412333224109485209631491860603839354913143564757632340901893196839
427089353742576765205402409121635649144627424899370814921036632612
671055220278153190518120838578869906882868407676489401257918464457
335393942417816671722968123314509317551664070997893966375799162224
207214249604160798561861075546645192032231153174112441462325623048
205681535897413896597321145893400997992530885880960006646234601132
133940160175035982512267163355395923033608342753477231486044442438
576263675150079279550213540230485361368647550005570347499233841181
348175222302683487456072111770358072231509995929764353219569323709
661885842175593692971524628630010754082179814356289296381212314040
925114029980940402323490888855880564652027661459881978597766720690
268372754246299598391235207906845553590650245288496489679466923736
215623744201207894274831439336504915512617695583402317993005097138
414209255603380304526534147588999440762603213038627047720612443619
370777535000448723622343751397980383114151507549772043819552737108
044216678765545502989379840959464544556050978917321156337514714764
746841757639948573325933569601783467151221844480019046767555301279
039238968746424737300691852394143147360282410591109266449610979208
450327278154891164906013133850879613664306837903050955681593774462
162296689227532396333779844893818472628300472314627286511025782264
273782844838976097302514180719588049998035991739380712085611331271
550278558473260184921765260786685092148730642904189004924846021181
587501262449869393785908870029830889961310278167908341016249465705
921517492446726194694760392839047928909251029538311061935428244834
100675625824862851146843118999272381915878069021709654789240182171
504039382553675010424244890068537762906962467570285690579361570521
242533770146437439960599242938994412570196324119720706067572358522
529245988904681355176228361383975251535692452256654222427938203274
376179131549015506447412705344091962400099046834073646056869242740
612435588055201253814881296282056370142993530543726081574628624530
891239325295642963072313859333759556103774854510477647038349206442
125375003890163807672707750925950732728879830720381706143582065158
865531457885365532486508845696617160944113591633589449710048657345
982618108400122210911550277517790987716803999267975760526781096405
175303431378626872683037393006004129497702986201367467772202117432
062368089040212955273107682056986669490000532591808534180937809057
408679075297040784858937168738020559039904437266948407465513277990

993607002272336648823952762574956993379013733260275285775298539883
377462130112566854643836972619469763089870348100211259000564253706
049103533483969736063181859272227608175480152370312117832221949361
931761462752448826138710632928673754687346993297813469399886040485
438872243404170657812141249588244795048383024971760248590491747800
371587613917621179670219572783841842292334545899594387250309344787
576957851919956658483945216629794850864949140465667951180072310380
350014875371155604890875426744329862109219797475717987032187482617
407986452913028957450456687692557691329968857316295951540791316458
477845453548523488630512253400372102142367295133784985086903930875
770202492310358157533569157173565991981246952657736011879064040410
160183908155066268457597263198130969412139350454770177115377086668
195487613199559430096634289645507695441169124574533345763646473046
195654690055997476046306239418126580426810279026409854359176746549
566231024703806506612795529836218137819047800721428636880355322453
427566867003076246326001320881814932479631902196202759529717181516
210146749516116626518267875254622397163987030418685370808346894278
871553394627472265269889727110420561227910792589361050848755842649
550068584149726602535681515900503377024513441602998925360302025070
857167319977848998064659093567037826150903772871827721947705987743
363690383058594498290240367365982345056444318917544786852328031554
409687225838835221861594548376776102759226683804747601937063737158
519247511945118441558390827244426571257300010805628577141456464119
093498524354779736365746496741040795906832889784160814453506619753
768856440740381545993869640105709211053262947386716629306661693275
387712273018755196360852214596070454906146238066785918305177392883
838759436655194835635990606288079111870096893801382302793393841247
652757288565129975851941835544080524877020940851041725699998265759
881218864513610777658519255610110515884452152637152090663359054571
335050765270195801932947457129394495657969892745255133176900306736
899919824797563896841471400017861903490639168347091811252573196013
662586308974548716428722565516168724379892124491917554313145172685
685815099366793687171590489746742162179371385070100039684863497092
261036525785587639293532018670546035850533721423948689127590036583
662234113309595869911594687963500368182519556885278062799589315103
236049820093404102336335938877386723912294854841690715111594928954
193425111938249237541398007886900982943379409965710874601307757917
996477181136567813462457528648544638531775865137550706828261208681
841990855830666003809756049762217677464909690089609078269271819499
369083790254340279186471599013941499641251384097248205657047761921
094828365278009603870246121333069133522734831987983582192886885803
999437934721202064993092203063249569856920492475906249845603288022
280585269343621419582926497840270514770684230950741484245820591490
963522360008744914889887728615037365347643448091611748829429540580
659681736932271657821786137003523335758991636795690651609048206475
830925086898157361266580022846585157277124748610804916576008376267
822936590614908952363249698945799870000693307223396103693484093095
393580131571487439186650790178369800292739596715508139877948067149
378637293814498793996449485254565266914765877577459532012465025176
143157756196571329247976346347310452914606134934430214836096193732
506280380219081720221706051655298741066765847428410707934459375464
745324583857332760384663799682186535567695677607978650619851660055
136959264794406243959300225887920747628783293359073897229719409522
837968828491156446739896703956288207892582076789454435700415840320
115789429950026067010427367391499221688695902136362057105185540614
264614346948489810765215409411265451072532846582969993534358804358
404544871841108573908074048097208473217364763702830414205508140539
250456774004090488410875456114123651437424219813933456188708515395

9099514469737316300856872341157022485538612720123436800040690744473
7228819347509638156187357628838783723104239096998550597034351804448
0051337872193582445695192090733060855707906000979169550600434826680
4707660655306773024549453430522841972883771508510000773589213692002
9009077138956373610313113327912545038175106945186877607904993905888
6289126875629504384607173047434815378135710255217605871411899655088
1152573171290916541327268870756366209167437405325667498604369121522
0238202608977760380636033948259873594261716176175795906450224057155
6755084629351646703197052233994914423801554373699638526891587795333
3564526053621125313213831936985607323769812353400044172572096993866
6398140375228427217368261019152759708102143510916214188251660071255
9450558224922785728965239941508784933865819014417763324106344823822
0701632742422947793432366795878784189713293412710778485038192851422
7588189167118520822309144550082436150629213857322360383632162526922
4732570254095586466597422186261612656290792583216077734638250569066
1968583486284030835653059599620037883004967003162800587526934728722
0294014503353181274350254680383095941635709986335919513851645234911
1060951099880890150868537791544709503453752687956175706389123811811
1536964952425642947753379466727049816670284870812030272086476343877
7765274099839382214085787210004521670406815156680165161284692675811
2658182475692950953459362107431666088218660688042159742354979232166
1769496362070169580390073513036257853957415631874928332908721784033
5752898773875911438491474382898056648997461893617726811168392474999
2151564762828076008950347727517504223869802048588470812907412600911
4355552430533207389886459764078224973748134993943224836297867336911
3448978342688349006428692583773546414557186955738130079833646240244
0760273519153868513770280484336699698960287508677611511319341844233
4687665760340121066581613112925145968865280686868432698410210324611
8132496630023815537268390775333530580728760941806778436987261992100
3290757321475574191388717068346116466865418932682800660003432384722
8295263188567587584512654013708946502441571229401342353026714706399
5062424375203952530888419531874941761811206646505785687140295511455
3270425480280927436536470084506343872393362582543891011015459139000
8751886655076931213934880050552967549294101644213315718569418488755
3727423256690896468483726413181168521530461425548674036239917640977
7774567790586719691938088568524106404072520973699642104586921046777
2180150235079107136222141632916960555511661959388684004873510810199
4155579080651246424636523793928940106144624933927145884919850186311
8998807505273766004321340227459893501800963086055312475703644077411
2796703219311054271839447153649738723377962957177293309474508721933
8382889219886919877300736937155679832048846155581088699487900208533
8184720311985327041800659928208560766211591968530185542700996335033
9248631253397164153530971567193733231029268501045322879955353253966
5360898463211820304429522373222178747098327934350131192404476240644
4554269150544304763079290442013112438752327774620357754559740904577
9039286559126869114426405179065507340423641215067978752603331758244
9079372770477644334247222529741975834897274679514557169478098505677
6404830748863929632585641743580948304808544015132086982923998686122
9484953559718316049676370819928419281902067541470680575172416088766
7290582457077378464211433076437422975724709964033003141565110190933
3023652097889854725433666702640637357382104808476352699882354433300
6119850063470391215975085045681151788585055714739819107475044498355
4008207962670771682564095257888531292948403097980686789643081337155
5381221435840305440071128115142461380296465375502526253439176380222
4458198877563984666425409719932864591854499809958343236083338939444
2387996004474769383473061942768403727317207123782929694165455317655
0632177153848447607269977731242799435158568611087455559473523631044
9403842084364362975210036185894080531684302223373425278513695233422

5989245179481363603865888613210857485802585552604722356303522233330
7861287261532634304722990961270968867393119441880737470658102216 42
9200000387233415797654070413174977759756614324155871348937038664 56
7375814490658853608487443526931875924005181129023090799722574709 86
0593941880647533873797574543564267692864221222719874404424576649 89
0950371661913222516079762541091369137359838071269479136689424912 21
4508524782330047186950071468876863759828264572985103957474113093 78
4763560186680525151222779366094727416541509339708922146762677192 36
4436422167922332025875801461632687890063119132031268623536004044 05
6403766368994402333869441993578534383297859803406737260732796073 24
4501454070738960925044793748831341530266189608829004920547225885 55
5808327054111491554560277093743858539132154762573180254036199725 46
0220107088504197530423608131747302784358784758583322048401339913 88
9690132592992655921834762256264285443280821238558299776539758846 91
4430515078591065092343999768154299464339637063096516272246461322 40
2227690258283301867806246063368683980635704542731545511326840232 73
3607524235534235237443436085277751969785056063581492813874068667 06
2673963757681266119570669865242700996680844617041400798325575663 56
7947576538827072754791372579991561173069920756397366275274686928 08
3941801804728509579850603356926504452010621483831408376716756373 46
5897693359351766742190106548359812066032855783179837616134233290 98
2292397474629219754123014382446314348355507397350763336036193101 61
0748206186113817693432787734128022264101309430159976219857444275 08
2994215606206552795132642628173569016294967613946845049693469651 33
0063781893412153033308155210031820285829866333652964048065042410 84
4940690837386402838682966808723962443095171039365489036881730731 28
1715625982395546102647334305911058096095317439972366234641563540 03
6500645471459399488893930340171496584866929342259105214998823608 23
1009867762751009328536116082264145693393834562833201563546529029 09
3726593945590767846624332608850982140103349816948630721829889105 77
6595171889582058160144545434545442757227645638872814720858022704 44
1439214665657035351768599684698528206904126348768519692891995760 10
2121308566148207565781660963996997620308081868458549422273635903 96
6611591377284134226009094112199303884467664819068652549056918401 36
5235335172116308435421480794996269405766208237193140059769625069 14
2789991095753666919528889755327037437879645377405542782785722307 55
1510820847692076961296208565721032860759400426684829855009618415 52
3481983521596034349313883056651676962210216420386551087401238086 98
9406539246302403479558004691822589766189194170285345118061588830 15
6579708775222034872728326587814651725078872954097712866271895474 35
1238362811035839448717919277508799533998821049131162655474230977 63
4196721029145962349781183476018749920065173680979649743507437395 20
7159238639728455399748933873614384686491005584972898244833079861 91
9443192311041527651417432029677765598730233153259850394152596727 82
6890349767340837156513478831522190915289925452469193245907084067 71
3143699873933901161628033305688386466020742029156271803147569469 85
9368671097518909096304656080945737576749450440852032163330374336 75
1780819085238899480545090608023014153771330441213467883973327361 05
2614538330434470604384383722232311703041148654369763944816052922 35
6123730986303928884455605815707833162476823466253055354460474850 12
9175529461208663589193567104200919639074574427357932462046645922 42
5021014130583965649012480061810258494352695687291574309826397816 73
0341189945858798449314271403133336294396964178104223793715832801 93
7810985031270610283172818350964738060561737233172542293794085319 37
0110961907033852772609422279433231524252502921491525103446190494 50
9320637198364110713519310397122758107356375818839439541132291943 03
9098834060724134269109912897419322065469987548999864212828218013 08
8032902228719297798753756833649232410860526448782068821370414848 24

100897574930504070074327121325729043584554690960477101931128459287
027688582277512097653810989196621293787719382435222429948889266624
546036542627245321134238417225241928089577420796867214498318376445
973390473537389570648418880353343164744017779415554420755001484557
987077012383396707733680877768776485080570940990602448464567848333
771206384070606019052821586039573320647632361254028189167009447527
644450483761384600394736883335653205618719890606035058457864489260
338621250720210832856743334284383500161758801070698123488828160270
128892563387773784314720320837840167130111273401094019056449667845
790626008717089549781806866796979385555988819750643994354754745034
495583796977073945898386100090889420389046359394857291959287451200
248650815915061144300974663567677016426795899444525618432971938857
831993037353331584446236294113968724651977764238457833453215939368
368799422474226533375562041422823198837304436486619014246491235827
592775934457711292324980074926590490193003270911160205058434359720
050532610070513737303987928582431462242748458279853683981520415061
977985527668374625659628190638546972553787674299158133335287245675
738930171600124923945448727007104849966909273461137142933299841005
245718510885647881494058716816709589082226023439316024388257609807
385722782995557746688854149916823248106992267007115737640499511588
699616023432383381640417849746159887895652955372090234045748944537
631511711765420356285809766913809269628570812272258944556971245547
234701926412994988413920937445444579388446120415118628064476951680
776452567012887821405379821630624894480593933044454688606140699327
704039530178647741856087743755641693870918607866459889053288067213
407635439550304131771468944098770355141383325312755193985445239029
484924017554805865085864065742348412394277946253568891702439376405
306989167898153993719903969007455171780260466048374664812688081666
944262940440477692651094912325377229987672312515094480015430637783
318753240395664015027178943941097843957254506916055315589103122933
048897353458159752208022813815515619873665301699815198643336232419
882875204653002581802823891948061914523254359915766988949539500546
966931586746790210490102002770601049829917799262331289125622887083
941260547911189417060692360670116147281697025564225043894778645090
907701105631067748339065594710020665814922128414119103926514381527
047422274024026764455225692239030823825360079782918528623139266850
865890191272107735259557658509537869683113263922701350738362522104
187443906814888185627790762761961138963296561955804601519119351662
053795879030411170969352645855779633371699679234386952672234474383
002850228115062126392627916568409357244483445371020044095021589930
214993364127587251491937799407386714001341492087360485423625756344
526560618974444687223218562184433420682070597668029748218421275409
808128069884169235614988732439935579506124220536137083543270071983
240770396844895924647791008578235825625867975720243611287950614667
378305227208527175210889635956314424474608536330689181465296392419
137935824357498226727583874218278445692980104693956946583854910054
146621815328252254174828775414681473224920743626565916272947957409
490240689196237870161266952537570735899291865427575484203916459509
669684088777454757416631817111481752757533619661522045013343733888
498310949691298883924221353613105336667914865370994780317010563302
892938286737970204572392662764586950046144583076159126333055813099
599336676280784456542123993202846837249444370606967186708023560211
696809766589385531375167285085268032423640525188704217732256212038
381864798041831984347189887627204511137414994839154161411342520728
693431507892352392001252753347552522022177703414118104227972077592
204192835228195131592024371143670185788072005404295897091155564900
682869134514492780063769237424386773813732586148492813976007223365
979037331773366200587050818873262164998740422835029463743898925342

562437078279091074530465917442575313277196313548194975616710670966
742883471068033843267373375977046729846760122798258110676761538930
510031548375035381959159345636790310306089401565178688570108642488
447516362844732523767537623039487865601983334467199674412707548533
993646969421268155739239998318759254458662734248328554773502358553
225671960910406411441430553406664459251747939725314409438432182742
378224517453424424846381765216831772144290029509709972519052388756
212248369980203682053257193107948776871921548398137173362531012824
747371680200852158860485933889748014502013853939806619762972107312
363775733060929707297652623225948635165799350418295787358098596121
470693331627374883792238051733778673209975229516772479924044766913
342197709869158847519512354794085255353161892271112387434194357251
436544636378447684952637642612675671270120247445655993474096335584
245929749909240681691133673759304884985267642950102999727136199520
190386707357294903404746855636222578729492194699492639600138478500
730291213479870511721279838872236057660995798594344885219428016758
570913855371229847337095607826400323989293435957708972890603849673
982387262823649486761708481147730099110563510819848462225123163161
604666796820549170630840617777608717012954489677424625738952069117
940575848612492430403473920992235182338985424196950479634655254376
814510250989088124110735136888629100051728129724541403044907815199
930037436764986656911633350853337573155536950749374480462353228523
387639811344125509682868071562239477762035932762579246903925550590
520576600376934389553024628542906628153313539913114245974576205874
362575647372274189534728556440697958167204790650605766903854620128
339834828578950251596914284886965999160778547319231523585280715542
129913116620618628524336926393954083693036241673576610775338576893
765415787289106429762881023015421194539615890055860074532852015825
570383138390190706007392110900091497678676538952854213005313915948
322752774202122023763785746322304553462828100919289512862720610491
867872771603665475187801764456469336505420615459553001039854289238
226192750231215183369890467451330711547878653266069693185139329609
762787383933692888194262597173509567135132229837902800512364146981
062916517033171038350783351785130962821754376320524260677326170263
060412848344846858178501563728073974099767744884594732220540746626
927211439744215369285476465877073674905705301562721581200055097947
542283094999096844237632221887444575591247486841569691547256779309
767291711394067169225139864877732534282696785691902696069987373270
253426415394933486445637776695461760555859948976608473346109064284
927965844645266300165818304556552562349235038718678212925880655522
992779142080143107874367438612580262380202261796939795666101155656
654353258402219277348964222406773262803420646305016189711098657313
117650294981746379823027511161837608793478454837294982097494556764
530249298519064128473280162657570650008969747107658608217524271505
827635636447615344109917471164246426804897634033724673990458388861
202223455921264418204872462233691452971293267773525231720119748111
900240979868412122864373401569243629307607813772013341381908585446
732304457557299395307020143513409259360300871246644859642488664114
225490433150290262555094714710583393676548749964401012059497076058
712529823966771872913810637870547331811893520139713996730857828576
793430834079459106328925507235892409185157211177464452686350878282
352207470430080819055846551957199398894030259207089803082826204505
431141173275127329754566256955515582957157647293119435291618772897
973853273368946469489880407810960418033435477400518967632297430262
781038482219241165771837496092001924970280696423760313579360494386
497368092401646021110770021311525993403121079855846182649043249748
796329435905170684029698663875122770548303086375315010237871482779
196928605246558873675221513508425685528407492994676644786421122054

211798388515521957259074920133293878254456650574821080722577976194
603016188083255604838189946789262403554997874011604075520806931193
262343242697920546216763003198638862290016117658876643969403504606
386896654921744394392540712427130168601121950953101567161013793816
184934341672530440689725901361973599001501740861281904930124963212
167141900995312306584256116732527490462250682264686913917818281963
865999869783816744856738070914305515313976163701542680376902614917
929541837949484132665057472869247820570341712511120726762829217169
300231829698301393075691037311653035096216922509045061163914987804
807032303150997385496025741128524471732030964222151322315585465241
869369453750581094875930938743990898016565658163393093972745063873
921462883205804133618221352806825571527870724660594854666259845854
292845413968566132365478233916158674876024865913184549396606448411
205311213453792414400085811964722617514100237307382450468324743591
031505894316034222279540477685417405548619544494457895823201451603
096576999488426564378718008594728151522405275421835606336631254390
579493922993760555368607376648245242781335213207352764339469261080
374073427362336314407885390742843143554142457390856619619904900897
937881981042135822749097417002198562104555456539070874422297963576
239020232929334977266496182079373357105882324918157342065673186264
205856524278525845152032746612506847077250718029910690292750233478
770022504087092708272511389359948386461785558444594390895963442158
364834989063090060457736750592164541391999702874825964841126116377
164535669247553695363736626818218648015740745150912717800691534534
842343489915808644706845272711936420942279976302051277704141636281
862268158107369658191209445626957254317623196843795668183065739222
669450720941606555339680053217419862791602349334342313640954691320
393613393895193553375887491529160915869388236136933093313269107174
973049250811082565671731731585039939200074181844160684167409902074
643253350067748795711660142996937758292977596886463497450452884766
490894518186381253213946002001724543868309586049575146734682880437
659412180999411933603134669889258501535826548414355344024378835955
454988471692265807929010450876395634137634678405282361931322871932
679702962607493170449845343320418334938949105015516554798583434145
591791924278101911679629737372186471046517024695061347830794201178
958240402977179627868301253877704964613771812644111093563069432170
176704083928570445703506876159568456110938888246000543187944762334
946415128353894585673790090999343194961504020710649676916394289197
035140456533072666340178102467957850335354065573367452536904657431
995821052066934570680929698277228257945222847532001358530910814284
779360478094191802991159458547337298823801889173864227155537337678
190613846189599394128165479384490729854651521781698624716251631773
351247105178604379775368957308234856160226447462251987808832648525
243034511747053646059778135989924003657161339435817224339579261209
823815120389168439154889807533831007073116556121187497436104635266
477653679103577942345636996398977003030522545595721780171009850035
291256486779400169569223838475569107596740863189966611764049507824
496553493227975824451116970700334106982927779196896263005572692662
826633845389608249700959778112594517031787408154467819742247936899
685602350120491172122661190368797977833379007013734774623937064010
527524806900939933719849862605607636878164471949872561905723677667
636865589053083226229298856022733853268741119640148903303471630861
923130178943545966540253679788125274547513784826633703403394227395
912592177253096629778198034941182694324148958257042902811634613664
721147105621624761687365757341833536785164515484704823247598679089
696828667647234428065500799820195080226504490085101085046944423497
347317022301697034526896061620412339412377815493654197097275455311
756544762487684172540005119706912220085177219456211989161912143977

127558156183174774142144618489889538244390791153891137028376927613
53854841644485768229126589199069197156501413508580489818012626 7046
224911027091171825380064126453394928113048722825975388100428039386
180079439060519403777684666736116110522646592892365714765809060866
253220742158894868329134838086038069908050337926205938989405047430
822471332402755747104026359805025581509356900996816173822101113194
984531686862426260023087726426068923777151945624321659128049286662
377309781519864981696562031877497763972401459044260017320558190972
217540611067049621475452895620628536299396692443783149172730768415
942786968251933158780723333084651335175096565788013899344589547848
777591718214170721847676353179377342226547603928656546943670204795
246732917691219572339889747651151838945326670640516875389576887109
189388471964083219410960419802419896296438959847695680086619988135
087875933994771289870707288805655600295807733334426354239058475146
177281957538481084906859478237249733070798561845588170384775743017
932086643384799853699796756234033808202409247159926474884064511646
046196194493130495275047789311355004979298424554812724868317431785
838392697398834528811335262308980698709569247839954853796404090609
689414075222405449192108706476375049253087893651887846225854333473
103256914272007113730339545573515087994605307694238245770397590011
073653828254283692940714108370389939610261880939442418387215806316
755013747412933984670566939122121809855626221446507896112359693851
095894858433645300521693495594497611972668901720814880639626403475
629589679478386069327075341018589466407267888675595283841150149024
903100325782625038048018163855207986285050624747396449608864750835
312304082445150826827375606335417453636857566729240880890281603840
394324190985145989659244278794289089289307980252222895411581805323
357966337157956299527059156581925827422473478507224728086243723112
322237708835804232799726569761834571847572096113618861643064193549
008208078954035722597816527103664349542483517822148338040109928070
685765288337806597142144243781191476453837400916692309791536572602
605291961098182805414453135552820901681461962489053625117304098124
521050479827223076648243514276234463056762692615661100958838390670
719471560970440740088686862839553781752965462529035279945805138830
028160675280536282036318284523971927224436343288214813864990974774
815651984993340893517030923895353819803001571262268124854475138133
951872482231606530812743302674236287763188018603812319191222849818
523573130769708946922846257295520810477433267575878305088752505570
734618433197018952764793767755217215464448874440307303862458571588
845359711368016251063726858893282790852687070109785515825531864100
397480134817596167607806319485531226049376232014085536851989455227
536778327529975978101772802830372967687932527155807208758325947289
535939167466336300026908236195304264291567644984200764059427047291
192447323727128977960275097378217049574903632365369642001657072245
901158972511872803321536963586666601087818579552498491387337979253
920197378143325487581080985247028623980380792464260724113336467236
158957343810694201463968211897640351832337160142282227975047811048
642840704636334448476842714148748673561921378379029587100878467374
691464130845805595732938731541375057992937324000498239795938143475
486030969839648674214609373456315747022549077612689021851822481142
925644995841543660081434586444916928848345819034035171110004037534
397637621517457835931030802532846181783691894109762374675594643365
032550905062991756613241320781387384205187946107878984156740430737
165641344508039676475985127139938523503635249058025390572743421373
625715283037476193936998175385744384303696019329966634123663291485
592542369028388847429039006167866314610934639559729448720601001974
545130538813566537229818393222863507640766966926285840374649378380
495718705608206996624024394533795119731539300977376214587429408284

533332737981564214675693976723703976315662789400424364716027645802
909048489353293717907334950508106255047780603991438604314828510242
239618219660140126859718566361499928190533123039101099277888679829
252338999270171277671858394477473405782247880622762844771054918666
045173702701312477004084051596924027144678091861316083020068896430
936702842298771378861197277925468805501288676170444759294144575334
215086704317791244468207571657581521890120500435038399581908290900
385749887468831703843501271230433923479663069479063369783131770961
963367862123508858315427118825520938880927808233103386095395796355
490683911753698093456028724733862041661064018228657152806529111995
386109134136526216797992092312050777633991096014683477605539340094
504773110491623231120257268494316621753265488994855962686619233545
380259108622402061216448700226333688131169702998762733079936724815
700609201460185554759435973347856574396702673716109651793024931200
202477142105109996580960966881636556093098545323163230403473738355
391864054965634313025043403835789988824268508377193407930301741440
731124629055243775243284454032108086252448943818395568062413876078
541524424001577843814355470592460752802293799923413741855185434350
626888382338754065704675397849956431702578832118442601515253744218
074702646834293579454724631289825201372524676353366282009664551874
440650434186303103037806128720065988799978991148261286785955967801
994210989815871840159420781980536513523519556386569703171395832943
588624060462839747788437941470245875315519281623982559976172162346
043652391035726662483089671489303720647593008826147714949516111086
561371305529030061737202892389904334032897813936726157421756215977
705879806570518993164903335978919349052384043658363592166311503240
260381145947251288284751071279663604130351241251840186586396789274
674124394867696402657599772129493306835033160253613405085989465597
331748587275598200583546836690953920417190060065387483512021488672
807668735235693155205052937712570616508012129143804626265147784352
887777974075118847035414558929309431496299102452548038323153668636
331126318042988388481572425438309873031888560158130378923286189377
344342946795957770854336166424143706541190797398942222137998167376
547715233095754251219536883603644192311832547048244836289701037861
370266437138590420099752137072209068404891078636369939871585586845
570589170193784998557202222850502836483771928999471141104219185510
676700744157514564484059704869905398921538218279474935623752543106
630561151486810325708241725022168275215364228827429356110161287687
902326790359190701275660611969404515725834565506867660106176834745
615099856027185657132442156569334526134295681861939542235952840218
319319058206413322669363195710215542620531758756112001628792497230
817956393483137458421906926194963369843756208586325555123968158738
830934490394975199715443661837140798995999620325437257963479455036
322847539240985045748307984647464602475375452212277977730245955238
767525014016117602636344707992299061879813296659000708066206335295
205657446618944620710383836131253485272645123786016214063306126658
119030688862875156311503179447141603627116980293117746224806818346
444882543456668205099775330651008428207230417435191105790140939557
590750279056653619716768576484418412325042111504963817313931990921
475973185563002229606733805828619425025527901660752043750602682889
844427421681923198909864947888195415548590600801751140883687958957
761452008198705663103068287169201744305146594216682429611213719704
386179019226219105806843479203252196003859194413551091619910703598
958648585335054453651824025865704202381212093889178754313700342525
716999031955716873612973605800541175744749525279105145741810095746
904780998738821193632517481522211030053025284863966050045749577669
523042077317895759463551341818367792388493538164279487201861349173
227229996710957884788878581307490458235991994278184047085100827264

637710590326081791082266951829303241312454161786902092200722913726
206288416627427126454396156623532903793196710774172764356054792811
489085169582084382553721983195668833292593516935935200752296120803
079665123250512033045724288071173080936911854294238275625269783458
965974289806865215490548377353113219751540472343087678041251742790
038558764757753259073673983107666007960136956515960048443020669835
492076568830380388568948440313562273608912034890199873511812071214
077868632529958944691335513412987815305425603698374399414740432101
128518411101679957352700086573212978414376694382395960410903156435
504612094808331532522888813107938482210439422022193431529094751148
814110260813043774479959007102333014763577612224010506228264281139
994842191051753473305328433819717255231367836278965215786918708946
170562775035778489251738155960963676949428142872917436481593046466
210118613088466207218176605883809532477726705093998815957171387560
027025653995096050954866877593950888321283388943792865124824281395
643115676203188591743624000496259204174603398185800996779838328333
588889430588723930874946616067961161956457549891972541234176324750
355702036448911599413371403805166587645839834800460393937807833355
846708697598267526054576417463946444505176440083155855374304927587
627469019374913106178521462595623035725324132305510242893440436016
753858816469739710217111853862407651202460103680764095898891535694
422530033534995737600776355923282849038891148750432656353587065016
619591526216061639590105309139936721988696975948781796685141310023
771954511650361026472340456407299326233585158540298398667538051902
251650052518398336430176464469536575128858950409463295745357082070
309976601404105090718192595639776125697777852566903964902900100362
222803664975756763220955430998386280461087068649192028480768356444
355386050378524424716405586487644326817832957852496570333991207217
324442819092299668987692853021175533719552032681451612672776693968
515150210937638957825681474919826770213384739467481575729035920336
723103131821785156706487484479349609661987527651069497639651819412
372692059130379662287920662889124983553781374642262776527283989092
953694770809104020712370312830073672924115339164314237400633698398
111717453438423146922338002052633166795507731559181027237112143873
469345911916863644904294483790225719317523206755174006117411394278
313365246852835226678466374221049465266794065866380108549933184751
127075692280443020199082615985528019310050594513322911806458062876
895649189096100851468600871722361668644174507898367322174940329617
495739694280648610424684256974935367036808078168088115093220388298
758868613998483332557902142846543868221607824009414250304441167833
341541760057591688191667775396683896408302775493650516802419941486
653927507528119097152206409639838564851854441666134336727390150740
574194882643075864937769101199072076701183378714082125647340782611
612372123839093027517671158066134967642899078527110367915000764504
086099766004897077556378588153867917258390784385883986923188863788
250918696106412097133906234177719298111055743370843112128635295541
209272321219187961268189415283326269597094039427715577330025501604
184025952476231542292040397655115032023064858273339425533555835253
859310382670877098128068520901463824298996156515322330830976227942
308776877860371418040701762423342525414247423669062209543413747585
425483566395739907290133932698526768178156509212032144569259934055
048291305272314357515080212673978295876808057884397853775830754350
169363604120163421512082933539940314164638983192992216655345054359
106448483196177780951481596909294297705163082379683427005901548736
441275970455708146690432315621620224218834373167294361981393603750
635930757032906500152376284879379082558533971346919411666724207840
799411327513009803584946554906610942588507525995589613145647668221
009808777064730516992543377717778150968861727321027772426439061567

376530107935562420463134784006092840188452013796691989379181538128
543573049249370638479818846385272474795297195450677611189522383150
716730989823909262882446887119736222736036947984079881961954956617
823990157095362904093940220082326290962495520849334116278405970222
491319926215737025366947777528939781603271904359932237348100880205
792674629943935450965226397178908755737227954471741072073382064051
072655136345780979294119947745222823139810299863039752049626867628
553613755218250268209287957602371210470984121491843548655763182243
275883111782109806647610713220780638404050988189476350070176832760
441165722109457881795287977944294381396187859580240995317056296320
058738209465743005680025261683265844601194299422335675654565709125
249534692764467157150880863531857890463437866885392280489869493713
072641120561036226619148007348794555392314578534198384658319180589
141204699421019723861179927034049084483286789622500602048026808617
692925966576756078095081281433830389998247497874128369483753470950
487363298076734349462018260457537358159561632738493815342136403224
834627253272249333392440026489592313945375381404604665204431719613
268508812496397233681486170231254424870551857147729030328172883242
663807575476183136975642130198361556508897126044683626510232975265
341428117480345399829753917427137291833545275569350411206448837969
609124112332206918268077477811480699494643362444767413568164627294
078053050925637509397777641175552575390381206971602280677111136071
796932906028016962819596008458275832199737631302603402202757652321
837740649061655120929791069362894819109100895588574676706973733489
289125931672620052580026505780988900254195048586050711549471684424
354820377534585305158807630519501067320752730439102184737266518782
075381255453834179332344967978765971638193281141243463877477450190
115462497805790935781425620054894637302634537541823705113279176531
058065083464568019487046970037318644365095623708816647564039983022
344318506685997310843506915891203292740978629674512047716795498857
957296507129737040573166502266728631854476537226903895563954279926
780135110989414046257768453978422859156179090636226306547699218389
942903232307921192482483223830213914538672300836640555235145630777
943593816450644688063009934897137056138036223066541432170121132877
802046119782178135770666162417795206401565284733255085249886782416
654403770815261152658113892395832065480323909508537177939031310627
120642917283581491714920769856495701791270690338863878874689012305
641253533354454845223426122808685925299256830406391771022840338030
973756772313664214674715847456187918755170247611614300415525181714
828693797977831016414200249678781241833976917157315077970703038334
201049326151147389217535240863274805184227506368332156368855656819
961324245930475420460811070946935768274663843935076770423290121101
816731531336821146118446822631567384059790849226525701002864549609
311680359780215148454423330311551743399473194127838344216445246622
631256225182638596441083649738294995499537585593039733455625632111
769137398571054896742765851911077867436908183579568894561126736195
690062155716538406888969191812461544350949145089772752985146627548
394149177193061806134895881283913776320157857643790677933447907470
040213138444468929470798267216633425592357782853827495799974818797
190038502765553004101951060957864307844052739505749759769986169247
289622740432950086852688886658759913008316806292758711801073082778
239655308964782555414977530310630672129218448832966343477045236750
060384554950783686158865916888568840077724738279243576043138464172
977819567940707270023635351073616646918041069455087847223271512147
570722790114662605356315611490950170911012337049467876305252520267
961222313919712831365025700337404546952130623855440825402696937934
432536764173468393050140129024349499795459636236280534649153689243
295652537879271369060745560180479690140368273177160396786954531675

771132485058561098234357100351945455956725997913577443838041632532
209790876843280075648132212155138015869657297344649538279013335383
354827779042987576507653262680249334934726045684012948224678202722
381743089454448735329711806583687936158663407189119035683423641669
143118819322592505230083440167456929885439551845331300032934013453
508295067031027455715194904934072327593734296187103445203083473693
869798423168479738636490602522803809608888096047129594253750637112
442277949040925534929846552153584863257320990457367410977782024911
707727252442705745677939472732494682658915667124605170330879632666
758464617628810651233173171185297868915241130080494129151930961360
269675717297322096103122644565785768638501512622918987065822429434
669846429194569095782149358520581990372097731969172149870249561539
717438975854856884577739978996496600856617800155230745561085410541
718195733564158087330547116571890200836186347352382707351059618792
743296092117149128791484460026387638577151242240390669584686359426
269571164462397032293611475688043133915152376810478705156957344070
914031618667921188282506447720696941559843198761471774532521575385
009760157140537848452027823349512523763867810970887762762982414334
496949185174643362399733158509826744484055031934470293655363004246
148209283112728016054406644316911557485973713470307535812636450970
999969083884659422107337703119640429123691050712027577677821542645
143613787108532560059030455955342418737501517873696887417268349392
170623667297959752751661209622658805929308795759613859006771471273
064561526953865589126357569162760368602616826751180811811578316321
862816486318507074571421364053609621950371658114052208512768710504
380288447365255692046732922201753043729754053396749885879789004514
322897558392664973196576927766377648104300265855115333063411447263
889149912745323765758556022834594221119386304642113725223609111905
839429292063182244559982300361772848883285456045708898829625934479
745636915514648303110085515761839632433188731607062110806215147704
589916997525402288422611076560159720472451747146923211580928605868
408538140629869767299863425221665382476413086051164091220504312101
066380138614215034879955100388458907802686978360575577656304592335
796123174047153321479189930574902104247546798203230123719430664492
208785080415187907898462841618886399307821209519327577784597120442
547360231509687713354352764762666908584822376257788082524979451760
398196043164557553447303829562013753394852962626277461080403815651
717995357830732798619614312928891144032899360794268797120830216428
503360155621350662833814343625642910352065892403927536761665091959
644167768457819272207824147517842781435198002149114689443739433743
194326213836688951851672674371680300747070824892287529498791566219
414936431907385975622765704447533681885408996232883734188708695235
447371572701486702196291041084319812555982376052920592010578284456
203270741592897542197565818555141189793596001583778661311307159998
136007196198560064303947661504710305551747397098618628308246123368
993707201092235016559016338793111791662179715309547589067817005897
660248292587714811615679701594604182112762710814369546354962087487
339930596661697098089727435426832103231554369968498554988856229653
905808048057437473017093007160931760404853433668883931452617359375
771375304069704182413789495101016339368506243853591434312640978106
224872826978058937457759525198609154091685924199118601333070169011
776809475819164083520045529331554105104164249268396808754443203152
926605642748170184081477384617294183843770487004982227872192830648
344379828245960096963376239892252894423985003350892746795698224025
063984236036062554374173732025090003105072262997092940560543642932
028499429698538670553473190603008347955547295263266485961469677863
155503875883782940300528309899609842966462240831949778841922864584
352652199299824118485703870907678891412147718940009618066949242179

065961534402305467602375397664902749390104165497611258208179751097
179750787482039022740707844277783787872259522423287825254481496870
576979194302144744463639380956402007993235223418629406432422443659
167226194788042571951743497917550092814883360111224900504356753075
593263916205086219354591360624956273286339902173488045997232380530
171291604027614222320195662615055816861374877007621777475027585018
129947956462975457833460379257184298256412130593897161215435651346
539985301662387813495075313126213012052341044293609876327229177351
284221163053019578794625767910269020372366957244181543949795205282
220022678752841576635513898908495150834619755593588174485939738410
893556950325364073806134282324431379283902350728712486501609182634
980845846816365007843325899699157827374372371632751207243414425116
907673303272241617653432105999836918263574393617446078828972931711
120127670490996932647020568490466500898660600273531016768270247770
164126115591993077234415726942639423129642327461391532288349425199
447905094332122065651331255492443834777217413422540147746233258522
535781948839398903981863921739605832824296857009579157889673037428
686888392707632729057847517057592486708539666854335779664383159634
300741521827270640714589098268556753460081654571885870949772899544
072952053976540993951054808440936370759552766334050737600741662473
659731435326587680808233354905809139489524255974830864090896898520
302365003701990105969322080099025741769368152126909792272915242534
518017045412253605407229888901589109033907768952783445590172362572
202193043627867201006947997390266505514691936790479595835913014863
425213743913509539479471141691484127328413756387889166889056430345
855496645836850746645640724556535429890419154493466329338175328330
367063592585167202505995321340853379429251981151389114540174898504
222590754014192442535638555092560037356789143066589662761304147766
446283565605863173372497904503880172358695793352404951097027563721
487695005178015101189125856270586047978527428184977418031816532776
222818518122790266629594272831535018970811804857632563033489880648
162864427893222534199698472599033250509694393749715284735935500397
451302458556182537277845998168447405804907621459012089389346976348
061003960735017237323584598663132565861927607164849817531096791067
167263009894183997466911141043418874919610274018876878666786642905
879955065077060270729203016142279613210167081723205657760758564153
809346487494194516673362370962285310231803088982718055385965646857
723709052051975393778494059415608426116606422552105971645633611784
214629347009135482222862845640680357842786550383453940894023902076
460352750027898157686686518330402772968541179175281572530435660456
016077643403674095567383041965030695700302662552526923829654736017
554460462257733210152140683444243793605381058177549125641777562917
772374126305022780138245648762155268809285697278224847945870006071
781494641272624395582410548209017057706646939940596883437224263450
670404831312251927674343347409076740228010934554786883848494317218
050063032639809501717590860646556044379612610979268716529272472415
196376326705729771007713654611537834258883709699301565991371403386
966681241560606305108710084516502784882727945516389288827419604396
140084847260070766304641200594884089901444287023061776726399081359
526260516943199020519719650522269177869468659222691023262591261553
969781643389448151310315167207610512352328503215908186800408472650
285558099862936767632702100455695689840132430292854596981739151369
550030603570540193946473220531160498377527666020598463757785155846
314926056349343778432358614423827891827195931599224262355372865366
532876134117734811355718629796253074780591388357119407351940420537
748387662048875298466865469030690500041329131326447601951954348277
678246422805479576487110335025983258674120294750763222499344170297
948250151167225981094200601255270303817115328307073797673100599254

054514215210420761394627647093302740977875737676392280809437167325
973998085252835756358624411166796905227937663800059448701577626052
157434516218571721034622989085553905538162124329139853417646686292
641986500126633218445069667169158281267111916132672921211553853776
353601372713963587338347254161485018247526189390456432958132372703
750950178097341799650046062046012023672756875229585484536739441785
141630080949834313951258045323844171255847254104244715183666585796
799864675864849812550595248781549198156302118060604371403617991945
454814182186857323777013262890617636725290324939585717222722996900
650373610987215621918265922436647047377635117398266802198628105088
521748412082297364240247662461652614327478874529492808345545093096
883993198576456366197815555359201927448581083694291971794870774529
846761012034794086334911576889342434723975184650357335848853663911
465583286510382839768272273892776022048808759962695933672264807971
034553733016098398698884144358865758603010854761938117486975518361
049950412288087336040040353509500409145909052021192303540316682757
296014831044644863432040342585052448427028808886223665580416457104
769707291439243386475215023506400622318602838103846482969298761579
442424300100029087808435261586075964881927431219777638537057825778
525781598558187802080600956174547357164959799050802163306381928093
137378222442424347985462344826617950420898194936645482331555173365
342935525936371871188671066661629952454231303107305850796146325847
628721000348467198224056372787545503695676515032814243039936316577
944121132761213501821322271229418809043925788066972937305437004031
568154016801482186828301403805008635974767803958867851123800665385
850086690551244914720335795078974917231821608811593031500535021243
223549504624301770174183598718000134055204564428236235677176726508
784318879339709265639081699038259760511252148966681646349362526894
092955800835635295201131073504032039304589042228742055851494373368
044804822142297008600383674926104865003153682819050585085850386149
573047897412162522226379172174866387706031332566403974828195804938
356298934675019494725758270608492855840001777807698696114670423073
022545111912069288536599878927385205434944412993220128760209694521
053059850718308041342448447378276811327543760478620364673027400447
515961625378024683155065375564891912018398089911499002269380550345
552681871441149518136465549580231815652732268961535960195525516631
472088507767211027653317393874805166440038268409261600774429973012
302920369783006832954113305911492501891604167380974803479382409249
359765638408591693873352298111725985266057516325282955328667957240
115072967248853699906517024025306671986358740773555360320128229275
122109753992023754612459732324852672583771467895711339969466585068
577281835381113229675328542353318650716282077925397165914794583687
543716887450258089503617484830121840758809481474115834043984370225
808249449337987439102215989003752887318340901370844409159627408461
439133405111714417111841660607736502271752724569822325797525489346
767599543804404004506369675442407320820091437664030349113291267368
830378281137836659511611345830382967277106837832639870778430293255
458438361480492566222971320835346149770313256162342380891946880479
263554425889886452898006360567571985818009472856472741482902587295
419330845001148137105762028105245405074848643303982560355008321147
583695121628021567209959722669539704680086174379598323739192072456
475745800299652448543097585748857718809862356669658290930054455246
376405185812550767155376083554121355156283745959014113368447066869
196594087578697848757698297621990244474929941848499656887118737182
737063870288236648289027636156281879851709196436411892005933302900
229284985239635865283815762148171489630529744129653026235327449511
273409475113364328814590086920067393872558570570522960771399635351
239505849432921752354775351907345501148745901866611586064511133938

883941495450503792549036347171013615609463469098515817573155784143
020279812773473063372845507584025168819646949434773277508017333175
084110525664842020366717994352302996605606081819133353526156844431
908445219643910727925950480952773214867559320120384826741336994777
883926950526845036180133846338792302696301595881133405916419948800
454000865696825723775149740989807869222669186723891532587218422760
015297703214754704009077304382085782235892407231416816528339988410
007824532380519137810460918992388758074765527278774670944973318520
718197612515830909221205216623330924779906514965118347339370303881
394648997068215924998021595429445730335092724543175618148069504982
706148548039446638154787293860083237706650860562844114493551475494
058787250432482062665351698563774761004946269183892389356125089367
556283258416919865694288701728782261198926669809759288502435136247
376503449664016294599781878676347618706282533366975953704484076846
202978672774652747079502592942495487680519836775726242509765157298
802122787309828381850963257013966975846960790109056960320231604491
702564390104191483685167361283592913814083621641396533004913795425
040800766309740255456464578200064534716397150351837608763389748389
518900915599463372652102555189879648472062778099284604159931945561
917484548255790123863119308185500308767915977542748273122198402253
315791968052851805796514192633840718776791045320449924848491923925
268550586508554574362073600444554191418878001689067878272565811428
783258498842978781004887966025364002111975344586872935309407162211
071566789928900661197930749603972134431708179105320256348105754517
640476767230265858500351438360775268209816612022410070567317560016
600554255821228034671822061511387842861799426650991722690938440432
071948537549377879171179540539141270207985567784497687211104338817
664888354814726741393816666682971375350159838091886960614749710074
395776200306268061599165342139732932227754094789843588102708756052
337437846177475775043677431179604787593471922692977390806365675456
853263588352383553165275682594087168460480898557529874737989921682
691611765866789348747976872465614587353816032521343674190863536587
386015721698966264810058978845233710616282342369810445283950854694
039193170488708614396863452078313604679984568523821076837861390072
282784270268818443844402944512097243317674667670754832519867373389
686582449500955082974460048557254580198207277613232322881144831812
344282699337666264440669155892571115026810516784480697446513429259
562162448593996318059488253269689939081486389562422118629162404581
264332925529444888578671685414060892304719542363248571769993350968
988217246786257270700584899308346099904802049663711957320304142633
982710686910257665855262823971326881933975995154631888824237413391
535272231422662133239161814297624741931389943115429840126422292269
360528981393261355168653922014450860419793477640236749978315417973
197835295692480298597854986563254806401086849219147347214086667402
462707086930113914043097417530836742622323136635465246517420634859
366705971148981276012726765068630748946699289223322064433795405672
092322035145905076772733604460556301492869854629407263621010454453
851436222796620444082502022663993436189699812952130681910327549066
386847907799484413139234784035319985922152029362242707289959159939
397027529731403198433284004237159305431842861676702347648211938624
260289700634362040011592397846129690670225597072071048246098758509
567774274635957480947604279084771626183374579311270092183185735184
628503120438552122692195193166144723018513865600217782031791278214
578988553009617082461670270262774866058157245666028144119416046601
204728642404211504727145166681175166731765898824292933847225739716
243505289922329739257547470024108483302959242770529476455897469044
935819556806439709572263208381566324509843135026615339607951403570
480304717459399821523493875559483030794960444379368578434349687707

308391896139018597768708975448424372018934491684411120512872499869
909364767644665045386902665488819799675117777717405880346956960001
691586772342161013434990099696427067577492178589254964470616587445
196999657238594698056459335918968279731947755628631590418381290122
521650847669327580544412749814530809248263978285297855200705648496
829965115973571861091293928865004103403972184838914143524196033604
931001507499640034696902555960240570068252936797488779282682507016
563154427978416713977703415976804956306229506606166662998491144411
576738504605273647290962463458024289272849530298710710461825068398
501263598571738892406983791596836327931159759990187088958039765122
906261122134224548890272435814490129875608745516311989585767623434
923810318815320807735909564643955028097420047654106469154929113852
616889730951717757572384683920045760956563590209349695986088366340
277624143836821837594777970822425987300986180541688046461945933111
026201132443812459466149920321690055606953979590283882395418639183
441901624950424670904463698701618537286435887185547782501547119307
840191398499296460450355687876233541937666833809949237864033626200
486904291473144683166932936446336610662876074979105993531241679636
612585471701240758261546056546423463844867344736598922090501735099
700893886346956241925864753508366193195778924688275936566973249685
243669501140062182072300590802028369813644953921111905416295212663
729906770369012925746165346122337935307300334609172752925745032251
443943138141765165616402104245414223514034819264459355796837362449
867885789900599914561876611242310706104172854194568537617583972711
302829701872557828758178521347280893197049955364542107497241815741
338848753294704478109775632150740540881852069292969981482404640190
372842236956877010696042243305786939093549156276351020767488399026
126773759570451744797064662812379831933482378701220660068399849267
573991465237970692855913780519174286360783241047726796961763236011
977101633949476749330654234803552862757002996359277112325959959103
156287032537230648132649576011410227785824507057714982498120833531
120355554285640793349800994371634851563604371705770197058096269887
074455259323352945604960412864111863563553413118849402436802037381
002536865614485897825381735659359009758067996349269357438712252832
906591792338106182538567112276788235131554834273893101607886870001
546993001567898052177068459717049569017577976457833308477747828045
291078202694481910161954427925753605515560005589803854310072371158
703237122700337369061133064975970051876875594864817357172870447540
411512718013222890370200761443258485894604717115618279484922301954
167366460650929627158050808191401791958252733674768036051262864490
064589680660149731573019090888606981119710223219615635268130543142
434369918299704292845916548154435297795852152310963397224850743563
177613806076532338614797264894175618271070820686743243753866891962
170606251673848035466213644172744979862722811219080840756234999867
894991000253107508333309884830742195833136158594965506434448771477
159169684644350804917025998301616673983930493195736674998247831659
924382209668398776682624534332606555052470619954276734317920142043
085791564538420214884185974342832150881601581760488141831911197717
266683947218915982515519489656532479100767966887822366200756668539
133245408807395736009639249354408795403758907416793408988006169831
603324726328218786585487550727027935293034536874041159355064640854
347375390029219847429135565405056224407190798859056522870447015940
103610223896642334143553695078580528055396563581593182729704362132
722465839526377830130998921627268488343042865066204158077275603241
377129150139799628665063170035025063964031167383154123253164874940
939698687474852665005698898208483902062443645341200763947930679928
781680014865600174202299545788882260956496088501617365989066400940
099652858379744182456393075892816458729735592682863697073027697933

8752846672243674259497382480828267012583125399169192151225266260O9
8996540992127714038704169529892603363324340842679089515219708487 70
8158042445692963767081972501269557569719068093916858395384480576 40
8459968916528339128628827471499364883805191431734044242967673081 81
1442030141941575289055256588305594097859445572483711516807958117 88
3744233673567765901414852007579124091719007085644695964844491688 00
4335735166212516411623354600462561947681147256163287511295674356 79
2002791490165248638285961505756779909966015960201547340748536395 88
9345372912385750185102398486023991635030504688263114176790806979 77
2372945798230017588996117262026186172316333098429533629531069947 52
2336434114114691912334889942282759450054341451035875790805309474 57
9669319141860107304547687579153871235048809763128818937334729380 60
7932617495056538838226477259053583461534125452207268983236841577 44
8821664047258315166748536878142687238715119806812258913439214348 56
0822017521112555756962252329683609463811870070134356375553266612 49
6277083022667913684816721264080610003458831904564688975607740548 00
7317284116074447149850044657567341369374112867474098540991064275 08
9203760038656325016253293776688491589710902960461866033617950179 59
8092921704571692346050636368727916890933717233082240736401362629 56
9519455831115808561923472459696418040979472468447954350081615511 69
6113415915506904429150140370916069765035679064405131438390495289 28
2522468501206962225862181135248926890626176411874673077447633609 41
2803526829969441692468099088494354753690678886833455754630812019 74
9654676773043505800633331780015537962577727800542134785052420154 33
1371513615551104127698950076059034255013268940622574492355143035 66
3796113616153311029742409309523681953296630540581331734213948392 81
3611436547853661737643347487890085919946001849387662177743079520 70
9781006996203791394909997241998775429526431083441803195239928088 10
9939214551207829338490288105141435372955218670314691598810776807 09
8648630803814656964176521567420679914033773750257521420664297320 78
9416965413438556602674811429947292172925547565151802723205371128 71
4972264814003332221575971781653946992219840417478350000537148776 45
7286380213896518969367737855763281088977376974794091677538581392 58
6410825155873603797940555769910687212680219113122835551141165098 02
4610793403888135738976412596133821527617488515083069087013994784 58
7837176777633526195066768813279273538037227689708985140110654033 46
7881807339211528926621727479679875238229053299050492672820825602 44
7605081822159643320162264640440214687550036659851102418691630959 81
6796103885621711248562115416661037232972098086251171448142265097 15
2874387969694524582562097424071323421352926980673134861512825031 46
7514280129233199355499360109780279853561804794539423992218295841 16
7411286789038033635557959813580189271955901992587754341746532922 62
2200884280804217930652057360078176662511208716212462614398676766 94
1321060957274524851277576769085037776813352864976230323909633360 26
1434513192025376941228267115109463201460365787994276154019025712 90
4840012512725338451756191047400892758721649829226260347353174511 23
3144629405398974899269097169525508564431199129520859144944966052 35
8005990479949897546294090077452323953628604854239471246051482388 43
8333754197935089052214226434444365854291512107741635621163642089 30
9383680561997683938491137262330574058404935919254436390597176957 05
2600904263951679321458648757660150696591632044769058079978697601 97
9088106108610680133081245649204286548332729458419602745531006941 41
9857926581012822780652559593931239220232055645708888095183431368 73
7006982852629912438915369713307059683556799416773657468122740391 72
0364916992156520844310043894095811772191320836476632510376355996 87
9185343118314103779021975877911514167578895709606671643372533489 27
0989073440618289755995161960752196729210490524977030666998069407 49
3893456886697727502486788417083522627650545911435101205783044923 72

083491628921933021147534224660367352426850716661308848530396330115
023586234025917682542861183290516430882068081751893720623160546527
875597683914965684509516421045314471059854656159220765133316630638
012050803917013681268468837768356512078056408761290295917693827158
643631091076670688751630783425553859185306855876394739785713390390
835126699907521686760135136823756997561309273416635713813876419976
259973945987884175453615694166069262263038364810824130721893393873
323012326438241930652691525439277196119362044433961232611443721038
604326842030568647877786583474288581774670104589019694988420964658
355304448779075716065626371372337190706584905502399037184680894234
378812490002112341496956913748309265707535469374788947623380536485
718538639701144439607390459854233298677866229634297462461693847060
115947428607476144809188603428765396099134311046573756336568542619
915621377014832473499995642232953818263849323013831237104996463471
982531696551836948785894294214360206021562490292999490721874423438
599871327166097436675031702886147296349963719532916911000889713533
263754685795688693502253411458210518849771688924485907589575535582
242366824378198420675537343029388270166713667180050892252810275167
027682740841588040260519384294054032351415561957972093158020227938
297042918647213840225876214262546000437300738983396417655322726024
355755065340963202621930626095812310221323006372943513577538994164
0782117914215760810179890985749277275410710762226284219764424600655
581943925028246384982555583914345116129544959740569909600002399762
296223100856684232380880117443005509141329736476050572960903938994
757621348949255816061603619338521605575367523645378522512640632639
546450571116656619589102813667620219996827923272795332560341333800
059746226310934507618917889551162333559244482816829998698254677427
885268958553887296938303307299757034635893501757944838332839647442
166359569581034565934852797230842563617373886760153914987699230516
641495060508522445110629279062712501897742321330118016050342146289
348748054635922392064263556708416511321775700247717454450216677922
854654039292337924215342900339702471041127307656221411207355863993
711638732184820796713094060670758832807703785747113466848396647913
605300591371441694457802064850721829176158672680326642504497603270
566770634479232725469981233823470739865481908242622151765805640871
262941460229441573439562638281147111841030528151397768638309259495
369868387928234149796767959783281757627225692809267627292493825150
525430235656417580242377830184624140373169716007769539177041415726
944245091802702791971325311977095285096442117435621113449218559741
500321733183539364505311682408952555872355677699960066163435367120
443093178899361430322313976319954581899286845188676014502878616404
963989632238559728099920963864361483445496797630000015712190166789
585328731317149198400924192083727951465600012067738510910345927044
196942126806811952713924642888104975418255940212979109375911016923
900698537757777671638638210805879768820801350423974877085430687260
553207417836823666143831530028466291687355033960108231704332603565
601910422645100148385714246420754761346799072002722244701354425718
624944057220391456668041704413073678564340408235443382489085320534
158354957293636488468560741629102910247528112524258859084808924771
742796007884896160383921888744792690619394073125801730817174102420
494563652036681461959516125112278518569457865511747390114058030577
989627821632054951679819687983882499014318861038308919638776549200
026320638321113345961936169979991301244158726971711999608266564325
417930021418139455633934284352232898092961497061174988218582940185
802127769727579860977469851490804292343144606895285947181867179524
646227378003067407929010931923409568196587442257242387518725617283
041830569577600169299634407551603472845700027543236046358662520256
232875442115506369841375985734794296116461076027366381279660688101

546954770493616117480189372585442504683597759119006156454659707598
442085064958861567469302718299108979057734808037144385354043012867
069180065612787398870802855609324327787045269631806307490045395080
624251047475019593746805111136959358104761550476397982618634442833
735582899939921113764659011796953747742732780192552591935349907210
255472529861963176900777960775231069758439926599532685900225753361
148223689859933354371977434305686386649140010704590833334434274059
574449983405521983957135778276332706757246052056631336334466929248
000019336230850320815531849491480334473896354790728349804135514056
466803279607021178580344372885029898448466323304332588955540292000
963158176314580346057222359559871405885097004759397597941034612584
048852547879993914841137968728991591204362771185815256085694043971
011145788493313136234080535376727147305601647455354601670668797799
978099662510343719283863274433363748926776560370202634758321395295
365666285057603456237613236095966594538210823208629266493946266748
607111777678541242246856321710966432025800652710026370855243187134
723259666851482026374136402716858164413326940617221317784054191850
110879527844704286089204038083706186556610588547430559274613038270
294390650371456433297798397826468821213448967798255745974631247046
379667828281400027084538882401062921266069060163731382498916783834
657390244215941101504738872011436232804649095992372157110119200653
647291543668788490173776108115773797979214070933391554051974872092
904338406779693867704936842626963147523868481307020249480534248761
467485875279287464914424684183617204622732012033834353997595943623
547907030242857658560305483010847036891658615571111284744293718959
958876644182018425599625422458461819740785269992795926652989604506
927024261770575324165827737087918370706290597680471064709241130430
277812811549491819140176645855548796758427543069758893599287709702
604283353443252018463890947665291274877159444319942730949873494374
850145357087171243727474955590416899117521391309918673531210873862
517201382049651350511796527960739604183007547236265382874902697962
683417132719046331680836683466646429616778740430984768426561699851
244341044802843543746945573306218795025601656731983710510714676042
269948995401989443333940658488931628313529757885937032984944788516
716291920305474921264365226117615489601786271418144218263593589880
501674538947116832216625332626232806037918480042269406631041692014
597407452378775906058992685800894122313718759699517897546232806222
949962002452137826616808938019108557306014384730803461051147123589
469208953064644688349000762245429399189039422337172448402911240010
287308279693251904811327032204396188816221256771701491656952680557
633883975257551089710005422359181456334305690875650996507429883818
070477537721649535351393419694770420308765795760416010780580751142
453889388183203725094851810111542628545883776352059537786013576732
524495829652190195527331660193644996018068415899826600532391233931
506403014495594638560861861883024564263784342140732260666123958487
573472727238358655911599906539015459932015804587615337388331230331
174834769822876292202157069217153767258529916401868429795977101331
448115725807292776615923743706455225098107308233132604818769051888
381668647420343544741377332950307627839697464442701506107431465258
605465664375603193141530980759656494008957592901023787496747970385
971304617299364709911882337594028327297224547333665192763449521706
305380065935354434414664305270571625580183599139214700328679653064
790892817835646693687268114602619780391496524676323126824044581694
570951028157227077157423817999562005522808853013944564423819559528
586002071900950518519866764161959365051514932828103189025812467053
066783119746398189250102015126488662695728532619359367571810966747
313517158991266012004457928155779392590589948050106901123778633973
918423155298948373148318232096311984944523808189174897689029267685

757698928453326378697861483226433857783158370758326561051498160300
399210359051060521078492263002395063075657866242001227591956688887
048394985903763239603000246417503405861732547886141728067473937800
410097302414525000001488256299273558006847483322327953602489766732
524099388271541467224188102781480208548630579981455266865726091924
536720444712450981195528185009266542837944689365582494076819857992
230482733961420467584660495916852063577042088104608015750788496638
793568830501848216443312730615351825507488860871430004404047142842
249225411080721573957929407143998703956002011725270548134221678113
677303667641418644525690301041720968323818312337296276810048695703
970342598616162026571033778028738361834818066927937780334717519925
142720247947308759594490579745453203253252214991575071199553011188
371525343584806583301483051618256288042800056712238804822028233090
127626500279853167540269025072004787882118172285919974456085946305
954807213745531080523290932139754091349761753002727998896366798057
691989330776557066630976029942401850392561189377814293196964119075
558698091648921755712750004353550695878119726564940225410191863405
851652932659192339812646226258047528486164124221924258498527536250
201864440983991681532325801239027433170004157302834843846489472691
164778093396529963817614896793594731059466935168608430072590148061
776468014212158711599577453549091408934374639492427341238452586169
059243727630765343797017582852338533984276424858622498803997755077
465387523993838688574903189876768352316937493543112940827017016118
664361558920570813126468947903430123315768165120583433721980194222
343068236014735404305913885951812127441784887927290202202832942933
508796196272159940599142698441262653888339565715206351239954588823
845374070270430321773123992726291107070562208930405644388736575809
648665559421659246812662229242810998341245870779924446650112591816
680289960025948063094464880845715290665082139778206152755644521372
438126247579611445720423654076416371760243691697119182922751099049
908363378796274782153898937790571079898325410163262926714431762387
442013603427640593726722810000619425718772806607056549562656583654
402481554252319335359831075925091386646533688304458652944240244181
241461278800958128324385902554322188509669372449102521554438229254
794112108432664424729855037151628029362469946768872154265767623014
915625447181759430280795604048246389611473912440199550281782628852
926534666115670676869994317156438956762152277126250798747416172364
114451658482153940254558203675347347761569445291846971939814978601
304981462300481984184969281363029300389667036245130062245454510090
849447717525974265546800581046440293392876918195905929668268836775
613922536061424073152744201158262561382036883502643110222625652034
193245386450579977314673967242549645753595316201385589414278516118
018500067664923288995388971642283871352531142146883351447940916498
384560830928801390065130321093115082348657675051769173656590118216
901138126425869129308117494302111978232230644581543091515493798241
809292694901225815802671490849967163190350691695785947843362093672
789062484236440503173235294376090510212835896933624091308778992017
078112222893442345048723831493501501452419634515509172352334327944
942568830675105513018164772931663895290317990217648822033129079342
082746151227362719085887761456759815123197615291344367402647867671
606295496822328234634319683270438901018409467013392894199078350542
822143772703553333409247281277167123337944748656906339598045207729
119091035556158024691138084799665731749666205671560485977427423197
149699984506843153872064256587603181169084133817706639475988337829
611859275845260724782102353562354757145246033326061605245138422772
157272776497398395653342374636921236527537308826213777132108174099
840157531453692544638531187926796048847949103511058205783008107500
605454574948054701613244512497165304218041753212122646845356439931

483768238875780938758520326808753213525690289144614698326358534742
860312473614162764389088985940874026779572371288069023553404790316
040847249352311644625720418878652722474748254095302792058087458122
631068778714487586534758543478050822509733509366067407626711137275
821697304755667430252150117136686345446077709647165618893036561139
837040205025121993244967156218763899660577339675321382431318705969
326129507043238547472811900460521943705529459103325321919534198466
424785806926167971271234225621240569016619696299766422423040227186
212046543547976597198136188485275562577337331424343569391503044382
664427974084777020667959896506686382910473100606504798589472662781
033837077493911888740462418343959051672434166891873803183385611096
456754831949119653054760582069520597537377872799695599808113129969
549065704515239906463748490332351313172006686313791825068691071649
130744417746957422325226494978817531934833864141538616859890645581
262511935652457295350667377283646402165452746663944318459742337144
310536832507224850637843782481018646205715763218250621368485322551
665213716821683266021054894550498775888759417225611700174416694084
213912014017625671140599869234069598323361509718275598833878135330
123925785764115895118619412808913923103122143521328944659066844104
166289090881594983482886162614213379247506761179389018867329576496
103014689500945823234932588518533026412820132652106736935963083400
604162887837423100719365651370099284312699860074066865214429629597
695295624424581205396539076490660250823998624968133989057371875776
532224920684642912208171738475364705311892348308643067617627505864
863953253923664790067220915168513660615304715286262002451516866558
694092628875005123265558548758099288417203226526924089637646953663
539882603350231873745523245505344812966326500081997175120389381025
934087512353482511358338763859557623321441821851946554029361536577
358708064904124818326570687620973418587109718909839032538389644146
190020799091536794472978680687397990966855811369765271053068527617
807044533843297602911153025354941106567345657966965663422279581251
681494499176716416814058599860574296121068715065134929540235334146
988887458549167518269054881199897801068136904875464456187814511656
564392096144659300938884604500672426923088847655528562816914493513
309732635612437410321785972197583237714575773202845438061804655779
772283334521003211767023229217643365986554035820577972905823424558
117670516872882952454879236418448952876522512885047808762567045808
001281244037687401694921335807292739448150979914757719561879589276
253048616366852791308189106438917028775981565341253670234200369487
652133027268195356618641215204849101020771575204387478450001152267
791808064624112034549940997916806987512513710719797069391359269883
346477152031962116928538442698222293996963907795705644191509106496
425346480059793092854378598681383356270194766738065661688635225690
313986837737038764612214982990406838915649079373946475695943468852
731045052971288818773442617122536818738539898350572123172919902288
928229413092205107223993128477049604452273180148594804904313993265
390115677850524744785620564670254170606207401055740039571353076277
814116542262897935234798011390614854226600729563377495025990243220
502390594363581141718605388209292196167399061829697521937169417610
928928803997273146698253552570641999807891940830403734763234190413
682967936732668121803241680268676373703999399272492141431673150862
061139390679405715869113708304363278281895490019642377947298188389
506403295869348226564169971745439720443409163068355369715895449065
096925850049666278804813270762209324969756222629955568438223135878
097365592550532741161001752591390021386204081923590453368102009180
620874304711687159389689646273441608595762010678692321578625654758
059240572306424613484610566667205918399108016628476466044936925616
322928425989891320621814897816721742924375587684685729778480900985

8387342654150482361053666264227098649674206958194373748312715887314
474387300293061453071789324915156933167202565106056148613832615863
222084631338432378165573213577861496491507726584120908189878353461
562278789186874485773979148571965347198375765928569616271631632592
823124213756274446115934490219389991657895495450504316360397112447
895656472094463956457064164381889822543784667301926735950015440675
358697563574143738565779913307537079735095015056053637672574540113
365235510359922347836349680421395946432269926413928424721803221161
784018670785407067569333556715874180208590559894265160296895773519
115753453038970965193391880049558320953279778571048458499424549716
326963213143779131675310640407743543574585787080472921189659606398
400986533594977345635345431684261692206115315497473610077283787237
639991182126073891002302948475915950420425878831793364592938928437
503485781401505118078077842727121938885562737285012545078087476725
112198202270340554794539493502668324760298358641554075288254636742
444488790653038527617455783888368060693361063974925887593290037217
519623836714363154124207720144790060934505154732641243170402944126
341273354182644142863260639355022675552733155429277463062157256439
821848986238063328498829948529277894165897240228963833580078760433
855862943779641861536415568346670855441481375514059680008055194429
126049195118197956558502879606189990413080024108014094250952550077
718370784902674280516925619086516570416080963123142968854353020000
220980332078277289038359870292243790763939625409378082409127922446
509105711422243512103957052171406408771145418480347012539359781594
696977296851423250845920608193835868269457141277788560752074218032
451585669721625409625534304791126095423567219742619484743040923435
921120568870463212751133539651681382909308095444247431853441996207
949047414716156957103690698877357466595463323449941767703728198478
275397489800841195575433205543826701427717296225319329059497053547
745196566575964039120871566108517557641230702857966243665889241194
175922724816326482236032808706403235256194552744038828984372767795
730902438417148104677860329638812152734475814995354072815052969907
890262831591866826288156455976605527434519156707536494419499157283
380508747943563612488983807689286463441738029765976547743029961135
627599504152140536909955956867073799473700466359780182039208304261
330179306261730325638668589518074745478005524449900105207146445726
958355639437156874017134403268502479646089011607689937690098779021
279237631188549391011512710992177317910437279347873502097190333814
435062928112000635743096819968618004029168081485487293293508198152
524878659849667860162199604716886432867059256867765362853473498270
944555293388478897858942361441318382837361248726098497460335897480
758870629988228246745807582418715307626836020088683195011060475254
181388967542187006647609652030142214229986600866181045858046319390
533221759539052948191579962623654294199222237191310758684997885617
491800703877455409350908569760681902722351849333848989474327700397
874431903639481267231553190536117428173288596668828691020580189595
511815933077457030362137155160346562565387354566699927971091971132
859655092378478593617654951351244609339659762168337807672061403204
049730346681423340852120447164167039888453536548546763867380177914
838060110467122970700095731374256320586156731100944645382336185622
991874504959790557421290011339080731258938529113207560906042591444
570243226016603313861046027027412750060137624464137882849998588529
328619873708369981394279374517760365622012339937485302158836831218
265436596460037625781304813084797077331092832933427815953385358920
916135390679538120957263634657115414882372971825881788635067127422
525681896182360006557242224441636651354204723185521468281249471073
574176737902725136966810225780331006925148102018309355013375303794
884496098942867684732940066172741466838725412873386464393601833932

370175583452190577583697585430155032066547144320237046568025665918
344946738816801419213315213050815290013567373907274893056398889822
098195207677836121868647069789614950202996275555517619939425064266
037375318954862761445829495259065139981915540889846548808135260356
130989040921393176680937038100759348752900635211071768325982077273
354672067535306727707165423541202301876274523946068609289513887817
940696121016555148820322978284154987208366946194379913331516603441
607358945377641694150003816711474924273561577233528569791008472088
539777093702513258379338933239425526261406530897422997008781295715
327715887002168137448837493646349028809118212781194349936975572375
546627445036189167986230675375329891559137441701232614503137582888
081840676078090276855738111384294076774588999328321084598151495072
149085847347010155872838684643208104362736504299831465464593961285
930443740528201085007780827243833627893296184662600353421209225091
503814056943761716310862840814860959726008267695832995659757038301
118508067248998704264932885222349757822176142531801105559246400285
008008314722561191940823397555157203147344493965205757195995621028
535341109347854955385155720167454106442901595527395755807779688508
914747261394324266773913042135457385276276793496144256267447395623
941670386721416114462710048608804413012781119699589541997774825451
404818698808157540225593044163210932630579137856366049164196218222
193356619042499099880190140265147738328361623555216619389816223359
152983319403312781971173106181228645521693044958159672030617441463
255947555346812011780998705655266607636640577927675428907321597937
445110847142548202803553577553330847722944674408783138222635340308
721858616673937498069107468097110956159063040016954099307900657841
673692991325744650921877851208008098732127731522773794343804702397
740110255298881190032714390107608335145571425505825995441741310012
000466642722363665048834213429036810127266096493663725292019208092
708860431877797799873922078398032075565821687439209522356978963624
025795491869883154432552864381549076262421319701964889092093646377
564086610121302469937959756399943923505142745836438428494030125202
346097431997471834540732307802426203228431397292790017975212743076
391095402321914501557580744772293677488247863792415739611274922245
183187932939997309788277850837142401596043257202668595065491796368
606058879941708066522775020014899532773104414961930880840714498740
210224100493803078899674136175240529369001755446078540158381875559
142190632385263807921854796226518060331577754843461332975803604846
517439488739847675528907354041676104934308863194591993590292373557
143089910445951100192151605946719059201540634742539228900072823171
923870809593838595532082572901150332692063501716544004680433100104
380085910690431937731630540526858992451189498894608259977036536993
746888992992870207235331525599411878953342753106902330731489450683
325152394612774255805124938500755886868662837698548194264947137084
073794100663140388457625794858843539827517575592977073725571100653
416938701302549730030898724278188182705629104857738462010931317149
802677527349423283986987975104204344893975217539385331860551727327
971882567609055051396033755571905413073342497215563927226186569339
117878603934996755448630570523315750207780724815874932755677943176
353019809219986158661707218928879185877145008852606652489303832954
066659210330659004024135791091286478613534902730187189024904822714
311432814632265860523093544198173205262311355321828867242115910764
140461478696723337424880238927295168641061415219699435384563535203
679413984647748301930471467459304695157048634758267897654447062932
974832633043072644839018789474144062710581212804796002604297785025
223746546251444273431568870494732647095466544370267342908661205328
024871389868828087983494391021736990092310244381495874798187685091
011139447941717596014960376784062810158985417650193692781958375043

075964142370228385782449368678664210400781934859127503471935983144
696434801026691874508773760727541563764411933796661638823288278620
417395126773568407690651031037293206261923420935820435010710903021
502596657141649252958907861753517349557836379017253092578627323916
275132673868517947643676541555307877804481581311096791588578008212
086294482732397601033246752058322122805104801768918032739810733718
273459432292848036745600909525954440245032612729191932901387643744
579682254033853398418391978504736844001178698016024880728815779052
782664374242992770777845392422457004499571361762472197075422414722
622990862218063552525577995127296504007209879749967853818587420517
347390971772791199321712967502782169024374955381292224743457585306
502678401492302978488527579705105243932820323527809633448969360569
616975443588376086202033464659405864552996647268957120572217397395
360554061012793632568389523521600180119980505308226563956053759604
357663604113986250383604510346296278416062891946462275535354339388
231978480731635983306319087405301602250532133176722415981130690323
042257547725377114954398071840647267775252245323225934416437980906
622475044357984367642876528330029530189202946971131942832769535641
160553536437050944509808426123390491793992238132429645888816547838
545285012691974760333948220955311815136801221440025229935366439555
773233119221233871734724394891298018716975602657615281040038178685
613407455755316917099149418707373405400998500072160278126619794540
335011572616778933214763212890404755828534748727923977233956730411
356357880261508558976416000468972330470732348387793883137857830681
035775913141515196536124024286942153672497961170741044279452867235
677389374261342475186729365548111247250287907951791639089802084146
510390022309746365346287184886692923760380302538430272483553157144
478568778643232741052357857999855115235793688002299531324306551791
874634201821119848855120120450396475250317686306480863497270511360
466551718477269768627721058597390274066673257544998241730786235225
028460425798906433852197587526164415798740901061586106943346276874
917594857070399448547987822484745482129826057181565075513709789856
010983165589031704182083680789911748476462485137135784858532573997
024793532299678399460711146218796032740450552015417426472532451027
071711495819930536110636045624686399213296237378973938269908269476
194237323149174213482430840533916959713904951532504763973836445413
014731492741052269028134519644467962445239294180088451480094316322
018426059929353216202327989996714726620585727755318882394052383922
190479136250902712655180709863447712118149153672942276368351729924
626979350807158248979050557765793307851684827623233637715526243883
436131495496098089994892091011166834557049512041593946406388354514
371552789455595190684867767566977004647007408580065887533760242223
750960849595339582024229417150408659285172289971213197066807961956
137891422196493562955640404393133536485444808529388830399857073054
123772081134087856313625121592669374182663374652426223614019095866
742758720758239213276213903365476702909347995825193116597949572011
697113117246971553132016011895454246431250907874939347654154846498
033813271878072490770747606713769357484742996848439275878159542167
622870903678567912162652800381105749694353271542303686347648256680
124099273056833792622173744449974854734605772526464587978007468015
820480094367009450893765771883362641458132655508853918314174085293
124660403928008906381788117922414330553445942271246572512529982549
143630365860250846721885298069396135445858924351673743268434840529
622185708061384966814191280737156808754003150516310467056384735936
825479439798878000980741895741494569738244089574486602136136597799
798046784104307076953951318018296306412963070359472023274225066364
848581340458269625019431454098407853251619353784523507747554820805
178044813324520855095525715083355330660884410739123511373875522474

868632821440142899823270172392279373540051689702111987819232815267
981467627184969789710540232635303959376494722737678565767352742910
098163467216743242107760502944022583763823150721036432339832436480
848096745167298660885986779170418675612197201448129439335436149888
499026371094411438039570410121124628678475101220096713263979039029
910024715971301265894759147675893775163729807985991700762362485162
600033568871370072560643916392469164228511488687920662720801093956
590597906842816732363402860806793303241385899186169238169227861039
192769103941409580435815594388903960703089070016417605462671339141
685009323802942498048489966296755693125290095959086473147339784937
630217577305217040453298774913323517019051725739569682897813322427
892163805629187727697698075121487758147765491287503349944615574526
903929485508508277875911742733300207922055201562839378040221073785
935490757760288195957825391983903833125644640979748524754628722097
366338787124945332239760421365912995324453983435689366563570191348
136425400229662982034675542289129337631174427895190587108193991794
620606197532853321803663574596558870094569774272092853484439954462
636830402909648876782878824956793256647635359535912998343917001821
914289028334430573560913308915344883786887093427697493531332489960
214895147318625551035546994503382267997147627631537795056021431179
379546103882884112885460159412320269907519363338622738383875307323
204093751761596008944026902836972789203453833981658057737959711518
880923152296875752196266398014111766966168262173311570908691421899
156199967839352562369953481546551054202483683010513761874109734291
153448460642855301591527222451492494236529636136866100406343167005
888314494771565036900110309962639538054831153339282269848436905759
274136389124751991615802787850786883760955916300876229871415085124
256110246006953522616029100483065703439747626118535073206221931184
908722779309863933060322823953452220583273989171223786631389246098
021275546299458617472929973675911754222497972791577817298614489398
710234581982102296376448522597298600468382363889292350484196130154
183520436052075257103041912083744591355562143011000908750577047781
992188011731892042090754106982758872805927003002943515162008229520
720165605440858120622092458576086983450411702364508152642477311812
734470341915088148633709958761378098855635855828492513929817276610
951960686047698159472534300768450779939597952669401400771581779942
808160137282330408853748988066335181933174346443406499668879260398
990540303140521856812781712483123670325580771578721263775122551550
478588081508766682646811227212961700196278768848372044308328034179
946982956536377153852716553866992694960437886130961610241834798549
747783063991262638166623253583048965520948244667841658757533644462
299171226880315296282752278891151226846596051303585307545460708695
057766804605833959679690307845886956038705284630221195005610917183
907644032772678969484614617390307752774229968192455395489741471499
590555215175364469098710622678332167426144271709583786524215855281
033970886825368444104252720783811270405699067325650835918105481906
601709194930366444548704459301726222083097246084003036588249558243
060518201800532123747433354886433216340175235692904644018679270767
162012802338372887722491351445809981380549607227680865345222490765
852736126343905983111761248582921877146621497169955794980051001132
768410032786743790375823273610926511306478911345369925378470567058
073695952411850343522668328334389365082049721537904179515011444723
446812568207430436662614650446763082107990791686191747463197547097
651690122667413580456247344557931399751781600362252091683142606527
335183689226367453671508957043115997306410177688802204647508195308
854527188480740662679756664722308590762961250807071552694556812355
994163914714236673639837667497000296467480434759556288583153310371
852186819562901571658049623167394365872464920403775452117348537229

6068405738625994043102895837238815385567844499503664483970255273933
3774917177259034769757228642950012837950973992329385429847952986669
6709064029113015563608816696295934083406228592747434044917258940054
9901342685240420963204079667716819887060603637681970637432312307922
0434444868591740431875940346000227180093814022977516627082225874933
9058702679476246793305059232167970110695245562032452154288152891299
9937353839853763469488740149420027354315535278305223345685384587911
2440330229104250375476137478247650741509382777377941366226692301011
6834604753384537579827982323290242371489861262451571064920156743322
9964178615849644034290880428126568858636970420962759738775817381211
2168216673399662551016897608129216787203727698773147991480788905033
7697305715102781255201612561453291622621338020060764771630330284299
8440422267505414705630997859870184476121354645755949156963124035133
4114086628810448565452010851914481956554804002561880707811540401899
7059980203909545076566434043376295255237818540225561173396730053322
8886032776820922633715319230747086822491363986658591481491209608633
7661486925771584509152430618573202351432071687961423159046131786611
8560281720394756718850512189612916934592255590010009684489028845166
0592470107091774207262861154741467249090478477796808579195901783999
4896771463224826669437247828166709313966367800282611537841813786588
1221328553991467370863478001432858856907682633572026269581223831322
8907931573756044868449988066584899926189326318985031986636685710522
7085369596579598388377288607363195438430371599479805914928635942677
0476781113608158491335608138475208697102423757534913490491043638588
0463560067039582186937352120273210763111703339712978021667195596333
0821165561372436681395080772107392817175572484444007708899791612066
0131779564795470711884279430779479867401871061739824769556679192333
8897936613908455722707088386931307811352405984078021279205272315922
1785944299000858501336874341557467521204107267658638211314139735922
0094942666232624674115932190720333006757882489077186603721113094522
4760245393232687377978635375980545241042087137879600156793992372177
6973037957987934436143222355196177439498208489661460042198996600988
2128418496518838626949711835355830396486556517570190564882089491455
9179256094124175463428561656708417148436831993533728096394528933866
4179146743479067076638598478128445639940606466510687136864242668044
8364841470388722111932673917134613743354916920210450403244380908755
3467833133959356767377982327795532319607570132761030641783369517922
4997094568633327870154076472833802781791832227040020094470146101788
4626651677279778775567390315678458983004500026299995030003784437700
9987994338153544955743914852676804236839788693074931336060730284133
3674669372899766074863940517774840692206970120057936899790704144433
8766031148927531193013585941961133410715719869193722034483997393788
0650281228382424505257872013661912421797950208042503658611727360377
1953894995456413456445526313058203358397576304643246041525458172099
4698280235632436401714948621659766495238560651131401809663947912622
7910176945808303222922354124763406088905918414908421250058046331866
8578277781885446973621764851053532012786220142366827154888020399922
4677886477249749797116609741986516861826828333268928706801761795433
7688859075177394692716797515071377954816990652385529701080390338477
1795312585181928203921303267814806796498685194557750243923140847622
7931270574309708349524938842830076571779167942808525717831883152200
3750742294900846275088898239409798056091275050284399324080936960433
5278594636557748073788913154638092495776765014273785534417077471911
5699448994705736229618371618776918396586547629448104839570933429777
2465963945763916542480767665336674052750676707676598822029981224800
6960533289872599849346398092793928922278798173033420946889359686055
2145821629406381887494522891593843429850320046052542472817813726422
5880448041893773035935508548988139973526024220839981846153967118366

980767055470503508988333854321388958753664338783049639599117833548
550713827508623093676613475494990466141084960316113683991814451855
878572028263464534079342501589512391944964596678051060721944152527
853149030075668965551375906404676579059621453862826243849351315463
725671174889169746237102040478886658331565967043501572452835602413
625523320676890043965075874878578341728686425040109576108833419626
984576238051381202370889045956435541210380772219011531375100164439
003699678954763352179287119135690889050315984289230803993836592933
831333474558647030382508196850426785936375131288632307811009920206
591179994018453287185246304178754673722908539545911243821970821322
954108592430535593238865360643790840217534320609321838559992379233
195072503989144941883893699838345866982366731360180522407728805039
954787393218376272410488544851867947477748087369900644782888113450
139119213036937804368199768423694957223564020011914799238266419708
377952748684032234604813498637136652224539793015127772722345967546
898849704725984541829379322541347771193497123286040516939120252253
128526488795159969849642603615148236106899260619308411027405492925
650249201805828968279590144481920848139949388621567222259694948561
664791331853790981919105806963496420496802349178082174069314271440
611206453391354424362523234265527030619748861651054683268263063155
971233965696048888281346045328698787859539421299446378326801409914
056548763574854741869795981282384690861421456838572308295651286207
138868234255073386468387028755624074629346762147903776926640133346
753617868052292871377068137427765119279147538184137431893632561898
425950168663424901645408235018330599477378413875226355405208853643
585519855349270988666979370891243796941538983928816792684373252601
310921366837568299523505763079375837645417518432097376493447683489
928834438271072222747488202215411029354422792185524604432405347830
329956079948145295711453558725655787312906275597160475849047778742
947862232232492910574622675568754295686560084648207328421249489831
887010190418727652437208864119488519409469288518030184851534687927
529429188190542922085754016195720533289613718728115044101911346409
602033111868187711831953577610797923718771679000876727517123802080
979135704277414973609226831143560576621319571048000756741949695574
394795496953790093999990840434225025140348537578098387427168070654
614945176697470090020098305915465299792065275027919592985747830319
040877254387524923935282808349919308879813420693638998594646526189
567893324181995283370882245590435301154692468701917681378791561268
526948857656469713567315856043870370690443310957786922175507531962
971479794796674724360883070274507365510196309946995135987243588486
763858699749294496659374732550886786625722992535012112960175686906
773238956011506621521168869391488016690437008812832571840723450728
505110930992159732877233841999789412150316807027042751972130612059
666969214207179347711761118120828715821238716794798146086324727794
791998074334226081295863165296324835568105491588679674857318859527
860504427044659389707390968052840298506298308662398014045017833016
587876504152554884923754578203702168627148996488656933224422103440
770122158892478704151366500309638594230528618991811519404943235243
765268152427614154508267463702840221624301212322522382907077848759
660106848866057327298165445747158115858475370251160632139271800818
516170340249555588977499867295504177497241104870859730725527964507
205253331715819411507403109603120536648132310758903566813539071334
055510494126350565127507438759164095367609031191475509536721558549
231143092330693543283090011803633227948025326601680799221141860042
276548509781454293527915134130982535685754247574868766126842459903
988894910736302625680669525277541943820789686305046418477215929093
631275770821233820093357699610540014442157022932283902032454512115
083141909482683788690098571975331065977845571196983854025896409129

758202323809674314065541071779762148206600603723287750923448097104
115030072436037838315756873763358175465349993607586165593468633857
754132221279839768122575562637503108381959939553992848595837358067
224044471635180153824191368264165610011177414554753238437967178325
679163847622964008429889193021627671276169662582605872977338222963
967855583995463911630179325172432684976006355692478576250349432502
882986016078242144938402780575896792830534145813993634117905348937
961784478334670570220681128095620571911508864161672526064635299236
996281114504452105291007441706893930573387498138372706097805588752
465620602170301702331128183291223047474128019665083168421162399620
888599190859419986588252621076034699365272557818916471027444584394
945611596922822769660827157239615990900620660623367728828962451661
544512516297938267981789754424141235382840745094598883282737742334
592924576282896188499864964698454915282555949784271924808429875453
657261432391983451116836306213965725393202022836223898771099721699
712159507412111669578236767662019597749871577824651534104845357293
942018615218235772067602830409587894758066674950989526876804090644
614720921965154314625137756549347433415446487875536488477923469939
443703217219561835448481003951593475845981996812634354748275624005
537884358208667815155151852870905553501934762292715167032543346333
153437276465068364394096235602872778004793599598170411871551358220
568362682243505066039246535844519816958528474414028273234005765193
292144328136670311271856419123220414878093510998392570763109003951
901050644177864480010127284001750821031467428245957185762324473088
060371467744408449169044647957667788277945124429340633091424673862
899688903618420332658961907826512991498762944149674781791896141540
802286060430465399521398026256043519092812152852622195355944670772
502912714509126224222581165627072193043153104214229746395395383325
398880689789302342978314785370830991230428668753207966279036606310
804811308858050006037442168702968455149157056641132585163272328867
865044871126223506292414244435989610068782876847549050216239061391
101653431139261170890236679299910065798818531823269418703491214257
301915213472108420794516922461649497596138122907130248939166596018
194331701833434776351813246278201886376521925526315287009998308262
881814795659814301421168422999252407425537235615500510251907484319
753453599657791916243570613302807534005051951962957266898769515418
337921291805616628337099378255709433531221753464609346553493393290
994431314951665520860496545504839669665708476682073741097814070464
112135421602256298477569817188244180570212058409963668886534001158
133044154576556135914743615593331425754493946341447214291146943399
856118050319145237961537705495100777012255726916525112334558313397
126634399043471698794445258822842028849064190440895006302009187476
526265778503583945987585948144985843689247911891309776065181036039
502576751772182167363607717061605361346309379605268307710190118100
709009993783959124949890981773222747054293272771762942059862768371
091123701071303831441478271680542855768599206974652900323809284247
989205280041294357551906716813528430374074699943266415620716947700
846925612448276026677330324967811898464839070032615807983730214284
611714209349500876230888716683135049780959654462785610906782487110
903527713503077238248690302440768018365097213130475706899630496484
904838278384318266418922240283142190716733545963841377769508635913
555217305070038586663024806733874543841395900275569907921069694697
146539648163231781476925615151162312547799314166840116523063005961
422702543190828838890283590369235738825436885039115168096541042585
548765165055311130106097336853531521801973162349763322336831598106
397443192285618164787237517257996853606893970722363076502080286719
931740771736679490759153196154217404234662054268774019623986330912
127803870100532146079564540880312842144097212252911165568407562207

8267223957109054053345710248973509806078810791856308983291501279194068137328744175782426778829584400142664560921540042534827676135529673977653019107397128740391755896900800052460338008981996405333720005103226230720087892858747687291586102134285590277972022602964185072078870883697472857167470334038322105788833455922797202759124740529794402895652003333919448727756212033165644798564452485273787848909299884031856047913071780148998101617263975132255835421555376895401255674207107798972079911702072553981642337176566915902047207515136296059198173316347758462546918890702877731740527482432806306023792877560785274591690472328011583213150370488063739736213794622632267443786409171840139888747778730261022610982492869575378184868602409691834061026787462328383723425233211916937908594550213987668333184220522792275981129053728576639702186841842078752178593466300601611796835197405925122680413790413743634851234767683229727517096703258011624941347493099855280875512327451152011303145232359577295185596344279488592439675504106931639397536530494850014989874098420290868728104871219249162090726844084235343545851817938344756677208712933933987569796930274406862503041505194319607053296371035043515258815429914750754296221811347483972523641574093627720188239223476963381251449399055072376408625609081487621309349684116042610084315184081571282826540872820077044558056918553064328786718689389289088926432334886671941193841830443149337759745780030562326438580265365510829505117996832422944957163945532237372345942108757418725827536716575455873790488967882972990140159136935395319397010793751141382862370197592608182174928659554108082414098275281920380978543686042838687922510573507066687970460376119548465793632499550256876747202108556414719836637325731145366848659766811601186563340279480354647539170784882481811925687335141371080475464452670577133734147124748260190193870058301962934503124405858886441773507899953222045320213787679917663143350426598603720504975759021208659083082695879079038772127373335353067913830918296629345441975575788935102426553821342902496009823381759568979559884580390469322825825841124516402629377929428772426664585907212905715906835653813193015943335845707187378424731321930370817295641269094249832468464902001592014149450912432262928940526892382538208260901525092819283701282334619214253172974768508966340567740458190826666255041419011080098207682867353443027451217902598148957630765728680835160840713562436330831766989051377790195923784147660309984428230090190504099255850116382086164368996072489179587133724659722936644117751261279069090172315147177082379178633982441627004492782073717346465136120618496557269214374002234801217115293584767602413524497274926282618758853773429821235088622094228203215699638891751038181482929455480408596034717968166049398653986398045933197373324420535815522441937571315957462282050840503407377597481161621694906933086298211705326163206922631561789900569411832406612685582692793763340211622013370006843692713950629655427459389367040956205370308540860501916432390824417231547712620339926097243680059815928040649004632149108842430066994910965650320887924801153090172593555418833651826214424282400983581278398529430854716929632199910524418286370661990695511016501120307287719087389426926915328394645818736995442323875274166157172860624978756951950012628368276664876509224683212118217353692947263605376662613783567352887697974841033771073135470434719464889088083338475779874948464304878384830328690791841684192478758641788452813370512678201412574918994911035695858504890403699566670814802917299539760817216951688608758329368237442513573597656079267457815374070135577465180317951595789915617263384275500177689425021350671029379067822208019138058524573068220767483696640729574403208972778684749535815336512955382081795757564045925314356441848437880565257813353940147437815721090697569302

6679746366130497128843898538681794667454919212933541005923890442632
202207404593395584313429193090286388187009699317956668290730672796
696890550469085703840055702011144044367838430617933206814292076724
336107236901452925778359163030151331345299539355983951359774601939
943195697910631973382900860422458387696799370994066184796731577943
259861739832191810851132861581678272825638582372393955431721649025
375755278077145824504568320980659014920822553952834920455601739613
262430209014743800117954693446307779329880417192322364144764797058
605960277862062385569547983212689745357825076005726984398998755808
303030282178249510789695199452104779855389306385449279050075205658
540046042189345083930885477949954509487011944145000123398927052413
231324261598185264245443059450828590476817258500209193754308131088
254281793322903526057391313601886926053150584649470788503378677002
478666593545811648878052386595159782844484366023266622323566661428
102006633515634558767855381803998262248347916724567049271370337939
534620020664470963560702926234022807975885312527726915287729652184
662209407508223326350357040912488759087215756892649107354343855924
073782904238110155866294491535364600834751269729709475508496751680
748271699872808995911420397683637046279032963658757748301048540309
097433231170681088132492293225068476420923688761416451633952264279
925052018463499654736332836380292848060199436128054781587680540836
504058572932143712838105720643062824217511804525894208982991600927
046503933725122055231793861149950987631646507005539805601337570813
309808860597721674274339615054942904211348605733669088651477983641
025364296979632623488626943901113210147997182716298823453288482019
757902343936349162284440431352134422026636876284860674701466175488
932233260087084205304402182197186141119491176853813701920852881216
339976904494711800143405560446675901267417602850578550777923195858
983955702572511368855361873441886137642815690110942909775510649189
329845995022543340195349762949592807584990204641043036180480552846
598966725812354097950230690217736911930552669573053304521028057539
915712524627345492275109852754360809645442668339094790392465179909
725805133528928038019170605600464420293464483963715761795997640389
993815150689116567605841021041094722137350923657545564064261753234
189684700520270198721364533076338765137143414392818530581078640243
307020963411594542155679792965273561643333637489734282045183799309
556898907607324621307141557512257912083553442995178465789737198319
942705762294957897530161486251213379783428093181120169802066197316
798267692767544576435797047296215131494024229180462946106521581504
568939595585958052050089324282843154751756472733862253391027363282
356809227466390483224023706499708202015996017585433141993834581678
073721239882164259592852708413549423727958892894779228087837587154
196991751406258031589105443245918398850410011842593896358562667374
871856430108421525228996103671661607317805818536742553016885361921
938573861299885457472415078613144893257852414619661040636218513029
462406176724253850994057613454932319042002343698899407483972271184
083205642273441306217397303342335928684939813638896873008758197963
387659669922367677770253790591698193584460637281319589018160715405
279676371125147898256929514499637150164240770280896024814121924797
715524532451965787792663305182458040734934572268564945561912886251
718046396646443334791491971144199154500585852867724303630914866673
721422846782122730602887042868766140264549764690281617045243381903
337046458294722108963830594117930864244287256596097390299944379766
609039708610353106119442394363314314518406074706345469527263080030
021822688818519190250385209541885978545993805635769213962958662923
961183455943245575301380227083874889306422420470925245161922696595
412538142119162541220721061273040042744190713079295366819566670852
734968201866314901833669205134419964852285839745309233425860392409

344553398532008546517363105430006020902870240606549941532945146752
046739678019268998692398515464335355618844398025856782136844182550
520878293996680864708153498982243702819235381577828555975748340717
680417066105042199166059997840947702475885799074730243795581422372
837679876638753363618147274334790638116359037115393488851109245880
312516953207294508225257501902408371940158573985110469075751672703
349621102564663861156293748506440476834382655381260911502754999374
998014512661214378915281528544902067112448522772378392879684712607
668615726069786937887041435424718174053035352136825085638824847634
339683765992141394311009374049930086623359840636844649371046527973
336976145644735159603144009943467205923757891253421163007279706010
600414777601871020139436837626963238759315606544321274448390246327
863137217878374723913363727010133364190431293058400406371678031665
048603854669764831137416071806590169323789678176622316353688069534
310670773040060600536898446859652838797296963412960897111262368198
294275597082803823889351077725801673594808002618779225465678206029
968380556901877306242631622403514428555830002451328580400572513459
355509516342088274002292211224372162534543047978887464803966214275
578803567478384318588428026451112476620941735129351288947768587512
994487040907063980722931254391908697250019694268569747707707618779
019651064451578464020362809063253959117222188338843943755323399234
068267433706360656810570886455017633870290535605177098938930129743
997838287679041935941614295980018404081243339224334425948040143101
026326537495410835767507843421726910371932780395805139695559227816
460686236251975059547433755636219658883828920886359642999903724171
414378512941513860847573063015794950782840403494736132679999710192
964421348611981003643071526655898776773375675058772379069264784478
929562966208639657255974922797386320993030065138638079202746809743
620735441642768757110767875956677958182338523901804093803007036229
683402905923118568157109230673497901232154451582835694519080731157
281983803695228909189616896400220442117161873751344535005397978083
085748274802094296446024809698031879824081531406849881576264626102
601276692282107657190202090998446054578219887552977577928054376263
642074582261059687321797000861238618734931158523271737595980367936
441216220852531550958659116221109153869540353638850072159065870048
344338507537564348495137271023132506358851123472587853343750103691
522092619279944301463446455953684089093589427550396984671693572800
076205370327223203761024062889768963876949385645440864585417791022
151161291344629029942956199767453229520643331972494489083483037242
575687074815577856398230269810006932022113592517048101261945906228
121098271352407199385202931370704269075794782592755834779349676242
333109833768334606586094395089104998129400892741681333292827373624
843262537908807276793401969237636611718441633652316436483655205538
053856758043207075342338345927679934196378698686159295779663718105
749895886591268460972655299880287594739264194045638218596824004920
544513916094183383218279900810974741486056688683555535963568596712
785468033945136540002373250529975352920604825635666226649219478584
378667868594773625809320468114029155475738356808646259506953571951
055753743623909834119324340966100425393593511793027247797781041493
228552240369198153672121084717079340515832918745974388443041840041
247478609386889248686589368318465045914469875468792973611528397716
966202785874956344389630309563152038327423682904995705287785949732
442293586671788927250640228134212196369287611016329753285526817332
011398764375080103412993393235357024503746730629384879066555220905
339520901449027869341409022102904652595660747857997750579740275915
354328988785328432287350597431083260323444004668983858228353931999
927400912029214304353216112730945712248506546488841207760569583876
051470160988914125167641882409098371486496908267581366552609275889

761375655305201579098321726712010880759301816500320997737363366386
981705418599125673424159337306958689361517250046149411845047128342
863433482948953900659982491811068895433185916855963107345225858799
083072403376504019808840327525407438050215766827588652226503509016
580683357911972486322425715712323064153834190616890549840850268724
932106784998532422663194071881144258659240272477279746237058238276
432401086066738063548238007034848892393222426969091048104990962197
507231930374537091615071223065441376889923973616514235570315123888
687767500304036856404447692517557722505498709649034290116122691635
620410207709074025150580570585075094018031905929075658258899580247
564186031341819936955267541104224057178533532842900485532525581106
817131029147282194894641528546013004472433128480821674705269898051
900333820769137683481110235203300553349115028136850779307042173096
480130429662272865054068655324634369599645705722386013637067268967
240974094212715755203888098337005602479864873644875052503573323004
506942573704605229676559740314098731027836318620390913516861308702
303336452147900007944297675590712106521396542545939640872290934816
663137328514947427501694930495316487029044642048789031976014171513
525546862646759935757670040055439818051148674192929895997731246778
637628434006394763050107538372461040643150528764498661660970862791
917717036949230710720955134004066804444923066959080565676453444873
366458312883482640983561827010411435780020503950673456049481924507
227734077869052799761532604130541035994910392634221421969460032499
812198348429711320517745672801514387771849339351235174901229896238
410717774900065695210334507444168324517805990595763870490844975796
998436027763248126222683909266860026331084922362065034705799342933 6
831238542863633590239512928856166375409080311085468301393866162378
299296419293592717301523401442989033666825873511779074381604656569
870983369596376297165634785517090293410234290587173092004146818557
854227197503240140063287014264106804310934322336523150448120634953
286374043917728994185369310427283678570511305941761201193205057755
390628786137179294077165669030942763699071550440087075072179588137
800114076745911857264437936630731522027416030327275181043340793553
987890424393659294940493071229077598929025778793898083570321048806
599160934674415844445257762335392087901408554824062846590606836137
736327068060659180153774056812615556774406395454261122138901109364
990004162674231793020609217810743907109711169345716758918532768721
501998209608045727890476639126926661149382985544115782417130859781
852679934088990613071963764266881133725660542822981951734083394008
039830064088879972239554137690654006763104369507283056583744372677
429521157826530412848982789843318188803106413580861228428022374428
757549794838021660157482459497968355104815065807650413553158533020
697245658768048822749503142484464037689364761763800948449763634900
591476347810411644453328974593248357002055463395060376521261873931
647052649784971651396500942107562309776859954560162714165624682140
939603140574237694974469156905588150719706788490125628579181688025
897289799974298833183210970327920806136096052303273484319186009150
250032634832867474399332628630584219405079618821066934699665042805
408594630354474343122103521058504530042228420177714557243723819444
309443023681839467593776543224532667257959364357559760515553745824
500680267236913487569339016208036582027815733517432177309633888889
322995272884742869334199477608204811172091003959259269682775720820
746302345741732418237191115919739031014015843126394518694819768077
502837859867015597602994419046293734183971628234018047759051757370
654528591858148305327080457688720144123978748536990902182935948343
758200622667473523197835664141613923272308495542457064065672544154
997788425749211250649615763473048888048436346221717426137467663804
087226210817209265907622175785702808778355300392529390653782082986

362915628599644787618111798886865686158862234045040231469055336692
722635604419543356291057367401312356198733095517917543832204183691
039691310786696728807626618113150654319998722861349745565617734111
013421914649447000540198954842941320881893013158350137307276704843
319596739517394941172835544003305193367833968260469969384215681758
260491680352390468042222145064215923357976698824161254573304470079
005479053492071675817921193861105992599425124642803016077960672294
507482403626932701862562430772770824467647665710714437858940196386
288155434371512115962068992880974495609069118569355536440615041009
915444115058884303417230111023389409614266620172859782436443732899
721153052808364981514746288932768752427964971655894072367899592036
362596655457313970778939994777785388532018602939212873804596050323
616958807927427939016160603722419168171748830035039956776721144485
743061730795774748328192086272091910433503179306477310873507413299
206655975527505805776742120464464533562109967310515536366845212433
956153832960767209569161202552181229151677670795364681551993275246
651766759006001077522592890303524842156250768791258186307547368419
198952626227690129616402649857422604990193011655201552220504971155
614019821669517346186690741978202755044340334624478166018995734174
371281098293807478209693705810448462883086665349658335846842866106
531793621967050308613685993332507269856818551366047282642608893025
932216242771998872454803223994072300416409829345833798180211962386
137503588042527953582959156998130039238164325017714114082862125087
364623023939683965946892543307223449372479268910790099671348614758
252432163193403799025670883917143120273260725193333417839622847593
470444209863170446298543835936453207545358583538393438816239179426
277576861082586962055828913919878727462092593103918162396640112367
131402398964534632355889708189324604142670439426281225039620113596
788342277090352438694316412674432467811314571392278941952687382127
745088525382738732639524543501921012417868196591250299759090514053
366117174805052617296172847604325411902788919232974275445070060931
380354388166578842846408431103687214531287600036593791598674962964
826276185593529327881613673120746914995885779133305911545106403874
638840535203639099658028656912899913528626668608440243121897484836
927716327395003005354086258385476189980350451718921938062826820719
576855526567815060272314597804712383186854395751711481541385200527
076496498177057417952202779148202666009172329735744490991128380912
163092157854831820899898721825416614357386081623106062432400228427
255761409592864032250091857523354025209484470868144599615077038259
300993556219910524473368753015062311612560721758420612737320533151
095319964460829770096537324530485112627140325473545298457725952339
582954570019374214167802286357546932610901358436540859938740155655
597628296021908069343361983013667801884071662800432838458433562038
700884755121775921862264509171082954563505733114673029600618571420
965013956330155239045990518143967491295381872752494168161177606770
948640166001566040696855906829258003724079828598343223217144242758
299157991803674457427472947155700918279065009444798765017110165940
272723868007884189148252431324331612695153786435276280689545605629
054105687462378263792489784087740373960465008623838051739987631160
953527798171450174992324413563695131532160019744455813741239705949
079491676380746712752636802460984939034098283895707617114093481462
393261997475879131885397140478840774409707874434373786895044613604
794854628519932430230699051751338913877488135192529695736718327703
104296314792222353404580579588110233563589262921433964184921854006
273746248382340577189769049924088821003688420733770717568287084588
753581573313345220556781981564311318390249014368879365233012267657
615807387689897577387984289955676005103228142057180058511057501560
794418019452111573556623008114176623597120572948671415659103604067

469867408794593749693419946143065674352931858264957761337948217521
608118737633792349918459381357808839365306934420302966315701802346
222901726404678458594337692614619768670225274540397152546873341546
090460569622864979435484915359543050548685069367954799771058978221
047860455769490189931232316177208825124498312649980452367232672525
736304248407867992124943801573371863455077359899000758965689860512
542127966684169173243674279697752598363823302255293110755331734613
227693160981496740844124917634682178610959025326076837698242546703
237183595135749796804266002177656504422100160680606245986795907713
664937447187224269238921239056670398877844100957575913145464076461
170637253829984761510053868214643768424053541038591434735596407718
932425686188207310945216941713737523330579527831687833934771007633
710501310900069248128647840811410130366111533875376705954449563190
962689035709506420294118407617121956038455199168484041506585802692
426216628867434364783362030455257007308097241591429979290715863270
641460737908156637435714038729860444587861990162831909869103107429
066745417766817730039643359693451910305529784741457955978341065551
646316799868408784986413480552713580457235911561796435152758820132
832056567181622225596027275194928733209619806631434203676145581672
084663948544127988867619505014524374233642868953408846691464694011
958708282556534210094178099931017535567035995883964522164957138517
710121628072387931415040181626880132677060686488913889020326183409
472388103701287322715853400948856118709238689169327612674773203973
726203701013288450096565750257159880106849056678153345172704195911
720500400308342943777685728463354262719169650285655468006861006339
254260708517872543178209826701196342205969078065172301551975177709
294772590755015145915793077746614326985151510871599824052665277420
503427875032407827035436939327577929562472434502989563115406459399
427863283307030372375220893936694863916665114515076193454869699737
917608613116549617788075843556053652666350404985085577728804969297
376339713066397879659773368779652190214669193798722877743558672908
815195787587956272466510961820784115043279672960789881491062691288
559960488056462981551582260693779860299775666902579737891978906454
505133884365994720672423495137907513040124509684830902012729180247
809756009708012699102755491597047094035260597820755417691021972236
573350494086160872866023374551796156152556597547240352029337422288
610201748739576568655642230790779753001473317708885415425791807263
475727875564719357213491053286993481564069044012749996412353704054
019325942982259362274242834233605953289876551058789086010266566880
878647205727790115877843760986325358966304580570293925627462808730
264057636977202866233076906522269398247261183992898391923634507340
428323405664850667239826041216361199445545373058164601587044606172
117458095818867994453963504519488099445982546694155841496443694978
178213384029033406255044282922555835815547207890004080198302785793
429488468307154676837938395710633631014064388812942517792235189595
216495145822954378251280319521446997850455346904018431111667210490
396989325545803437266407385993384955987164239972320079876818494905
553064852951674380838106700783325232030453663022236905911567446070
605096647381534524028986170711627146968607848937313454406473470857
432403467976989833741201956463994729247154854146288263490304105045
073447742876815278510101526942715965290023091176681098151511260790
807987747592222035878350897590760134775120741518212917205050664687
556014514361373438702489519990395755997028047108746372560334693564
930963929121070821092396664870317862465563979376475542916746764890
553930221116038602984693345241410062662570480227982440771420409523
331925994360649570282168987822215008745880686780900031304897715449
846181505546131321476771842001457533510215252337002666991336809506
864881470835048462157831539584692092974922398482833111723402239215

6539941761124472112204970095596572765252828204738258472568016107 19
2522575864055129160712958192579493938882479078249044341287832581 47
8031198409337796450608998480631389867494798952697350218819419831 25
7713332910492577756920195962381711913229997741845153979436212211 36
5734503846644805615283610328361698784671926163368132520475941276 45
0238738415050147654159515741653466932602467794793660570323858742 29
9937010137452115772475124612077825526650869550137907936823853472 61
9780038139002499622217887377856287264296510830056860425765591764 18
7110911832543800101038786675046969357096107761245845595577463801 37
6908251665284095105209106405417951907452728587888869966088937151 08
8131043656879192105432843276719698840358632538079111930642336839 29
1935699772671171135739910790207923627426767385201223448701704339 39
5054553308122609644243498552371897031358579690895852945489697309 92
8987364557036094609175802655657061855753354812018784612953982279 18
9936887352240484526902163572904037356151477116117836812106611920 05
7171234285195658068846300688561416230222782908158407473507988662 37
6095053372564843957245942868553179812427385619727063447745790916 88
6492351985590858451135064811753875738496564844362148914526897333 71
9306263903365147173689432798256098641371728421626758766231655554 63
8821209673543609224006128981820707988212588505301650450690179492 11
4333665241344353950044176850246151795393254452216922685215089424 84
6222980298330537713883226871924859357118661918616427328734341561 18
2871917231024164502113232143715261850766722397307299819747840513 95
2443004729125128714540958494620921101999188008002301357267155012 50
0058695894980176919246521975297787421827791187540533677228088160 92
6833213306982309802674123392016330019904053127254989441382773017 50
7113384939976407178222779979894431965008951830676841214542318107 16
6771565625913578203220088874757996397902714956793866480808576888 08
6724562429665289697796156520542197666457545875433953255107882452 18
3628195336657314201587377634517458688719710760061990825612372754 92
8904882382900587491533878839736881876332048115688745664647073289 68
1354830317699195324001758217695138128404183086038240782551082392 51
7608817425686187439473575756337491896210971617290520741957473082 17
5624007512859341474102474835976171571877441816761467475912021668 59
2679879086787276550853414716111697480074486107975441494941810033 20
8194939137027736182981974371397133264854837799738816757722594765 32
4984488520176919866671481904699890634447860406540056423079253792 6
5694224486578347698540324185981877212365760407119428446091620861 02
8076094213849138215118291932070152749724373502185055765985141977 98
8914478795380911315713426912282537971732056774399390666450888199 46
4542663345363730268919662918948278666518701410898097500745030847 62
9310104462571250682857284235365008741419639916538684062964223356 86
5566936792221342825524475278756087315889703206014636782338428606 82
7736354871180003766792622529196098912101367227986749228696306191 15
2842076457934010525326773220307350549097515014170639078298751036 73
3471476615431569915468782335565966069310010987614680288323335340 50
1409980875729835839701127970488163841650754673062353155016392552 90
3571795668539216187505987717153927587109198581458021016385933852 27
1600512909481196841253376796634271148161662428740705164498297516 11
1736932203493013684869656952962775974159459547413452513013464624 51
9563390977890379546725695659548942854325970315080899704781724521 89
3950220941868085828108574686267772380534604954673217571373249880 78
1809030711245051263991207315679230260626809214927449841417441454 31
9617800246975410233791125440716171709808411470177528392944923702 84
7245627424859169718486402215915836202471789253283324260929745236 32
9724101245944287914553645252658397773398205978784467934142058548 62
2121708544397056214549986401442501717283756978033881651635955275 05
5403840625613069282477727735217156042382772758164361779093728749 38

4096932668078047009395081659408330182952733493755773443203440654085
5381226075083171346731511019139755345253398761232347232945921352988
3143274617319277695504371912204522239589678989658634282402307370244
4421282093049815792852053962530853259619100366343532412192372789100
0243377297099611962967428340955206427277816160390908559714471052191
1792669839637169546032629433338184204394703517095698127765896434101
1107134576840862191573246554045123977994758133479210238189752040599
0311062291131915082222156680288785878980240228103475861256705167722
6597686992209842107444974299748255886720535484970863083753255236044
6706948261829778770798563591816576807668969842912863875931222054233
8312189459449904901877767878135959329640572918635683870489951979788
1231057554466086819467952950633749536712729762866529027165505770822
8727194887757777155125328746731331669252662791536376496454091823177
5743684481386861417981478085537164290009170093750274028002939426766
5446773723055352162528144552165143449518913540051302753221464613444
6333231064223482047899112329995411562236821561710038346981931530611
9374477994839773617671543565496495460771905395705598503325788094777
1497281111552248963348110048903558570465280115211967336809727418600
1617467629236982329573753068432201410884697668412949897753544218388
5382029462714184465024150937248565201011658004440765407048941321611
6329879775667926756795449081704656993029362058291771862683149221322
5909729023127381935973411832739033267848060188090406717145316977455
2486118210599867662185839967551145470958612212194398670839425388855
4800730719655991994976579355071136915936090422505492748054406240699
3542247076135150886812897436761381056624572932059626753139242894366
3256181037622998588932935107899990005575165931779597122551165274355
0701871610115517944783010046467888408612195609580802861043654288044
9967866311276388032715091057438050100002854876990779735095272347200
7377023779456130654264991477434714955337749053646725415698133000833
1544251238438421375800434795290037214920741245757758929761303806444
6271366700153843203866800058353178973712030066636701673715212852011
7765472461685571420456517519723211783243353409688975903857507928855
8541591812292562480514569040793340127954160074391837531589389988266
0212242341583439361771900101478449915383959633679765487584371880744
5161024725431906266089200057930642252078971023580621946359954640722
5314915859682148264881922127453438903577502363289563021170794332777
0689358118972701601656708283658515970390698037694618351784251513411
8845546185803609510488277070313904954668065866680538258998273823066
0326104773329492961197759463053973736624010040273497469110742604711
7187923022345707527920098908448094965814276108050645206705388044488
3040193982506354342885322877124139850629479858853070380108835429611
9095479980005102954560418819632633876617740198908067186301379806633
7392666447751346008997980065591698517057554732630324537847694276977
4331728940571814144133915830002901279626487520355983778990249569500
0723746216158138077667265662450104277361940597541591691633929460600
8931537216297626375086959040162614151579616335418702538851470170833
1878886019687201657593390493413111056990989271140994661746345863077
7762815943342042926455847360107295881786419101625452769553913505066
8335548671454646413424975511249411327495544412524531435627368727866
8282826669782133773794072882611575530875335412577216966468245532500
8883455686836324886855399116699207559703678918082685824025046364866
0532736125868916771361056054736449698812411763414714403165250981933
2170268359302683607576354055754854776894734330566684730368650987022
5232533830142830811337199464432459414582002041033647135727782702455
1562015019452871507794056264861505473119590214966582573484948908499
0152029143208236535399202469990278185701002223403667136638456835211
1213345970318859335787804484007541222194200404583945309937392038344
5784627862740544816664951977111114203535004181020555160701294840590

8114571344838757096804966866203246459547947173878211440277545174142
7323450873545460601536053251446149827979002078873944320228890640543
8617879984141594302843064814191777863024725404173011106112804013940
26761232022682891201823945435041204765368429409302360746343775959543
0620716778519941727207986685091626693772904238360648823613353
6298417073183142452667634769165565940576493843877767245912342773506
5219665093514438849538204094037769637372036550966431612086640654865
6310774364734885508315296719151588757015490330045035337729603098
1096702088290348633600900649016688902254560112362658012005411787842
96228700398571866958625129918889329891282226190579994573625397076
49105783590858229469846923538741682374290206144217739228938823838447
50910393083814264358001206529127122733772797402596792941971478470
98686388101755504600149109481680104757962688812628830368464886923
2607987731076141865965712624020673369798536497170292984015152092526
42031653912469542485830004767538952564554581194674782470494711856
99920313481661674627017333067483565021337043173873229792665000191926
98347273656895975019533001645690557832296648883843254575830229249
3466371818266667812465595141120905954715429610421059148277694948541
10326788030298249366563459459723104590598962191576369692368832492
357076170559010147981661662924321296405083291692092476227599810093
6604070867755406473381972869982126869469318585146573551053581445998
8385379525418419455131329677547385739451602491598562774392567402
274770923986607731700817239200008639570543595463601999311837428013
50021591539061970841740910774248063755896166688108931839777710945770
699488571200014551654541994660012676051100366838504595329022429545
14279238826709725962434722590128816093142754927153935545420931091
685770092801949888763262868248487923236622875990715276939929336853
7719116771263309077190380230372307765567823022077856537171343087795
1629120425159289265791462463265400901581818645031327749581589889
671284256497088243556466118274653684707850708016694224803970725961
943394690628380451199407950028259290848106699047373076898998891847
170957744177404441165041569711396081646001380802330899617680981088
384565375584041012600204328052767062448993462652310686096699307671
919673492488049537600806066057302648075256238073794182907871231678
372104374311967348870638250379417671238906060079588591136286898865
957580624210315771846523535613396300234587548409082392653283590341
153963523605164987561689820685430895577778191094197498589791314138
627001327690264694000974346382858340183619530853179670773453681614
061027843616301884101612893355381695728179169708454070366919886102
247143603311781302208260738587400358742705719062222928547890222895
934049921042647519729070697291826712858340998405696739485868591511
218932271134559884203328608039626418750245939879719888433209887449
354390882663727929192563433776409121526343058026193289830349997990
280754252914254948600278821029579480513575916447748114421473979936
506355237010814034165341261782418303812830604691725014305696044466
842547910439555007862658153269882453066836912589306240761616566916
219746350549665420652792798614629773401097288406873433944529946016
895622408681163534165643081041610252761849229327096090304446857646
431414220190328728488843892016470201619268470920309657655967960876
570126361307801210544903990702317839722864727106799294452472126298
634434487873126315260070121339463514325482360456005216276071884942
211612963864784525918361471951514811566842073640941941083340448261
521210736831047317054164462931335363794416840094941503958430999282
264187143071523217864719654254136270340733898948520330007097345797
739359624286060368455836890724931367817118884735945141462694081985
427831166679197929070480617685887492123181756611550358080526705738
555836354154285583866073196000371591827881308152062389067803906931
920838677716677543671224973127599653460302256920164118484019409845

714529347951276932743528313421602664618491104571453692276652090637
933230313292348332927601946001731697104927127041820944788663127172
665648355861137170599969619544269038818022367452031969340992552453
346017315537158603329393450911966137096134952314411461898862230817
521230597330217516477980143673669779904464291251569466008707759104
572931857106712540923960077666939522418767799256103441239021458950
505618283058497020706078420154806373212851732727529724815001662116
837296552388010012457148410716445827998345944100984828415328626727
589433549461500196876115367892762029974081912426776376227628387387
298799299774907451257865261559319634580005411046354850535992505223
142231159860657782881261287098270870186184364993140692313657104034
792287492342410868139607304633340424512944548716526183149971976407
743924221508248874921544281612968330295798910403266953671050063750
476749847106262246527934980950710535685017013024388266553591542362
015824133414350650247549532411438285857297660715088135703973894167
054454535601998966063666319786910058106368525639276421850588199301
314358165250199939326054757205319781555135618734200669485025185194
292358554736747885108211396042601207700697392122258755094976976440
836793020687082025906788052406675671398803382773132522190161620877
507058781037513425288250793094562292807158298971156198266744922375
770680926804957119580293637580253717267079219373451228745830382148
951016202281745024486751885487384199237612739085030674237842826380
815759657891924264098717274045973940926027440447784261539817840530
041468362631601844525604424909238527837846347285546502366639505281
219763255182215184336214247487908312606536255835803225317335955814
222311728322406325693122078648216631641329756327970713760029576218
437378183718341307982953047572632183794691496789228129437687162693
079030598465898945724062228518105869738018247295457109089821871769
750514785467546052594692869761724353043855883190888020077891780606
486355148656482989246712092824962857657515782918942062656557930465
126871750371905767479542415479227976241597980117327709134538211323
392997111653729654316331400901229253547341414725770122315201311707
122504621997745316356788768464659577361680734557772369302145194871
491820337298950975012812295514304713867808573107588757477606540460
497181746441021903419654569912313101214506034689400051526701207390
362376659174624722777444025395530712369630706973005279584000996422
783465267549297379633377230318150277729892538411462527097053961114
784119033993887485375121545168531346616329653082456290845187097409
714728164944714841814464857488053136399932901353355514233603875269
565456457279815097084432655290415262393431309520647085595331288086
137477077175791856838401030473304337189407809082302871464768023705
011830268077403210666601712770753319195365202640302389002630777268
220891196402099101476752144976111029718754020290491744941298591721
479014235277211225465985814600697205437122231168773005687179940830
081585363351860309962800311649864590319394795439823403147339512942
270361857916637874105278068972142775764125264084229245037580632279
190973785221582775080503003679094195681717366839715001842381694916
592547688836877310991425230925439917475481554221832067888907321478
358870791939878308788820558677593246698760602283734344592239306516
005285674278422438865350275495543351534875033996859717751042714148
993154953806162860775855027687329634844915643269852749792044260575
296417516334738440486713858289008900152810635407441901741706541343
570384204362642304289486842993656857665324790854063751738366086844
242826451754837952845154748793750475502526511255415907663562583964
254450417235037532745157650012991813473361202228480172602662506112
753003339319081856087810541768727389281317106611002049260506406729
571644116290546447574888724280538920095285194518709076461710880939
562456225496217346396303823171318045950136471088025283006118832760

913982650912317401523404387997194096117135630149740253617820231875
320094974852670943258934502743423253721844588235781177800764715680
462767348005817690977375366671633928205675654946935082425907566031
501869075602672713665463965475734602822183416378782156932459098778
404150854301844973502259213532609329592652757543233767246625876415
213420932500880326375668260111700987810929961966053109748112105827
997235238486960278114842913321668694476393533058965772336994674324
878202548005179315597900823586039653649281639408651266602924950798
332421217738324594627788393013157865568093488905197706293002229146
281930775749521474678141135558845374315086860947680878104834320345
179863294972605389407005622284929211241294093831013679646235513119
460523210723592895648052413876766937188612335897481649614884875772
245465354400700456955029695054751175769189844516393204348982133221
889955117777580732016664169023701086084799686087586601224795843388
239218070526165535480235826757864969866327007594108845676125478180
171337572894105691685300367828713780861678438910123101743580863546
822295956888488639290348828248186479720816718816370667135084267967
074299056085040289239760677252442323848426382065830435368117928397
735061207971093075041188145752904354219579868819885486126992945412
842302852981967614685160616044283558894343013137617191461573471891
805754212690511015602677202406119579101132797449215938088821322789
064311242106392776673305905547715203079515317966732439192071033096
318099468936119568373326775258605467104636124315528950865404618112
421465120725643415896123485889496984439890410283247945196356803461
459930863207156977310972430227120151536385589184253388470959897718
270845274856668167742369481481372503211994742844222187970514980496
216341264832226717428377255397346763920415334546610930432648982848
098536627701607474776801824449251987038907861529017108698310737482
267660091826952686401716029511511746470119544371520203443681627410
340485186250036651476430281180914778965055745818887352739647028650
993667928638631775811537705039973166523683379205178273638792397743
063208051568871252121592031171716674591037384901859959683252722312
442629720906085097698474903380776843988128831381696828310093218802
057077700339933305807600885317251246596920594740868561822715139194
533522001385046845593878441522235963805543666781139163665825908318
455381629361940563955576947620037594173968216601124776604819020167
858663627229226375209044390269460608083364752569698836922780647259
087871953711047883979745420859642582011289323748129193279696792774
316155504203880209260052753869277584539559538135268202166578890114
248508271382092786721858460009385637248933481283056036489545938616
153372367618263106598624320184406284836440298607355469592429899553
369851389248896960177204953314727555164292464951203571613124058047
813499246594287445601046212794832429949742379794094059382477597438
995176272661845129121058128042840340260279492812011508021919743823
728175153436950763763889664807762891354605370876429719094150254282
706090258729811332378512243006329541870698236209150294027706920739
169454090334826155373156337155232855199877280965119920690592796867
816167629738639126024725244647438720052236596716056885166678625642
015788790068742026756644327513503173044961569743694511883068795992
226597382795957583977197153906219040032711938145268107527528729754
740101832396518451399959842541814719344924290267861626276209791099
370977101814691224810865857187666075034994834964638904039480535372
245294342210673541716899226322856693320178317985853141006115323256
155981500000863131786301768469295376791740199987179866351910945818
913102361931991102694141758487337175011330663346542122342673770493
650816076281002853147482005131790537380006566376922615651531100030
519849547818776366602022057972873945338152707372027732314083221270
278588855480958688900016540068621892214781755113665746784694755323

190580551683533138099759076022410375436347896228177584172732943649
887568156495677644036771355095056308747613520288046177726896605464
072663009855568683335766305281480982035892833700164132557937794580
011948967603467053015594260622626089103388188994423821677348032869
110240258878566552130285760860716480585460304233478685294596939023
340475302043550471725831370701412886200796799066738253130116139413
003320295451905921940254020106565924109072808392699799539263467526
018178669677529478780325955745745446468269376409246227155085888210
378132246086848766347264055401234933322893726523488177698791941327
436159286675200549284311835558252203290992414318834135567460903781
491551306517605142650528990319717150290610503120711619243010278933
895237686139253711541465094306987785302695352832190645653248456278
113883029314010146741906924496110756996311127617536622715475443365
636215551367975990405233846673503028522115735084844722640105125628
467305028374813083221192694228700313723148721850070271166472416117
352088562301640569898849131642661441622536383327061566185118685454
793836838545846306928249963895796269094245712703788387412783998176
369774766174715248808285952530824492069672891098016842492628203776
433674698379212342152220725842755303947933150366216986445554053087
779995013780827011327272058376746230039695529828184563920645401910
038836532857507029708825403972276622084831844508334249878581415106
119006486845910332822238291026402377498472391039746913093937727316
601802795646800756428462093028503923786952914906466040378953274889
069888236403344123620438397922659517382563351588808275175980783142
336614409327975115106001296082848781746942048283422939426112803939
248615559282044704421998846020605557748226729009296537607769534190
962067683647936612432840347677220471955078037408289990795475514116
919320704079582393119708806934952018042755876285799883127284893356
489380473305319457727914400790560140541718856304915360618849460164
541961705309562336750757106923040079237107741110726335316676211425
361873045039604195393138620238137019190762502265345669452215892573
612991322399384820608151862990296559520923348054735330869036728951
264019286313067837414454243096867744510732173169111948074521237618
869983887107807134135733703924657480354463608742223227197919201336
395175302251201514108335872902055916021015175811432990227059395439
635133935813509492865839458758987784306962312685814068610830679536
054808171452149546697461449102744180148269847409747302880273670341
712832753311613411531904962957296479914880522026438218084403278188
722949627002383560694986562208174627048757528875683283345558356904
655947767801773145531363791889722822674859408546972159244596244213
935294411987284846624620420870098658767599651856009277539317154466
008365444754141491708883175041625651248513935344147615022498446773
052592558641395372958518304671352251202698858919690331114958509710
156352615479256579011483274330055067435897081867491302901560948677
239549727310044366501270514395355007125391546813764768779157499068
232686072380246630484114076955990848493574593089690724738725620959
915729561285007773619283634373624061452352114032588515162096563586
885784712316875446664666695954633250804137882343069134697614252759
144113529416523738992974933601720926064426926587285548880548862327
203655281109824005845654202048008533488411600186984252929262957792
200459613735856858181148935802033724474280972884777464150430956871
657943139596240751904133467690816654428041598740346007131200847219
703809401585504509817296508121827576876205942958077197498261446472
786521741325615911922612501532989781207804435759243374818699212049
381852779096694658541776867131140516279084174675556840328480093400
886837561305790769468106445203547318723582090280250889951304499548
120160442564035768904563450005912180087592014775602521521223611540
018396179372721563651973686580946671061361157228584858408133933168

139283709135653613663955606552089395188321280291747719405946941795
320662808350510584908029538231688868761911981902946610982539140304
070812574731896954856094044683355220356538981938975972370270924922
142586888651295328642253849444502612042915916176357473209432967663
385476489698770154632248566477117392320638540963846724169845049716
716201414890231336830696420805624421691863824115733243668993617877
667129134921846317486641156360148557686802839242109763875567071650
648504065769413710227668864725493007808563855861830812802444942955
266973749734491265911963780607188695374050623794847393121163357140
462214746157348772424068518127422642418942547867194618931905482416
472136978632202415198057119159773782591454162982320853541352579094
640266362724178942933233503200175739070001048454710379385688134561
624620346987047669336150900112826308000748970787217083211823607143
251852319771965494241941292276584951862678599393146840122556189413
172468361134735295396177437812480687900581524715843961401159018570
244431121858964039343939662083184997114491778735796081157970564645
509177640644362730459212061324086439750670883792136704695560751251
688009296631957969810352936763239529654352294382918180857652118308
698057860870963508601205471178016142267523209585373731011414846626
898614755060337149752261006115862081993130736658373067085868377270
017069876777845811897300683449230641262369730066566623350561466044
254769753581048889642028053488690296080889238850996581196475122224
827359033882551709405144913623817455743944703515563996942479116603
997311904185163533843056535217108408843219160476974649262030135168
970275205167749994428712933595987081190474922742864668748652182123
978580157804763868561335351889117905948410133012474363010086343252
832831058172859020580462937055335809594153360886282653354369383117
571407575983096574393897865432542123040052538717507727153543370780
465964934467388286847593304642082382867571740857578219416944002133
278298406926460384634707168479413966509703071122354467002364887625
095324587565602702691818401563071737859931901652213951037552087294
666546693563363163156663020126896917750849673587662021129664195957
744973780077529027260413438465027053632009259895515166381913359104
182380017585604753341231403589115831953273805126046662159209552322
880366564997942645583542677982189605388707577818587708433695575543
176436374129422827474262546038151725008267793466296123717650658766
933135270396165934791044239779540204064656174241614060235583246255
728811512178821658573437373163992571472349501507175207865670121112
477877405665697550556033937596506579087445543727904434355689444742
717228286863492050047516229266682209753396905219678079040863454461
182486180990725282573618654836050297822222921548457126273571736423
202249472976446227085215452552578849408326614125004589783199952788
905666460595692909719800935303424001694321828097454662244389500725
595163324423565700935601639571302521901084355436276467844321270949
223197651622593700111120814194892401236112228190144455813072158574
057817421497091325662482735401569213716542161381260946505896818508
129625898758074283802352738075250654151246453170127187097421735064
947960227933660523696466051455670880543976806740471337115686470653
750104128665591406709720559971843743696259862761090256545538241396
250071234242113694698634462971050197228360981176390267128929181149
851860203710316316506201738495040555077700304940400247727753184486
515915231518901434172643779701630546833098816920249777571953187972
788541652056839767716641830645305119453528235016819093243474193245
664064580324481694676333048277663930380330295233679884724590660688
2485742548876205556383751182843641523186310256782968480111642942443
802944071605340721140762877260890894077339886901289269557434751205
276479691188235688709124083836992143601470556180349943794595363178
358258166249956708245000475139556969862070962763903621647419094503

902111486033853109833277828764207318554566246963564061737524685164
626972521047672874689345755357891032934676179995664124157468678369
949083413313724187359370687880167264571716923684774324182359267633
293925340839934304992634690892421868436146495319926250055169711032
198656434846244562983147384979849665832685293998202705793249405953
374775141033297934044296338696203178992912122819637934045438449803
480787133148304987594398163936978874217942822662013849755790106535
477236459798130391999385146484391872559895051883577751271968679008
818880349693547024269465781096201412728408084413321707876224360033
862712745543013314487099362737455302063366438098007951374172083551
826560602432815794078337018648968015179783719867806132297426653331
782603228529985738036297049248654269251684482340254741217093949938
686335077396086940206029136693926360245805413550326471262353641082
770758723968431041809425244528666227759088309207603290319914872053
950585314315408385032122996526660617035024300835057717585138954341
528565190821644652078375127330834524621614298507753362389648569528
875572282051577045846477875835457950735054282289609475707508566961
469175248513457149791207869077669450514753503056303598247488667408
868198681250666544091483972679393499422305527961731434535731195196
944168908019994245788241125546910384277956163042623827434405081856
044480399024308910973050682063547857614436674151290581621146323590
683960789157239136258890762585004004595201309987413356695835307196
570868108602512878341085700985416400794571140940929211890658590299
408076592997107944823737684171340104260216600106601612704793570517
051800839394158002601039297450066752746346079762517439174307785075
801709053319518095934873596600317968683823001983248466450416365516
946180164327516552482445447445854886758918260011394814705832485814
108093512846513927859319545908857108940103269983889534607068012000
322322352783454180659510427031844034464851542448077052147777019884
203557026643374926256971184228011850521095004859217647962967811790
126015401344991485183112955346249379910362808759172779310892691004
600824478140825971873121161869725453625173068683268689915445202788
152656159179234807924498114746084896297478769250233974869453525194
763462985412909066981061760001845864959642555206387247739046306866
034265012716485197858104226100219542221285965562938299580645760717
061501888119179797139592431799114335935160476795988080728103868348
833026033486782803258925436391932548028003732016904598033722729165
326792092594680773886858410430774494877792987583353921412700158136
961273078972537891285465804569994131901599342607243963002207494820
094809271472596699252587340102759216758383353698482825914437472071
460291193877276161580512633073861347143346212541876376924099839298
408539162475755528471650982327743689480509132603261889177282869955
646178539356090006956301890068623766744309495875103773433290353261
768200330649082709383462493709474619028538292969458149869045076060
372652522846936078318086286970741229738431140470788445647770265422
455020499044434417581191186666168573825406650635562940150805748274
923709092540022193399716553043380062836076467645915728621607467435
635162001307315913886106138660279350512819595990284256753175968021
768086975187551277333782425558721917350380551574849493131825929691
667100638110572178312352870471848194540769313254950924991445864516
358119860243637537360776092688767850730949885924023343036281644126
541654266307339884502582219648870987576927233692968774521888128107
606872214551910241156052469839531524288834583733464676765920086438
037306108665825493388429889043024894223463098665790162943957480540
430932208603020583691757382180065237252010702089695593615915399878
699999724225126396959064045149571430034828931537506887945207514135
085839404607905607324031770704861959058858134346433556214251696161
219290869693300762747256160557799923438893282192941459089629025757

039741636916490401537359715738258577953047189553265846383849075815
823255612274880059945542028618890496385851408610967246708042343039
046617193055251006201345970876142144737086389014190585246867244244
155154951205486388163876997175094067418580707701950187538007658456
758747364207058141997275322385736053312499481238070993932544613519
694560725907349449642283550444082490080455182104119880237711315484
140781533461833641269086722850209911110180711279578172715312916416
428261537771609306331324466267026864307667512931997908770072786140
310209488347165159334896387055417374067687910974744373253684493438
001356914076326855494915715615097738142772828932992251728057070380
958335147316753251095253185840314831650798871605272194174480377880
791704293985855786322882647373213943489351355440460058607077526188
603313154500683736955120325526768572241458279726714752253870249282
730779790701333261166702067600212781115946542139000971984410066707
622157787709864947605352720396473662402221308632061897182944095633
544205665293686487060056991123497551683909030385703450093033847457
481554144138798362762613018868975834338273711884143897729151227747
610679472119586442769496055574763341305483065460034675650734642900
452747849324173674016607524127449024026562527440024743213540897256
357004429927977005391301457968176433392003563831283026380637877916
118759939416257887886280513354212674958626535893562095959325651336
188106922821731756547240788583551463310541065004606663021810887118
845324901442439240526562591503055907146365383011145358535575057274
261102392294710259666386903227128371398825781265748626361583754282
944771228687201119598416125600283781538244190122052094093759589905
742043450338015214813227652605425078490966450105861310069074033303
954277263018813674875339278658831422624941985491230361503978963940
989878116863873011633724624808675250038585484284138966513601504617
573081675031926464878904594773690412161808537763800590545901787542
577393925645752111525093073692242953417966773538101140636537338192
403453484352214230803051669970628623661343725545908890941972611420
377232637850839652773161405292799521013322950275248039717866729266
140327952108326231861861534567398239883945340643323089346880673750
688710231693862538117340671533218489719942924164474820422892989241
654470622931734956483003128351813097183367724057707728848130984206
934853417171996367371652700286812200873875190608251169728636392995
060525816141154253462861686975560070132361561340710711151260852840
512228335292998737517647413043257841679154087702960978909164782794
958988962702642284267736067150095648333632280513471880897588332258
968236908078591088960527256267173574954124611219457126385320729281
240327904761174551072262821416094801860757501249846374766078262672
132154597792609285269013565677607725824119024243784332756453751095
901140971681623753100152643888325623253904544515552195923459451140
327486943771689372718717011878728477491755344963712550567025217845
762259412178335887326333500910554099952637434444020688858356014382
517532843330867849574092118090906023065412870116318635267406690319
616564488361456909058813221174157371549170675201065191287350978301
861678494817019517507559590174225471753369060431423415118849737113
099443962044897013124941396305237284314495198835477375801687505334
359588820668258294120159740838704274329974352891810960595836437820
488364208544632264930704181213403672964787213811937134049543988485
636109695820184494583359375235610934798660174227222544259849314224
126385946063007498505929671088410269520622755557927973966519115290
497249540364961354092680784933221492681851995801505445937534812091
231676952513249595969407272743600970568519751323432513160959271271
857307689585615207990334258760679908246829068231364103257492162227
330285097013013492475065355561248161681870355641637513504999106427
067594652296058711917145907205322350973799309319445826336889073119

540178024783352195923896138217421790337357362242628720334015315347
745562585119864694175971741811084820010884862621027415089138257377
056189448518820507981097684271851246830314135996389767872357967538
602140198060614127220567613004289661965976310978419359217986640833
157124680117837733724496077201236301802667314486537942964989159073
316710700884667209368706036259003766850477813967039042205647076042
457021345436645511549857092624497441680485480418440458009452652857
593876486817814794996826991013469596608750095278785569863485106512
013420189763579118897698890078429733496175949482355259965523020653
735847612569802344800934438309435586066929495679032148110260371172
515772241726110463242826388343572800016009202774796079812972646867
041362932041587650590395232940128393457391482774338643928300178102
184537065876704004122314350378433847456922574543943615498958431147
215079328831191717528735346149484251668580830212627137096682302432
541759471277365345395368853667912515173789616594402110213383829907
845419358613366695672964173192437798867132450634360130074295176257
216472896481872837082483422143635779964730780886239827308317562246
601562596690780084605186559074556287480287384088772196597858394093
550189511636092582778835494789770668559482784067805903517606789522
645536417063007834953133974347971831296035083781027619419407571227
123116586547876087277067869394661127339715721259956950171521744573
126116047635458062817554361050308800318862264763085261940896111543
731242016271673491654422231620585995947975284865114116279783779429
342220338837025767101737322671474738198058740121991423764980643168
659327205815544991962353640005685344861697454528428480378672658245
000335819474490700676693339807541974022529676803668992637920142861
365059689251795449491540871346374811319776368585878392297357356447
878395877091154036265318399289246844675442480559503646233169890587
233426836921002825568593920023995244522898240167929212017678050878
807002812499691095479083519492243842998269871969029681884524446651
721219129071471667619354308470199763693235638502419576595781449064
599820579931821336861685856805949157649633860505204452198360445060
893317318973777222467081868437305431592267192641466545343398845954
785282029924892192838478413739673319015069944247327111332482688104
178992690400809142177445844026668116137983874220835178966934451381
049013197991824405341457265519938168671741083289539733208730651898
836926745723768685793761104473905930006978957750382264702742460631
397849055711198090839239036695211636256410115334624200122539301609
933899206934923904947739731687962072511141757681825838870296083562
678663616002402718680422923839506452182262279359780483497627988491
280003098582086798487432353379754558097554501505271231811582840791
745973925164861026633635885779496255759415198694995564614414237800
522242373983376858104786319840054062250378062316309846117866779404
205952530756066753112813677729403396582936960450775376141563795049
325019601547022807176700703103750353313147858150096360307701347885
278725129045944831273482468594271402930317493820010852171481963375
111271974146491110569627287361491324620514249298252495175023596823
377971593491491224256349072582125144306715718215596296437462171997
712509356827489008892974047962838414687684432776954970904610430694
935384189389528005385304179318977177433418189912938655480359404775
956730218357836507094184725060240263352960406369382746190317692326
807526201276276341741181821066648178710827361497379182159302542055
244347849551965942660213872785512880575166241527242716386342367647
220428331101805125983849677030792479434802652814003852355438087505
225550222717728337587896778790053975999116610799160585748129523854
503754580842101060922749899866413970180557417981087671857168082048
754081271349353113642006501281527975698259447936802032096492259805
214147249849626732952129570324603621182583447125834088575204357242

906018076703479841082479434200624726643686634076325711541586009396
560030220703842067092656802524343777046833490289311196490569672891
785552469746093809936564363238287736970222816387225943870903589168
502353884900168619589830471205576749524748789783404032811060769671
215723981284279859938833304628905203107593227541801524803635159261
512292268477750064357031197158089588342725506682387478907311620830
213736067728494035395682778109057201953952909149530156781169203428
787307240511387080777073007607281494199515842115705497432355826173
904590060031235476344722678208293878949672382732189598577876686315
657140734913584679133308915241276322105830109449142717636522226277
213779502527996747060465789146047206804918359330205999834996693096
821969845847490656633341043149512562459760800377658916537508069334
687611742884646827960548872431063275504354797566456581740641254904
555171799840343268595979836235004980315726592138952998489773250865
936434807370256993939951803888896219655906855662761883561052141784
297264375870037418435819491135484993931201722831728534263093985363
684696181010717095603239027589822850434071258088091459519732862600
553651238205162114785607306122532675104605884930503952409319713662
670330970331026205564073689291189342011645141826348133292487969813
310388174047908802280378945600619441218882681379891476861906602967
979062552836887871910637641204818594628312878213514671839113797057
276992366586571425661507296088895996870172270946632373526456829038
244005695196399030391492556977628246558557050304649717537398002963
696978676871955832772810182026046730310927247840823424243111262533
147887713186767075520332399930854492585093070154158028910364327252
172031163371328107972944231466763266839435322128994299210919369070
926992685143891556724594729676085609371690042868216977060566661095
538995523997849175223916698884238285576944549512113576668579074284
983175023497096670677678124586123061777972634014581026274048295422
897384861339329688119080106661525075203786936014539417772031218165
946258170696257519634072194544639867263710556863483527135697371905
779684389507752429480188317816497833047316017713812240882228984639
947266096966653075692214997372644770529270147223743744863351338994
928367526111859777956314339450761009655371809603257955072272491848
768041681065329774827440174160603629003594376556872810687377444610
094422950833121089826472862641190403983574426886481812663380009175
971227925691695599619542968230100628102523497608766442655474939140
507776092794447919302748674652973989859594299918257432518314044570
387551600597885882909644385234675297495384552513956240146183018111
212823187502678957898549012733553097397071154600644657038144093553
627385445368618652369698702639276459517392904820283747413092219552
807293018524092139398554762634651737607797379024051839893732985482
091897452126037893038487161939671006955595477846791520126689670885
888164957424285750669429007212201065937447961978790046394326131842
462798565837919057886174317949574053288872007750802600370076780831
751921994834225365246642396446312332633201210322184951932361931341
874955252793870954066921723667743568471662400317236573866022576253
312713454199022142457293943395533310145315281562872843423032458605
047564960095005995695627219263059936222870376847626030556562128010
751285008835864671201684305815249324264832767987814893587562635356
377486205399493405272279120129365465900023787384416938155084231939
701877489422075708378935000790005957446930869492081323836199051638
499131217287540754057038743108205576988803640956397280379142215468
712820678496046911831428971146446655555900660649131391658590556697
461733364367939316110630435351694752466322405335373214659001570835
233109026733489154709158468690865781199606605360087836748877247228
873119950789052518378162015950837911076262245111319892099477340902
116930096439376438652079910950722685230623494487440613898052368059

0345435643545781831361373762331150257307404542706304508962653160 29
219002639411191291548778442535362866026860399848238231676947240267
079519536594513421927032706780587613615475376815667919703323082590
654139512171544388154082708765323591140931275137746383078690823170
710854343186471257338202930691052627029987107524160507149768390020
040432008163045600624239285668379478004033380042857899108152890233
629519407830139627717826606500455255292862190622531004167129918352
359797401011946877595176622507252173911650938062637808191539514264
650931356658462380026028794698905070604032707197905648677646017343
954343333098717940514666366882436614735485462766919179469237566647
040925866565191133276667139649515482714301769101077874149484271597
358163353096594710269455103031593873791950822804101713906290485565
114924609394813532738576359941691787695561604104994668991089520243
067478573479366421131373370699152544901437477126293788012276568561
112701491425115040910800381103520770157071853424724960433112418179
976862462630625365833015231945045884558548911257230831892150169622
446869249884145460702408798920541501491680124084271727255081169452
449120876895309622779554184683634444201817437619493823912662358781
861314147731407684591061384509143493649354641047219164574880993919
264645468354213959119977127806698768053105760469287791246079948351
224023001544129374521910974370246741893583002935497577387027508269
559446611936606783774698146409983663816239991832646970425967964450
687246071351805145427493445791096406285794158135795777436151174597
640879292325861826236867078910839744356881126223161852705768647222
667461845517480634905533689549184790297693657222077813748874957146
133152705601168549639299428825847191429732984298307921813609846775
382642689996329675608681305765181956496690965397741225052476706272
818973005064652321424273657896516495026865834223857779356516906936
054548971990988594310338402150978591637142166756464865601001127895
519395068926533408538571957151462857604182988423435534025503270661
511328866857260328951250134295432054117569528851446179590123883560
305904986842178798308685257067780717426099997389754639534449452463
761205721177238473128000688319825673332502190814942079672480226472
619134199780408051017423350927448457104906700026006758761688981251
183649762823804931847682786459880329458651414442948885069616240291
051577710456971849836954269531055512533840399004920120123573032836
116659116645309146073306505685510623357926563348375000497180574162
148060993804176795527103173921525516463748061008431777231271367331
791229637376670002188235887162755033554731060287893911150680760814
652931367979571619845106183341010182297303903148760264605310430876
337560658665877069074002787433069366621123140420131540675441371562
281899036055550768757604185283271706806620937213508105385389758898
197190176879920705024097140984150247205517137059494376767888008835
348929011528788437425218995409150946500494530623497473723800570481
116856202096277439934695004551060285385857494874769094689336861835
074212384891521677483036973540591076106923951808529287263573840722
118248090777666809680769243006769566790818806264987739161169189977
003207505757488226132127524024946748168795253277560132960456824256
638569877313359313442859172862485292881540372261706185500540921792
124155233792441939337423899155543684475480324377517757497286768652
535905477681219755829701279765779100708243762020705208241771047044
016031107609926838290052777256230380995582227229123565769727924023
670649722990645816038193822236021352889787541845430250046080763278
239722173889342587339610661567753315315556550536090034361880060996
347423218637269099807249409728684741162834293835751366890015603265
732368192491410334894243351742781902176186576921116577970704707405
209061770941832613142810322996423319876004876436569089247787563236
333158242066851799433103561245931218977070115648708469302134655597

450623934438985247614674099630168460326570907806107766959537307458
761401481558446587597696684383022503776694554639384806364213819826
838621186936868097001786527368514783451381733976471835635160723462
110355128508625785907256878698541658781190305106122470044066787481
983856304133488514601540777193386948610491311588604772286835691138
490469758829228852025749201990018469839972263174373036310793319478
297346979250460283610001404911733167045800582440048658019692087998
573181930808795097619823939271387674418668974820630996165704295351
243543222230389264239953524697280972748122682112600055927892655660
666047573823639892553179223192366847788836733970309823344632083394
815151261189572842189231058404066121521096948807710533939428461182
965070201431043729419253995142255465763053815547001051941215561983
401966720133760583826429275247652847706143533231497297276394057027
756828253231726033503701166775772334972962705427491262033600877243
238857072419342972509996211156007603729533547040229812852863418428
247988555351201995907822522647667654802526574942043745259733793841
249405656556508210190164219837378487844715749909476322627416187805
740440079678689060540547505013972374613771376192477641694005746613
592661348020313945918727310993094012458900607264587257622214798403
642197231157347149311573599934661828538077031994411739243825856821
787923211161583926871693029655915238727556523918933063006071424567
550583811780733522126315327887317560956432564970650619152328577689
943807822484438481556076734297963662795523327337310724842133180228
004611827694943058449948843694231174471509500984603918456394447931
058445513201298675607206304255785478145981675252873209404961483613
763644818953743261717829538025808079849788714647710949779797722008
176157538957506888814613038785458550181430251659534934056518145416
500030190775151439758397375701006189906046441734424632905013019345
638914265665387164558154752027504567287424347694802390294900742675
740249449749223795543561615088305311570895053169448365866373484285
420975871644767250355150349284774285415005051797560314167852279968
373494774563422579432055021956452587921874302286770210420782321050
079007069783687424066613347100557317558519014275014255310121733298
418380133684739755848901387202120106835429531522607705574271034591
002265044891190206787768287599888860359417003643561046896283650758
495940719467331045382697832219698648315853673143624468303103294479
343704666894407726260996029673839955695373836263406461742575222577
015230917605860826306294935143804173492942542920646484422473562563
529990020662112067973839661826357824702302967426416472305836457380
095357642972990248026573694444187297370241981803419495429524673640
117947034813509149208428461406232042030531723293868692690226631866
079392147531097879725040411092647935387988450296165452119132851530
868924792904898481518547685761624184494068362443676122378819206678
110361738120627029655192910394870710643216120418334248125597045498
050239688770520084382857704145051148145236045821969439633036020504
550223438710572435888494258805945794953464181493815600344973433293
209736135901053838640257227565299041425687342916602108187541473695
432248362718098727463365966288958604934921544664750843136048510367
961102610082382325668172042655110897149559191868200140630862553549
511395666358972856673508134343862895219010168830827301166888481014
904714584075301003145646509525866878878400409026273684378271248805
710840607466941085840483181169179329391239276397462816664580157974
684631917257794520666220648046258841427736179156809414826057230034
382785459519968872038304070945048347552163980963263868820434908913
445031799220553353296527123852656343102730788162687831849279036469
006131503550420747923635581952372281952834063802082706888817532853
619357102040885988994887052522928403470958956507901936747871279173
137784712946586310635733405695121376540817679546643116068623305728

133677724720479829997190367582489092089944656678063534380226115291
928317960945101950668840732917869017998835622049847270522517281104
924331950320055147722531212897466767487976088130969126705300523676
592895072520615749256950217613817565858622643117740073727821852683
971655090824566523465364922733355544880890180374758248951475087456
555140996088218839401670390462530999724698656462367366125819814710
870278036975810726005375983006133367859676625460046627532311831924
854175944488869856879798308274258976654914204258095869230082126537
104755177764107797933694933651224251007104277039694698974082195149
619561143308175433798434996554335179669566308483755925220713296718
975814964263934808185533421120725514086319929097268903289884186821
837603537293100368458995925233520718904917587369647731224473521172
912126625165309096216622055361085773498075066406478313429237194445
450817580626939868569901724510313388404581660652992319892254169164
305499306150657003822216182954916323359849906997492286089464320719
496210809475794218087876812752666745782406388310546489589721163189
565627349553714344927347619257801820951140973817370806934241601539
265296752174431370287143283063025802226475559324996586590636600280
220786610989441162720027265055736735763751016329139748510940037023
497783360624985836069097996811187188799177786468192178532759040474
228847055230185680525563000174623270616619636172684458763724637164
407041318459988944186765870636962892394641114551540992629111990549
267370694692881259616713917849436471923308504413924820437479800450
106692505278447018496387150835605499973405580434304954822518451462
023951322876951458591203116804381452223359788114636411121908318650
734628365254116729680573590479010975281533297174360124810128245003
760026923513864973985868109967665312440270077982597566383000093739
733570331670872858633111521545481623736984008172683399335184869952
666256171525739529579860169911811767884121196748950091175267338997
575622385770748724785716567236827087476273227894114360786188980413
895057542430740552413940036345374201799503942110683596888574400488
361920039554332380899627382096137351401230994612116380705367441090
420442095891142916195754434153063786309906566472504177313214103290
097971521817117606194907895439489418079867147669454023499871853192
779434925337403781122043783002511506315492496268716930736187628783
838639348021638948252561232947504362965633331619822627003116983652
399465263214810512847103459085339259924373662150802951165991091024
225276976295948165814977633251409874752160358152301494079899598446
933920706903383304049158865757774955694208902617954320490260055862
715801492034284540791024324473442164868539970068580151827973829994
543966758463534681905471371840324741048915805335161650205413653343
057126341766551920590379062712818272770667156522878529870286922037
495495312843265358767731273203921725401333403826109870033693511879
500290543204485735226607624095297116513881558004812605564741245950
649202132334669218420697221773851392484063946478671413399718389277
369677912716578308876302740277349418128206047053973033286287593720
055141048750997778356460631357002360003822675372279481887812876580
440700954242558613564932738995253294801807186257887780799160684179
238426262436721806655558586625215080816509350961884840102738870425
659822971664571350798413188005390378527498663223735868934103130770
724449176365869927009830695731853189365015398106840062658720461784
071068258835174703582997077355722434049561777532733994285647221119
868492155858099858962545325245225245198964892902580508162814714288
769809925113363567937592319336228136109630502465231115845833982740
282965239870205995770758759942002526883589779507442978189091223766
260696282429468494633128663545976028888417672071304500759649254689
716434312227229874096700108377244268112793395932954663705816005694
646487845799236277109595064706215833007327667615503516775065022207

2650145839817511017255870050986670115081695137460555158418868615130
7827403221161884280623429762738902825559170846628026651753565450996
4295574563448167201807212405683329158344480476018851729864886914
170613422495058586095659094542444105802291890022205119134147460455
831753050933646451146440583816135301216458470080953081972386273019
840942150176966122056783439285147331674153272668685076033561455221
873059179748805140715201040502464516417175269498957288623143614759
355056901231923721968902194713028498861498586152653593394047672351
161323994773871319885910171572700926740806343527002293075707002573
604592001074504662473671235408302571905661533495577653524262301913
209349452563894564495549238696640362517342134140939992142152922055
593723795058328293261545850833736727257740251262501001996926503420
728093005451772983150634908014257505657970127883993328675897860488
561021944742118193166344946065810046920034310977821260342211274289
279134029963523839913949837479987720945274337669138858105427821376
206215649192701336700704525538238565377376330027511189067788984062
224883492727120801582174421135528392381615217335542777805315929931
555045360980358303534507683980937255542202929146244965041460869237
362575196716744402508781600518729706077472908246624970938805606020
850128023845047310149235001431904435020759191706114366376865972992
371025170177284964393554453050060933980975272092394646810678022792
894565100683173422164595194981828154483768791051726473059671940516
032534077880300216709008352443517027433556924376657028907565471369
264981117198031278909098484168728505061841342992074778695527151454
176949185851944549500764408162359814938184238443247149531362966645
690315893506329858158317156890573673800450372360415757487956127862
447585196182614093228462108880762145772793036266792478292620800438
417437395742127717471630889622607389934217532286607256761842947619
701909542462612089210158236014617573225101084063991633543047788205
002425093552768866927020786677299714593971306269621345260783971928
724477943582348665004968709348012414922532326655423866268221227642
912493520001191462311697607825743516345532088322436196313568266689
949486405800646577501969485939705681550010624849377626852097648486
867612203571100489957966896403407639251923283688763400316106256193
370465297973684615527664120701520443435813751036389696212096560660
278511208768407324099221453857788863299700880944827991436518043943
964706805590040841970755779211109295256962590736177589788651815406
844692473350349110858003114840149523814295993631631177026708127566
624175189273044757035019537094044140937450948266913281289655866747
905550111045768111407108766799315307960916199936705125123226022965
898030280779936350193046430846181563068156632436409287316320656186
544595153717933923561741630145085841332216940449082747868006138846
536975072008770863512592986571993457795795327639825211281535153178
979148220931734424394476914404405833116819015016099329906502587819
241698064281463457955258729639277544665940640319233141521860060997
300510475749507184589685194993937189621622813646801915692731255950
671451633074324463395406341412606588416633712109057197093965260754
887679776094448890801053316502623229328458553699222639692849551623
648691111497578971653483122070661666454722656650394103665236097401
725874525751761362500429247477632685809695110384984137760207683682
549892430324451485852104278462153190331938563925716067237176467672
586123337706812529139636128733716843468418936271757884975427142101
436182594602014704228403891879393624624290161141170066243087947674
570838802262502503145389404861992463058375049229240659546101288630
688871883059538234071632839241603620752755736953947753033454001421
080853119337644319014852884770893097504895340564103151863666656116
689677791937991825899894553777072294114992929557790255733552743701
355352046615093198788073582111059073993236028611247680661363395792

401455488503083535456065652224706329165331169322927497859275183633
137694272168038769392886939241371919906459881732494503249025658187
258489910315052928111982072775491770540178522982728688676542940260
501495678428262935669038697972697545648771808091670660671147353770
042778731308958056337542357845834623520081723919355189525760943638
903349970596634915848385632490215636165298498510407624052052703865
708113901828625090440106592432437992286759630258961774912620286547
076160819547659530439988893947379264874289002524101278507069841502
002256029559008864038882623742029027509100807673202671610874213694
039996693996769484373482613888922799417753389060166342029908596684
646428566643237813285657159896212810754716336084537369273176881141
527031888375035789302513402558946472764173278971387492839428899920
869714387517716526802789605610254042730290616484146166397925285968
878993479965571579094773515671039498473808254114107008154004189359
024408319670007112556692617102824782589729787670392168514360816073
750761320700448559489962056656771717452152154203916826508733954131
707795007848568954121208481360641080321219470136523538673911890336
724182123707753789228155168617377181712963358868664886871151121091
591992844471264619638114716029223304107932796230393973761262613880
733784883218093112166251281144585421424157529311117507193185260849
680150517666032242827371868696127908931535465153246052458740453762
585761317859079655513988269204007880353981911483021595643220528525
408885047715065592820941273421906237590514708429781424899448257406
433155749819631583270724974381181457359478042998198286740184346680
261904945163137372856217386780933476306707393757304132961614736558
838913106243889576303094964772322184119063679201644864910917683873
414108777700091751591084263165189558299876220898226750775600143589
641941219880614564906835357721321107742483007677205056171954373783
869236831214778191209184204783505835497183359582807229850294194705
765221506927493556064016856641490364989009498196197570507469276485
990387837638454976282764693086141672083223239725447809492426454901
609501075613953691837849192184243676944610345952601512403984784608
337054536463746564882923071939930713272164532403939918456887011629
124364604969921718983080998629152664812671397119478057207222559473
482736140891692019452950257999341259989810345491730088327958625811
700505632977295329192639552242309825573380380499798606483084415766
692411926954476575252071332666255299488874349711414045051292866604
699961511009132025553683688016222506010503855502598639177070490469
256474498039722047091287382819366876839422664781349828509970765486
076230219034432229584211391014020056017239520941901106045409750534
321434202621831485369763009075093202535913559957209923230464805928
819167602193125371084903107030597283116920089143411665181389191585
771384976443563356350578377913537214333406496022909513995324667787
150303728743811422601673032274305023513544881143481351191988469142
084723347541428678361736457548460606422535013546211599510006613869
703676089600440951449401553611420807197782530114502928448050269912
185961814085614231229963617339111303399404668641431457037767832080
789171168966683849117289393073012854943240145809633924781751154305
874379308740192976068216799714494954426374500187647652530981435106
032550916788591813985500999589492729059259707253708396084654503553
303279510461339808206592209906921716549682608683395025217566293070
788674501418173822578464614261610802067042979280586979719436973478
282643207131533806591074898848988995252977178290199375466322355794
205933064471201461798314709846399809463551890709367072246426158964
364950160703304487004263269261187334513127461069432661557912076854
266292525887332874949340726438257088262669304106640955604901721359
523059693945097674806126135659966666173278044638504357874787855142
497685521308891254473909204928103324842026215407700178818079030444

613698728869242924739870782358846518056643086527821103858834453695
860298835444941768725866649011609632923166027690718871073444985142
642608202733829363546585292903029921616254491022524676514725290845
175402158472493801475492129983529898696147580105110548341991057288
633139544884227573148210715520000568754907913963167659424554221046
524343906059774692233797184717055399711518124183363438303360790044
502919234913222426387371866380076712756477828011132654543800496343
551329808643474345748316333259096180566236355118811363270223895861
271319723862702516967002915237209275035938259587616807807380077544
023700114819299767963401558365817767568601678277061133544220095115
691932494479829257874584709067094891825518486467582471333849288453
095679180784039714506826028454369071970812687530744970236755421541
651136317503867821879725137250367662602429454866579979529996513032
403952230386187438329222946598207850652508385034527516686806693476
441159033575608981816681860061945585372852320855678553835844715782
190589216519305181257910603639754287072252477877891298876713322295
607840486797405900969031466152931314283833262823581689509935793876
327688918752076227826411922971560295821028691147486119423072358992
185942905762057478154132846168740241179679798054051469190874439086
453682521129504039955641938193012596561307860369994099284472926932
234011807884495789394673813330625896393405577292162849884437622666
086493504470061552384885720114090978276140256677148155411444454780
818747022662832234918234914644221623054700563762669005608255052206
621812778515563862154326861849256043930977021734746061248519535558
107444291837682694792386184451869030192217203928288574055778324236
653819357574865714711261136474742842484983871951155844878444278333
633300010771187955075199361207814928201787142808895983613512374646
493402007456239745007979441940527042976076791342981456263501584027
022381311065177641788421637844133514019150549916061201969266475180
647572355475996883011725462238676614966204874826059277386979056535
939970591275036932333420412195462572750606113950809339340476042815
679526398659936145466166999501232291785987019081897492413501891391
436845965945416084821012345930908602861893173336108363164858780275
225172836839644034831185941762060663689236853366954013180584518422
509746396217658331330534710062439859991817983440475094957934103067
010052873859484335375566469246518107147078218287254462133378158931
903142873180023011180775882668836019450311325405528444763210447368
050068411286676395391170426327676555211180131488251145180106597744
661485774166750371604610783090483434463836616589346744417397315700
332292443747689830271427798140815084034169653434281356529060515610
038724746752419724914728851951876177603990631918154935969142573829
302380599174260150198046072807425888009057806421470678568365785656
338239729246142010296146152617614519364755031241409747735429238059
394538101539399022057050895544770098919326745136868381407085803846
169827799344172318155802017764359811009556289049227727075265157824
222835493163861960684643523972006781486288845168780229529676435149
573829213356987312242330210331419777921629002024418020921562516960
647504934763113144043856990805350585452140508425576345518472750357
804059496574125015175714585873045446698119372434946188573028497356
006911782835641731623605076163791721258082496312759538189412034897
575233689748497197636350437620548135430682861191415259461455334525
570157035441735277310737083871112316497852841971475018468109174742
473758788227583387233545270090545227461330710911409615151054200398
718518731847880489126923207619130209809973078715604792225958398667
392062340184779690099386022186465940345377822601440065830490643893
965389712215079446408345218383213779107041014775796634782388744903
793302282823992375452236041880340947595909383710272661372000195110
454109616038270816408444479517122082044121588031831942382957743135

867534651686334730122674390415827816096757655171199165916263759273
367987785924112544601259922486666798121804189127793751363243857991
967757749657809098739748903448698503870821152072944093535461055814
421911472637335210298245402464829202997041096233963265921596553375
924609184005719436798858434670409813860875948603002141611918447853
024220020814115662616033225645371372274427616972053633976238238706
789316789391317333425337814007845796795004107119002580391396821294
845024502016089153442950827265810833625023181398117181302566483503
683526703813715290868565446515227647612539239801622847981028730229
917429632392114035834104917568016831142748103812234226602955434916
247476765977115678686657076425488306499793759579468123814507054959
964893286570014994207341245719371853408617364756667621993990345132
747976409547030740063235301602731902150960353190188523012981552802
175030848172139353077087351218166187396891806244744726040608419957
022232713089912007478836357317216269841017368239715268326289037615
958457306023405848549468261901914344716761828509774439440921409121
819495047098538360677664369891759817970112833851092541921263426137
177798500301150696281357062876395879396564240289061419718685688914
113219445573181807401656398379406159438145243019335211733487906961
635957605328218940800767526724825452117281821365190075143963366939
229422445936953290374858382350639604141593736580514932504553867428
205080287305813872265636578081615795101819345154688210554032563590
138375665525573656963280836454519734406382880385938036774889070217
404891559632079613896204958471806058870452653783733695016299004410
759614369919066219530612683535480079808893045051707280136028278839
993240132152702177519965826344721498278581118708179340778165530041
261077192516363364757349042841565113930715361768359757936904324950
863919985422590444032600589895268775911044058331652012118723242569
991965958292084900801763209343637445460948985158389401143942012528
918399957580504378509056916276563165853728156621178325389510944729
343852546752660292368951779504524644627877461678848851975645841001
356413207968542162237923653828845775665447716783392393968938014977
362591814546254768895510837923257874360286754369824777421002244047
514905638707707735070623394577867154760356556948042851234711073087
489045140508905373427881128296729938226295111977598389171515566691
675963475302832043474347890799357278875412776304177475284349186950
862261319870314077329119601643715507158027775848318934760190233298
468624098975671023825244645110520194632946940176757237611026835411
827201713721112909598874389350856202327175305267615690337856821967
609188970161629576984270107689449523859761900020852461106605928326
922658772709634487041884234296507171246462069850222474436447591713
659154942539683077234213066956559687732882509763241442792152651494
992658849239427122449719255277067603370642097068813927556166331074
682218463222697712149034469557369195488313207699692733017288256352
563173015447115351956544466353663501839947597002376729789088261735
647838361134476779152633056437848808476274866191496865657474101129
071301068348802024520997913822931215745800762927194602304384009814
283235564123838720289427359741344005504555289129134434968251481754
367363813613234162937958992936132728415686328855181168413372190644
994468439305103680307999389157518975125720040093062432225290085459
003820318567924344318042096622135604511356767600215106305774493410
104239542814055920198568857117863224846654875449520569549023742876
060829263510920294667949882497765922593752314871299930549680126871
037268757417463371529833883349640422952587476327904512391984346856
812196295300519401808311474363168900148621168333880468358993791867
266931313023773443971338991031814504336851782801065670470932326594
973358913349119981862737663478397007334122493477044476776518053477
539009114007769455487099866941611269894543135173947352053557530470

618923481630244137582358973465160052919307784070280576878239390083
934484907613733121506212986847193776418954902803589656257539403323
949478387894760372352814227150254435588858297948476474061842321331
028483750220313406090816395095053996835115493243333724618021715659
675092176449804107117545442677020521443023563890528350271399088251
900566363333641024436454177204565279405661647037258180672555788406
696825201991903047628502417213522594607273064849502199183760132606
429069397452871572233903769372787546840660021723324474564968982112
090763226199318304917013015775598331223095837530950322451807534633
472183839570907831402041443508755323968920364622423948343066902438
928300152033552291615240571053468203503620203799657983060558254183
222403782987003796038546804457940577642786473403062080128118509265
320026536106131530948968555382375508043407308918716632833474431356
060208765834584124153761748200080212677758529826342167639911218212
902785027122702252380390338179579689239481915563740500446492049289
236790620130081269432348773725352365960880651929588362910989955846
724423528625070861684883713184625785774414811840241799153273295177
379637012145555482778396123521444313794090282835127451784405813909
355078570665872251542739814518191557785592349835258129116197120349
373878953391524569087951536695296867970923400009231081737741738852
551953302750795031403007556141408391720439815358044071040315001870
982036954058282873987173684099455729493264205960757980941572697028
825495366329669599525450713248762848781393768386247896240047965120
200425636077882219740422419839207490870683378113838479473586453121
896216573328764994929122114295317253878039866012630755858246403157
412567893705539171846180240294863399230113760648620641927138718731
043821615965327578902844724561461127880204793715636135319502907830
745845379895316277217685781582286828985119530895736208475022052363
548200277912141541496092287719404827791062000377308362991046515603
698989685614995740946244370076098203038999020310060713845331591523
743572981051479574391788966737853399772515112653309315687068825676
864177084434525397216706969286404921904995056534057263234715699741
084970919049315075133948152194825193178267786073465573584122177332
494948787187934771403409173287470719038204365873703495101086843953
679252493971821282473030315588505726150640020473330524038024917633
864261752024694201982639255688043041992225193918162625804944924993
752991744490507211797608674008838413059977899895216240288066155011
638841717801260544688792670484234828300630552604137741719522218590
438207165202102909539904876213405624541730531019748524971636995174
324704567604440614002068120041263178386835107374214787108584087219
221583865880854805246975125951851461980247864493528256986200217495
934585885832672114386691384487422488538853230737586091781287197805
429558527293681894387788465395189946048459927868762715431597898759
061252721819871179198708612446266002343965613911515748350051240998
035372921089723505117167731653546746001336284784481565979746795145
887112564777558046769305833277762949657320609268989952635652348178
418964139016679882199691282876166010968468742924254069778978019520
572081192919591403838426573154399188733156918179704647377641304749
850377515464815184709537390596582623201457548920132870980685186996
068609498693548365096995261771597962091436865324362921257435523475
631872594161096828029131906361598051491504408488759217377779462173
510100595099075466942625615062383242236420310814597732083511639951
973079340708060565869474185693080744886603101674999259023229166827
931095216338324892947060962032222637973965449144570589979569556732
302977871120185196972552961751017563536001532170054547722373017421
078370739545387206885381955509762831511275714313954954314395581916
187079051826161947795078929845104689761961679616231011595824118524
350039795808684971957337547163134294927428050272476857569829524698

712088555354905906697533143979365626133073578423161618396060466753
765055566426293340313057810392315855899019070590524289481754540647
089787986007137192557032697973557165217538185561728659717945483632
628725530301179373140738295026455953357345518886834868422635577288
787804624600034256569994705499695462830327923152852493058107416405
051351273715432011646521199696291066025577616714487402371988134553
915474649525042519871957691035376632033770019528817139941670653484
791213884333724256827599479133414657555241180159587655857076407224
434971649096601577887135944002915803205498844618945770866811659854
856209434643621377500403127451047529209993343874155291332969605207
971809778349443703623541785534480763409349054762873102210348585250
666076973334990944659098511024690344533058768073714876038461476711
260299738018479559080092905076081078704407564522454646550805234201
920445336515647777580750640137108345342403235260469070791674211944
545874962209931434563744782068945346467316663441947187787598556854
181338594176340424162385703689803244239877004234030708043431992119
586337930716137266028082158373192362774711245099888441510736281477
167082289802059583577733838485342658532670761983507327308563446015
254169903013943406685453343068804231630684775961796905600370378311
674775431277006729567968984465325490147561841094119227778077848167
373406638980673859519239230821646658409217967340158488285069443864
722665360910132407929254351209733368980964683287710585965593136870
797774548186947128956208093935789315029810194693015025495493356308
674754942197218861525492050171382816027551388731976637088173804529
671978876095402623295671238481562494345540677470534353950857375091
635482423672089498123789546190338241071286716995908053276774014943
483064883248360314420002859902723575659897998182059935991397162015
281952939937873344568030909300392339571982116805974231476674213676
045028982953346264280375120093489677364865663009862126501926386464
950068272120553051325833301244049136767578583808562465472835954757
771827598808613556830174575331805601730845448041635615196623887314
503672392846901719143445982248627768178467304875568251207772444988
879663862778388886602523282351070250027865787790524499166340941711
286079299351803498125990794644912366317220350242389490245952678320
786890436717686581096073566685859668517602956385155653747235258151
586117418427821815055640917959247980577062029633619247391593759212
518684546053686890922074474337499730740605507004550738804054756231
125018936908072711983598481153358388443725861229451715167690146495
985471082565673415444446559726167825038426773687127950624248320930
522114838876137854124402943240614384376458700900194070664699836825
311780316657678515514687283088369060393558175452487990389982795741
740572721991619043392102502296486737563991396228886596060181639644
539540082440904826263401972609661029618718524682107383113553136389
841212384674876086880836127427731499866038558788397137959961494429
143166886733980309751974490615960307463022463324657602076350514917
465369747708459331187751378578327346241597607174318241594401425667
927065869135102798868685690998002559456318827221898760229247872488
692800114496252725898837196030678350491423786147140074632706032741
219195321804557555511125137720400224699059779251596695147436140976
586705887192077797663468628705496155619979869378062948920612888373
016130160089086699864993294146389428500672513527500472638950789491
521256965994691253030219266927617947859844836326393479131653719516
381719590456967693854670077607866541873428549606565310287645121146
723924512154514010750469485245460967244209844676710686973863328920
869637242512568421444379664735939166344695560012536198040400409605
857352708297534276181880125829022087366215148104003157751843171953
051712599907201498012899117587927305701837978371415912514035779953
984351796390824261299862538048441665527449481009833321489103907209

102534170822983248716281365918367369208774166366810361875368445647
003398232198111118568428260501066659748504522228117931328480540257
677891450161750588180581069488560700564820969037004379354780404804
215393719081284861808075583342298458627387987313269033028151124751
734592864039000952019643978703880389476567801967024579246146017020
039852148111768012014196825865943770198959227066998350627695724681
820966564127130800786698294889784512122348135031358185006535828697
222520221848690913337379069565535427311441308929624143904690145089
295479731284151996620979163566970535019537792382958847881012615468
128251516532907159004164220396597338652201355192769865319282726217
596465269852285953152979965388174839748623898417433664536150391614
288465673929045810147839541421838989108474183026600184589236157852
102627392333582487317347654279106362883037001007411681229461753898
363963160624445287027504226745405460606748347141295585875847310272
347076546740644872785776972512204241412411353718402646318157033674
463335204129871344951412232422205598185405882344423180733462401633
479047834178190347230251707142972012086963935178456533059987634967
878419881763005032285484785683495208967836080933799739434697814496
993432996504785073063984040564060654195540852995217627949886230012
122921542587487174846601059583801521579100917526759704560669917003
488956283302894352386814102643796493631759628569943275013686106720
016579848463801702453479377507523579260166000618088727674351976662
361784094867339242837208709398951105647835317962207700550310398770
332181974091098151544360128101117201200734391242768773573991471301
852760984061746960689714844314579557330036065437633854940792167886
053525951280712545305475541530356292088729596062295497216198389392
743477258590672865608137366309985878696687987265445665056698899281
924288852699066484468834039294451529617923917312556530975614694732
932041957544316231040523608496273429268622992370626063500697772374
564950930179591702689633315236287012141681175091750287778057521569
545442082988137945745416255791615646326761921145457379443408955586
250996719739708195111968011282334176560660564396085672533691505354
324673777309325120286402710513820041587630345803522443400548073580
995065707978331264947944391883368051139021101487973704312534143270
171175624210350164214905192184549927724346396468677333318461719451
601635439061014137332819268873519951103047498663914067469915378401
148630346944122997481578675176795193516547201281276102747517668716
510360524223262404664421518650546508482366127985892445259934250051
120781160722345003666738553509826044017001542632784670191055023984
305089319393968200686964151214676995818920736333757005171591388991
391581909786178478365124495826715265895968475027775768624495630577
738200697468170952332563514921554279330540805320016726722973788365
270135465130870551278602148966264504984354149566274968296548455079
968773013487376776588720009114274437469362883540130660491344062114
962364565453978472108776202919439201250731405801919776763577969797
437840526848545401881128007269220637504064963408548381520387095927
426635251840841047130386196170111767253613585806487765431680551569
544702334970065370907869407638293571882661712519463494749937926585
552496505217380889595640466917320900904830718021955483985307302692
303724103486387118591655364467151967463251586736347966162747576128
636810990366226222798170575254546810081499367353581304083043067792
442766127980949375224638557414247113414835149026669456562595917258
454572162887387668742210846895099735526980796137489831876872148334
729980687855372901217544477808240188596187867083788312953135161167
238607980470810847770320742272993362372907583639149271019198241535
576979839494423502699259775938621180347254547116398072990410220965
888779362424087554004536575226231446062297350460041811254119109724
428883595837710267942963304733030099133408884628021954937482610144

6819820208682110255644923474986913658982515946913885829083576011645
3734507802866836932664081456059745664644578859270399229748500257900
0512460991451169549410664601489615642370433071113051249036704297988
3393028767820336206679110710987948136336867081466777842571890659122
8423951803060411448834789892724131064788055550661978738184971438888
4912502865017055629390467859030450451351610336835126960406046073644
3176684586383375291449350254682887581451735420632234008432913068988
4975954800205341382006345324947134025310033687726040898760271773377
5718297837026299295500631065589601549508688892906215973321725473166
6861125899762553841012256123847661919133860129871706719638903309388
5984118917298725868187476497185703670172322139698254127915337453888
8599425864920948000484940766869952519828508616944170544406838673177
9871486469150592310635811109529772963709459411000076015850222888799
3326874665090554231644392234547375958951605824999925387776795613999
3003273233192930688370348878687867564055773205919350452132576828500
5839263982266172515795619312954864160357589511505524173564128936588
5067309192635584355915477249944761698514646614755858425197894565199
6286759243146516619090604061248934543904233067815661374986088447388
6795932835219229337282702586838103241501274561867844709948776480788
6916556586605854549966365769596192293377799121976690155838206350000
6373034890533363385178758261326484747269731906240594692788218525966
0101448612888237457833486505762819384806796300552831081166762573599
1613912811344387660541809195187458368388490733477068554410270296755
6959565301130003287923218466513860194105908873592213289731407135777
2568952110218256623537870878718350043540607080026543243282136376844
0527982344371426065280127556453490170164867138245119916219240704077
9177348959415381362930254243183499630715858562378093197432084906500
8733553533093388372228649692957566701903497527364627069413225892500
4635353112899388027345554992733898255610734263295273426477863930277
3617583773568471340334292964547542510314277487152915932680688068733
0884823498686453341856730923979735654548261072293623256605324818333
7955710785284337005146762515904688123864021253321583960529972002911
1228087272262186778390910903397162892199200263192133080338954673922
9610026946168671128933965354310129624492407932750547050621439695277
7479597413535565452282709686155431130281394913165448764158929765166
6834755012053080221883035795670662057438635698324657166431084515766
6099951274880974621593290677206318369591588320273876162810105210544
7771384538746963636896931312366840569473969895884008607178775989977
1998351604777005536852869873227962699537373050396638131033139751755
1170284157990428032899774851251082027809062858761799975426663679577
8839135366557439882675679649131948429726673188052029740263653123466
0339054689136838546176312827533932209420566685876575888635540099244
0772810791587918967281938483878661586723790496295399036617579867122
6703738921944596807149790614754586196341059285222236150506065525977
8957539953295878446012201097248186102724483914743934318355621395733
3990547135084336657339099059407398480299961855049775355028187938511
1971157495658756700212757643871408457312321963699979296209358519200
9531358651063541932008911427936705225561478034655855485939231013033
5875865027964848508481884297447318300992730426515958868246308620366
3050737165351293433115134286289837589584925321361973601163543113500
9999135094751673346135442204368263299452454310323454757685536819877
4823119533910032893748143978476726263776204393461448750573247615877
0117577883555384263352767622413116573875902770172410921101430178455
4354099872746201324276933604474976540597381003644713724537765159777
3719475451768807157665339649847793672650725284868861391807897490144
8074217004306454159483672560832879289439081030389563572177941852499
5716346327636920897982316966555104190085078294566393902426317280411
2142303544195142078607842712482063375811038050935355850479252499233

241701515885236499695672722180236730935018398783424582365853881544
259940128402769038532254899119259282667271878723140806050675608113
240896015266395080779287934226706247271930943768464840757447211668
699420945364818741048505659979598782983077469982471401855571824705
914895853004822212089523558914597381496407047993985618952804430179
298927181559453258581360114665409966306009453564711479482124161371
053802447406317301152365647359814053224715879398095918223404201921
739501755879115086784172787190828056076044262483191795522905382926
160583803180366695056278253351109401474385272401651151291154862398
502927070497198220937057745182808120469349478989457366845606400787
525886081860846211413434451543803326311226421170251580820866210117
614333371361814645017266069708890990032143753172963177011868182316
455594429487039317663479338946951628196458800892105779297652665321
879856596957369794675244627901079883166452172240725783942417823008
877811311358435021254612767932239610205270174362216991560948221098
184714753763773588754170488318570682406515955926043450798791291306
186272271870382379312161055499627559647327536117045089748499179605
034913325319337781171165309786791245148027589806096381341423585185
583354415599893638300396324683053732697386875632406108768956235206
689348884155378112241230133476808068162794265703846202895975786158
276970520575397567098041092312867009495624237948388117688972705283
326005203141070186579376697299915568070661157684084665875035555729
524088105916676204546324594083773981891311193738934961645225894970
346127605742613600741031994518922548078322326025961194019645697798
988135841602639913314385148595106535810337954056089399067603545067
285995525978213042506710281116949258442232648103557059933388050988
584303832454649382285387718550163383002763797179464729697257291589
134886025361203713899917701399650264474535471170464677556204818115
442629361424503317352794550621505876855970025933376622900679230445
271238307430009533287264071811787812925912114495409016357043263084
620521563117571723695996393518113664266630134856612262212306715071
760011095977881308705418207792728918351157367375914984078661015144
393469885267389101422036476947244707373506348980283317746642946911
238617301824575539388997669342163349602016000159523223220318007604
733182510580041893631936426374123341831564673538755274185791676750
146618763122872623288135186775652513885390601870753647094556384036
226423188519789641811713186723845671220356515234881224436159342874
030413486773532181181990271504492917487492947899956597905364100636
125593638779955883465278602271289862940998474797377181040572553283
658100654693272092645470563282115482344819457194927405910365729895
527478916830799723324685124498211077782291157448982157631421986341
191690922591720552427458393095113839787945509689211914978859148306
260259292781624035353528789126274347692708557913146993495772833369
328279424601976171244217345704118070360693538331108216936571246193
901298806951616957737375095807534775364995625316871371598809701011
690884060624188905125126837514499199223554027154858908492928798410
901990268072453135411823618328411227764674972157810901823346765222
853044644783075219253263740178891516278239545238717432453401331435
798459601830687612761124050005885847190288691224384706224976940885
890894412562192384555961001563740818159914310313890516906661575046
387548713271352196942810968709464119770985772746039227871877270307
400559949899569807915501011600332723894276782801224788620424246906
729744499768893953171988287663417831019772536805935950902751115313
307002930377594026844094042527869498578005102945838829097288910322
582865509787773583552896307806105650032418609019343128873481154185
815078547754776719137333405254667326208288924122452200818237942570
847323380542740238726780558949745277841769588417184871772869435456
749621862740238979052773735682558067519988420781092167243700440304

0211686781293209407493566897056674109543237560127577227632604306341
4776971272046982209938457928207583562700316520718518070987217617938
28041719094063460382717169627058752088677166063185447995163135878922
82084292946255969613391598007577523086534430652098647446262773
9440318332191660179666963669793106215622674310772371651238807721719
0457916152512005356215331588867396922715174602750646633249147227556
92248335026428947278619221549125961757601034943516169147281435836658
5696892410226722442334203490442840723420323811144877803023670800316
817367592169539265145362047384464983351411898501559448368386729129
63412657298461535363931912144092092770339678591471254562096284329
384659713585395385809786837960810524729740762783953533109171559869
015037801011194947370888999435853549250418108259715114608504101680
638534235591139571442373100862189429616198855196576630452384606250
447550748793969444597710188405632614116065335976734111765074581056
892785933248802057325220744226005968579874299366553402763652773016
161299872674934143857346336617129746486547968181837476204684416296
765830681517747688964079826882571513929061747483822540413001696768
677804508763892221876491901387034908892111737767497549393766028582
639977233753272680072480306845232735312185976102619212755320891628
386437149646760425188398069891989953286644576382429094339468945723
955632726378446466662321232039302428316484732310285579849137433569
185581103326023876775542945484691878154310181416704712036181826320
226613978888060130361665300851461071659241253314447768965760442386
520252877456375744881990551997997444727132952961241984165669892977
495890953833563958305956046605269627542098862705395812411289472954
955530557164932575420085702718574298439263522964865732581146559648
483193461239889712914144011787011993310532416757638814973143969757
595395311422964625706923530805929485573970935740339803352858661285
694213043460328356547770265872303858354939578909817248773484046610
352944938492918358200445946293178467568364915292084305794852803056
279125768990473567877421007576846005835053712621157594470074608003
120596718005216151553366136725577721389147941023910912543549482976
254124480683318796435811202958557354924315301241399203086481916214
777844207065460174032830492750242493693017697642217829814517811182
209882878018776347180983092823651810708792408730356936816152718198
708722583589944298174190266769277345694413397445036447997046861705
232519352090243060734085960388265854237368372484528823514682630141
995493850383808848259186724579794030027561914724699987083480606222
841755340173892726659526469320852630623519148642232806648800767680
027561127418896704235888165090567086045976165645166575511705254555
255306405795799844422211696169104672721601431457338998614195535639
729490593218844806300746566278341117991918272811995101650468788638
203291480598721554159739883679940990591322804422181494396039174908
950552186058083234299351086481153761137718890421826748773766631752
097311907460692313323726969343942222412224984932038851220103828885
885525981344970391938907545592235313026345545706563757376761242758
972725558074079665161753609647052979733691382355812547649622641771
632208559985186528042634284363250573175580349444667517540254304148
489982377729632739300010939514406905409344542167035067082074441544
580447886983304075752894112575518448294819729986496130386828114259
238141424451883768274273499658076137484697097035599860688374432674
603069429340467641157515581935444489156228834807001220577578434352
386301671664544697683445701647971282077715859255172459339300246528
675552425149647913562922414938544906926089473869831522298899044488
427224415696882214377901348945440492696551969838250341743878291756
479638793668312988090150366015348565825559854297517981845678365897
739363401827356835988464757130703908711730053235636938554313571530
233229580703013621324758743660841137651717513152108192531898

1213240288629934555010160886373605051785420091382938013612632734966
4167007565025728110920966311309761150170649509070795336303181809433
1815467771207067205440800945572449680211739751689955890456989727811
6876143433671304720126460573509030905106938498009376398766294023600
3641032250517278892779360294640706088642568861030175202473866820611
0401533296102748407949339860586430314236333037125722161767817543977
0239355899311882848961989366893065309535510474803151665144611347411
8718198301380749895894489825754962595431694323711592675233307848511
7882786895825989015928282300068466828037865170128934944112268352077
1273858695710593210947247525869397332211414355341603823642699069477
3270837587234635256108421101590649697029449613106168658956742659233
2763771262833757193658961320883305784247851056176853755685002064099
7495757477209922495740452307103591666283710382503862253553925605055
0021326959362579132992474363381715247186172292758592755037792486488
6120468134459093811186551889902913883372764900681875582985162496644
1035845690412117833297297294628502383262162838823018693641217390866
7585543256192451079660284384262618292935444504417612312929010472155
3078860422533908681134062829623707120459085826546000879935190856766
6116390336562285369981211817431828101876698685318895957625715364977
1985556938110988770786047668788741779925554353238423391538682446811
1633470483365369444130962215615581836395027984542510666500593422855
1585631828458419392589208980052514102346399634097500185064174011455
3534027996955864304829120303626912084659754641964921543057553203355
5328689695355162137324292219702281588940203160126533055506853500599
1147667405957253720165425326333632170128805443110475032455618003999
5661232641018630369859457880035413246541698233802206237149826193199
8725576215236542627484225813064235205215275383618440867038594231555
4523583044154287867114833872621768334446465591937807638685415386411
3388371665910285887783510350547672707467946806169771032250932624399
6247785535777752986668336238227120553663998107591971429935135912855
3553934724901878297726274330995524298283220638626080171686128412955
1052747869225709262425429231842774727862264438384668576376431745233
4437525712845074336756535559087549110101922615532257019085712649499
0813155998035513435060754586509982313960303198469089128650556731688
4772150100785189302627592539655756997630197702660821564964775938766
2973915771075277111702571877334152538907486340071971765275752066200
9270468660338995873870301961401291363502586578820787128214258868011
1157424565204025299806143834124121338462796005996155643896138717100
6718540013415002409908909512408965749769488530228763036539179474377
4369436026351840466405676578000394651747679034581563208596443060144
8217570760886019873072944181787167375496307173366206913234174066722
5824790570054449350389157871089134069032178431350265553154186488822
1244873023970766775799797782023999950793512220262294300174660315388
9659596999873427652055860578142428862287006827927765937063933521311
1003886003001582693748180458049934297782238044786253933332058220055
6175307536007991795767588842115229949890583363576953486653953910133
5639503229963364980945755744721523142953756243221035969994041767155
7077600614627209121554444076589400174370541804053750694709213340199
4138793684840735534774817180933952555319822902606870527188424404499
7564198637635720116635513313871753284726482151307916144099628584455
0642974807667319243845787430935195898823311805351672381577369436455
0732290248091069618736981907602603004343078562376840795795826120744
3859154756447841258637097721659545484215899786720045303349460579866
9312204514531405790417363024565170452634357185567525898900103800788
1705835951198034012969266394707413406734945832741368899326201177400
9110223489759916327983787323902303351300280479965998988277781993022
0251732068326044282349907812020113462278575839831746861750401463200
4263924511615637318788998867937395664356907701493528159186648205122

9412473794200348333817896149165758017413712555292637200719183397 97
189385530894798610508553653572987953244841322280209145552916038082
640975497207511760406721409091553764650882506590880686668891621788
054165542523667578748617366198364190537931605081829427889193498722
028202218572025024650811280446727366402203091572099848622760418170
260480324907020332043511803242095281643860792797467335666701013150
455123630198275190000272965115178146179418214223937258455677643549
606700132673075955775722915821379847171245494216522100217297205476
685929356654959871713193064133495806089916667588739872176286767229
751198580663565904768131924322441275420360140792036576836986901976
250885379951882777851168700752991827949510632352379815291748840460
755970821174394200055646954027057557035572391103651277893570882677
244640063767564723875414113063482461627683232078364036550187468843
270394057337620752967961525669008183298142748373993851284143509284
872835861057963010890566808142688529292709468527892100830957693717
592668978608881129386842310791306035314540359422605203763492984591
628555037555187805102586777744337817108038764819811577992207600158
714829616687580303135801992413413095056389697013328469231814564354
327720107985725256536076519447581298503472858062478519556542939095
645216285480717032019423668658033309886498685923946071502916762961
983971794761860886254024735752831994819518606097465152584908060690
125676082305576847744093539183173636116074252272465721021230872873
216480004978078576939648232169842860404150189971305095232227183153
444189562324825156307428608918214913108514364328489427796192398636
630408146114336128799226905303186664851179409077174839317136822471
015911756738468754126713339544564178940695119424728942385703896194
629064179421971600803865977594171100053418954726097863672708403642
614356645531023725520847733828399784182019279208856371491390163171
997734393175320979836837954241931804762242090798064955108340032078
863584886768868413145714821035257260331134994267193084823581179105
120762094861946056769546682927969458432427798872034930589313307569
196566910207236914648253566868131935511409206563226303515957354506
891143391355993972994037584017785091245059722459901730137462628489
689965450532616124006129226547936886832156922146209005902635064446
783730850953341187748687649452144329766613086522828668447273683238
178695478127167304105198848408552785226454583171696678730525973094
494388090713529917716111791067046123639579242531813019300419892119
193670380421054172824514548459530030788217814577243250802902641700
668749546286593275418676247391938979705013965691898455432594677533
016095495772681765763610199488688510870777727463557876983666813992
089122283229482924648987197722977959671709802886946271826167109703
697673128128936957757677443162860597398760874405109555835474275085
555572582870832440947577491751510222235090264289723344544626903456
793982529277731276065546278946040512053420710034882367027004821801
634556617778283643453045025556955202151128665504465527764691279237
278213016850118324043990068388652795523794531313920750135258832292
021631942835200419748917237118105209031300742082038650609326669201
859134933236830782853240903841779178500459802907913749421139406443
550766021575567386355813286848864007442228528391422287308763415860
638682617737330105410575722190403213759006522084525364795087049317
506989244348924426108498251746874185984997888455424915457488836620
529715899362353056188988815689819105272583938160542587852006786010
372793222867216512355121099180628834374472995956742164460647666334
833092252651174194609077208243317681222314335557435101347682787373
120478045193279351446287053903915211695666012089181120367123706524
686377023060197143388149421127253190920439130293692447201875997828
114552562858809232756326392692824101369820327992502494672128412456
924462900616592980962335217082376200659529497950961424521923049924

7459730949174403225832501777299309856459328329932407714856677386760810298174584950892091929015217320423161892173356905416546283823268879505907835412377534430608155118038889951730513490382407966067434066774724656351441185678243017980422118058514519204141995759097580650198548252774665091651386260082133579410460960073596442200228704556760299860441059989996236015234897278993519282747828241589001267527744923832614876283633658749495423930163846446731983957080918349947380604628841290201930165581437031395429548619427372119788637278661181163917596722109300064561088578562031789157554896827516911884606135506225315472528501958163992904600336534308648569604630221558253807983386172770951013879772905650721051581635295509062533781507990039712944873457858424757513611537443098406464098602863086316697970826014244570398106939912548371306268959890014240851897024834844393850108236857977476745421224404887490216296611586165787934761263016983987801899822859778014428223418031964356863645775349037244269442616537539031008734202625879220846960955952864669769890155834449694394440619071017458430774202389530161410687712151109006987937312953125735670802027895320283016633998200175890711299948376435579704177168547020977242939134651244919448962447279003832126900051136292929690193834084986800861096586729996444769608514553831688335929971356994353067043448787220871441611389564385446151865258643358657968285025244697419395969975172688393354728928795315508388304252355988812026373660721565171821577871293914225511062402190536042498565716910731672232087773015385224692297239980747772742043448282507195438847134740505537683848158968455860137163614961570342053809322172281063658894076842829374697745984852267632029197521664998467477467549923117015109159408772683040418649686852153551935633426763809657066757870056068285753341830540056684666845638648915209124822649265465501664269875883621364170855405293154965488956757257368005308861821551060824855977137827840829436228374929357140823857063596545709644450021323367684939622086012530149879717927384698580420551262094762399096219907400742855647504110816770966788047125195770106646051178098142476179292793228513885511499309682907454124582377846526382974946801989397173606244347966738710925049764662797655542779168239134389364324701048466358521584246661982990324864539080671741764825683541273681173701031612483581704029541199943357224401180700915676726307062406810892323224681007035807225491209628793981066788837577611555029576819037015100827518149325030859365912559721395004483280816442609610764313971514501617475326767203138920227709348706313750585967096088184896578329118675494915312593944771135441937374877739980532823412895808832320124012995113575449383688798651623908715737282884108012478372363139382148899946463243870813841311541047936717434708568535945203011167774058588317444900770723620222797778633311418094136848098519852108315310069191523910305204172017312151917128286249618936553562495352425153841649484809046039866177503718423905751559412579451107305006031230758633492282664562118163778717090894814172777408373647278566668712107311794574435284171456896173549277997829321537585403603687258941087165315522428688758489145802240651207221343815755313614466579951238900425001465309198020149041565555336073322526281539843054166870991472185017514177171484349881608177901436659606878415039968680257154713412841204202088189180297823998899178205159107652004701636931884620617488515536469736741134951544496829582626818005596155477297989839983990395601713279219892443089399709503966996624462457196449076667650965642482882178176873052351962424363378855136915187947268773994900003703407400784907069117912566902123199238391807931412673922683270808160074352571649698894718094308056252003381520050341507345007274349057526747194909789042924528134978667217434864142055296741163075814273070475528282705872185245

077222719820930315157917505439024172456194171102616642916346784626
658089220183184951066398097800909137269288458086063406438811955997
216008258642333257664658669077386966015618903696067812564457981657
592720751089540157762033438177775464059196422836257657823518420252
8102405514351061438911049213605777572580383825408981627859401585405
471306974998264925726364102451414822387589292293748114086917113573
087250028197363569051336471490406693055786952697592485426547421770
590552738773294299974367725348132167106332936980537949861936589571
069728817126332241581921244590368004467293753739485721867165595142
936747986083533607159288284881427075753011248024151913816292110105
678849202167540017243640007881705046747727918909226477478241542295
516236836093329989911253772119818819883383284455863360047498696935
250952400239520295444278401722003609751508832191044715273806100141
480095663268837012955553368675876764136873221822298672575422913122
561826114095403846491360157904389400218208641612536622235876990635
949517792485345644518913160437530673249501261285854448901677713257
746829313594361083768576684627021118124636460427951568425290532283
318328406574458995719522013996359086528851119519959807565743451340
814078944026378648951255407847888640113938689584123128853116831663
456494229654296032876704053795526989094807632341541688004768381065
613797127431628072782361018950655255974169658716400826849155649103
525168134125162459596796735476611944674526373636474494144842154960
920722937696359099650169475102710515117730923017079225400632181461
986791458734400998498372489346539188198732367042792462719268785957
435874734666263312020846872030821051036728314026001116882939080242
741495823019334034935218776372073046222359963784537494497628882355
850374685595594097477714658328350542997199731339675652264290766410
844940864577234519343210492394704316013141746703556858195471776462
856822202218739817081619455920111575856865750921361562171026983197
873007375541048151254680808750995035785630266915601780337946369240
524122116388422078355535636087777460304165331587912217865544327012
318089345362290942217986576268224057549859817727451642718276755554
956983004442337947251480417136958912310092420571300583443578679216
739205807957658015633913308757533460381533930614325391070778420933
550974130274451104819634358178504271463731190203550014083489217926
055978952494005401851927886378235162002240038780862658710732260068
719127150642226400333701937173493799117829290165380791246007229683
397630397599464029859008489785753079280239431092505157057297904448
430166948051526032917861848970329437264630158050398260853134940495
286960822038638345364365340130998592537438443512341580610272426753
974871308841255321749233215501089998809982328851458399637314198917
439016094930432464976707243738260881832140289907042790055682613282
867379684118300123618963221316071422819763613967249707786562357350
459021450250204636192453689117269567764423272840462635850582604777
940192534281242989923448736661180520046757550260942514230760086532
817065620758225542594274413462479453593529812497245316281071735727
652017907686473995199934567505300144996003158151269062442454455216
373972540754505450337852070246223842130220861219362758158491787248
981420021850462839789131039959757601476066389789896145730800743545
199365625983145720807234662741476876547437345115344159046940515507
523720347107727661531914653634731430081640670020188094346268908083
311950226536062553913900795468176866287616904971817653657539687445
013193763740624739990896924937961792319309127139162287430236030402
514069554082770524280272873082815352179520097550015925416575396816
656350293184179214952149727436239571740572432546946333859286191730
548208272620927419502129674324356365945520611572573280384015107264
064505146680558616982569455644495246824484331480653913915261937406
845687648776028407037379201881380101995328164296697852434215396091

625501548319447058450557014069366756017359329344616671366500763920
339696429927828057812697718066093394561896812626967474388399556835
766704566196041330771628480930623880336024291818172098786231864390
648235301245195680092659813714283956011433592274181096473803652504
746920353965207093913807493085845192964618361105108850329761204862
816087155240699146266180794107311046402429625099240549493376483953
029037130492629403717301082294089593827531456871752852545496563114
661321843008148925109603832079502584681277409378183205750655983384
634634585295521513388982801725392894150896233216319019979219368200
169450185843145894438602273115877118311538806388125844166875200374
118569186934821265662113804910345461780763992429068698253526982171
691961489210672052100323326011343765431755947233692734894996164099
345614231551068655815353918761129073069814641341841759355498544255
770887514792584610772260164958828751742640175294460472676433367061
754833043032987141360387383387069613144362896993772408113048463974
617808943591860084625935149471849890829634916336348048498181866006
653181084041317165911898211827713362322917569275990433573536850031
025198673227849750607146486766643038423843355806172867485967257585
606593175387734268280272670469858517412234175210397509952259606469
054117110293958073583841207016472670915634398331820687704406895564
773153254628486379033700463866496239758061977244691933948791546085
360768701401336947544048307618276457464168372099967254010391652289
881217772180887021915611111276672463687362849017957394715213749584
081184834627815776363437953354802338759594712188723684656245390557
827165407009007149174847600603508623540494604847422643043909785731
315698372935735599081153147657710562401647436278268539918472080034
280243568253125622744755198659387595634964884756545877607160650585
187169966459473067073894414961012659183836903979890100015385394742
757898216292861528029392174594239834874732797259086272421572619444
420206344171303748626000299085689153537932840136278538416446281401
656535646815927197853948967170132794709027494926489524714363320839
508825354307030384950082117177430414011563291458323762487008914792
236284169002374308108397875777736946758514771458202045246580403767
532221005846033120578958240797022561964722001357466023105060599017
340537385035368286554360037046670378112790578516478988473410334112
872460490648596746655161228612906421414498862542473027628351657294
639213963219490406885814504457055347206053131004389531844991698828
889013616003871463597393090382448374053143792976996601402800805665
068079265847019300505885728935018412417474294791065011463189789773
330333183415918657879063443727170755202513150074381296886403218932
204739877902846949882744854176358086808354970486968637405737008030
322928517004086984152527872647289791871946683180927913411025814730
439863116791594137284181651232128058466378287376317425227033916072
555030985033941099725695533570568292835395340403320129977293330232
950259508401276588756753482862510148086608894214393499198071640669
194047245413682417233547080744002830162845317256390345936408918983
748647545965577391361120271036389166217730049538527667539356121497
604893243448194289239161327539608291322777245377092607084790878100
189447719161223257884293928375380925179486186581189817163099734098
656142786485274633847841909981282551340405962789642377885919583748
310928598678929715881356706540454613837557876333344044064341549983
774866496205003802979092147436638653263551647369562420827246097544
669417852479602139463097010825516892137936859390448817230687887923
896436653594042394835361481266030474818721693945604343268750001016
223369320109418879890571366004323498698392300213836176801049799267
491557782664789808506280894374658461816030371530810848879885301886
1402683119229695652622258151906392911487441008319100384835704471008
493735713200012656979441454416046954207251786972177069029711358871

2131983432005898973089090825604301801066750563090222326183659333376
132828191587457234115820068068859752944074546647806600321707830382
850039985120232841673479744786381754501680701973648267227343235989
813197211030429332157447769574270501736041850955946049832229481143
073901120548071900786452132378859251946887076129607201560307481602
316908284462254691730614157646466915743101387753052654593233680502
759392141544496889641711377125494056307816645262102591514400121915
312268685626990357235770225236609018988172242147153024876734430374
856818423433473943948522433145747724231499039817987999977849273061
344976960812245746428106830166307014524479471868205094486966637552
511159430467728840012587033456228454611697479133346863140131935301
521255556952014996341027999182111769901288195713378130551640142305
136192894066176666128434801247112666698338353554725264444282609653
037287762056585012999939422495049723939010811293652752200483635088
500394398433677997074095488819623446529637760440335458460548802186
696612171628377346161981995462681751498678219497077035040528313538
612682425132431844449699757812740977830453216584801978917860114312
147635368739016451949718329612651037252956176749323974507654372047
368324380953457674897811361083634907396386044132780625808725544720
466026517337433794006721661250198197846147320360342360580859202952
625737291013627618208907465195446636800560762300619226365064290487
517376201988737248766056828086852925874835819671642027546552003889
266002328030390725487615587960013833287187017397953222771235656267
208829574381594659610489044053904337861143883100318638714229243978
446831846289936588299718333290229587852633902172720448201112997484
937666900585811548503724681580162022474924179266891042690103824878
661550123959541876761718121082819840773452292599425458611684819635
994156953861278464966310301827777849179685528345471048222402895683
685195411636786688067313652506556176201423848999684624559935665673
979631306762594437885614742903377475167723157583108466073630059740
146864451675198250401651057057372998102675634678596851568003255429
679088788700034593008183311114021199856933198912697874535964858920
349380460386257073999277064439446156884561764819150459969150400406
743666430123298045990203889512794143419148954936431080070218487632
694728997711018942610452971682293032565854696802953284639004083253
676777851787499150113996555886399859620690958324272342468669122627
242204066890031384674149575628259038067760434712409834660665811722
385465566652806817563393255449924401950969759517980349552624890835
300774833013327868512631778847273881285231050424552195130090212690
833436050578388270618653708825314792220303363844037697196147084505
329650530816839060312323664570166369224562768058918975971274333172
703235128002619126117646302568872730591582206739191788130952997231
938369090705461576882277414973909080313249760200223293527771544939
579623884029403974266493825636880620426461348164313655977405963423
458676834792226793151054687056017717449281333846576433783071392197
320659080553527915366580270289439015521983929848396924629174772905
122386639856396095502158225508058184913188596683385969029948215318
991851731890718979949872915500530853861166115195780856669088920413
392783140788858761117817806873892699296827748002216585838077662211
058558248032083001312242365084748236861553511824438331950772219728
392579036713809165897149797091523924289992329906651773377987799723
462600294861260598628399482314391583652422357428099347824622775597
780850204296343796584364401628012083850545812304047385102174923305
644413741222995298233478657762690069295286573776661911640185750654
630227906715992475494782294193310804468961727104211026455523303542
468786000844233006275689770160807508978169127196657006243669678724
716643203917419279257870516114543176663046511024418438368521010611
327241970901316813135772979040021277615745512719909962247089962277

519981646066953658684059030325130220979543796441668946154076088416
960111677554739217337908156089243836199429518619531191969827814688
247010063502452281221200948709163159251337549959608150908371537389
884845383246508598837054788721217101746452828869486757868591945114
376675902153484298268726033665657066522920112067610448984332182154
705762810928503381221634504022324996721965240531943128016703549235
357294483601343318980358170737016950266460177552101412360591290844
151262738637579435691738002463070408875279399500481124620984755817
556796222415885176755400330178398784284572881502314234380879019221
942100040827272353129379085176981050167692865845288128603675289733
893081332261489985274302924245415706595957305041282878494513198154
743849152608017107035753651998770118366350935746868585595573264864
397394716783508475899844180879231062130249693668185299615318741646
434876649875418210418545875239390199669917605378736925289391223352
913966743470608882866841968451782200108520861380064579910683725026
263259403975863597801058916098737244302844092810280514688647675229
747322377107723604513268993356219913195100330181742102530521827683
970191164782775652491725666476131377403024126628679497571509685711
574401666201059394099154721604796073572455948840779770739168593800
250020238843380591486087156205444340856505387244821433133437495877
658020791409715214130749238325523574255187870665998811602995917932
031508540792981401358621880465216319038209278958235355459365129610
389326682498911940965109403399560907528673813911261484176798906182
199050539021536750643714999048308508821277160683043333583714745477
277797915567952702464447418203262747019215094053620953669698777976
001419938956767796191533017444687187482411560280509589751094324839
647594627826473224884906453765346787507487533044159586615619946311
338020995805681869928631660553477836931998633220332629176531704828
516233434050485206337800776706666902813522529848277596743226800062
567037140781648966875848483058497474274381408736835885033119996144
525960552583036453992483219623996388822858845351312806373592008389
402895223385896699306686797559425716571399148881602893604112281866
341972756931700287977550174335569415677011941264408766812697619513
350495934623282260069557156342035955988579371562575659791663752534
282958144379238845568392719511098757590474842598021640443769588502
604952677163590958023225430862401314336778620523565387952190904017
668350574800115182339983701084039412372709826525506246538217944990
403747660906025767784754618015462180660226521884134241862327280905
214003545019402701240844008677869098658661475316270957271153546105
773552246253316586319256387405927530193113606392681717068943971013
585386302594365655602034059285928439563877622779766032988579487991
238095244254892727787101862118358854405906563422077660040688974033
145737410328120586960044504940173340423597795773580188382490590000
124587259262608034758863179572810453270286158511399620020989085463
828391871527132482775377834731335482528724162627349924688335389055
225898255584018248761486299123382006347855411043462015661297847156
889200927601139799040838529334383986286458198694943320081772538952
387756714560650942027525305907851267343313479790264229452331365333
697452869264322720758550127346065015736915545450569450217973622827
406774228105295234385100752247903982310436831833714133088956414401
237856468534854934950695312566104674418789503818443066378430459896
241404053683107955363598027663213784935840820043620681507207137301
020000874571630058711643193945421959899372571701177925345379683586
280654737841044591124686894072224904568871710249030711136480761682
849845183008620548684089544188804213030429817712254721026801015956
827169639022739913110704729284456983813268083026011023258718663182
774912438225993939415075013442740561792422752117788705008204510517
148341312958175959888162906012051160932938130316513384013033647121

846203041901655999926858596222913369656427040211274813991609621989
447018474697530162379473426250619109937625954927432560617489886673
630524315222523867209802989972999666857686573527217857708652270836
200937356700773266338507739737121183290302935802794179214401424643
312502100126542220078047833452497588311111452224971103049854897773
582917258963361106792902566899821458878643128576518506892629865464
215500792421348328385295288903428745025579814283848522537542438841
933914055218463495447720356868454524827785985338964877098312064258
838564661594788193911356130730656641002863525481336784760323817050
333946051991463523680294761142682048911337106221411253434516818613
307355651306254238920959371802259897024190302393405239342854197707
024285847166938925116334408666419074780517174105433547569314771005
703685652677813704288074849655249904083943394956653378440912988369
626106028554671381728903491180807471303354404694348819593849475677
970410218211009485929214317871424561446652547587582847637415454746
929825974281460687599396996158758236495818955186998326606897012356
098963032144783772118951587542053277857068904885588541176077999307
856528277895362970908609217983084339999578983256556655655670458857
269072986621777519098288412635324130636718284962228156870755772894
363719616985508057912464245337437722457005872426072103327544175079
591278733282146809434634277086164721956299896781885771807511063651
264330413167978279767220470640451645395276699554103602085051547550
794405940095882603374231338493802088010635860114586464271154126718
665847757070321648024069680746538435374369813422662357336612663584
722291617307783563077375747218389534403508730456803823208056996535
143666277497075419901396598651339078981572921625176988508027912394
418152445995422765746878093715993436494043008459344226974694909019
963734420488652219369865191748691253239431218748961279617332193354
402780987314718840214515148716038063036834051083698156991205757579
688722728244498267387978227648767103401927951359957548463315151155
300809978642553217170627252084334775402770727899722455918397988002
294699397897555292126096804123399497974955169341206898184158747605
675666220588231239163392478043498450424924430845547455614099663756
630181598943631873101238291456668225684379175724460858913018297290
564452237489124900295730133198569682157227329054234450286420648029
059800688453745135351318855766245415200093372500499289243385152026
978228937403626041686088263084037399665322397577581828104040445330
195421939726335573306999488614586980820981477529013868702736171129
780739135687617330387167524263121381103223954306008854076349888690
771937229899172235325990777663205934652213683133045481345551728967
599891977844284100712659356305537881314728460364523632910006062158
627464067554049068398368527605532159551822416156033914049216968198
693993715998138091862466983177427471789722725630981081114393123552
635283662103388267786731149933638451895462596638269958440218626867
501186199078437466939719507494872410482715446691313459445039643431
680164090823527062117925640569670397825100839204119266310715802937
018264420348910301604136241551769274821685483467664087009117485456
757450622888607181286195050062761414974731524778960805213413052777
894467820474591457865622651928774774295681765570790446501177396108
981043158934473591357374782884469587326955943884676016864704189142
426081456001970263937616594798627912534115991625271157931162828608
428410916430050436379538797711047307484268884099349658901097488466
776838906561252548170518240323594277704013245124583665663276421486
106473881006795566093257330572692271387936019774046305822770288803
763739646007470929930404946914955756742639993110119557177801854732
440032524013837702999047389397677393165844182594724523639103967992
569550331001704942652479781619911007355016616169353140531797684227
532851048749917834787215904774221531658411700657645996657358789332

5014817978407418880357358814253209621530450474161910644372878437731424218470743573712000955508693746655235688921388648997493038183462542340003272040002184837670066988733809591190437330704087281903103595064279159492277331964721718944632499537978066724270683654132965988157018730031969780565331669704559133510102135238979139829736219657365768555981175948779677329794408563331626559454221102111786229973114083747682258307437908079507107615615109033143509868999290590930998015408977554466559129193074283677746097010305675162363709777561186932690360036767489066915977522243936591745268918736280338458132968950099332438465376199484083717383094012863647933204829026422573567788673356059318320694597135231659259811624390100517842610771123390609625455248631413337103659572100206374819106874204922708160472565512042025850429097836317570454753224800187698877586582965892826558615896454805438203098444956987929436495803761599576780705182002169101374658298581197684459666124191661813554497852306986366842652996903432851697472141526059435521559065628983153184432876414542699927384995400582899106577474741973442411726352822200372165046394723957917125052764085532343881180459312833589603521245633541501198284919022656148184132904306253015669319331949467427636383735601906336686616267704687557292534530613199272463549291378826888014563436843925180086627401610749973374793597040038583385189859714320571546515241076938777988342009007809302331727091506882120183429710734020960457865229595072706540125039834089401338781024340069469119313976564426632618983536691882413579693191451276408980476523351186923353972593969930992572998668381547851360783844176095532003185768842035913567840984764495260174579251448673121062833887072832958936472419751070270557844463806684065445443221168348553921349484154567199401121106800775351159027241277369987524704434156684345437334151678394673460865202089295357820307194678282263126696308259540969876509739940014233171782199361444572854668771198552628507946239286587118266581597068431770333981982876505110868104051787690507752102727555806725537113251801245001611500386026655769511292153177497548192830133750124003276100134564622196346641323787905695779623586516807721801285999129383924717138121188209734619879001317397464313355831223095551568179440158831047939592328130974604267360587285091258343665240396911112118737836776526665115550114288084697174389774831989387204800729044260854114481174192142658592658338847683371049857428626717756548224095790351944103582118987507288996081938145204727330489022554045487388018331350838194709661333460780477358223844363806016016712205358721047596484451701800092205332494083842353461489502817528086543588728854741618376612300819093278093034369424802180645075877702841899596203734213431793343309017836071662599176102380652068407929476765535072682046550486594498083402954663413103250931261289899565540209946114939692218799131738452998673682437330416238774310221676886703044054082613229959091034280663070119737981519360908002686021776252451151646544471679739761518377913366853731745669782171146590625172356933294886981468394524640913603914100416384977628716133969953947450516978700046352334821366572473746650915203926711561836246622404572194126923427038850452747061381571101815233203146968102039303716779487750184003378803502755936311635400095670979365078475574473693912675711885797549931186693488028789964064640903187237262039223345514964767889255284792617776582995859298982665111323742959387889859074824886558949336698656240116100484013743732268650295942022765680946179234064656310358093832612433652043518414889804812080720157329478820152945525980186411098956503760382036545734468282385712257892248934038729217166961368367004033535854249485165467237417605332653389946779988659358487318415304513055079751224606177845448287247115994281225317941992024291469574977493357403348979295648873

142895429984568673829911229739413715013628781845003514766637548505
503753497348674421092838808320577138367026716200749798669543389519
740871442810088842016941493634068203701004936601181318048979245710
239234837029462882721540493905687940260987447391885746982128526667
654496532025326843663382992880755947578680402720822539577251290177
656957840723828462405092426831389796843420152432704771396978712180
438672811643639066536561721704495992006399355724447763502902664522
131923364250818212114618178660640850411732064108108782399058489697
019010152555912554148095942899535812131334339395324341313770516051
034953188531413956393620948838197166705215825964547260296676724927
572108262589322776640067603650959935523150061846386725454879141494
440709622097563431429575690477590066966122338599208573238347632193
308228843362992161536018807131128888169513798454885776408008642501
806184957322465452453741536483302506440450498364041565909345925467
317793254680682223212570616684374237562240273554281236699582294708
891114232076831925575555627275235959395523354733106763277921484206
493634195899811858077509489749178338479262108533529463363226092183
864297168410104468523923534573790219974963873992121221080343129488
456429835460476020289761731807680285408718656707401003662996122759
316276589795005844515655844961779627346225689213379620442229385706
204197538282831844029392997534811648037872688859168037499038447908
378672783895949937734552646444087816483444251929471348669383676806
027248348230590017685907669054838598981975031925284157899840082954
915275731455461258811720764613428280327131985883248413567564617561
338356493425613513454128608397323162778395030412011625530055760757
014554801896845718273810447927826912879532293072310544928077314444
766010555058665976433324704703745118098953549394969445311136525935
077443522162196583187390702021790346442771571878883111558664699252
215367980514749285222571272431631112635401342454478992239610379713
388587299230845213439991778947193714819765129413485638558510093927
322217529044510639295622427342063356913892002147936652686254237678
046459591816558267797569682343088907460353749950477933592021054937
236632162686034461047320693776014810316223074177080590257735750698
409513420495160816680645551880051376660955190403172941191545349557
660830794488114821279419677992291784252253530640323505584759787448
728895990223947284544084272702898605690600579529824936683066837398
585063641099554469414948643504134319309555901980999739340858811534
361980376754826246305056223144279902429418479550279857353604729785
593885237179523570803874489623929443133220046788226432259163130403
095783070527014436529083342940767677212628487306173555638620960647
461325458940486847546193267443807642228641529615043412096250540300
595564721475795421638106662571344651051634513619789072419934204693
648947465333367611820634605441427099563412889260845513159612794964
824572950194074520646936426599505970656041406480248406691278610125
818171706427123227942779982790742740334722485387062514649354164155
680829027971722257486497824912171392985090275354310852785198372280
848908572164689215592489510786792060141438084168241133676331527667
906307556744506264133697803008318655234764618002819142993156352334
585378901214581736469543499806062041583954373886296758067176412059
925332826606260913225727445451397734566388159735326781473041243784
733328794365530482999773414560923897691298167159143852182571173151
003850500689599736228992898103564153690669140487202789008767465389
850070179022482084449191576606165324341455514515906553741118878294
518531575712409757090723388561361446785881587772683084559042410104
536688895177785703886869093432017113645722514101291209637641379081
399648747980716262300513750313628898707005609278465558936110670983
774175636485902089443996323475921170238227878056181373562558935092
397510340475977643713013800654262916810838805260849950863771025427

578784661432873031130302010924151928454448715023062621109569210229
491180101710231561476253096182579449953232643531103832570606214372
632524414479483200582868456130887090282183486032320243552398623759
099816640042829599603227907396098538665159514652404842507523787476
407285567289302194360217692483224264346895549585321237936620671918
911782927747841609666733876031110879913135335985188020187447641676
193453200525032683173119987348232301842573854309794501847574004945
128540232695177070524647177957391095556102536705649299264771116173
684092339552862128456919381163607411528160231294259266122224650320
836459140178612003072038226248472584177345771541855285737807145698
146394266642898653204602574187546011692971812655717227125306808351
179354986036189177469622860062776681493557068009558813552258461648
414808983839804332555859688823336704474922170426606282606633155960
816503829497895230883044906122701681938343404658374893150745750723
586550234665454860608369566344510524130731974737972383121108770332
341347790868312344091039610134809681286711463875293991454001139796
571831370207667195554849528157791806083992245817543758512854802655
841806846575984202314355816752747762806357997236156413349581144079
666321710197187911078574642949297142822614774650069416050892830302
957631272063769528570129675625290152075064123007683771664407920286
754106708451199814008376221661660704504299894696858750814698283732
837239375173315734900345298010050319839262068444973242849337623732
841160139050427480258337744420197008294575418244793432571016771695
853343874633714710120215114113519968079378218336028521212724606224
813319606825455009018459787492812854545580927000860227112209290010
097974002636767322833920875631190003555851382039960687629631349926
397324456273872311124963442747448729486732236300851556208404459725
924188332023696374373236965690643565948498537842670732656936653955
074066059638709424248313520128000190172551422985659066712955132205
273287692595656409390609299072880064485945993915428936375032650171
001262670878705196616911883698902449681209280820119189225633515728
761691727476448221030838454038762815560958082392267003956753528173
380981488087188026754929625584896680085956200422180608755192871515
766004575381584773202228707971225814240389896160246574283751935949
377255791885354768090386923516900743504571681919796572395531813997
168626847940291291465567252079922260220401002179034440075775699193
255253339632287777531714668452701300323269589855351387383334422529
082539347367860450412669215785356848533717468845167329028624696162
337707512736607963508400652643842597903603620257767990370264339422
984065408504987486483393547487787000000546998875934445473455747774
778561262677697759524845133397109672186052403992653733189217420240
075677196613115757325801946604899456955718419284578663577430944621
924314149438583850260401158095179074399863045007412088433967767852
748045685680205740595480406201238104172596058249547843462703739079
503869777281485213011066529063071767716574669566825065287986228741
397058009671564606150338555210582303114187330274412448079305717984
133933887434365837879123816856927890316339298335400844038431048950
540979784070017286999608569433566374242456915341646857062285745508
363865433768508994626498910592859807518175065265363627505033293320
854451060220823098521793688388849584950075982433148937058584373845
228682455307777435423052441937398611215070674587236409583623473291
975320951731947369598548039413115592110080726173449152275620774656
870173372209840162995608937199116231422806123499552475025364788035
544518561352143801588879611248752127261370445815291977755673287668
422643017190085140764096376843909699412983364684492712510853075195
993655548418487437382697821368396158646646481027754845520960397433
711760333328606931328622684333519056043118294494185411559312111708
410347157284607124570706016573386723793192145758311083188987447359

799307320316219592135662790426497581083354850014177843063443055714
385985608731402811854574833050489319697320842537037862089239089894
436934301656075212210981424110263403150364236166958808403720162040
373304878708433479186329430967760026713039934892373226706445668792
340126952876928820063102291656296038768452883392134756698308628235
078722567019612096237496563444766470613281554887172780407587431516
795177117324537751384914925689061202182920231960903057584939878930
359118127613033933032104957748129372747200086232419760305922322167
727833363964260503397982859408640951949752030071331457498005556729
790970156896115635456302606550663665343580922649791502649959212480
621962505770307477548497089754452993094351930367914064175364825670
633416790602041225117328766299970583381062474604895611285424270257
933330628988477218779385445929919922949764461258660311545759977930
193280024243216873022547921909467835940569761940897766035691333262
328347912525258717535047386241203721751498758124745649052389813222
023380467384677909559849843040211605878401861127084471853521407151
278720248392856798882973200115871056448605759412653610236055945438
726904246755285529830987009964268668535851115260752145061176594795
032251253200960973602368909178040174142810272484343441226448303272
776049947453101743146159989062342004213056872101017575510453024326
566011251511270827409658805442106667360069691322399051884037406226
382892737526054805693882093754682035893109838542899959585427167360
381239144529131118922959604971987265219953271170997986671946858935
713748275217034704122922042599732932608759155939469850134136614381
566271704068557445120261619676675697567755607380271375639380033424
488280831471953456901602305142843074489050935843205499098909591523
104776663664827244460255329751300772156107105279867924544202998233
145983118571614641507784712414351543339723065369679384424131624513
079885047916470094556037385725744915198511770495253450078117211673
159416211415112239337197718695534565980123885780516898037345792748
572923683897462222018471364229009965317585238381710578061223324396
717609706380684944097174411504698970115342571214529730398949660091
503844778546332291464814468620936312474399843820072687148510525787
008862698613585683681770692731547902266321474161445533203153227630
714854697234542830930647528395978520205921426113702111416263544041
042404686891744169119545354589902817107349223234789185945901596651
097471346332759114095233034389185506783734974380243486421946035264
787171863570626099690744365005850337289877693529508194301709504251
559475799065389226625172481157212928699057724723032091149943686004
644715336008520052163518631909454078853328588895260816269911019223
674774008490789522943178275873340804505400678448695805389635059160
381951477381349929416940810089634922340186600532246499423053756973
724265570491776651721253483788552766942632781523054579247466191662
707038049727293558060517357108747298884499966109284954519232334623
163956242195731615718088098029881671873412277771985624528419358268
759166160118482262582772316724344261865564499940453622936963560670
990301899127077308450055453890414011575727438066331676783712133307
890414088409423798422823571781681351468712277564863816829186047198
012688993616953950722595482376275274985400399221987702501940396756
540507443423973190671805195990120463073414245856554810287312599571
396686817816569508990771141685192120426040403292008335668906240452
203195458756720827519185261630629602871330108960022240550597552892
750089631974588409553198317887543029103218023953889249275091155158
204409599950874111531620494977295018878545765756770119537873643746
253897159388816004069038762797610883615681145039168018531460318919
763406950300446130462223718908775438001846435227398397948300786277
406403081383288989609873396179188168585981917551015934859963354984
231515894582736462025431214574396287683421813075693642387419987909

3910827013960953426124863168813027410413555099300823511240352302390
2760466783386150574288278577943597784196159294066094204363572659950
7242058631888758406499385775870763486090125559563734964193982735150
8141050037533909351277183122384146953769784656248979179271216632080
0758283674741897573369234818778966672722094340213318977244838886440
5389321675476178133128557657904314388694266791037092598547008819910
7906924493652996955447551313154758543247226463873812029923943738860
0259306642074238650741742280115413945041551387124695088426298011410
0394113497220718507555835230565167496537830969615352436887220338010
1722125577260428581016065290095996208537299387903740696179319446000
6066172310523541158673642440839804714470223331640205155440778203970
8717055519852816958088790793812226902408439031765834598427886868960
8884944515058765858524686573058635880140925013435834022985012583210
2303376699775527573473367448590097084375002604889568086730893561830
6170305897385253802134010041134194714180988376060527110105651784970
8910859839650996816437820002502188698319252907634011496229248987570
6816308213506298306211870231363380667535782899557149354290769947760
3924975156009602192189577119665406285037883599348261337207790992090
6542120940756339090320068957707747409458352472439217779463074552900
8349843636002503299664505929246477955156739180716800150627742447970
0436475682381687059331417769467430620139759535910800480957662883730
8321870838002250000408136231811136673817418548813267510126129530930
2608284008890357650831427635834507733237743797343111701537121003730
3266732445122199793336088300632781646446757047247175594207373329210
7118973281953254305401947848704019919875469306191613820033616565100
9808363614803454788438973016886016199786070096183732636902312921290
2643288388371327406333177530846086168989240235215835298860651553130
3093663028484395062917695328446701424158039092496156854600344887280
8673464527711737378999736085695669555009742930962346404103566688550
3292228331485593522933341133694039371718657088627817037504339997280
0146651803333885899849831272590236515332711369521119958424997327880
8965008425245493055588546494216766270358127479729975716188749721660
7901296667808613774549661331999793336928453435884766189940386007210
8132361845275281502569752685799978079929865782112354981851692983190
6830710118531260066368307596733384870814918678689401181561259423500
8443896787443041436922951453229104415152549915250642783617781398760
6049626009080318073043482308804557686038452666912862670855219036720
9289374752577422854711432352652142348330163785916431151899330373430
4816840821536531269728490895327941672846258135345888086856579956500
3928162752793162992858590909099012131016043000696574736332938435780
4153711493901754861258652089636457364758022560296200526667930554730
0678505411503038424214063993096068830071262467897542644626149195850
9877208964011736448364752241286526522195653084027191050219108339880
7846231876507009399377269716730464311600367738456962172847773696080
5537043629056014144230715474452960531083337404809507051597887887710
1264684969479615369879948898167229658573363908207972130110150969880
7668792773394349410471598646566180838839802667159297416230335110240
8882005138685974857505539748409254418658685607564025841791825163080
9481327720123909383078840837097075621427614165664166256011491683590
4440498970936761117318963351903037502752474733611129456766469708030
4676698297917430779686135416571371089716416880978301898342074041240
6816307999660354313563050799042407030106823254825047117762622749520
0373480332763126681025985284996671344951086645694081157056505769720
1773646942577707991752057798400735678987950338492046498687766322820
9302175559042465556614504831554434065542337495589226315485618585600
9418772111541549643662171365963484989706160085495756317829043574510
5183628299277048741462633100152716626035057567227275446339951571470
1156100032762820553774672128513771980813570307986573734971473576530

273407248571664074209420221307914803773608092725354150413380468118
756936499199811941002689412730034309844075068837299799409682309282
861297762507351973945712465928453175882490987071215592250099447943
793627161198731017571817675387666516229855846021269313288504572273
795949817989442325013516449245544684121262604625518249031981067160
859328629156762086572725209446919477064712024078908325975191575967
875186360629271004083615345223032871294985046101545633827105752256
393350309736364954281224608215627413006585694059625451225984564496
877951067520082183682447563127486263104094222590719252493211833105
070136952015140116302494953499269659366034702040568633763377674053
522739493434652662130736137244021750986284676041857569140527377295
908875459831427746016957227471284131591417179015517671916474795965
774680768825848395278810081099155039012881116365202923704380532565
955966842391334858912745886541708713003797573736928013462247086330
946825629765769657690607300757229386697765150820823933796779784180
785374713805450041186874266932224892545405487069969216812372627243
893083612736166472787124441376681828905890521382672563625189124381
524279434751935553187005035901113432218043793940442034758584486604
746523253620424589750536573122475953609668622440612958644842228999
293688439861352107808087679455172498370075157230223119794267475334
415758804853230152803462507071751817540490324731594063778458881396
316441059887069821206008729489152480269678107160497068534135329964
993796866605276246794599453168879871941056474294285873827001128888
416731775223660707128961882585264608764596225629107514348697920507
451839391643924091603253614786351871031901384966258942296629624317
679261239676233722713879174767519022579342893535489619901757819427
817933593161744595360665638332847918392927659955066495641924641441
093907302519384576926654307356251850184875331866110170943318627558
698235413075997723787451461876379861991523921319469302737645796131
131902538970790061114326787943118411465433173122941399914171444069
211255769235155386410860736931599720005933289721089672594870918820
784498976268490001636997503708595166526264717906435880491631963574
761396746980084683339351849619422971681256835435096326011848789480
232032492998090724425651232754775131804537735483747148393467844960
670663959742050559401405116978505143354351297571864505637850605670
594828257352703204372921169282393677893880038489311179880361269267
975794325820437048309783433076724567126394849681198367222750283468
625309169479256013739355858190501186263793894102085801231150741100
856381949971113216269700627741316417464326504654111974238383994615
519978581513509145089890491602188152983532939107247663596488857093
183995115015246426189985287506422006388028981905723747804925005396
767479408894855251022203967810710565254719717629379964488192929081
394527868110446577482435519439270750408387096604813314892331516777
642423979397525725333381939527717017164936429467820599828859551076
468306636450267307973300922124472278208289671031033436209170447793
647906845854796002505789440932648047289887511639497799029421754840
107880555939207095629443316909000537632663845173865973553908681399
848999068860340073833326860832636730188972413482306523753846177202
535377407930801061076110586075844156469892409324733017532341832575
663499892399052517016767139851876803691791999632561102921719396739
474049764749194970869989666433612162354356649131158805002583692888
493278034648565214378341232978854151569124473069754197927080182190
606224687794896482595684623819177663672704358438514383120475500099
073849819232104517612816108082534660658707228886863057945546339979
626612693371105637207047878301532343313721688689585307394131820925
496857472082526374324951498085042624871011207681259226553229833431
433870440641859980968616888256284601569219695540703766744240807212
415449110535233627154321006911075188830206090038301832340876173910

340465572492450679569677202013015271255154843532031976103471121682
463134153185657194557259656281095976916781662492760201745173016210
171899080518790938074486615586976854865872634049176316855646895186
224524704448452494462442547739254307863306235368554149243177070148
615302747175121962209233799786020804874696407210659122918909947864
384659594379040059755313885964857275722720566416938427047335498442
642226264638782352890201340490629761599022549027778123680771890806
673284015186359100679251184185241529290862764073570691275197566315
664305284947017637218114598604716331761684059509022549514939834826
213632332612770140600746959879293826382062969078708081619864963059
370145876479459371195955151917159825983722953228733923206659457347
582468256328381216542416160115829329207476150007135358018337732406
522077220741014001415853637643528123923532260692994178353616834742
429945501119004317612062990951152662205911116341700214553410575344
823491043504578875830473592064008848261791512318970295049266757215
779515377620747907317871305028416770948343717593250658517838540960
937042936927319009580929192523972706385220709376283832256831539608
354504523509117804427489392569964055919890683912294044082979339704
157743879243810221539233954058355041136217686560128829922435760952
981212209263729851756570813992122093694690694715052328077459229864
228802826691663732038393091735460239003176018105496752302588882031
353514553890163755138161669782250564807700621959942869416952786829
887478753140212139998473883119786393577874591772486860312671628268
083600027669552432991228440207446373531463385311809602295643152796
469593931153310461126252911880488436452716624901692931313843640555
528055220215938629825067679738446746997160462117301788465036921382
010072482321852304396886407266624343463175549936680725326876465707
431296054649657420147888587246423430684918049908687891262743226830
983449564193022689464187915082860849298593546532013424279174874714
925827478475925183917605261506165976617674102070800222106231073571
455306554016445689334764347519281791798470631383914982038685414204
365746374385926388279117330639041778218904168557232721953604043659
584725034467565938077563496127307805179119531944892597650712879431
631194138505992994323917823527258765690107451538624193759842327481
821986397431559810766094479394385509857150183427508632159811107088
894614481063158821943948622105813974976640633464542387856406138832
786046277033452607057425996733921274136364848877618643820395683167
724710909811550720988487009280479082886280724014562943571340699146
780953798412303895325877144722435482447280212115649022645292269273
333505508019364513909123534641768229486581271163414884464871389404
383837963115598489640878724792941967896017048828204682167661834998
248072593851853562748543710045361375358075475937360984404829982513
746149857434320496948153908318865262555301372780855322652968254330
610329116915712261880921349298791035451283992973173936168724209013
741053794421961379256273372512851988002560065639065266863278940456
902283648518061542594724961253689548843469558035037758290683977922
534665895505296126402786481442640429141437663771124986133839163750
355519479692496764183860762888540604234449177947266985151630853471
023288898337446012779578241258449183459392834716926530762282560489
169993590442687461014301090026056871037561995809163191668707351331
265555170951651809993839524437888179706960083078503068038846262126
599257807712607758808800343978346133099725900596031834762781505339
333500886524280041528529854443080395333745013207173989349516763527
663268951219615973031083195747610274987427625787481248856771095790
059275024912592107834128753027900551374524760746339353860959092224
433102444982052983235321721183797190916628906109390500402623348585
681650527343821854679856425946898029924257891484989803170295732026
503142823893677165131142822540680034288951042652723736343632704397

4713859929557191427410041772166514787864806235786095198757165264350673599768531817026536271897216064812956543255780841609191199586106598379839906828921815633766300414496379518772181497754460656741512259061168841693645807319848617450164353491704003767367703282339817242787641863756003199001521726127959422377791151153872534748019892958076662795090705642519676967452131089086547914473182218421069455481777570442946865351605123203642820288539716842931782850510041759907372745740296984221711084119710170795111922643843072817024975273651155030905669860202871615617910147902158628559745993928794208178934508872981175579247329676942683585199304164996729022318615637788929649449115734862814477723127202692621186149838937817470626354694173222422816015319757146885533485406721211391333621919638585559445669434487492837730460747918788271139283493151635521021154616782929011988481625595829761615193054472850510333374151147662706878119810924586600307766117237265754996908922780108687324358788964095236664475180760795087874878456630271175092829135106672040865553916873806527994779872704403685680310190579525132472810774268278737087538852652742896724891252959605683983088711526501068467551331864007459154855298189914172568472931033297155171244619221937580068291749655694980416611800606616464183021434819849515433410228578600407557372222238268351687241541872612279353391594949844745132531193938867638372995140482301408460171432412340982666996028219426687746020350044408561234738448991486705378311063033742063237538401816044149506685700686029181245557286166945572310428612741157967685536778128206918967256517641753398835589262000472498978310175868480641610687703190538574166896210995789931198136355484623556164489591079062157506552240940611658083781224928523934441970722023972642148584485089383381694875320011027860559749041688359808212722099488984378790364212326400912372213693750132432493974804617571757318556149336969647571514501041018221146281930432319948779124063524332978388702146975588570358755337230435794215414762594815677813428945007956940921752750539100497919602265149678936535041785816488747663628892316450621579212447705387748592968365934001526434788456571919933245593447476107669238013936911878717169703816380325557345480738473100962804766538057641962818616469031498958907345168625541207039556507681803380032142532213096914627713517750206324999327986922859678426298922232731273992315129744007286908240456583701062955945982745437687283745873262054960522585453869197047242795525870105666549927616979123038028924252736343083785533879912282317871914450095373911424489420662465052046213326402923007729130906133149600196485485852688850409052454582385896686074207768163395409597090615133351892172830374266426121079535392084497657075880070000955964349777295834342960399998712660021240978688962774299341613339760764036280423807407950909113048612831085802309899401977660325207462932266528544231523100197722265814642195271211368498610516080496507903198323067900863014064195631943731368714017032507853278251222984684804768053505153309986414466256880421007291874674425630405462217987280878798802070524812628707532521858657133684441738397141690975995029561521127395162140028090516754535991135406009835656694030607246357374576134868049425375416708106637601342107586690778255195770118504914900325523866373672820421812129352579424522593045636706296101588967636955997692351752775407406392275525689335798999163766006287681324280702001972863163938392443332176318527470678835307662056060553927218608887926980194155380443271130329839948009332199919350095397012054003992211780906801516319538972969302942665110515464718454083576601353232069228947526007579538714001885801150068713456314067277263581820410866203448650592835690722157189169681783875350899806818840774541815848328749749452617742532327265671688022435848866738309000909541417642746174414018815

983326065692281224853605340612136782189503820883343696456682051211
456982174261869108491611143500965949566925024531728704596022798192
658835585777657850862906410871932315167405088483293371575513622993
033943427222548430156049886855791326901606872143815448408977297208
602502628701747276974283685649028705897972966701240278445898679710
664095590357943526213458731841714638552958004262630991469108253447
820609322621516227356451330937306062659179975281426567504161762843
877771060003598604476148241021467006519037090973838924180978947798
461757188017987790284840595432602930190803132976336394556332258558
770351367923434782799263460182262438370102967548913435809360623380
902755114498389478002427010165183332957961091843734524486807631302
188286788843341271074049726514005617854916224579379741839098791108
130123850566489421629280175527794355887808000386601631852093081783
082274078138572116470482132066006921750489241752776322641184837413
419129597916244498637897439894016470738203095489630576708782990809
401246189862394193080258971036787409195732090329992909314232739957
535697486049779146232868572559810702106869581617992390082726158482
849283957362159297333847526015440800373743988763791120663127552602
092181720397891422937879315489160642267221512029110069862081935008
363686334565576071736599725219738489354261513607795970706514904731
982703838692779734358733380432587338628275322504303466841489618448
932121985294953211274128520690952131318086924570579281027302615871
732515191519471733322350739193894503969786652754905855576129264689
991099049843426164548229398062136925784305825712134946988100956747
091236149854217578024724627853880746576420884272849742808541946620
112434603058955936156263633871923949560350557759331102115780258988
105423394810420976173620332215330746048986906569049968263991201122
582419527512826930139512055387016777719827080791185197916197707609
703114942545924758511271024341987507926156400969050821382267456354
989971785342193038446118944406929121494425613793617275975990032600
676914795063425471654159792500736762870796854315265259790347625207
073168634843918593836663606040637241663490554890170418743591571307
184427914253679593195656331372454807172215308405775780446422338287
344842208586263304966647279305733273065924363013158109900042232647
729042237048674390922852921826213632000100184063717479760803609387
198049949150747306862108255562842227778036758190735480274224716924
723592375923146544819585527602375980384666369570929250941793871867
286191114353127649697923373002877570185544188682535850699517644792
776807683681428714172373583022830558557116393991920068864708077184
062678483975885046049219895478016442622654673710993630273145011669
046843793757263898085131003495724944050302455168768584797126682003
810537665528479347783666581357206216433346853797800852904302040576
808988727016807068496860145118610901835855313273010050047682399552
936429749124650294987550593110868145788324134909376809665624527918
269467237278464004372598804121988816235541287990043633095102879634
331407334004753000179701254601483650493008494901200969865165240028
819632296926630584158784085479024428264032337281544885248335283818
743466204081089610341604115401265677552729048583277509799530992879
174990120449267690732709694378652036193733452896920831021696598061
392499563015838939492372724701023034043089877400363483390828284790
160818481379696288247127175166094071649916920880206373833905913548
025528539005356957388598543379747435356287278076085312006658441737
541521686044599886117586432989965034184430301870334938203136191107
893466791446327152738154649707736426281792653268174678306140819431
470398738656598431555876530410721889565429664806683085327935403287
780657764375056472374828496301651859633457313973324239035162619758
179556237486947156334795625940342228337756781257397894335701955353
516514412719356618008778697611776883752571349922591714286585806510

590053832670154712530284054597915097796690398941857432529010869862
669825107051887615026997013411359730637519674585325333164843552568
926501955625879631454890139292498632887047290888182571584825305574
161858235070984409521145667240641148166986651468335205449792177903
276406716728685044542163729176578894602990230713681129075662646521
999092814920799208073123018037074055332323586355027216501965915192
178027297733868162114608467643853557706862055067820067581748214223
248930264205671075574886776207155035022391981069901930543195609986
691010982272336347593629362358408006478081653760219002250273545496
391300697001500237821639060862443497336117104845837293971155415757
708611258782531834257192254000913823602246117468954324260760567528
301577982693529622041918724142504644324165979865876726133344349858
210248508133192996951625299515816548527096428413701289945691444149
620440080166604896405675878990807328001760411492960587181016654104
545249035986388748207405535531646497966307655039226273134567715464
846005265543748330599658980119972336927881919023331298719350238334
571255753125254096026787808518907193268630083327534061136741801995
207009404626588978389350217579202860076336610945542127347806464174
263816816308333443310425147734456225552561446393602004786392720968
655004787850257868984713151164485311059677868694258988746808049424
961736574615595504399449463812764742947916676921754995889229694934
221327873055870909179598820981519144063820379559186086253875772611
017007654239212442831923145710552328869601176314392736999773243862
074206430733275397945451735790301428987555319913502142299198285622
751982850651111612873822186165312252887939522330514880541494564632
221878945439889393903813077000879598257921431080237456460174681157
923587482052347344746861025258522656957256657780622130006021445817
704289917694841843962469671156004762235933947608806329214480355382
287100845333807763241202085227436196571541719352952573571910517740
631820964055791384608688243391114640860779129018379805598486766848
355461333271338635321369647101942374603372998234661897992329434719
314169299434307435592314964541023205758507347688097938428559311384
841974468063284882907597042819630573035759222495127602968783967338
257153232921513749618773864044555081154859575731029010818449099301
832644054964342671234687623007357646662071114901051836452117875394
383098324326769305179760518794367605989301957852424527974527956814
189601198906433217830588350879677232372958920263733197734509417496
872142675234075823863877680294610564716646499151525487666105031123
227509950601572926422941478551368388726151131433440638984622372544
914212404862218360120303461504614615878792083518221174306811017123
332628467771235711258294608738192781645847819414795548101554979852
834274592681000956200212144806439141022904447954780580366456707812
116407969185231945651250982396494276260714812575671812083316160209
901135835207370731352897793418103199536030683926905610220975853859
992525483414949777859271296041104684860150036340641624020634842984
258540802194711321568318389669736986278262180139283764316304819855
134505690960312583373597267111605659357565603168137552035504707303
422520638889996013302955199855948385264662195521866934852765143490
687798230110919340391909137616591449065120916077897576992444491901
189792595824234538356538089854344147093297542430147002391258826497
362659739117123635861688232622565884469970176858470147203478221493
929563244831680444642237218667433966810281485462643319766980391131
072863542324275486834145150864533076769006913066264857553968918425
253193610254335938846786247908667468440084853716109397528037782902
709409776067397812655103903260332241041253686060368644950178273037
783527497319204995991733816446508608048491611143685693021421338027
128265096069931490764106505182863315013554158576871872813116652205
495867162599330743182305200709352203731892897596912032813899700032

753140838302049970079404346174577134102877183086493902567048056609
183301182039585279379828490422067776767653134539071583707352087697
284955776487168394994040431010851788500870340272957018308396853775
051914650333884356607259124010661840359401404608813695234903537774
362917446078774254377002454452663662474586460521521932639847650619
948819269257866850752237267037820921408868401329362894011897090473
173359085839824463349290665516823206847745085122791653011916404126
600902042702503351745796539824994799281975488578920208057182198276
970716844784544403680671294954906109715985855018680832060135111428
644063503018103495665038542806291950124129083446264494050456936516
660955625647759268485737475806060004583547601174164475903988600397
461771614590514092069698890596238437986869489478901054433288592038
261039004895755469406519439106413635422557915617894533706049905433
722474532449348781024377392557504531001760560948489030682617047194
652379940122222508073220913247844152502849880980593720656550409857
317340683013158971806996356035872133943911595606296207304016875051
802825904781612068876466760337382804153294607723464874635122163732
130270989503489990930410051501629658999550047014413632739095726193
974809981426105640132449792693761414886575398937194268162134360997
817429716521648035723304401596066218092645191830723120786494525597
809327789032966503697349874176032645169043711469323144778766626862
764507653586681999025414612033462105457705325525873610717044999424
650844481189709435942872816858183209717062984115401278802978406374
367171376207873833193995413068702323632219636085915786281366686858
296797698931363645863165959683348454566631716429837708511500037723
860959032331903395622820331922124674525244710939030807333622831407
309360390294079927419931607926639015854720274262995073064166333411
751295271889504218114408893546754603721212530028833772298281544622
894544281016684959989553625263667917390680273625474096540385765629
672473875260383346390216756595355051153587255251451731438053477697
502507033112808173763211932547433407603638106520686321748197538617
158370585453466785673411351482377767775345876966751328947100291738
086607216929468553114582705135983868816264438060018141926263542047
190310455893895343070197791301338020742937112115546401304606205365
865553318282664657807656172258474619563574176583106862559480128677
529018243617397120974445092733092391575207758575816362376714743808
213779174746605001470055331028783884759301238634059186376034046965
686720970151291902603551485629769337885099340804531433262416620341
401382042815279493864507548488764632729412866717171780717524322485
562807776431868383059667541917999686807961247358786418986068303864
195229631438024890007333970479858206253288928111315490262101177103
076604220879348716432281016376294068614277070840123666967227030120
044226516584262830383378612358147456068674904194565775722043459353
498070316522105841552123207781142547882187818493372939439678964733
489337870529236918819988047722344214986742621289259026212809424267
470408493247962172399967595231182537546518217005939903969456585466
378323447951852564948841197616875988714706148803695941809514812985
840825514379252655285628426622873729882585626811639361022177278230
929449619105493557624580935613688619763663828493091128294519162457
024826451644279218564873600168684837952572568289665713366731855051
373290841855366701777152394957424060508383782519366468219311098552
026392389473535548104878407176785651062986490521878131938552104545
926339863178734302624679160738049510570138878323709263378116430936
872571488699360662289617087021791008907509443315890984698226353558
348261495327711937451420175952537347122253291499161666331375025561
824789531158568855263929960464755050409058157440869591918826316002
623320393467199783705590617652599206715071179816543197652547613614
235397411297290394679109262788187483902488261365795250334889363482

4804359541630346892260401400066451223624731005813745168090699780 73
1713002073675923225803189298606134537925890696407975649874874596 86
3468784774334568899602160615840212500644114454288718785269643849 44
1031653457828902343441925863346504782020080745081568451565991522 48
2692900533292923953496734110158429734578064721022192170880852163 80
1855589329810425948761599076268531814223224241976793721259517136 46
1050516449306728705146417591244542908913400133651449368475423167 65
9707447178333865054522545897054335109699775163895999794743176651 43
2708568304191302498695212808539663493189820649790888430492650068 56
4860346959175766088427759679871076571726668797457472136062785081 19
0450641754276783132237143357131340672459995636188462984220564877 34
1462284602521472643335540948728044749719014128648121378370381731 22
4587873095599885548934623230681663692250503312981881892877502000 64
4962540213297455708835421119801865166571013095350107296003060944 38
5988219821250578189703314091081707575413346194572567201345659000 49
4633233510425550867452355894144728550532212547662551608579046708 56
1006656099135283091614234027994069863000017853382840416919318216 44
1720124063527263799030013107846632009951468762482106786639482750 01
8502533977757717135518484739274394136932006389800617354855375283 92
5119663428020615391110611047850089912461355419588821321551647141 19
7911288091767466936391563956642577836005220429840115725168180045 74
9531870320251535713668913299468716898619399879384053600907730983 00
5996642817705758855098579695928575309457450144260481848362742876 06
1230098425165229836968644565425520453557156663739299168424487304 10
0772406394383998131524101619025017703334520861029743340883017727 94
7529812737485624241851439694041939370434956122646678736560809978 65
0367287085407339872420489636671467424180274042250813946757005551 44
3754705732586140736270081341784887956798847061916256345299106399 09
9301967352549850314582781790737902477584579034936425621462955323 98
6217045867586053401356856708424925099456721343890893474338161422 36
8401956302389415092932393981119784797479229334800551007935807637 40
7384064431674564671205721848390691118459393431994334062207340779 57
6923547061798389570630990435417761938595655652294163419610840371 53
2065235902634471936512287915039483128392342767524425381744032160 47
7970114387459763809753640498418678317275734788161132389255772938 90
3891942543974334698534099894408245813623260578534552357517007833 82
8432294294789166904049093022912852548491045182556561712259097095 63
5639780629949418520144746522434181295595359500827692606159129638 15
6254602487346905435987189266417721064407330613056501959627748650 77
1759957272646154812356402917657152003422459607019274420762235160 19
6430953739717984166435845756142801556112704494837349949264826557 45
8603648522245698978932760710458821066668460470617230422234424268 39
7253097798236367161558014977857905845069692077484218936035924634 80
1334824676237491153598681974521486102787652536041121844938203719 09
8599317758804350858767732430728582539453001437209547616826282223 02
9743031236179554639584373404605888260656229786096198695359473482 63
3869577316400021140990321652533756138490979478066856702584241803 27
7547652305151856671962569166679138568921322757012141435995653586 21
2351168023205317426093522280194418408248553987067067405760496691 48
2640248464551309870773217462146007328659983400665816325247673878 93
2400060515066012663320440652211950784147841714305049856970966496 40
9184470948005279137260269233828701198656516847865427700062453136 14
3954414422113983801170597979851901314845437624646811231765273689 53
1620131259920410938521481998814890978995643369947781372601481267 79
5650499933508915978064010191236373344129659753132648828603502585 44
3444474174989499701086552420124155686372268410018852261183695489 37
4576057202935955493841498029168149044978844566500379953672046475 04
6287189384191235597835943670119360524510058143073555659292253545 47

569809868819882446275852733107004398819875534699909777237605333849
894483424236874863093757386850828622303671921304623566547797703053
142197794264628256422488872715066438593952992433570206980465395810
225066890315741466069914376019503341946573170130070862864728784929
149254636249094160217221973305125650765540555253246190213217751926
138209803100857843225387630708700054220400358365924992270742485859
800079497764978216017749668288018957971921788273186406223397988823
920162119401768071765051477478268809128267612741917357519856671858
949227012383728065032289048795286901921519072690468418600864820678
089302628685680396639902161085715144695874663069453865385266814197
521565162312157400712455712249715121278485197990785439597784158250
655496494291470894517869535495736963816927729839478718473719898657
175408571297670169659177501094675912384431523996141062378756400203
711212817736820904360179142696644265852485857164645039393064290315
672961957881714826371457164510240433005866855805188209935269938937
938030764557772921811254629039314977555715988807400014907345626384
180417669616164559324114655621446022308788340534822814890333329649
080719437853885157624281359028899028368274838344034544326613125109
375073188021815199588325648007755038893025982318801798389239921623
896891222634466399284997272258015981926495464762919062730171521079
157281405499413546400527316244613324902164062058763995078829088498
028907779769081368401513300020295814894050039538707849529229421204
870650850511568175188646937275840409177630364690209764757090673646
100185183820986086052435271607411487261712448597325237937554052332
284738257416063066469268119233545907315994961523040680336623076563
601802724762438329114336855847593409529244549537454001214047479670
490124558599287079405236263571764156937076570173569875645101798764
078865620885546252736995480630354256957251745540501901227270108502
825830365457749196385096126754176991582404084416192943509739105018
592349345087401340376439936873936565280580383725303148275386614525
141130728652760929814869783234631939084960700856891462072043385592
600381170267915554647563245096253649188638948069485998621100698990
957610731157771003092499955113475554866364758926899529266327530919
539329346931654450527529854781588141286913492758682604946122434467
620369097818503372421451090405967439781151402968533269871475459599
473349527514616327944811208472416881392058760422269923600700278837
336319823599646574876076410656845501270959612296146874309563678138
293630249993751535806900302905550775654307462868311777081821264105
288565196582793423589229044782019030660470681390468371963750412420
783923917578318741433351909800594989825052958180149183809086331737
615469839160023040432869536346393626759395581701293334307875817746
110955237154749979155633661238945504797022748629107537952389109575
274974152592516761340408323552669449692984975796969646047022431652
813353242862274801462879801140369675786092731920714331797845925143
511732468083028390431368503814122451922949969429055095005221221208
452852082757451911506867456007980367252502317364568012967163629937
165618540346251334177276860288880094190054287008519828792475244256
534439138821762173472187819467928911826973343633030641786503754863
585853415525886331585296822659567249085937216923507505773565443667
379709804666542384360185441972047405321192587652623078973890454045
625831288202346071032111998661451495366190781761805909907979620531
045380086143729041606905065937815822674388891482271714624155630551
098257847342739732933864962957776983607422882975502624039666132197
293704338352958931866085389034962588930240209336833021262756625539
588263152349291690636404563632817334062680793156152817026119821453
437470491525947960155401044593795823608089753743001901221895191252
514156894445683734040187832241224726500242468563289320284496143639
589483349504645769780234434099982036021996723198088220670235179130

780600039510728615354139508046501601243650779331447150959136497312
120041403643083065533856961281607692256241819670534849938630231601
208437148807384443002870076981089821482135123766058931651250130742
342047535326834852751473009028283765838885688539157829895883722717
694733949178513248072052066108457421470985270288152683822433809183
179794461611913564811920776053239016100835598979859235763026908124
999794746047870427195852529579538749380051944305286107285487002864
070215699846005041304288865201728593852837189657740573067012379367
572141558732381974165173539778766118420258686915368939634860263462
532241810019500904298522634985491696641851099858311612398498604242
017297592986905624926481812993691773175486225365855123938895567768
631177147770993446349763959110282561888848280046147790157306582695
486950113562335439787852949465018968313266579501792939107907039316
188810451940624554526240302838730460483678333479910289478907535968
817437807485642324599848956395342957979938254412460815065572922512
494169121274605474961156582070064575750636220726637985784749008620
031206188591990487581090485349419425047618582637065634994993119407
054055030277520575875790374933845301507086634985644042257862322356
192560093952583740491977056940983001839765408005008455022353368073
771757244595330072862838621905064741178499599309447641210873505657
389790018612739013105522387186314441539063503969388058869265811096
879979165597234666085473595844589295946644382344701150902464459837
730975862481917830145340354529240838725747420271922513899765896497
630957397711317236340951328726011021941056904047688319280545561084
736748552145014390506421692064604086178325171136927501678606727567
773941994035391068845583843434701126754379569042782863662570183485
928668463884129307461850939195693420089201438105762145304252567016
583562687897902114550755993182757021525734128127634671791002299133
703268393787524669208189487866304332897446940590722422447480782948
813601160112009880197066014541982692587652464718737503289033513056
080899108537747297139099331069117443501177070223078777147648474286
509086614199363924961179660525198925792774631157964782195162372077
005159518786969438096692179096401408078835988443558266118305609383
550147718745160222409184564625068373084859674733541476387967186261
402448989354392311071946957805992657381087450073437540016295994717
034112097164884416945213002055881220001214088450850931711342463668
213379517613218513222915077700661646320893528894594725338333947820
038517281182802905288290934414098868253343348551543672326913545074
281442017824993379483174174809219665816294657041446478936752706677
338029731638597309838621671705967386674992680588592318631899459540
004660420104050788502673527198673789581240484049399151414122472460
078148790091785458915733637367517407233461848794318007002323597187
434965064523673214071951020791834941238259107882601598162496344673
598431703524536314082119298232398305479699103741243878843369579173
489274366034873122799365456592597948804443205154246751139129045822
190529843849717295611083982285089099240027126032976502245154351855
715844468888527214047240786202995687548746824114697986911703137730
440915221989319964126406842138408259253040882104173585511139811223
508458653961959538784616036058670252483709725132159346417994020162
534195623645093650764957116652316399924213103012484739123763655015
229354063944505550476304177685099942646076033818686416338896546645
530215683930623271780863610406580897461839659869131624702593262587
163564049010893723759557807548317192849718026111980463941184218068
996912681179430044505631938104142115754147096484296895232876214505
725845148991042064969465327791026642147710092446377945887566202797
781188483918513934958280378081821152283053065909708845864880467200
725417416231420050651278758594172249455775156217761494001027839471
641768643460561600781603757894116452536488085460737218366507341406

9106936423446354137561514804361758575670587606104380212888081122575
597650545308242127211166431703153861395757952472253698278399978527
304408064556220337089675940298132467292099352603060582676994604260
881020606979609940168260554565369340136196005727696837941953603165
331751821872717172710306377435864545123553134102496837072649742876
874273217574744632238611244868611871478178959251686262584518909675
567492475359853408576062440753422778637124443682805900596804319318
521349757839019660199332344248094990387845081007564189486957318098
234679126720406803595969826422634406368071684871037391505339797386
894750242332703603486426043046439602446554190512580210817868733732
009684048374482207466921153836092387765263133753387445124811930772
294068030515710809722345311784490516907317023886351315520850473767
526930411862282209017440272536817823439753582592726952044374647332
639519943479716025267476815590063802662008339352438151176350247759
773730984410198772823724981884582189771593481420098591085979165506
119885508444914501128495554882951928271038074753900952974941298643
196566650878885555053953333565184827510133396897277897678006139246
953447389770779114954025727340749877206763447159871325167814050794
249826436608140273015066677450392425463107683319084692509673333159
469574760338703834440081206459307660140585877467943945185161121357
871000030926332848398549761006557196901243468902209700566918290902
721984709030916007029101806229727576900963917935988151140815477973
950815148176578556432180380011347855908401654928361813170562672187
487266974506886813951064374369780173724762403061305166065945775026
364567286435275907552679509737521574936319073909298562717599131997
679887334953822585654133010878304459614689733132459746576008809381
137388951045680196734013340811542131749573204832121649765456602285
418302710841082278223262518046841786119224293710956074355913718634
450137366964419371941029517889075612579624272971941504489122747815
392288648193059184915557371178499941360249719579729531223134889004
408695924155282549505591436802543171920637316527624396035339037694
309165126737610338279944177776961678389938537886543838000835588499
280687177920071844076329117566315242225470326985582171025578064136
660913468967550473003156550304749564911968071033786511787069740918
473393660277275655468048176962675850649688969170873515349378611161
052863435375675874946765275371065784836087734590647098562805207572
317794948052024278014111840728204342821346738069042960106513274254
315284753238098005012090625543881386077207561831857530516492807263
807022109713538572638332801298735309342765050031919390351825639965
300249404789491559704597406389459088575428395140735495446345332901
484034342370574256429724113941893728783542345190228512879140933544
130736297647912335961661786215359482950411386325558210017265679042
577629614865736484104077047592613454501416651654115392464641572547
627043404934370667911766918348292282849427503772091542092753925744
745428553022160823136949344954905126340895895165431980716547260721
270807131914481836919330515638200606044298095622895426672128715932
618870686810394624469120529666855782631798920638462931180862589672
632022379679881106497198094831107747756791962791698766177122633831
236173412959388751828746037707189533458746271995091004002457689690
556518696801640203613500756266996256774216648979649287214266596243
804209130667130383649522651724277502197572103972437338084525207923
810055870472338006364828325430833263469687560626874790000166461525
156162337508538101676888990952674660365164410977443369581579185152
928112966685182851178708966333975312307165291135743447670192076056
038735710009892711975598065162323184568082269420390666054789977771
126984268719978626458660557128849587118599693849390575736568290078
373285384779683221484510924815010906356804455468256638285065971756
799150344893523785047357555959624409962041134107462208631244346442

151948929012825821094209172833006595088595948879621356323380953885
167116694941577889621011208048933647815361940986190125294202123551
629529643888744422643258272315359711981998098953443810796238311916
502289024669296384408922226734542517747096469188661219069302501213
457338850830567090906521766963555384961062639332227700756086863503
567940759061202757782256552523260779956128315530666836458219406610
361315348868101547154538475251074510973234115196335192068182786659
337841344850296408815459127299319611309133990203845613248354671405
098140790450816349324220534487689723830587344827658825198661030937
109351133604508718625430209174718168567852053336765659184932641053
801735337593562982767557624563205386219301638355346579879304333590
313707086142657651602448284441292903648299306749575713225449060676
285469793646648898606915938840418740966984502835984673925784130676
820245300587633957429920721058732250313817602867398259842120045516
119299207892204487639821519776211186717718036022842571612291180976
092999627576524629026113391381093291856807808286888347529217219587
620304248383297997036938339595540517230142330061909007604319852146
232876600121198397839456531186741009347825595052468894568233957496
174582202266967861293352590635154175463329465957229928754817520199
574873563623029657862121402121096512378012440580111120213092268982
656315236303125117245144458478194150933909364451675873514922270972
338056794535836444284493702593310762091465037458365833111899727544
151511595663860622457261601815097262801451413250585776175996892329
976160845998986469940788799867179062665226461864677561196422421260
252571583893643216673876735852350862923345835841145257919359477443
535502038831127989928783752659679297252970297328291475493544880173
368054920420540417415217361300367424792564139244460652050841900480
031134456782977739802427036881313829480053016865108970981955029822
759116006348761216048579113481274492904800189835910154738014811583
529188374834086145350929806678432647208067218416161220232603304854
594976204857106587316222670458373940316486070476295855614579869478
022840191851293461725167764263896798391314798012970108887561496285
339229066327799641374835497976742302013625460036072522645273288403
065779375855262501366167223580980236767268868432438196855787485654
037563674736063035153772157226660827454250621294223520622462745544
721201464682539046590062437838620315997659359271874186304688549569
543760657121461618511513877309626102419637238584708632829044753104
366535186436669160838483190822957317006039429994315769978280532813
839599047025791985381871046390917443036107072496693162060004073667
307004778378952034628001009807910866379942616602131761775097931324
036741319873969976646945414922100108586915148331790372358535758866
895906927765602810349083072343682125022380757404957571429840540416
503630994410489343928368190836919587281863580348820377892810363051
700941692535418188190674273743292345050244763808712872399630748152
719022422403071806767378569796306138848023472309246127342527909826
678665443652928124212179544058442822716635262495782684337418238456
382990961624005574611635297224610752367587416715978145234368299927
414374222602409343124195131439127191269409146684442225261525961704
090631477387902822215642376311275534526406978026987198047612488492
816335967427042445880977393249918080296908144343794746822220542671
057920970103677018239016228329676408918804203352683484344131312253
308975781993086726303712413014435850822491513173672093967232806262
813410281172113428370807972877031136735756113467692832589776481307
379279398602351556135280769545931765566451422765304482812000052639
378891853502358910435103833750091268298131699163930238645684392782
610197307280129318415249983696174915459052890043128598097862110282
180628336527151415959762198394807419105799191438100026438290807571
099416180040803520077042982188180528909763538006312990301333845475

536563264574635374487327418115799940026061061323714030872000011794
561354018661968984898724484629711094954953353548821708558861744368
680923281501595648819019983849500152688632931687272061342320885557
609009372881216100810727252772900582670431078825429238970690554171
338970702773839735237096874502062018983838235368731696641643253290
994610620439218921784622012102789861415462328797796646306948357690
539990523695860731999736381105808339355326638315278258636186165125
622601126484083340072484125503338786739484236797851323081081053508
445826760488680586672799069254463942227063878063483857350231705852
682818704819063452184301938609887864454314153452335287362055466461
740673015185573421975046839780728757462173888345472019597921256789
095861515343377889854541689799026039038789395080742775709070198232
686675116850297147521407378750274207835096752827653138808450183782
449916938439074827763702982332532495148917847026015056924381016597
300418004478678944699371601741111441422983934050137039862938500119
886769063452555858572982311021474589612113571998832584478741722782
019553385785333762555216531011602909625478493519485859104998755609
039430696560030913165507306035661931218285951422459554140626156349
334740694969276566399529735494287170348525326939019857305623835346
513719006772902048411213103070514268707682379326541754460664580120
883585892976667007599630276151583071423019732704812374560966722070
501104497112020557412716355530307201945467967301743529851958160636
216867285450885390591226355800813079145199904787334711424346483697
922994509826191456207675481225905643480597174389345266276391782998
015802533702938182953594537610880688289507698213390136691823413240
479449075161772712104752375228330241165234445428047922197789538675
534571764287544365314397357330318704335678175203303144311742667104
127383964950541426996023042284600084060739917312658630441112432398
031719388164361055464458380755527464098479452540936167399108167728
338093563082605288741967314948005906466092921574365054213222717529
514342409363789579252567090403021496152028520551213609922887217559
344358950665798037524019396594101871012885382445997299071689295432
788609539113143228997658666354584230689676416075157229746149351095
862119360976113382190766083788713634345018723944471573803564477832
314848087701048783955230679261706140318411094308559424218435372720
396332431140699562114726160106404853553878079113536947601535742641
083367466375888024717039365754448442029796351351850990499606322201
815601237483672261167907282100165143788294312180046183447833547532
904536095422002593790216462691017399709438039923236560213250880784
809977206116993393695147559364014313987938955842375396278622594059
684844834363867275431732447195608539246933921547654842329235268144
760564612484007228225998443124513463080900371318296588981636842164
671437137119670122552379790517530467391959793330158294470193884872
262760286582812127583271673751915524499834454864117450368699461583
324838248217352745614599622387551359651265919282413282405553735566
629108180331181166861237618897638291921960716620233865986696630338
123233665395667345895621826934080104388459058485263751873355585082
796420083533778872557478322836851368484804077533433127302173510246
706337172747106487089749970008685498709042183107205444109759601743
565043454299042435348717173386572719542002350526103834027668988945
615386719547745949010981431156574544343049582809208706055820852561
566558925270395112202807506431622607941629612140079131810201616609
714147710572707876978635900466623949771119007131446169389300092014
664131850829828356403818497268937926606565559834833805671679531695
368451910535973307995535364802185109557386009308729258158686747991
740856173779817889364971361190710898225936703537982303144773209122
890977815060648823422096467409887383458684839931499901183538894584
614980587936035134622628495093796826801641685633966783958155163466

091812131057332891163903552747000742803772996840623159640168846455
942193546158144832066771463540502620397385666076916322572611414188
461557172639732131692293222966843342498997445155204136764025375974
539180108550070213837906215175435948450943348406091085196213570634
867868089343154823648322099689206931301837303942032135846486947095
810741300208544188201592116882935434539188885804218114897745352369
739268511753144848776152627684463589827086411007502309126683995309
238732814466450309289156739928421667969278413968722663405765386301
469155770011809087486338308455708272368142884401018790795645062197
718821816242587193077279712147020840629264825868804726753637487667
640843571182860885638894474949858108656478839989186614810438820049
948273507829159927359325686153478424233955347690795447655337919244
383244433550520558780287812002983686985015822941148091565467819564
090434839735528560578646689424902265120275984438114896796818006959
274708574464481276634284306334137180824001638851765354793081987707
791853662382845488886743193785672608359625453433499947731853585608
256903215059538514776057390680523876091231516355989805092168659574
757251428747811449505938786609687700543714196346306334207974496096
373296148533906812428740019326523173138366336011835692951839796060
965869977053828030964913030593286861197769796651831284785135023071
331731695074051015799524386460161793374626310004142740205054487682
278142423674847815586665169099254514552000674202204085539034864248
827528721986292854663328158758575607733947650247094403895090224123
160797241254008271757287532222291452325000508127300142932998161948
236776447113688629980523640922069053040607320769429927296183919405
165200432378707104876875875471499379926791997882190793456846749566
749374182076812563536882505276156836173118251333689049118411539624
576567987652816851852108072428531323595198102591476087006325988030
735221133291997882742906214752711825407196698151542617227938978707
318226230651765358144797241254744460839740878500244114689568873076
404759601355071143505659960221279252567853997474802979631871685912
068702578506795462648215852761776730415010331860978963741354746220
803307695850537638619222431091231187344912797486790706741853217292
683740932830852263161168297608373541787081685063382634229665113468
884510635989985754494807952500100333355860068459407677014639680414
464107013360573385948586198263120427992540965067552279635201850128
192385450715234663929326413558855234521349346013162067093062729076
965297770108957462083032666331482739109155096879224794488579825828
205732182565781915281324956753167709842654271824776115101866820959
011230517674651421781908084447630816020836190880911983449528843763
280831143502583695598820265657024198284108220889272240841974347401
399758359031863456671608982911710831526950555434741331628586294540
502912333037066481855007203338669733637981076974253894441076168732
394648792268895586631943169267798755848558738286873269542479456397
174703451253222001845684473225232601538871198802461419062333997496
890617074331138960016343441107280187530114440168832777424975958379
403947778835156646751270857162601877005659413497709415542888830093
551303828187366838775463127482223300313052326766466842719507033147
985622120800970446972655023779769613650473753949939483077456926542
101845676267067421304216772166963844224715636893461676271091001529
163264283413553817663949654695619550459202224292322827878113582315
672925473610207328842050854570557767244590444881757264648649601031
703849184093819220268354628477974496865298045360479228670162052747
561529435521100809500845198578464407517193301374140773094258474998
684892995436845155152919276052250284025709974378512062491192280459
262607033249792953796657262152407159882784465534633158266662619267
791081020332009328662273578378155901365219188080601385279176240781
582755186536271191465827480233087759826386046161452214001683229574

3387742408335595494529508986854097245417591070272932648882342833358
4693483504351982068983999138251101546133344732533926936225316378836
9448846109298998466852125783657932758939096285939402124476121649888
8055049586981118033871290642567191170082927132031695702765096628814
5465602724306259609967349944183288644613903042961792534801609582273
1781094013454418307404232723830527832740874588405868260761233597704
5481252865936739072276323535586389477027185089575567621047449681558
8076273628141907023418279801904275387322997905820325427909524145526
3973432456828466520132218980148840107007698073184724714474949924660
0923515178126679872928365909417200548017490828000840994193565060444
3335553954489807317214005908803209935245982123215301078317563528891
9402986322889400239083273121830557518770945783444812745423718285581
1859840440410572212099920554649043855101910830694247751429933635772
8223776790659840980465157631137716809808534481893294634051286256625
8109151866313678040655357889779944175442904617076559091961723352881
2806438623186279536593995754274385153076533040136073669293645524434
3393991485713482001350334457098262321116069773455602747608830387723
0305065814376328308736827315941753937200071300563642153913531662291
5037135439678162762774913199767753083612438917970325393254679383313
7769891416171583529439193517901150816946272733056150475612699907774
6580620250230413585523106802230742484269152128165855955374193872271
5948355993220490447746665575819457904887251448087318077069239447747
4319310413604590506453063017481114154565069453248360102662962124454
7761420857400560965274643768994984071605243251365027877891113553881
9422980055429593217828390532087550897673212370874502831259148690883
5044850093206128864902513234917999203105902792251168372768999084422
4497830169355591227493082812565434448234987688537353075617030219664
3328757100733805949551789286619013237739313306090357107449818348871
3325054530996041323177199846726691908129809373517628513331780688879
8975722555266327953330256354382017708327288338505300367672159855002
5510606680247226095380442016895788118686101562078822021019479640447
7680810808711172509225636048795104871753389493816171111281103087773
9784968427906150494313577869720103935768009761442102953274158774434
8644945960760428348780475269937192946736389428184230145819047321774
2013542599392452307146544479407837432370144922680945815255892834434
4139420530832844352953630455631524802287354801317282242324760831222
0241477096175701490368677105271831367133080963859510920632048509557
2605835905174839781251211379204482431600167810711734685363080457446
3593184309699698388196231042406158729675953574394928648330877912207
0172872575058025787249527063615277274471374391289792321849530456628
6321102698632760230295782128937953950498975856296255662899740580661
4322876368596217994654690978227688296695207820571039590687274621990
4342094942970991111341189526692967943759962258709718814641726980331
0288004759879084459230919445928664065832612217821688777470716692226
5484349701314698808700566204877659277461244108716946136794990024490
8138865289073828741483188064374347579162862997222020069184944705660
2594992989380731976147781895515669415919959664249754374979538383448
7313513916452872425102535185063991991573075505893131622875132336617
8038069717668330918257566857082027894859163943515425133150280220330
5902991056059301863720511844588337882990272565353126861605145715532
1058950141452728037887122059494461990977130504840159543440159649440
7499052972600607178115518098635893693757545741905165262661815836666
7731930906188527826291362690840685043697818118289061679534109995527
6115693181169393595225135761083027614232635279645550759710485365666
1722018268002594390493445033314057304353045143779608414934493026997
8184992124014252494332300399598979416406715338861197619681722528556
4650325622832742180052718846231837630351859369604941869078159771221
5719394163195777096801856455493544520136678026628113953934104080669

899866987635324158096952570378731193612498675032675735983625898431
898895988390562869211859333625440993741617240195427765581316708804
370432011452289931754774753144682372227313159147309257471043338386
411409707982629083852788522856390871939204903011399465957312746051
590798957833210745316742709948541140718733397452211887534268600599
298650850487879469109077943472007778443028306611042388744884610082
653828029840216068331709259357985680258801613993095106812279707275
558499981296711316542630413647107250452753580575306607112013058254
821725700765192924374440059325678110617355663621585610299923491165
987951678608805316281287555520320865016181699023728957281297742126
473661808116722329255473750702566798676570074847872701528657855284
701698482685959555048409044607300196664849700652658856600870767936
344692200026695553681040878101867703610078613154039874998682587881
358315082948131959387604986629130215130314164771747542775796743576
342418378006941571553380637431655712882371405928715207803946430925
297529882523924262583321664649503516412800801588166885236812221523
862586759160887893507659008955161592741571209911567199567969602207
066440375195493335123161484280464353675617931132493063496148410707
331355436815364246604222203384875890027518425468308114186083409685
662549559146222881023528276897753722544687128469662020529826964252
823282534536025340175789276169242974248825214575142603277339605028
517998433340968734691446976189935640588756119847510910998852534673
055059627011631914146723052515139618855164055091225182708987435134
459942764475409536548319762621286607610779830602382806656664184611
506121681255503552251270195452256303642327732658001516247599255652
238254688125940536361157339558675134710949526883703211494119292798
400986266255942261351727610166803760065246775201816858401172220626
742269662416200903734098180835143370881521935507151274942633955869
137292685897181485433144313802004903683299928103154380150374817726
177149752231086458483314959463489377745730035751009753005657851925
147632594092732312615263975372396875889218559507950826913350464608
635046455949010597958752690599106607466738124949930696952771624859
919274260080088449789769783966465416377847642313692327726968053379
652345765962949942763968110317027578424483983877349030554675828821
048735033179781892810745928029746191486936784113197622213640367202
215568355826210580439315062000939650809803343201710765403059051405
473448320833643319407779355377740417646996447497202055014503618480
806527982006389055498780347367665765071153373893804069673575285421
944287739847660457290591842997700250289865527431944493455457310521
265829822248903145317010652078893447262457924392288329177671004406
195544670238791811192507381638124639738649243646601301941614986364
517549802159696237267029107202830828627521248858940796800775136297
076267330759834622457924291329222165166346732070616172330633141241
788279771760126848386096937135488902477648681770988353071178521266
502027683348357304902022150257264305939232437125899153043778629706
100983890686389716376347286759784185490928923782527528546313608941
877604475194996578853070927950657680787679252781929908534286082318
376647592595816391115753102047615172505301277604038014391726694905
016100562857078405384267784912273555160354710757366807521898155274
152664412345933036586709870416868802463441109631320190281992706807
424414279699487580890618168242937128996909922190393898182772627499
195528181230233825359769963300713702436696183256231971672391178855
920033669389901294227996698961737919055403167327902653506241295606
717552715958774585852700230463569417141213699699937904803817864568
976563385902753774811334272286780803313487813899384852066151170197
618926580970479299192790449075074008225743235184901891825055543622
635377318724704640510656285845719897301804898928002231605312868836
988847664092394534403723994455686197506548896374658129096538698653

509855306964206079272865482544136582150480241853365936646089150948
529430279250798576699582323068499207794960304019886188423598182228
764541082312073890679896499222087201347233371268568927133531550872
974356181961269438938239830757970329241652100250915543088897803102
193463232348190839408200870249781735550586952922006385115367975561
177079673235438067412514418494488932849835925859652449934282220248
670112239324866784521294937525746839474713360307510427760823419481
210899364533950384802792754587621681943345621696059539811101256256
192751186935458279444725862967722152810122309126072315383384751958
026272160827578784295323078705273766359912158752804316485683008133
451348963098788083350853560853082739964704136440820413602717194053
741947893004172777063361761041581224196526912218316408294182778238
186346219678714876819046872036146234033463552594624901491743806127
735581241756272756256785270101281739122526783743131869437085983916
431971144268732166954768143435994782809094643563890670135290517693
802652839654093401787303819952009118903694044890907374061028173309
072704516551272959565845861395892350552025495617431141679056591144
540040618217049194516932904873828161489192907001585306677795925318
931454990532685661753096785433460991136492692917991951878061329048
070744298300076740674987503021235223295263987843315706928804135781
181414035949799319537994174695618132313828355351273763389279424236
991870955678299670646211602834338706273536116137728510939570469505
316699144920030262030701115733460221611811140962110232612794507975
295250672404896420599499981853111922352067098764890474448320358479
379777089881705580551585659003575710913010838303952048489536753897
939591091456852124426746346606832559883018855007288449457734297537
482901467306072968621959950015077980431874128687419726672324680382
292664678731205133980449871604074834930661166953440637702586485725
190429781616742138846290477226455101790621990101064723991166245178
996306841376747614290773613910599890516479131402990129874001851155
667329009059598168486423024281388551820450924941349425645161764438
024831981644782441753695904089262540896713293137672417971184497881
886641208500538501296658073585911445560234972394110401145615524276
081418037006925282208168327641105143640153574972994893742231607297
932846688596890779529479049622774184931407468245530910024807546119
711207497840562123258456736068054598680926652675729422881406450993
468358928198550973009991035626310461940730356061009786589359486291
483333890852349035226016116267311446144885824854369935475255354685
970970012005981056167495030237194603079884905713479666526183524310
329605348660554276444504687869498531934453062179768591989190527250
913975087304947225328826392861338131243081633610044989140357151600
108759995996203276239973756006689326216632041271564414718553992163
745132571787569920045331793734215392554957301422189144445148817659
003488084946814467645187706960097211812601131936079883761087506199
583298067505343866438560342279149210478085670871212686110499475512
364196862159005355189208960454911801837087351213302113927947949498
157160689254439283935066231954258302225993904646108419126977283911
625329700899993604983544205589250763685161205226873792836010453863
705169396833464702268162108047704317588916650909690797846215121153
405850167527433048957831728319550911254913959967434804307493724232
093563415951628524296500143631375493553263200642733819454036035016
471292095100620300291035916923877115341640257130903323748011829648
153048860911525395199582274201115288178637182461545910141535073223
798908102585207913123261833783663973086725348955880826566395904698
494586645327943651353041329623353826462598103372361852919348742087
087405531674261212633731882937687221636803492356352005450381560894
384404796918033652023351402976755746861433333050208387838111541268
925151166116930274296000426113671057593007530339863211950308033923

935794087416870532450153670572923374346617729991193485193153195573
999537691263697163367331179764771187970106981594852818917269069689
185229060502882341966125844911596623504305364360140344435869935105
208842215655791117254130937404161069889431686316515578886847425711
435293078457378268381913669237471873765036114019931274788955613142
720362250679969666727376373195224645165671555403406941284959423784
512097673759017436858546715560385708069006797916099574890855980086
291652161786679405219875252687974230877054749630423028293035258427
612765298373725206252502198535700584024882472881571439333319693786
895013767534951472748248357170591103305164106549341448296256259053
053650440190380040202119684943642618549571897538200290157298536474
141922268166590819374268930277118424017749134844691016489250387237
200483465001201970901451290948959111337775558325485971778735550736
760415422782088532065005677332973421264736659144908426144499208939
625766086675034809435890690348945624497298523623631671179811318218
118983491109144324354709971575748761833386808392758242188258317972
873376426584738419959429063460865025641920729018922939376884454225
160114951712985769514509191963635889005402162681622563351387321791
540055706200344549047466943494357183394855708615827904260730245673
126120480774370352283823459959560169822740070222158536792396109460
875597226270351571618216645216224885958641204904458419056864801654
356011243206126652245916123841780807997824843552246179405853478344
642156931094236963465846509937007349026356989916371199938940366672
127024866305173877943713902426423067540464969108152829509788010760
020123834434144501356761975935634590123911593375276828652878589244
329251305094989943506488296096665835247177063141529760216668828967
756246178265376697131371999006207021132131686344793232850535267949
560065946849113093180985273308269830327604880888179661619217295908
933911350111207115745768701357561706784912286958407024018892419839
846947947860186294518004580798730670629794017057189300439386598222
495120441908470074696024781553050534193985289199261201900910415634
141099894704243969202866161029973321609245078347796930747826978070
544462747588271314769239671441937496052936427546980077418005218458
000279654650300024060631688305185076640080718047432203703900405826
446593775380817147553802600796494462382105663523215733007367142525
984817682367350210890862904036149138364274503328574834156406432066
891944967482789403633474104111297404488698772176551031480762487063
506781546650445641661223866587296779391288085009272305309637101886
532162105697180469696605342353799445360633686950691477088621314741
058272595343658851396459192769106881967867859266898054464225705203
824870126220348504870506630110619566228812194698648369471955375533
963602112120030669781670677096472357811461251891701323982107997284
379513643686561171373758443007614371228676780003570086020576201376
889630494146996947408397911735861565815163854216362790680102258661
871360391970173114338593129274967143614467978019951391482206318260
221186890760108969565291299868757462140499840714047540567790568868
864781724528326661825981822520147316264032891928511282389812055422
159799371904862143756372884552099468334373378417669478051400007976
422511720201857316905897392150123813358811836227753481027371036493
208492059417838731839457812208684728227756599800821735175967119939
959266440743943861132541162237267684977016981507948315745510965331
072870062552234413876852298368265419587063430817574543916402757124
975942593995882390956706984473099930595517436159115400931591949224
956471791893225398295963264919322186577298676773041578017952093141
384696530034320727054200059566684677091373807093343502310221607655
845430848729513104722871099633863509699483084956053298714565656409
231823813321878808500847147047359852126560582850894450924764761709
110612383756326890158168998080615548013958602451075000122381573684

665671529114428749117425062941321263036560495449045570927786158816
156683020990562584769113680276522606064904091346752999703318556047
658275131229240219169651878590771907382930062359867982667448203827
053406296010260971810868508976136796240800245055381772342917013518
804263892617146128907201025907604211660929222870199660751885072021
924872189371622919331927171235318092499592290119229509641961153790
059188004500904145025570946717175258093654585693622458566354661915
220059393761868621821466023898004184052834814751160552905379158133
422305437433388318996041967908111939219889134715180183211177478047
446980925769539074038753589605909910794299352756654123766293200336
240128861865721764111486147109287035610998679226197139349205798702
666611852375300919592361535465246070468674920212476467523759951715
618152185443763998456063528890836613922986307050368529712585169863
314423859806212756923449885291725963007725086541884992983868379245
117377952260668774309225912502914379185652876912411057136553285527
926533283507316097358794594812563481993514691870088852143186336574
078744095627139034818071779412954081483227747027124560137132498014
901691611629673637634210793482177779347438259047995831971588026201
399378812000615910763065020083826800440433662630424658388948479810
470860881663184489018980871154950053346646548284349184090447566792
981361115047526424239296863181361698013258881943999321084257991617
306994290303997152604316694798586770535243587816826442965340469094
515945388845992097562551603881591693165664681943189522356537860034
258865483878222425301616483121234856316260457457447991941258992523
149941034002820375572358511833856817751019530782698048454411403701
324118758998780641832379273741382729280004318421707017136863406461
103274574739679993143536351359397713594714621090721912105589030822
447050879681927143994133227566857296683111888544834758677832323475
375547417534008105035236357154004800027605538217410307455890299872
947217077195116596776267164910350567073799823398093758486080852578
538058871618001376326084015142001665919759155985516115643224963697
161023201543924577841093084014248766670477224112053207559779054495
588257595781570587654433334172966369311838808669164183658962800382
306517317202725665788730673054771459010496301291648388183271635142
289983041248064386057087327779763679498444805610668812900550132788
604749946599217896786532246378692074300927466411956513286552741068
926453528797043229060898089934618581229054297506300875435485175622
185185639005198450194966677078665946001877167658962247844279685579
292417854580890625056363348568706330468405713252515405830082050636
415015172256636638735224363627597468179974627429171196018621618742
274633369510185147972029351959131102624661296633665833604311567980
750020410739835694164363878901466431189916290702718352478832299447
480828808214201220932873845745802182725709244565687381598965693481
971506561110585234071766200546313387163435817557854851517126935579
018752981444487781838651019614753795131317385485524185614155503648
343346755462773543134164163752710135205773528362100629052700717857
050160117590934207942397804357881611001133903532835423279876848098
676979214295639854257037487088513490365351026516262389826734690486
253770910271718868748039903821611306415340972002420444786248248796
934628168906425742430142792747111966751437093655065437546469559285
367178436151633082167458908684897383401192921827003497937496826566
263599693923629042005970134647782481821674175714662245210614369279
022305436474852277825311897754825557770028295999065523608655632879
217507470521602476425728844660024559015865293041988104985168044986
610303471278837275724179002077459593830360111274500354964463237540
297931263914159620928156334907571556246376552556375223356345900278
361558893867980401187621107746505862837307161502393261924593304121
790221695922742687552435942926178024442489812694044327691375581366

468662428194694418135732202409077307818795952481690803832370948334
304616456962770550864426706116430610315621421516570815424351207196
517354745561875548213724714986955490345708589505351143239402158246
237317991855231874968068370712146921797522952776549685590428248768
082050438345443676138031522377750502389340889888817638054719391891
736839054911703524171390742819895349601930720974805443474733641489
854699326691048300519853441485932835013941744576147232119303567351
679527965180880921244727753732022520532547963995360259679964642299
846064327546130047232042831913657589809062988465108806397877213628
158694690644663770905999116655672057754520531265521594525285609305
083420098497578593372647175773722554577493056737322675994547423O9
245428053196538884826311100660197048014368335860797727042714324410
191859624793742819910810764674115664585266909697467237197008221147
889949822505049506596209632462316260258834077128389919608311980139
825292731681480834671760222472791312791497554958247041100062807251
584824762517983736835888676510131318946968548907795147247416453245
902072988651869655092777692429219966135310404808773943956375638717
730068905898046202028342766150443431192858188425735355070803792286
778152000034700173975579147263093207872707083228162678149261037627
765003703793964199047712412252534306851707569112361054658692144845
786263759060980798865292682846498009041351265641786001887292701503
817428318713758659265427473005472472085738266463992053374940399635
544502872162401018418432545261450497943296200208720178257542776900
005666812833168772744193770051629511638604875831823754913164140398
124686470094382187644312138923793929634901597004225036964489920575
583434819889649397739805627997672829981670706143985663914511334523
976116720578018898953445069095385051760763943796660018573260891171
283705591251920083221104955323865283106634848110827805666259606195
918654247016251201701318174967724181584290624011607674750922316594
088427350097712968503586054320749519575811611855538912706786036392
828563695721943477338946612763299148896113940952452273396516644439
956176446380035992423073764859018277233807014791056571263382727070
261810374598895761984002987016868016374659259588089576570620811808
015788245235470512319493403010897860778603558016256474963668952266
644297034750973757293655215957205018380011300642483695274978980488
669946312648370712620175835288983470645632987962527812423814972340
269923862245553799485227566164182094297284938152661553100382476458
941010631066791559388078731554225148099356347040083852563338713734
005789665118282648417522204303350688567673456703495553783291284572
140874341844662966193453239340102186602517225820244369698286892594
482292569580501473842032234552749162420536991531864251835132393123
249926171102090679208777081297331878703254358945819299157922805909
629313615804547525082634659987958292821403960671715491841579732776
669604006761432161372979962879694295586470962389699846152883945119
399866680529478562520047926648025531104334482182225375355413143198
789842444080937262640971866322596396451409108638268364912283333873
204238924585565961231467157323664576166407856925815730177064163262
773408491365608012574138431829515250315688191614312101638047668216
237140317556271005829767655973993498456511642712547906884468423062
617054728444476329963710651294135427650142263767469742212676631934
514820117451729366819512348454810184828070389799766164332625967071
557641203485357545067392252078078608458853099304390756822309941363
722218810657474734407718365747078729497306288848468685885509892782
698668673193115049382377532058098194315835426983040375068899137050
166988926840535519245647408292679246585580218926399943633169156591
990968485444353997200992769810704737366421869025712126960845786029
245892714263440554861734395635224522665796674408491362816523583507
583693164682895404167836972552473857523876498759152433056242907916

1616979237472602777568209675818337606821487688898873559006598178O8
8586527324699112682465789404978434236058899107928776804942597133368
58203196861986850475004051347300679322343292683795498464233350524 7
2634600826900682561505805874164976366455609016970383544648985 78971
3781763429747669438363932422042572383796523589378332659937329 44425
338544431136852105145832185085344227497507375521585479886496527046
750978569634379985928566957606237908255374065993918733488900683707
746155489726616930391741958038525420236316279949081363400652774248
626138944550673590388362049435427415319751126340575592208112892245
179435878060940908912240877214600264516575734886351840493636414562
851412076587021198616414722225541119232174474798899174912396282969
229904038628541701808467475656375497288352641939168352265091911716
387965696975529401617570874128981880416544974424432650797686219165
253206781232677694837429664274422877198570625317789009163812625149
268598835683397805868852899607572612324059082101032768468528289163
892886962291219615830219522140590952205228972377626878139597405380
951219895952727502300495102059121377517497365540730407591887400539
984780761585134218807192758602383601471109843561136961831373268637
572744207189509549635640736905992260249409020151463495614064290221
465656120894680521708255829751858096181033709257858600807838724053
485637997824320509476609337576351781081771721920388391768477538656
929309953682828387716996256693672496583637164397842074160549709960
664332221742829985099655056667494594601913868672654443173397918383
359490266481059102340343599790310442218904226364686067510808226902
546675198447458959068566636994156846733845847585095636870779635931
230765940437498221894244750281518093959819874655731869032409794891
587446913819980388681581918671230448377568580829491220952824741513
947607156627309898236541080144691954182331228197046695559611558555
558315806826102545264309773230627583922003237786026453847280259878
024119832286203580916875388115444827489547270015957334586400959176
457689844417700579912331788126521625196597494202791280207150219806
882664821063030190168241191958249015513411969179182395145052466745
793017346324703628358480999085464329343470861029546207578499327479
680655603815266584241552414020100328059312423538009786819459704872
308783688630961702065151971064359994920999366507669845874098782049
806400927467458343141042231608218534406234598159087081778504888861
880769353476191896021433883786317404629749227411627982391949176987
362361620547976356944624376008316995664118957255324040255933632552
568401402312231464177616622326107465822771940305047531829005256782
861198004677863617969440097740171353350450635087932262008743082216
996466586769129528166291852371612532422635252769247084179519780977
668153327334285229232165810202648568179844654769401370024774368463
834953838136747214167428043136468815243707106704500704876499277719
360884026245748325443296305533491774675512357508435857365050276037
637499339477411802348296551573732414321115277551759957194569248002
812142576522240949051239537058982754192861620644976900800516728105
520434855226955027595354140108032576077947552173829991639441883871
609437994545693681521187688944537789582106064276906041299935917059
133742640188431275188329348106633293922679093949994775888072444790
297925359054631740103814939707976348412661573835667093452579242745
789607624721422283235091970540000446250776484927851389883571883509
820130553425903791935363152235488858663247667642880777793088879772
304343640361006875164277412202261396683280778931927828318080173077
350607481524842491867242661649204922918225971382402245955232481491
157686077707454695192967937878911557468450119742629166667933784946
411560382743455589007005502225605159027581616487653295831957181357
694357203992998082214737783062018460892617210744728286221985909857
169389336098290224282424396896211744287452783331326237688664358206

8565266253860676996670809752449142942726545975506609267703156496 39
644011468325168860699878499841076525272781285215897959089565978155
839973755150511717851905584311158007298049867433393454099116902870
684346774183377429817630212208162276921974481075829736332185436139
245593265234717907058104746873548245529777698568920795629452204538
286627419204574553597537833995304548225920435181972671492648476022
048439736948336922302639020031594711705740573963738051270044199045
112315063745881026613485787620090228654099282412837723676723358777
586449486985207248605120598606668137236359779005805426640784046475
170485341481827591362494352635349029460881976590600165871375961754
051979690088557206937236134813942472081174090438626568364038965745
127058749124499542408632942795516866065128663688957056950222040105
703079685542237024703234386442595318728474297221471725239969992359
558082406786817244036583223196727103007237001884751283268533846058
342785102726474056248236406334766775708283006833629551793581381740
550546932832426160342165393337478422362961931248201738364442549652
131331618826130066374597499137378576328741407978447934588795894649
894552741972874910295636324730479566930857896480790763136880434588
757811617173347323149958044338822531688624293072993485513793273497
371851002577967983216782910104931542166293613921409938852532032510
832762973260840413857062941311330133320972122366756072138326769687
593371214362849324725406139914373900179096556169505245236643999228
915756482986923581537372325651736293269723423670084361617967387854
123383366056254733185318152947002592276428174807186861248328293644
512048628862147681847514006874763269534591446136942642700326831223
619261447910638058964077224302061508264259374530337172417643773503
124291480197523909571974474894471533079974013034950682792098108358
639863429973463930468960924472573851739936872068214980426553124365
071730918612225232056271600402655700278727743817419243515520551967
117280928505141207034590950069842139567996936326451597238335162410
921815315970864284736481795259910509554718804277692194704591761767
503716438190866972339519435414088680762293025423945883227965676774
363040678792944127606681212535222023118548620650443953945083317510
365836703280339483588121845313265177950256518289980760433114486012
050652750154004568370462191540667988042420995760499319254854789084
965350534854003843031756688261055554959518487857341765539294820411
375375159728162226663343481694023684802312493356608609241988399182
166175892530105714016606813126943060349673628302915682375578192779
443289569198024594974519464312327361949574766488341324625439972015
075982843472339319579448206808906058911339853122710801865677278159
411985404897754605489197638728560966380495400861114708444264789236
588316378356639248789769507202662703057940230514022240971920328906
189822192809785726345164856300076620242128204348556309085217888747
711778346216046160551430763787059226469008671587597444943783484827
161148742869914832164784674630436152256539382979746707811837307823
031182423408386521576534752035424137527912423982517562482544830046
653594008312345405289677874105136150123640259004565531331024775186
861590995306202215036676918568220383470112931858156087273329526603
526550112324992659325690032515293175316695961466223811457424745620
728303432553487027576987711087291135495934721958383356328265835481
184496397759223788788804436984685153674751365048962562931127022799
542884989969637590462367888264316742631006301794525460633268122579
201781830496635334516031677367017446842652671673716525822963934774
843320595236302662722068770243720307763273495199815682918279050247
370481735218687366782485765060666895071589449562322741856560196805
754365145452163499602174412917105422092917801861524562245072350571
441467130403039358952207346351997864884901364146099470713194173872
785580764101916730853561516619724546545275684887448977385072760144

287081149383249718853354015861254856428609434560101650090159934047887627096303981102422520396766573992654399203769671109491733084464558074340343497825755427710037347739353400225278438031973240162990816043513211577735454283481232149109630712546594269100558783295870888946902463632663058336725986912272431303745805233776692442176024614735441097236695980802113245363183222943755627311682187443627167156865902401795932928320330785340814376567491408588603697367284457943458135898650159679058827253879537231369650073356384647560701395234970038110832810510928525699698852291991158461945653507960480232666630688608633987220835991889931237878949945252639718438218462630388067081032211489318936460897996233579186582620489042372626132345670542865386782381949268122896104523387398788104893150276916978748292787975482880262227977741735202538719874817121221558965948797112626324662819003402883206554756811317376080249891788724425138822908637605497012348636020485109623527889360183170833943556228447900858658657524304530236652774583144513974633411742799858675419182932860713974754182903093182881600776813410655737116532291770559810560144558291080392585379541843151181004584899028261018961873538902625164894334743454254110519098088258443797501606145818983775077927239640207714633594589264369621462094820925742815904560269205693498774464955668029575650636345026671123036640537136379214682539054306930004842414899829485505379797418892092187473971609364605633779444175212427177322686778295148754557301102539201550916482184548301513687443998745610103236932617348258361211296245735172779677446247706082603269447083356409808713064989110619718771690313121640396700014314465699765568719400381359077481983458488069548263943482156782359633050694889740723925238276760642988760867781995721984737227978604150425088471417894366256914080658348269071944074274998415108912281119130519212485197796047005120556731887766065592258181431784995010340698242269933830363072589928093363413290815077357675544275427292178784567663104536818201326275824307239427308857844666711853148570372638761450443486104693045758226315809711704079841175655441013242991082109637249841971499680026611222241162765478465291521256157524919064171812278532638416660637896345481391373250743333493295520879255060081663010472911117321741343447078172085076916064985364168194690932941155625806367483114900503455216957040337679281048149186780494952285536822431527384190765330747255647984194653869199876076229865675353755011269112941873597410982403051019627737910785848528830286786577396572602180527700736317467032734191438908872576930341727435167587122056230504077497000598540138301228241583094504827045811370576208343616635680352530359167909636463573744989209307959466470643437870511971113547665104719624871997652218021203243636055282677508656722550249612762915672649340360300886137793038392984671641648957948831806547836258522437118460743589659453285084402500706315231943932257057084383848086084763866608312904492194270155155720204743876552281252106725802887237835351679073750482042164696884838527397033244848661420067030969866931273273940870191495790733560788444375931681092710447337619051716799419427243489999918580079771701921471451672832542169370623829202378483101831218036839238530027209392938004636784521955374443733591819529351033923418836346718201227574951760590258685793758146968432805273398714513942008314647473866341701331961631022603526426027699713015379981089316644115238448534474895229162269065724906969825357406008098937455425457779015498346865358370136057108254084475623891831380079542046920662527089821931700916909072748596982575461757549914951837236642453526375771612466181597524071670039401276405265419620765357956819846412171271721349678005069572424227042346135573761205113050002860062331965897634402007941809250556601359461067965476388267169384091763798674806888167230165122403

532687034129683858803043163679714169776469088496492518632661926859
118082295548214756293529657416124503192951249448707427514816733602
303200004455057166591847456066415735434310065966815538147081428842
625525144526594238756618850993835982472354600266789754829134903449
296487985300382562524565612240345807351919324104925688553019851993
658746025129207560471552780424997364385362512383750513996206672398
272504994273565164331092157819470821173546598444636385018384421738
531896817325070749894128644664562783301885886684672289155335737178
683466554080597950912355083939177062776567529041466481399111145590
850537467101860325313884231577613882220739615535244028504588072953
643820746413349194533910717502654107241439177155855643770287009009
605519056955123834386008654289643049952418724542213702923378933585
012475075463632205518398039158001875654974846034054682953754321052
746346702506498875747846384625981262402930366602172908233466822021
686330046292843101200154888638995651030545815126488517170404202635
494645768523754019874458766460443926706736302674268383523828154786
696001870328610980320371430929685260212338884189324131439017886514
897294851005382610339907249222569726715502213119715015796057605882
242853275081349534380252955652401248962164393880615763376480270364
402031031899381350329227131578222805288449007547205613319288882880
301427933998932680360033866353417224139092555725885139746739379162
821610216445062959036952474530282235547693105491481970189023930952
071324815364872343043934243563109943301984010050255075853004124402
642440423885222296159988085637743105250556179305057915105822009885
597150405451247956076052606523962562640332078397670632697176675193
918322008762850300528137033630404734693486328737012064404002470611
575756363346462342085388574250868312451592166225390665035813997403
096361261559455104227855904553097303951549093608151471238383079236
912339875315827411283310119003024514099970465346509924383316454555
350747039260460542089167905889637220289568993846966037811665260491
047921597410383933574686135660148449680085492376770738940563370648
526664083505303509750030000232348075268493629732742905590507404654
862114124199309711434392382508663868377388444664988915339067742210
344250085829119555567413695966424713385708871773642066810565646068
344045689134189768304282037867259532979021093287888423029447860515
034861565465097083711435797652254301200845145265719130140632394775
115878994927703499634481812746223391394498579984382021651307476512
325515816105856538911127524165339180171751701403365109650876159776
364266832768113852094667783220760015990973164094914267857104342911
428367265713325111620335596895771225479495800158251719864324450778
683435899952156656089596324170546123860295697868079363394406928720
376886394929430093467194237112999426715828062697160220315956501993
550456143461980362404899019297916838617612699848483862825219834625
627527439077416913115243508183815484999134998849118908671335723414
821513518709753433329334117864125477183428843611192361118601572534
777303771790420145052442500265304533746747274247241307543686827352
169577782366362285722212574261406469716907023631855265253313948844
694441132213592102575917442576444162610089185819590932896831241250
228165687230474970558548269994285045342605886436467743207740385575
616021926481784189348684966755846588426831056443052330222059182322
152064555441692356070265021628312423464389928978048600969082699053
279818843835162931189526210965761526917261483318518079648547878377
329541028454635344624104968256047365511103211895261707578934075839
542344502189862405580135523875392369629974295680022459156685866735
116577937186653136884598757172652058475012367316313714039208273519
864111222750401779687189258415722478537026569434975944609321990644
909193761157561302152111919485022347414906313907930352869681136780
555168187461228166402877961343639825035282054824236296951282564871

514808762270954716466222090180028479351832719291469522113247516803
455353655516803305535415205342268509850239079036255961460125341186
620023175689111404158688062280100065457672718651307305533966871734
025274557382377184299173532291004018364304403105539935807300996129
198738790173676961039006875822473662052973295051266221645515160507
868398803968551187435672901354339735081260092916888939360994352719
263469977561373424313959939568202542844037193024591245658870410995
186249481278788320000640519675128652587144832353429917159173489812
944332976619902302015829663106848405115634609610429609663957887706
302738189464090292668777748730774187018836037942339601237177137111
089620207694470166037648120368885118373052507931871273607429834890
659100246165987442406773985385123045805649367146087741830695765359
376060070140563539965112977327928143047192408525284083055149052762
390902387607305809083414362841005473369032911371185910961720062140
515362032283392722411563161566312149140570990781673140886562112309
133793593152561354112016603854068537694209929282007279649086871907
709333610759194144357805433648744948304015733064821442793312043041
402545493349813951084093101581187178133190305351591215151871660170
828589990442877499124799183769709956819940701848737544179754789456
774995863112301218656691586033447688219662075519620082899559891646
650879573688004972612383079308233800299882392112854092096532624688
573867371667377250403117533636571281982530565990980506311202687190
513926870358844994522021549940557342357801066085620771804795540756
364826167454620040272635625473404309409600892469591212915887300034
688459434748067129844564800901495585933349098371714450540566941246
161613444251643650041227385387113342843152411110904767157363458840
394511553181219999287909451721595473113489943827370301380015649485
196344498868180656430972022772819365759901891195670286825652242981
807938563226873658675315649182570707505150141291597820883345380244
364270016511477591482805286338088397274022913414196169881437128915
062105654412511982119083442119508926880645326353618948879380716965
982927814705873414181255589115550047842154593816326090114093190107
698494750964786910513821952533492122918434408593194256574468782605
040203040030922234016547348203587939611198597395568059622589850874
055574232428253467135677408319415331770395881123007211984334542176
026009760420037872880045971380596690167954585763966112755038535284
531651406765401303840761709625648550598589161914676175732457246920
104104106585120047428768416175965754771526509497675245561255554505
123582180694036306406574744027339582364542759795435237727125059712
768384844596059418280894745815012199726183752885126723238518586324
996347343810351080008318852064973304981747077677541238533413099593
588428841587593014099043291112822844025317941849587372262283674842
863128018910431550093261006611312919720433495099962380418809158536
822694517600012229126775894664808759837500961458896540757101670549
373552231940451238570771599610006465208624342713307017068059637184
234252402982121231290494585966668460801976997277527239243888305200
770784598409217012081775907247619840886714677859996931216314094403
314469159787103910258486027281107172157926631753042114849434133601
930993430725684182544195890753185944194586878129069539996835573984
135840557553389714762654569039099879767814965322495807986525788540
481177870850587530852670643472615598613799178461775585519995388906
648593869312275431468463721434450274384854704537107157042984458938
979577492521210552912979966016917087303538703305373947158045050988
922488589615657477032720322125260124583437930610652936623040011924
303165772146370864535730493394754057391869142231819279159027325661
155547750979049058310377893857721212528210640918283725207367093091
812809352036703101089367871142895165893038612280750869455126022447
776524101512954314975349524785545679917572659263719419746849723222

484065541461996243624631930090296883283940251295227197643189632825
832679100856562469897630248236853381536263941588075777852325518521
850618298443170949011001215405451868446267030515744329445962627652
781083233306790025354991317664762735857591116443733540215524720790
808459654257852461811964709576204891001076068977961606606780887827
384645952229465823856796791467952836532220887277276500236474623946
677743236002587481274582860779878367159969330963275120864464931041
198909259283935691517015642821830071447114063087538464214549077973
992837457541847282682922121584625875291926143281157409288386443443
742806386059927532849573400968132883950660844781489897150671978759
863953521616374976696116842268700537352962066504377941617001954514
357264848917499396528605555064501263805791084966502179096324487105
933598588889209499441399911184260524047840824001504172082594439649
630405042243233442341223189836625907165741132211902491733987369897
908719190669258792918436837503776870813499008459637462309580356259
531065155123109334992194654707069174726151117624969784041643149634
714915681388166240560909823490164550486583482132210677693478079746
668739810515089723757146094738177518467385161922909604867099272150
513574201471346541680802557037843824213153608131704973294543101812
416306709152305309474315302409130507879977368667097204670298946534
781438192571666402154608067457973338584478130565566238613989641858
486650556767859380595264255522168926969252517695647230007600239645
161809663235926092583895177938403990526765175046776855866893072337
676228872658228941535011769697959615624181358009071892244217723287
200387517106036514648298330330537224956457447981622923035899629167
731409047518400658041704030819834394381654891068288206327462119824
833333898566989529290283506745773869455592449308447108296011158850
439402580695039895469399507596706033103880720646856096321009032981
369433711906635316827971131126381557398474363341054424592149284481
660789722422256922393677698710577504311870518304084133003933643728
108299653373441184354405480561881531519079117790059472071373225655
689017631713690530039449867117867765760616135419482026995648769679
190253527415105180531804790483322995247073871058366916252351497379
588381290782244171818481419201402111512366257572973301524423958128
638699398656659672257084747162982259672706700530278389166151345353
868004947749187295661141402382896495192767314552141041907587280580
965454273881844851016467216484128608181188485554281256531960416884
664117760046961927984695385084891010095957760848958110087780931833
420011471107536645178249540123127645253167685989110136138709825550
577904482832318461480123867994146497941998319865643012421224200975
925843299654436840013292175343954831853021121004716189080692564921
648315239461646650153757818763628572114196376063459038080448514444
826889630148554736356717763611266552043045803286150878319507988100
647065610690592092569655108470085543421756824262446773998395864395
309621857601668502351345733969619291660067712130459392789808851074
647837067643944600943229024046728376468774706720898422415579793182
085269902422050852871413657941189781978550458738975725287460036522
703236252764484177650608117983950895275753870667305846428105172244
237983592543648898675919011084890853125856525684909345913787341096
700755907871721694150571595207443420654773078572014949096550591123
071560836535517441138230098228814810601217595482842407428260463697
064340557627118067418788488630588195405009462335493159835079495123
344121357282592678031545232905166014398114290282465449402952371057
522041040871985263998564256263787905489320938473810927731274576167
351483930693276505665621651027188503924062119973238449174489819845
167183697449802157801453791884141920366926886584125176010877742186
145774040901699490718053971086702189654901377106473451411310618515
349059531454745136755735414168347216633211254224150718469598954501

335069163130466253648545040289332965583031119722704469271276844518
793698664796237089708379132510457884232670487707342600247012893997
363673819729183411986221437669289669335327964514050603966401346740
676371786828739304827643225209023130291941475594239348717695689630
324201712678267199325039815166783694080096602039614260087626316177
157656067860554208847731562147464750836930868547332606977336108807
016114555416283113834068363559795477759492995351169142968351541590
653117485145304963802382112731951390088568242577007613090437491097
080110269332870728084389742814857162349833286375567551322651538494
022856069789504313744760121653559818336894674275742254013978959492
129253549975424435039311366077338531949592050653580408662369888683
574177311812020448711449120608009141404178855500406260051423898099
858806062599859387816762660412366422214571667887039386174158590424
638645107953043210707575261045400432762419587157761784274443076739
024819018946071905814755350581023666862820988105086145331798152103
609256255584994722709730380619323590911471597996454645367233169586
162155770129131605709672450758806329488970003360173200314963396703
128323994069915220005975958169940848892879028787095714877910489968
720701332669102049083337862445412743638600382168845743535734856954
237600613355919813698764921129635454580294503884508230060190475916
984499974928535678788877405578993497844299903794184281619229166488
125189281594786441656558611577459304032358260654266312826906915064
661439982278204011136702360519053093062067390302738812069166120867
775364462572920419129700792654507460775312888318832530961783961997
609554412871373070913192929747492398885794526906639315373718376605
862638685104074392254614692998767574888757004835986547213354835194
206820305663075724184818740575309713719080166744237135048959052868
976316936510041844184192931064121762434964280724622079507779270777
594085018478364103681081430371730004789322876869158874023275295481
224378778599443466153210307620319324483273002866154343612500607898
006493306770755172384974521838998556325464419831727763854458940203
625892888670074191981262963370456445902209677886713078072885117795
625545723617531791834495886622347011391964648993419625703241909554
553542963116635117192266420477169151300882533242342318533063823930
799972802683015644817446280667707864924150250140697608715106095802
657601863685876759522554848679593091602771905617183110210007872286
023071786879167190715362093299053433685096922507454957335985722691
127755901374100852537626903226490476245982390370919608797549185230
688739685635887349584882763761356843640278213496532022162025390015
646622386513212042662637065140790202987558326954360410046655721339
283144932369541132376620692238307736489640581441332979551943996506
043269083373664886436600286491109559072032773821785489301616791913
589934426128202254439754822577753902878081239006588180437550974477
602713092900795610176087108213686265668564033403327115261997999546
067173585891021559489871189188892414310278512244159080400513508811
605005310024212019277797686686766392780362082192136537890553149892
660492287324192573905963204652710807352812164719313451077065820126
146202387118614701500297074020714669628944080966815463011972005892
139093486574986557942005145573823194506046418349843916344149336874
974083843470409843492905516335636517364373976372182533421553977413
672765462638260850745558046710307654857561724562075113548871979562
115712816459467797240519847340294435121810186101346010377134517919
667029853915051226235427124100136665962748256585723817758172617743
576696198559931832068173283954483120554592538025706153304808341658
339480391021438997926469047391929437430101677948822478509958248181
032809407218526229428099485630965041460314445048781473327478920724
966271710204105098592639718944019328825551301234179887443761681365
121823531255731233958949203005402012671985157412756120153017742912

720774273943596504093954199364540141234099602139420224484085184848
3321984259084253909879852102959002940772441410166546548734692735559
754615434107642381639206540366015300938502511115562648931999753448
906547614815812522512560562588699082706447409727111737291630760622
385173708214865980055492241775543703894118300654208876792251773889
701873225593493196204540543301757747213965759405417290481304027124
161138680548085002881786941092037720337981316067910743433191577004
656678794592800171659235707152641398092653464827906166236907653569
706215111504303826785439983502023131136739069820670316606844735307
394804808796524515353348488435278303023391475151629279408037998334
631466660614065490459459388607826547457293236087102258383583624487
640096370345302095864167304797051070188428820290819678374594653041
512418777137701935713425943558538736601595684488506681552421045309
821548673273278969240130933424602335799590773120893993636269652304
911654032303530793294594086491996438685562855411122793033310798701
713696178568635767919729550548977940033113813861729521200719928367
767161215201262303280594280558175717047213413998182678404810293633
317344294956929032560881174570576923381881684558345754760544855033
866992256666030241323616268507495127539653560103617787890324550679
135737480709431597114195070892253942084861077989788021436933817394
013370290140994335034242567762844973564330040291235858712203253099
170338139092829310339353860183015681977760764022303760880097990360
924997905914029315543602947279716856747777830882078017271694280076
658142315674819228533091885293974666665895931085184530281968926162
017395445867653210467626741438607180247831235573376803301715405315
480428403404787960321484549250295467567481227349440803475588942431
143373043706142461402411212099516179053157687873140625716611035089
695725872012262962168395708409517656735052348085445616872847540895
773310523185885654052910055885404620251269117840066322887937493838
675444691188408571993372538488439965923348202662900366989484899540
801334474906236481577190747861942527303074214959086431066465256193
239421965914242366635016634998693594126866369222222482772546935425
201038754907666045805665689734995035217622046591290619802658268334
087952438949828517494903400160469340358336815859877638730219958048
215425661590656217935870904080579960586844626147142705841719046797
852251287234880365995204013646852231145451120536203378558560864899
352464364322937127605674391279831434055205610400105501430054153375
748970737378005852698018777152333267201700606414238099042717483477
648837453786916578767518456949502903960865453131651556790875630779
599973702818445522648241660007297944177040643459902226069181252431
042829345014119895441630254001612814730573658835876954192922959581
593519117229979623919759041659480700106947633324468387044596302914
495586886590179788765783695347363920204290997335279441933902190580
909382307288175717305104497952384575165471529028785909894923508265
700475946855857768311966830820848982626679126738957131346325334052
903529548867563349108049893125309954684570081210915216469414861490
153995077243378100574189900606693325835047381046809369414453301423
947377518213179806893051551962893261530509746958127417208402409719
458999527749668382372563444148219058044997143550829532488225716122
583015672082761540668287130050327141843913535004779722515537359244
728732574153753034991764158809964303915977315363170014666626388293
853296681159260307074378349493172572938180715062357327537218262699
363827186676101717472859495469571984543837804288399873151347405781
758477788929828485913453395015232269804934144342422970791501955236
630855032892744166646745265231744759082831248357714395442890453243
198733285098707110075679310504066200452348876962098360272571530489
223643411849427732055843261582846021572700419118345460000821815892
759556031386747432076375702119198906335226109059381935386962787213

405894643099310931672292594209303201545120120763563505739424400930
996671175227949248011618198871456715695135664054208776797620624692
641499503081730220478263264516467787690279893935775180730662032566
381310024639265703856177620523278956802976747668513444475176447245
258312970910015419521622604037955642485535376402196633191303376813
994426710033175743066999659383239210167996108136633285159070243224
754758290857648393765178360991123343959468337960098971368228065945
297746445434491643173749089986134365682572488751513214961238202166
634996724654336285229483325007883063795521355200859851420246309871
193611776095011817233800545962407163665886877579801876043281920402
050253852643518492029157968922663004568581766187961393023545599084
674216906566065194005675222985195908703895665391305994099122387586
849251535109322009586765511539614926945349453553111487418703067073
073762823238740258107067911870389654994048383178902997420247467498
503991819954460608574878335866524706462320848454898971455020321161
465955189844357428877919531709989618645143272900186033120652878863
339256503373888835809085824505643946671712631127365222765179414834
143168394494582644825056228069501372167870578802531885005058960874
295673127425382893414113514109836327988541505149679002485724238672
673691805875561532039795567263543170253025356630663739776208741968
670619931753671598812221121442088237038107076777137595628290593806
216583216869007668154133453036117384683393955177937753994627960160
229296331274113950352838281635891327772556109315981976442552798787
255896457661970963237823053375945420082077055629090442377252837573
508110404005631183219485475786109505631350714719614587105169761852
958639357577092454115019934309488848458957387958631624974178527859
314927506517174185974951125191171329025534462400496594781211334835
400306189304792243001524693835214136727845826651384912903320503135
720125618140067375400439688289943969454204245655089655523052486747
853094181946744093819014628042007498122032218374100529786239402123
482749095802769942777980523749211359552468218896391058644776634658
206540551964125977106681895478628696309809514172738463509286202100
179292347089449182457456884662285001382686177468576630059727671080
981917841346689830781965726813325022350128152664463746536716331509
770497790390182291755774507379557600646472213912092042930350652273
596118082236730584599004846823045812492169295795979120402568657598
537278951193786709755763040094704613335373137328107644115322695237
231053757431339894280068109412834869385111700642631717926249166481
519887437530404753051229303412313771533780044996881132502543423829
769257101712805310629329135477605614556555577295296310833587113574
218521962546305790097450301791395338537202838383239650271982402202
288468517193912359389657353434443819679868819189721380028084324365
903979898299755255265615100220791561306614562154462171214057159004
161290443862220708341310270604207500352937586907696060053295778993
676737283529788896975737390416300581051474296568095446584870871370
744803629574941622608524867574871007900646598476066221465086785553
748183212367324172473733298481214527618141705964259555975594769606
995921153687692024947208930205658770613534441244809663175348980256
935441467110686655310403885738942699158158756763313819416869526837
528039867984146524504664791372878904688702621258671326016012736382
858092395684523604537881677282127733939035939845511624058786015972
762485320481669053324795501766156439829695844228515407200353558480
170272536000627350797256263034424695307780414001232930881060756106
980124627158675108922397577874608007459606339672733531832911898374
431570166493031496626727492617519531516038755245868918974885987343
628694095202947640437152086227207635050661194474888264201812460300
487716695846233988373413061761016097487866828296113823302972951563
389247450920736035213224165209447877614171224406424236154642370720

878734662426323829152503431813961101164014950426382981291208348880
708089816021991124210208388691344131897766910831422819711684317256
002914744233582369270822822644123014307636995757732132314945634125
771762839177530672821931502316060047242723249592310916587962900404
207136846789367874402799512877786009609955358940585296362406924977
510586643331711946647675963855256389094304883056353737671657885787
237601777198907356625457125705404419567156378977260698799610647882
537840930386036287875044215423710096163166247653628541610808905168
724065508031902300404178039433963229447852492299007335945716638803
662630733219184304787227655637476782910140422893076965892206271437
800349156193138943497066422408719380464987442487817578987089679165
234331700323562877737697570675813554169252800596666070081549917903
368245503652392650369066160000498643055710148907586223370986977189
535260420969380543469086094557271822297420105620963121241799843325
335008077333508134064868506409850106089208220531299184703356433714
851772031698051632899323256377879370186698277615276970018995170835
743224711358909573655967629680939597079255653225536712805691294393
971010405758577840530214745169574365682523632042765452142348976729
974398214114706541366845751840611459388346872777691633836836482824
003481963433350230335004638534646752639162286310530873782876594228
149688554426404746919686773623099563534611657208542471668216484874
154810646362432849359529367145192505673593803047424649123510906071
803201235684114580249511155126219637970124753905625513255606917386
568238143501894114240732993434396575698338204640633103760461921959
189344908134274635396523912634990037907277013460206160002266957891
054964852458998567366879499242752029982106991858679685816544566928
485857172858417210920087856234697659379383925707020199264753908928
890137334521995646215057532608904384637947067313914954978288329377
780027857680029528076635576111422758805707501548434089786726452229
782340791712414193817637629286876308080994446543993936036998748243
462636059463968557568661033724193311144153202108536961132201475644
730695644237467072453670739121831081951166786220408108517947802007
350937077634473360338759461757263015269429793163630225527142314831
867481709735851362947092861207478838619693487966647583899624772001
029951321460271585460244489664212210180090463277114079833088067963
720499412920458627430037520466724580948003250525473360160269752123
024870810842817123495800188728323300223659734819946633315140842854
413055443475672404862021954674607130497185318394058150301538579500
902955734401053592569678627422565190243586243207434264023130374730
291319348764868021913575043664178900644196285166565689923396929465
520661860556584531336682729308119220367901199421986722716643869060
098586203460543508415633513879866033811548690325036554303719380470
738377022073323076537334377387335607152767485780644573771138908209
752529114993016246720470178986020737116783129020004422745659476690
201704696902950036498771344805546569686939566829846617150786100559
290054268664334320480686388512422067561569563376938732476869258365
584075323020890927426460829604977401614653003264296633953818013496
226789761706314613323762571055930784148667957907442235352063968886
793702842017442695943899317134859186389234817289171837864733630673
096142090624050147867220187527554436361687646847722328995516324614
837555036265716229692896689941980307211147260604289939671384436074
731591612219786278657497609357000629230206258304095645200350827374
822652511499875964448063710380701476398894561606146579235058836629
220554347980093240565082104453666852804149117363460139076861455444
801558567129105441854552871254881663347032357614235424255158948841
413246336692601505004531547310081793842055806846496679452636922997
149757414731466086038113458777531614502581572469206526043997756538
638120825115011915699600740178334023961536579187030622534621623677

666513569180516618806185209794381939551344511871679838890491678456
442524552098708732706857021700801012690868335988645219184634464539
049847955330848243058938352614476828425651580728355669264395253387
653158262894027909424281644970524954180434443049006834103449671525
569685550727726396371947489206805129670738915922925190625023792390
330929405022019802451877382785757728141177087398479161242352064213
926895550030818349444917337044646648361575408141183983208664587485
584169866892140065726422524263371881531147350462527731475478172419
080052883345742258553535491720487554976161881639677682753443929971
622248959238756324358467968655906708485847211082811143570220789931
647453837578804972906278470827739701293344175970721128127138026231
110134007498068507977995452707625076676871362024925948324637401083
308804610646582907595260287909238299512660960923443023537155330975
369143962895898711282192258834313464608318396184427412051348374597
798745050240324695245618248711586129536910288332266058550658223684
726660683196143341222287656201303248152467799790473637822125551141
920149315914011962412900594986871352880757101649329503964901491057
853680560731538508988899125808625042521448412359067303414686236103
733875770827521242945402403388481955149178622091898818788392381480
553670614711672744989591577560809064620351553918770306381683405886
753234285525147285582741701451041464867893332311953805781313414629
298965262433924995148248838859394721119807356633432469280062287326
624457116575868462665997365196591686303434463009490919235072764719
181717424844239821739371755498134065027664099431235839587143574188
936723243279353667550663798496372996340737093681409655466835270863
037647563267754199633755924056647656687116148227431983833263250792
991185356723511845246918929924122039723848232726360503310495784215
149999531283729032383267322884904558291845377210095004749980897123
679564363564450539586101213751565047978642944290710941455437545283
324237066600731812312828395050102732442217382179654466048813419731
016530925772808623211259444466512796427306062575657305288443269861
622690932554499260183022704281026665059891570254874092353210248723
732789019750565585188991162406180784117402033958140081460975697619
314068446208368954803705057872965964919158787126738447006572378628
484942023143435313726751926397407470772585287010883097690743342787
882958690586559181159796336266106935486361744527956794025357337601
455183208664980332746473812496988688119834414706744024799880270116
097404307187970123147710549147816621857710725994163354194292226178
718350424423524897048860411504214280306999396380483860367510111602
121833037793564129513713573590325846137938106089024554095781860563
987619015391166705445231359729957658311708526671516771639791628714
980011090897141686215952639352041557400026538139818416785894832424
370904512904942160135886437056027262897483397014565922728868530825
357552498466718136524793660447895972995912071772157800180128146189
197029144120886366049562124914312893425853809207412931549041463859
048006279315038804538605878026831842359367666322499009108022269382
676217301873969077756574807327726105134263123098110046572517469381
725583111692120885082463855349702666537895616322567911454955890903
017291530202579379517109365744351542280040226809321576395990670341
190098926724347954611770270324231615470843394077354449825296589785
695485742399322978546705344392747410454133606896185771937998998890
174734791727023454008272737127621773240395214143826984596013652897
818500310033147075626121080881289491937233419639203862303084435925
900399127716579019038054975970509461242715536116454505299654069850
204144659198125388186287971490985350214913584284311836955033647352
942005678788489698798507164626052538205482973148451641230102013272
258827202153745791855671116203651774391168979762885321245443987789
052834587442212357927404373251260178150205303999493994666637047731

5471860612717098673036047044170127261223148121307198164238757687 58
4504162192888238867404361199366388654956979459889735051549405322 22
4217932626503162461307507736600436988720066955459644811967606290 82
2504338443298426986372616108849150888088588509491411690824083920 33
0532908292398653975696128627160482372190718955984823619728711958 59
2920774925427716297668175663712197817462176472430278202671309822 84
8729710185715888167866441382607011577139526182556778558619825516 24
6546570064679941562509615324107055704348803133654166343650041964 00
4134265062508572198088539724165046397901420210763658317164621446 29
0645114590485322504749277513529768710252255802118064846582593764 01
9823094270380049966098820343485662091196392078139850672907310845 07
7432026600097472629025370711171798207427149261179225743826866699 15
5144539523972247634905602678584998472907965729070571140378383127 85
4312513671374084851499337495650363118482188429922632299835999605 66
2327903795413470460437236985084740547649623585344559856772996384 31
4206492312493455847626920201565308902507724690688305411156231937 46
8182785208535157236397467910236021075907702991903188932543786286 12
5837290523394070243669604208790087678604205689890110859736300587 02
4970506829607779442949104614135516969020390240827117100716248668 23
7515431510131705413491198414340834761877636137913793615527722957 44
1928704303996042268861899787460231077219717087851121279441306123 05
7253857971766898607158168098742585425969911649339223403310604804 58
8073733933954809392918411327756135501686207373776427247274589982 41
1260075336154536144605140583894260733337565224450066772360712856 63
6223808248771997324916054463113233025323881342786713072988549540 61
4461613375930777960833976521737072427141829448723064154151341957 10
8308183038318870918555515241467392700923619546593034587310617324 60
3077245382786501051225434532995059370994530292190918046046268388 84
5992868820968165078952545464950719978663372560907680552351095400 46
8250560850948846986705133904256396784653388242591111706167771383 33
6896687541449842880235854273391316685543529425185488572689338707 23
5659637204663885865993264051592229461484171484109679720752883062 85
4205137113784560362778347533579167961730042943035383086450198220 87
7062642225807935392633461244326924074350914140304338565644050988 72
8721287288403097025999363740176640352644234524392713486524927119 82
6491893029759790975329366568284393558207006486066209725977926669 50
3237653324116304800737841111144452455339015712695780517202928783 70
2357177196796465080045004132782370015919250107469992015332665040 69
2431649419398982826767959706347143004422309608982632612173340183 27
8004633781585119956558588764428184350435951084388524685313781811 10
8180486951972274038302451080121850342799993774077727280865721841 42
2787296771531330741239057242640642161363228162050382193853943363 78
7604787458076214222584812334666452635352973896988279459843555314 33
9934024525495575194748082158317081766252784833804069738823630758 64
2896145303040415528854016186911441547658712893000558002304130956 20
6541768032533324729345917000653300455668469690982465259775938501 82
0485312323360715464364092991036544117380563730926372566020771119 61
0680213821967281620180891166299417668432796474231211963264422522 01
7915447768149764603573060947005195720960958698119801245809817717 18
1159531714048405539359251053725735229480624268469970758886962096 65
9936956977359181008606451993513696012324388647424166800259767751 94
4088684136799395738327629658662303396724024854099257389780716572 14
6554689631634489297194590941004767999829230773029995823268455668 27
6169904188864241947666437205355799534656956077114107279285501044 18
6277488779158632676818878087514618388934985879371875150286766750 12
8489423187941030022577566030863558783334224944832197225700201380 80
4675407216417419169738055789875545422600954986910767510975652319 58
4528549512545331379715934239218162807392832398726881069108361160 58

8423794030554315815847424663043827765680695354273870974401237276 33
9997585657026193680195313365582446641407250129126124824695159357 17
6318029509069787372901058225147285182748872051998234883207466760 10
6498498803649947973770952737802919248419025893985960104301790984 19
8511648502709307065162838786248293782141175812916057837090459645 02
7976306803955865158121535637729511927668696009789677912173027539 50
8825403318384445907418437587201397711138965019524407839778050299 15
0489412868624879372646856577321639369300638029428289279151456897 95
1815299154710578008783740522496260747632278544519638393540662814 09
5762888380209244185363773827843956930869314937729154826390287470 87
3056997232884757315585722375707191709456420381577566930535443912 87
5082219938010524502985917530998926154594251797285860548829180195 60
4957689426840661731618615504587189580059872360802356235521335203 43
0600689034889159015266976281545776193661908967858606593842454365 13
3602026886389162768606445493940734015411333962458207824064085818 84
4320257814103358947309926667282419283288842425364450357097268944 92
2750404509417268870899182723504312730520788276232411878447241182 60
1333232288421229405962297362187453476703410017065600666043788759 17
8221869153571046489615822580449401054309008872004604184588051159 92
8910734989470362097715208320277002628180480517418419990613878104 88
0648872430853692127443733802242065889850656980679455639256732622 44
1119524073018436558218186256264658065663796238009033845412060058 00
1399808632357525444119337804003992674563942102720869588152306688 02
4267428813295082032224777172177852759826928706943861220740191547 86
5243029598103841211549004895505982974859749124757621940904264399 03
2764023591608836084715204511008517876039466642907883059144247538 18
7777136611237022815195019535809044347790381411473276148049760417 85
2192502624108918079471331187469866769175207320205388526090297527 81
3486247787085534448656403467290229444472816674651876313398809142 47
1526342484140000488049439118301112995015639216891390675947178395 29
2364208623617806459085909544466009380271459433817040697404442452 83
8648012863629193652810222431504475900468208817765517111242985822 10
7313261019653017707872891690931952338927147613045235293628069049 61
1659261993486881805523424633187998291727833947159953512695217922 38
0786953036489405890313149558633596990411500660949498310215968183 66
7963910678073626110874524854547834609770123473251814273636610498 62
9086924561976345489390880033147694682115427033828273904950789487 87
4767376255345831047545596351585102929267416345704987022346669152 53
0432753737696533218072209325127225198880004317718239621993725376 55
5033992576206346327237261339082659126868338243452898522515377241 98
8803786775317105977968106657265880789874157418414712279538767060 55
8011775846184172069301403986338505157874018079268474554664290122 90
4407392178965553015594950186295216910484359722737043471213678771 80
9073374030392067708935305120403257527000459896120274065921494820 49
6775169083040860707879055299451698442436197922876917515934501147 93
2499288390973138396382880263017921579534208201088199105223205096 03
8333545054014154276371388385226101145726267004386790663434736008 40
0633810977044514424099382961409265978372716831829502560992023572 90
0109033191612048014958451798862479046760728939394048287104820665 80
7169379792356685259227862260511032216859152465789733600637335182 77
3686645059739078047772573000659984341524332045485162843777754020 28
4570232396468579187983763384866546155760956692484840214405416273 30
9812341755074353044344164299793452875343936205493801402907235024 58
2977011362652358338910066166899846009607126390358935292720015827 21
5743120651915979773748146653140158520527088640124612262246251527 05
0752520922264219715388037965703948697624810925865962396536737302 87
8629948384289904767279718774339113368341916711775676896276026071 64
8439116077390902617788823037949599070881064762767535397592252525 47

836475967085792134991697459918210006078774742493697683929661580345
110583155127074087021453313619281954261003354047948206175846149144
903123437005426137511247843785784656078405455351992118581112555428
149552355941601404745366596869911078431620395331286053098306503674
850737600011073486217027069695024761709297607613648476984066685133
413704571022710774482739565272643596179170684103429856495885089893
411687256384043525423915716086632482593374670883675076507020873414
549944539909332127130089064201493609522129993285559239704106725418
502623683532314592732150208408334593571010145301308910008818947148
081292693719998159843188184680376283315576442271665517215719079953
468178920745427552014965012139208898515829833451578094052507629669
897294456789910698272634805436531001225005240124461415755130292741
378627966346247046720054505089322435061296323030622051847523885698
470892744953223596150329209185266065451422514892298143381882742108
722165726695675538240306467582640444707618139759581612486638343303
573945773390934021097162892151464887823407472956291190731051118315
761535218564780036671749188561626932385625313887962238348863649910
996541877382398407803132404563460628731584952108853135076222875028
381678761318066803706815790233366791073776254145311595711277560695
192094329438264596608738690884732919831248301460011795531820254845
968638790622921244201880229117836672746072288730734454277811557131
388038718879991319179572304119050383094159772043614231955761263291
008956911487970665368233806282982128185598738916288345573000906246
332683080151465298906235658627228036726679632783929388731971153838
937769064548603057847264218028492769503493509026684879771153201402
076348413817343233959783375248424674365421477367813565495902226568
005501856161853555367569483449051372522760941101351732950743410745
969395079988300080374352894981127609704243056855608210784852092804
291459491718819060062047266076340025729180541286165037101023494179
521707807582435121154437713297130153879228377783519620170212378193
718652208956160647346992797830836330618207123068927659891064542060
433132712788549873875291180243977945042320080778541505642932480485
509670110527383250128411097708755930136705900739271613797972949317
549228986254066407436600166230704610322302353691760892423722438401
623019736959313458986351903667490008280548074778534018429717308732
376019514312262483936030442197351244364097053667346466566611713702
674268317227728642452715904723587393178765697322305301709335718289
620161342908492566152180670434650304367530821891272344745739944376
937669272200868839076560932705061600975053808776045674346952108078
016226164554061140614965530584371079589321112947501097888109505182
017859332996354888136787173090214403979206021744187284467359238345
263313111390667956747312017695279049305984195992099117796525505105
119490278487890856381225527489966749563111199762690727424847817308
805228918285982347468102198903389175986769300314537460808982812853
264102786855371524165674861076773783110347138623313486747333124552
565121364660265711983764617830087665576137546153143762438616931098
642768250970619571377743454903718795882065191945146128438727872904
788596040899890656935987486008835923496291822286584276212376289467
183907799935901564986920437561050411806444293307846180659302341499
099425526544801738433187758186969174369082400477384237652031190677
061204138065435002199155284622326374696813486427452533005015175444
182047470187959854825330263285524874201699778396850912386170113840
901863179144774059397035947256273457800169123941250452545220231811
183233484528106029927622886582632592508463096363771277121844360840
664934732856774593608146428979960808599445266728967343926941188425
912133674832735151428279873343374199956613588582544717987349462371
459703232560132926587159730253787951814512003419232079209935776701
648177616619431583730418911306886266008495622396283036401185920803

901295230200507955037367828146613746759997254387433903481412914330
487583182795307068510822955334688560315196487141563366205180730273
682021382587399173926891097257191723882612850608906175111045828934
393072902103695752638814673709968174417076651023597870044921834969
394448769920475882888642139554030217044411723659407074734688146057
492135157202192679159583543637341781011008987027631205807741755387
514597232644673548502090801232043281523832982653825425969445017257
205134224323691999408601055574155666216023994985463187375718776760
558967361223611081551611119589726963647576923060632834513379378239
690556459357694883922601246950348149197996240569806324052642122499
761834686461289451917711288877859742498910451622339638934389310105
337099153135177883640007558880867262499805782073524300149360541096
977404322786121140388114979687147618534327737531975550840909537542
352856198280094516739978210236473034623601226115001541385193518148
571285510180956822044358535512325696142868216266327977808396340742
046437842909302044681017070314603860234165554584706946069782212880
216867502111788931132850214456353041660378583780290678776816286351
900630251619614375594569637005200734059106343910395815048878080673
781363294337771580852090966324081077680787677232532859978380188929
115616028333503916817600714202779093064008103730760872787887032960
973273699201689364748406422584861970969925169037553860344561045586
310606628957247104235057005319178706847588512635578712159973802731
561051057102525482608000346694557275633880245882644073911114540182
445227456896167088844835725539859575790770906923746778436924553888
300513998912622456433348405728147431602041759562059750906064115859
786475220162043371880409532907865398903390009447929808962542610215
827113393946983627276394688295110688968304310536095998514600711003
969925110172731151211383270159593092555391139692622668488968458607
718386722461280642984659949913199227779030078055795680525583131880
833794366648956193842821736715783656127840311650885609063842243427
385734083196056100303956434972314770666032837625790887086680056287
858998694853189908906439055790602729244287416622087881113432411750
775769862369869480943828047353836747857607255471776081893031228045
637018845694883301622569099457719098107232137162235767719609549000
760337940931764745341754577476866757954439428066677159121166059982
794986536167835948278897077334983822342031672698001106058660682150
956188190720951038891561703034496278051163043324475267104852284706
933317039999484147368612677071228213471219529653547905540208113344
846769291078490958899504714449868644932444369178416544553139075931
370063460006511169499355394202731521848718096173623542820128812487
713038180578699592460436615410219136127923166157252226131503231845
293203265202998588904005134203115560492425121219649247799728318853
253286527620531008595194096167153297076562716829664806536925055304
309576268496242042136906662072868836599345979546776682123627697572
229826885825168399733575318766544797253870160633551443372964844398
733302028145369805561835799118435445239206017829518418641570467253
319801256081544884189381402929165878653499137010640507964434842013
371899103466828685673639414589913674861198188355347661012301691162
138195982625968826208922423571462088983937528414812813030140462888
464123526357104426289264895868385879835889267400224695457533125492
363974575779769501592612390959991778400849101455121027249975219687
544862679462191582176148790097046819360922607103161896925020478898
395015523219536617768249606544842461213184432889509926292569231060
171981630251786684640393743930861400922155582709018253586442381870
226529705414774463947809476470537966762624846359880311019258472339
545367030571795942530246071541663289495239923644048291085368322643
092171809227110733061551694068695351692602864298411121474675801698
699206385138602060235144666101955063946708309209555326653794263459

2552485054982848937737753446318418369282336297901493715370360583791544124022875817551560234030820749066226021026532260199170840335756439732216212906229874861347430881978582919467948986453602645517692515768484480499558686525757809783527032118045981195330021348636447616323154194798337780232622788711662326983565081184064018063366118055049009559225083541921724644146775236750637155328940537149781261834603234381943438857798770605378474121477072833264234862223288172717264797503212504182758853139541965836000518492224367534045445165784966206537538184768159918067434650179160058409078997743311260833492791455264043149855751136637204313267929220013397086230273017078861742590671321205806837362592099126805348556671270147232586179670417923056818119402948015297490403242486118747069672686020716626927527562434155531479235718423267476645788543469782588267265802005970821251182452112214249169755094098825464928153227826898221841889304828486698906722041212254579873483504674123403719581402574335274799582450761577855334791133160079655910878923922832100001314583960035749311312101565369511531882483186445117233965302116174601907786831088708013571847368867067708574776727694598342719244173584579274619034695371278891924429081513658537142811730159437859568736726537743335958702699922062849699813460184395463552993513272028599202358642989657702630111705691506177731878180988280137972240385087894963645219372235279477349651304771171380844357710827015483286911519326602664418892923321412736061835216262561251916469260855231954161522300720705533735441347903770229247733045869734419858320275560938982780552072580467316890666481510171699150423776860750390454077607664838451603348801604668317879582051097995608725551612865987321522681253819657542541279326169958780148812918069080874886255982356059494098469166868981108108444119843718408700001812469809200471177439274405616033843950881835959658740170664126207167672087583026182348638630426942352342702351040424501423041251403976501049982865782620980886773267229071465209265661690219167765722842460304584842767021991648442558078606043496365651061611950698850209470723969107010677258579939671898255838158118692119936182456565667586871062247543369363772966359854595050685197293418309486766550081228338945788419597844456593209705024335836921264422160235373089586093076548571070992300093431204662884913174143731628604568295289788829856331667873814442469186244785510524497953557195650462046443534713501998363167173395865951710619975755667086546524204343386453616989138195999050507961350465570207276130944294186667230482838811731292603831121674378557877045643257442888492108025224228161603304083418266278130747106059951857579582046551922591962124897614716209286677043061789080892959495920337197542975624178546401274979775018171802360434920825658855768227245300450919409726812594249613437989962607518884159787274735475246292431816774021469261166573054896493629602842278305623702131590921731668855662998381020036546255073137675443000201469168155142149415840005796899772402798688111510003271643604204772304927599741936496143680925784675888244091913553325486718660734259352228288348413860549367366507771939722532294423871828817624060714827429986158510849352013447724291622077723663820379413197722635305358923911629998038541907124589744296438284942776737237769746330437459746243063808682399585093977170381525464056318668258596252120778512104097669202184074883296654399129597830756074172312776481359423533638730738775075046840426772612202928557157012554556503908270185857118471709323035597479418656261797879916198535800096470717844953295755068044250298354050345585291440641466125383946994151074952942147756560776490939402817042619411862001763831737106785542170965853382710881666128018242256137990284026204216991416524633557462842662522037100901318193773299301710879256376733655299673733839587282377031029941543534

934785202619400423283018816890769397666161351416195582126873155708
298589811832657122299892703563181131469062215952904164251304429569
668056793435626679621227387000507463283945751698261547375791643223
983449981343151053800255221619080800323103141252335846995301237206
412810118329872430956224825314830749700599331995194032053422942944
021341500435950636615722412047952882383637473477469374135605154695
618938235990759780006121701701213968022773891442614607747851237775
896992173097078956773697463990451513002029928362111541687050628275
345402716118590666263322844761478059179421026431752618572108470227
701400082818475501147579566878926741109078275575152604747856472626
008213550881010371490261497317047376570762818892523736851942040363
649630693054652355006205439581643223661249059294894631406145554522
470472997576468825715939098860157597924037366879473053021920676581
931108996197106405196055189318655402919404586299557782909145311982
748168965150118205307692770401034543229097097008741436859048957581
207564039412821816037126627888824369331773233597173072662227248374
135809879991021555337327403704753148968686540043032243255731638028
001823710875560903753361713822087770058058546321377296476279330328
284926450490306280149827692732594828645303085510573664213496208625
509547452364861722909993131444957068523641073997850467534238467801
064400336638829302133403901909592952509921195398754066861565999410
463199642833112324465080702421204947957212142257067779940379479019
816876559196562855031161362687718891035758339240252343504572091669
034336830140491746670775714574181153378101632288316865767463488440
753727334014490350872979760726883306493936910941394997250514663325
118164927432744788930229841699626269256519027120936089521983914148
163802451935562808106646099427088951937687159305741307857755080348
922653982155582161409719218489069793499525029616734301295943384883
383364446909904686045001554816345798355699572582831939609546928589
947996510409509380398531781787602859900995027025858322908957080407
156694546018493745543436360628836177316850077544305543291850378783
751617306209406443612025194460263846082430653956784073896343756663
991645581455630780318357476974114017728649926919539234482958639551
379503681341025417817635230026961055077910880233954528708981237328
706856409318976443512749865085811869230759315850330846904862211791
872659093614870912563848422534108772696251947055127578985045294752
155431025143237631745157909380515701912547358800334683947374544918
184028534013721780077686259990873790521457044133802197687442657764
622324023776672376985875059848220928669337540520432344059260616258
138097353529027872616666425863002213642087538645821532676928399185
722008332928363751162300341295568871433924114230552582564967160636
132251731634072598387549992397277259644722657359591663339940700829
488433237885801013636971713436977280934010968996581168850040415346
391479110731326658842416355398482164633159707553094812467642988269
498970219501524919667312709216140357295843147145274165000463631659
855116158710446718404706891809004967023761445708726992810086995265
278948706989639090969657222582452023381151411641286394694957380763
551271455629375238349381147257527232373967749542016064014823938883
334573366604368833486950261560786114099121111713274936599069177466
396845987943376248787921209046121424112405846724009109293722502076
155657635444849890278119251813073953297196799824722784086459631267
553246242564577164557793490950715944663768820237357369402741019381
241092563174701925288145799630346037668542641950607668283699003694
814135584868670417964915132726454014061417381761951711852549479781
002201281743783581478864173442279298608165826863314314687860424409
916687681734979545776443612601814891345860177712690689474589940550
582642365566458035645826755702935812695711354145149279555550423345
407941873836423263887189674977544513655066012478025062000269468651

036039077952006835093249452645658756268845299468618458152759754174
064319639104665605210597201186268000944131832763960962256609590984
609063983512632777689082463330645549596223176868711703386618894770
145535840579249904180211810976813885331143842521250800235288625649
028042975273476761926798276586226964954774516122621481537965641648
102662550207482234846125554268402958096970114603766124613832928458
371726646900589188644844761481692544879264390955268362726546710647
525302366078752692760389704387341227026298875672804492956206615209
895962295894563445312454550987691610802875315882587972297985583455
863283761792148785062575191918259679433688930287990993005718175509
649835094567071179644993975250336584849015527587593344336248642386
525561387722493416984372082744469689482868558201080336417442027479
173068206471241043669241867741683219794745155658190043687545858316
849243810153424805656546775315152221550339926685263812210913359126
912388622255659298289118888955916187919618485104988141472548993642
921539015257667094476979583151031657723346691903233326130673510970
679348586023959751507449756862845500480603773050006774961277001572
475174307525099223048896760749996325139195762946192266370620164345
249327580771967888580552772970812464809899174188395672745466998268
868325380476204513630335875384871729912198053353119509505362103223
173810556520105636126039036354453115570343369529051467960940829579
427464540949345218136614090515533609374607131662480357179873965997
802208565618190314866628487773565617627752287024658812468888853357
273947109379195430483345413820948475063091144346211549934365922218
197922014456173829891406549327254296756715981553012312703994608674
663140640128705195946688754715499140247186428549897822664464795800
289097161278926695851275648308570575576597005859904245119192641327
077990826823614269156788512651380812825507483400676694048240728554
503402743953651682733907561629085435308995266130080192188247507829
903300179789320267048262311488714442237768882741669156066289284243
357786624386203411191563909392550339541651535209498075403313819494
842869786369238278063802258568806776535210062279934884740035964932
691104126732845950033760248812207702277288408649642943668766109866
040622040979406786532829172651426413716698823796639666959249315260
825408069530657005423673098374589360005610726976167856562972702769
222957447630657165745779275307053235284234764709521516530082829844
841357846808990661158651373064738846015563837595705663285157755037
078435990974859290981332450014408054522034953086541713087725988073
468973688065416630013137199491711790854269250301773432503367207360
514710961525913383656800038867180327266328905662537125869283426202
327522955098157296954770579776718739155959128174452986011429573945
797080008848357347588957509262817451551333782929384145137080091344
510984314898670980002176053112386036784745596299795349424285523647
653982608397372541701686511731083601370069024050719939788515758763
008360456927720944119100644617515955060439850733313296236379798851
690080924936823833716654074759963743868450378380408021756476756381
313503002978569514416549495540272000067080789078150359511048579793
130526457326888145614637541915822660319011786659046221571836019331
439670065278512876493392089830841740858464443437781494474652625238
015977094185822554189394484548034961172983290183791987199746878281
686400666321567516952371732676628139172135930475968578228690868 97
937903828671304004182039925367406483239919248148457105643406884548
357239476537415708535542710957014710103482084946507193299493311865
827764198182382534202120714530744384690733818593585245693254699099
209715137474874629960726512272114165001450116195224382552165818808
702716808386399652450299153162345703030882268048324820594428540712
847721416166273220642504902318930688417931027705901410369010431448
081608551480912387148596530387998809713045925159872738926929407570

710915163666846679687502320864054116512620600192179184894152694057
404668294825171313279035626189420832244910263696431110690120579290
300965312886050501001322283938914928530080636500849034875232168266
200619739877933167096765091103214277905307259410237188483284773937
973967584017406784300172449669783282282433534884544777853146514506
776293553874370084317108098999539273695729697337643835881875731111
112322537280495143394052607832436492083232744429587004072294736280
374892982493606609796670266658120030236882573174884479156310472813
429892408189357598768067534813934987584243567034034645401598922591
266038880215911298577890852594046588809718489214456008475111418933
329968282544573902485243014925005507392908367470833900043064263403
683193834849588606483214369360524285729114372573707686210130101518
781077267922775805179191196411274845017676867112631901492060135914
089329830294152212033875823134338476536464301742631745434711690321
500754723281121425982146596732444242757154296043663736685916052925
087583853667843849363352242792198567915805739894644982476651824764
953668690524179074343006166223201356131047440390133106755988806298
818361294975322444251389340785470268022577045299524241123728508050
025904509460067689134481310662793079124923341763911644738442693010
503475791805009267511444016611451415952498286537442712132581123377
994862975271469879858071619946900299095406517010163146359955927101
901452536929254266571889042229418712795479845849153856437837156288
092930332828168377719554382927541067039958983682092554130193701730
684202292551977368284176405055361795757738271181675844779363877012
443086994630144410400233603193262562168738442956304478155058678790
818272531598171598095101747861444812196875156883236213400627461126
924019521172893488327052956476416466563180011832327466601038020583
363209864491703426097626189962362806368928420387259971156912394347
944973764572973611396172132908433478958082485672479643864751481153
945399493898684723190778222980305982851051399539884737152197820044
622108858330954052060250205228798463544692056385081822630619482393
878749500756013320880678309430323336481293836761896063684971246687
630132720612109976515416803117269417225539177194229306077457056791
698002659513872576519834467504931479514651508868860973516281381097
473718870204287182061837349324833866578518934329639600642337056824
274174009139381246095981484506665996289436854363858635882200684815
408975870381916546477690783442584376542509032221427367181825316482
966057195816588891339254602661420495576184065594509426863038746259
378026076704429856167186059411922449546916415509728602885972551288
433076862556403883195694263722403041822713957474113416684641757463
790860062649491986768755071215473640580685871848035943004995660420
870606744897612387489247156909748109822837746238382275716976054278
383475461354665576721654929291877287766079192308481873009550591352
654666299844363710373401893567110644680361069796969786714950707044
159076019741235192552927935848660485608957486149428352453372450289
310428110007039863256713318526780261896056678259862766309083101050
715124962068330814463707231297692692588354514503500793233828118543
693737262281563111189970061746998803327352855979378087951258012777
861007248481272360573196267001910997134100943409214076603220381132
478041326089480194403488588440836270098490573644404997223208165352
664823324385231620849021259773776794691374674516705642940967609377
060633450897977010132545433604350550349338531212518189402981735056
518484910818120527345029594047822237474726976564140154076634054968
154758665217346135457573640733199169429161225891516213594596192562
184133604180354261498822630165813139476895597205657665419097275402
112945519603334757279134575343162516742434704156801384818082126198
581652673163161471813236289239297247412389896503794178684460220938
074430000462800189971980813018873793798117108767099648633955512033

0754130656817138843792139073041007666015172127971855685401967282633
3589710572214434926668151937564657597890939467894685035216177032450
0319596436905122231666498416659285285638761102239016985421641280670
4475841625977944178358242606241741233168404499588836851077976915830
4646546161571095893883830932915846677425482129115159777499041260620
5092378455296239317647747962325502157760766227159574662736682093350
1979498423281250634625804723591955168027951304329673532675754624690
3485050373543659422290063312606313933935146991193801673912321148650
4512567167118489055911944918779687979302376105017735378917975397050
4938715337876559578216535998673083416052082693425809825716642781390
2119281877143359869737069054797612276680768091086819681500795883890
2674733294866292859538591959872041693540750485427074519684308626840
6390202740819471538737762368732099403973379116651232134459425423250
4639539093946301756337000727312412341977952378119648331503469285780
1237548328588952230089523785769916926969395702002460071030846840540
0786523268102071833211435842102674952179730152448119699808375116350
1351948483804752682291380520265600039157808440902029571404934495880
3664884219203748980865649954206108232916947411287904038235427177260
9882330694258169931560889365290035470057064339139315905695775578710
4766426296552628439276692014160409763796683016799224192656271028590
8149102369528404375225278138413334073241471616040660672940744159860
8793564088933339044248710553645460393377957064934633595778669004290
4053154750285782577029166652205543962387036502887084883222429584200
6312497323448043686446980140572131210124723401985197242784817097710
4459701276587444318537212412250840909913393374495535852528164719790
0651593717762931696671156804001930290232135909749123553934560253830
1906442829396270496491347748402685071922638057209132622135482780110
9793760697264716244038587585234890728751804382018817508249147732950
1753898983007781892892674352757489761616604903747873546297143128700
1014399228706501440759609699032917243929728812079883874222681457930
7228049446491021891612951272544735983305525810195358422076217966520
0414181843681660244518333691283635946728081825950600516603868033620
2724325159621215343796124671569565640498354301193198629002403458410
8518384392257989368724652764091014903116231646696751942148025211050
5937498347200694623127384343472253860713828671424422402256584618020
2177261305484493396004047783655005640181708755577841359278201812220
0670003806609103567360408174861976084928301194933631941637421817880
1291547538583769275717764118364725934309026307546518085182409059850
4047454822911987922572128140457249050285691948246665097790415996690
8847137143012716673179206568517920655557364212320422303478492915160
9599438105973430714834283037921571755006702643184434700364213751480
7898334446379393152028715680014892615756665973505879766596700874850
4251679582632582439346609872036300476421700287013810785438852199170
8394632058822155374425325487374708922809957410724239634080154889030
1049056721367774502280951489139599825985287649226708817481259044330
8044507406387874472403020122942509279917410996269640655656359424250
8284614530604025515819062079326015106431748242224084806939203115490
1947634845816903302351956458041549948641226303409353407160171506330
7260555340895162428103808994690695961849309852995012274374496423270
7511873856293199024145843353413687136106150330339850350392793287350
1181769811481587804941137085036811430443693739906138514748789753360
5585610490822998256893107042692380423543650430711459654287702603150
0597871471429171692029445298526968880920525788165257234072179663120
4925710554714486720848068563545697175965982030649380338897576464220
8628626308741661929787557396848123901985644052610113566040901781240
2667244191977131532922463612316602940317844056018301633149363554420
4322772477365268836965937555036939278042638456089255665101345122050
5234908550755240664357568751738490029860121079635993116845769809750

3710792978794616248609816314544001899106095272580122491594408608 60
6493791813224709859392681429941547937590651379973126087963292782 28
4643858268298295439457797286787475858157269556756077944971005840 83
1467222306457327526027537049501267510052345286259392701977265865 26
6749991501014685484642777289003938267809757930552072483313983541 00
3674408357410128586451056457206319336287393190944582495915552931 74
2257528868489767397513904914424402462034091981169197287463231502 37
1649972309572347477623259117006809870592852023626524502322800478 07
1051581325560016512400430510910973828343321680305011966298090039 65
8459142238226029330337358986612596019301135522692401881331653228 60
1477338286194890020879585874775155358625017576140167051281666568 18
1224266561198111246745985292595711065120649272560074825833802411 22
0362285873580281797990730786186766807892811186190399023620895605 27
9335269809344790294139689213578169304485523704318302862322634598 19
2539770909442778299402809767173807896282160369311903844231127873 74
6364902542407935314253221963469895234339288166315554749886344548 37
7198375594478695595601771877590908800556324369066949090226829392 84
2060882860935860003186032981246124296753586842776621184689964090 76
1888939129177713138877153089762783343556393593875110160411344098 72
2901326114417294977897968965815506260488231617724047760755181143 24
6594584232843485809760069176206840318317896463077673144708929084 67
7462409428969338337339022107205892468826720175760832341683207818 62
8467028967121893628350277438089994107803440113601603915813865122 05
5978771894960374815672916367289835115121234658724158459162638400 92
9924498193253707957766253805604193425997139037392583268521048979 92
4755752477035084303047934151957753254292152227237232679829441438 50
6112834466492430758486029780878465228728012191293489385377227915 96
8557954002939569352305926321159234380417692869994250247833106270 75
9451981211354495589859631656472782243449466776218269465489389750 12
7419692532300455515606492761203669867071776298420905993824280251 33
1262547797167100638752631589461765772563102929026692758064729425 51
2727492657664719254831491532071700067919379416769516494389084647 17
3338901166371554120504160845457192648348887856084248399516657732 27
4792135921197002288902200765976823615692635708760720214175800591 88
8842157826806576849706049186167925870291284767513404069540497413 03
3162042693886516681307150307755777295085914727958885685949890839 99
9005203119991341599907605167279630474432654575838379953798553757 71
9330198932069744973298239837555211235774666358791638951252617003 65
5024486973692118973004697552615388362631738107985576015492713455 11
7278974821043641920607385764932303429162000714146168196947357999 88
8441650330121102645563222663768821273862535268241946464848466252 19
5228319979257462507409782136379293403168451480761764001231843019 69
7637757058243709246609876278334737946302259236284034819240956149 01
0811541628574674816787465142395639052909875778418655581093674488 48
4690166303878828287779997479010325408327986909970383246047592275 44
0968543956915475263437786622022229608861470627782846911595790612 45
8091167453894416903679533387025064713192738784853283883600522184 18
1249266455209894261380528652189927365284689866395423008317139705 07
7157368691407628066714897285788795499623126939761553470409126042 92
8611519740472721396282568514220090449010930294091671908932590602 06
1595031658943340956071280507642964093666679764580230396640452753 60
5294036208064469849854622087926347292480895187599069473987890329 92
7710470382724716485172242246088725496448752959776525867519140458 17
9211275449050321804532131907907934310391015828049108908386498596 82
2337062607529793535489786634554461415132678320449848902657783460 60
7970616842641360419714956767293947964391731442930521335255779906 45
5347404702898412781945372807491357044159766266167417220044002136 77
4434381136412232747058852005545187112264393379404616479412296771 13

932146858716337791916514420410253686795770824423160040719192442266
488351036073466738577257958580065996016761135204698014401408608689
075823941768090997382493530466935134831609197507646682455288652916
824293870672174892053663116026136976038943608853622553228124054261
653915005728772743220414397818929828250097071977081117584644 6331
328979836679381214479000151051021085534765989765760458912410668715
708958832057272464398353187148960289781432655889675095040792134211
370832670920660115452027946973384889807590927952957600580947761681
301420595582744529629859794505639770523254065818897674999391452106
779958911813888363559938954077405328013102866254584210666098540487
384106644710072993893586221463465983827616252428042397701184191937
795156822845677229688487624124200600782503370054861728295206372105
898418479020925510172026999042434993532106535481678523078250104721
312064892237608900787780826035459105716407343784620558314322475419
106854756315537143763533200802176952266829035855200124218342853257
365220527577320598331882029848111058786330810133992773701107080706
670191055576093031278859055931975194736282558609577813479235507887
163997446808077029902678448281434430268730042279656679170757692837
956207754708137911121176190473023461347084892909047961188556250695
772620607972173041267853740588987460654232331727034231040506610930
513269454714657613719575502302839587469299874321383252655579673203
517410094371342349951984202080293268811920639017875106369100343772
379237299610864956536853655536548972389097307643186307245331672783
173109191982170957437226507344841427571928618394214000508161601263
254477403353905048589319359742984483533170644362421457684962494131
436723353516319165664394669925287385688146407531467881360371245235
088031796886490128313198721001162258763763123357923822915596402839
215520202918734722495827612606746873691145633732511841262058434496
598652439133129296554593345428198501172713885770209579872130950931
436201827129155536835275771718261426370715601044924586612932232259
920982139763267911455986623149354666748571623310399667530716726802
273968516296291301249987371239139874840395012246767239661675385094
603583402269351622729781810676486792101667565935547350657833389601
422500614546980733093478142045757958958069471842873825607855292100
571134975707943011449639200035564941565660940453603964576629251314
005106448822360431848602243709627960049445732382351023325902510998
468435399363896552042660976525352231563567476639536218700168016890
405643796647654556967992024251879436938989270130046063118209588448
620567109339963316922622198655185782231186944089269473608240347322
141638185690702455960120656085022198819900534310048711233576268044
938246696127279450356206512366849876204875717857992690866843042504
148746758364179561404946503215956383915079028955195308445738558920
837962528721315909527759593531701739492251252841307289457561034113
808517269273124137339853416585819247001393750162915038265187459871
968999628682840187001083253661227392825291509625984085155967464651
599704817558486570647470786052034391627741648793856751738964855781
822044284937718006176085052597899127707539953740776424030372912157
182616302493294244698434949040277685869070068725775828467892095760
672165777336181069706507437932091199340222584133303436759936085992
755300496801288612026301064184361600963433117305422887995933183049
842503084651646559979283686465691904789889676529821932048675446829
667161596201687437579852715212581851846121128577992168153360997805
820753554507058811927451866179654388648164922477963628685648052424
220432058262635289174747130090824948206263674698824113726027008584
117721270904115208260095941199427849655652134456184033434248073598
287658586448139054955119545326559974050869598737952854863127577394
492444355183949139993613692969268528685150838404063832719399917839
471844873400764674287379839317218165271765322313421038420192849901

3991280476518999395764021776703534923445232321594435600142024262232
2789426071440786386482306734659404603312783005133941686969862642422
5524597350573065997701997412208844195682445311227413572049446915212
7615318819431071558232072367646577185758508769052309124484510538542
3438295619838111978169129220185889730749068009255056073726120434742
7683943460910923024183866168056091277201691696709555758273626800157
0553795921164355578269426259032244378372466219863980958563982600977
5517176176420400949720960180972509084786051998936292984814831058672
7308552926267850508231848190272093838450192426524599149403991030292
4927792032662507230855679590881651956458685417503041341115641322977
7752479635866869028660786131164406492660612090490501285185082753582
6842528335000915873632653389302327303671667672247637762271847566902
5503289163020791937882717759396899590479136918898647873899535893952
3746220840529407068591654765536490500622119314232743868990565906882
9568690467635218935985446295147402198372727282014587152010228289112
7602521782146376406150038237093229829927812940632916968279735414842
0263313429860504674540511358843741236253181141725183822774455085262
3119460834725932090109198479396916980203821568702691630255266438382
2793131812211333525622015850775646110455655773591932092130688245212
7956289162140638756061120548514223576598522118008769883911641510702
5675877718751924040650063964904059124290005531036820751862716389792
5568102582760948588267811126251479230337206335225454020479927295672
1637240894365418064477632743450774499868308745840410622656732103832
4547841079939613953708559476790310882625624450280137134466092190162
1299228323920771334476520601052237997198526956754837817116642624242
7523119511158609985794203093595632506596686134619206695935942624472
5350450690912041844563503992709605946875681767305832080781454726002
9756772777978321551171466629765614099904989830323717963259920062482
9655210969589314080808239245693257262614455888469271127747177912542
2717360379318853374126322754806321897423944190197557505154422220342
3525380012975067082230242169338888023419388893955549669498541445212
1723636063087494851348193592883389384584295557706143200293963986532
6262754821660925437386068273652558731343882153941468668177414567052
5737746517889481582118917019418185611363462010038671768649695214812
8625390604008632187299090476056628269058837938015807515044038790072
3167208039963216275149665461040147920040404784200382359761635308632
7930187666367598573205514846347475607089988114910368751549897681582
4415831726965963029404718801881704654064265482321187809896005193222
2096473050684739682723735409888192155108627443264572778055050642052
5163893703492951805759204700056184722238314364068695738495397485322
1925483199682992502977490824424866922236708798156926533642908485482
5693426805968807086283290832280506171208084751226632052461500728682
2842899491474528775485708776003137549835046337117630199580724342522
9947617386074672820201710430176816168177372816515429848884606499622
7138785677833098737055775869202297410522515242177925365671859886582
4323481769803656167630667182319623833093802402783254128298456667562
4495145375510167218824262357452790036170580518456412510160829077952
6514146511697515124634395196002740486241111798237102145866385469792
0034907589693753422513240128395553910639295047198947275194383158492
9500887065404812623375699363407138336295967537653483396498694569802
1737770331943373122824489199703873950473040134440182474968753585062
0066136921200036279401953471922642388681726858910203942896800160622
7386338123439711141445823448187999084210750211919730836782946805152
3541881959216593986906911782322508014742760955362597665778963420472
8813857165590129609615058671467234067079102749273998349937385527562
8800176807783497956012837011685663259208382832234058305089380972632
1881377039424675049151703694640738302950480046057592697645979330772
6076549064755331678428122504811425071830809073650890209599672671152

579362446130319054416880083803047181321694955038189072408006308379
191271956436600686665314241267302744610093331087013620316400362741
507995361124424691294928647973016962472817999973400906370551596735
689198250146112985422094585128511992898600035947400898612210819131
032464274852455546279911627807320207564836138317111972563815791182
912310552051064206750020531839362464898034158647950277348922663380
601669833089647980960102620162099896703172300255430666088070122547
382146690975157802320767319004286933254198942711721429011111626611
291884971034677961335815648327578995212490734802434064994194237192
444080658310334050801348011083036544789705752166684640462544411822
806715388767571553511814099198595810403111766138271247100585036383
588195977633044922443965910173762215578069635028170482226823370811
786335187744074772287878028686597731214990750275871821955006049919
822071806641003348943263908272017295187159751768097350769651194023
573614883257870519635450053110247355044079177844062869077131987781
210312477304798932136048228109680606071741181782995787589271784648
574486023188463225048543123681086914056986878356050787040806772359
607957457883175240455997804690776255654905442897335599476385906596
231179064574304373902753790091537853737317022784056908378812085309
738338755056275750920483181958769339114401983238294090382129726944
586796502585567467233786297623868798384754433767655161105975072384
524827249024444177496566299041395735936435853754980455100335274067
918350569481039133701521874574260684150713230009520034850226384511
212113586952408556022391549536351162230085789053624569004207722178
675422827364447220601405528866588485629576033440103815599861247281
961550022981647600334970167657611682539508835525792634203486127111
838929071566190396466848729075564120816018804904699126720058994193
809756522965110536605746550458397815442490898657700719760977915878
096158789978518522069645550325669985256415467455502148315939826176
094860589481173272993740044523564213354459834368877182228361042584
876798582230727546612830208670924237158053067859684003420589967719
154011621749872264042056460920937575762807237463604733761333217490
036589392770705970992359892353743745011569717461188627375450048007
409264087561618295958078037681369139655426528358825271450046538221
767040904799329046924979455000281846898354737008921999341789695665
225003336997499799362347727099349209913657823237112733070037805695
937564446310515632769571972613273245240454878364608072611070809691
494846136820290509537355088987554857580167684522922403951505676179
600447100300534362937124945852438385187268656514648239149028844458
860045354407746807053948031533236021283192314786427432029702227529
042550106159462106457129277558010987495349313176263790124594804396
734215504890117059626333648098719377448519937687965322968959692049
501277273359484611456291429757337811487069445931298779391309267594
912252521801219478534608709736242836546895947369305591337148769573
726198883497876894168191384023429811250608071105175424537103965868
246693265769006694722400601172748654381709441015355969792805702440
504972188408721057148912549308735882875283637579474091379196712170
607584463939714397321097436190855714832015224021306315322819502364
143285081526152582710575402428573431822356733456084486686436024027
993415898817855020873443920540744181280291090027241266731022443313
296443043123222475812010656733008041840441289073773042251373554035
154182360471315013311491924710538351488409576591144392451053639245
210253377557147807031153225325624825434082559714221130451039230969
224403100195348358544175711788253848947655583562585363524855437406
845632986116536796131227409522533109852409354003193040895675448043
744573898073259535606572066722460973500318193539950473247791192938
769577029441504526152886279198003230615286656706957586261186057860
896026400889698180342162471292649026863721394945203879363810029042

810361064359919391708460729529566213819356252032866769191526983091
878993302223312271794620784899173866186935651807973322800328606338
425114281968700865088906775099371484474009219680418268084685072596
782966672751421067698288804765330317300128181628826183692601427685
093980586495717025886788815330503825236459493300275439184972859731
781638517718170572825431143240271899193257786139370534811616206789
137825070794809483389821304127105591494812314554525298617296644020
136189306858815592257386028996258992389426938151139142409180887263
863159804700599316984026198939726396768977903659678545879527471414
741639699849664078970187176400123058245903792557037510931706689544
139424351148768360271414100384060967555869073307507955793521000610
947782587714935671505407105742874676063801260485031848973887891490
624908823709452673763255459610572034474274380429064983662508463340
998214282806941873747951485960412777899542263150646150487865780669
866106836717500589053105633506282001822650959689756791041983763313
886792700619598199369144131344515012779471675462955700895487826993
281392381991613268742035718110496692036767460189469647284832840667
316026822089787053744425979457933754997792942618633673792154247202
989348617079020180981729907994537957091752142188705423671303291723
708509485099720365941366131238577742117494590410137513317404875420
416331425295559583132184930050095384554984837377673728294743288527
799573611042688267489044855350588839288925405539964683116530093108
867340706146748770013430453873334602883354562849087935447904592502
923504414431849662155069441695854529225791973508299294845168292890
847633151683216802174481559805985087031685625427023609606739890610
311287655878760723073023045519696843222722910662395076319711841392
496365146821687709568277148919088538080214463869706654014397606462
658020385909547702667285248527576844083256820681350756232591144731
535608247113516801337246972315450220264419833390020519450148565325
662811297362847844050667583706358400849849735413882670223436745525
195392186726358139866958721199284199299244534142120584526056148482
376137769118610233585482474588186425569691332315149880848274678246
866142203177627990967243579604183429721703229060556865710600503745
575237699142066330246579039362361082414780261852253800901217785237
959475164722724502351747539627442073218307521633056223197192378732
454278161559190027293908736307220492875884797886204902910142651011
607361704014288848898653774587085202573367269602719720729730135602
215256944329864075890695067385261284108355653552110611351874464711
164426888749391649020717542064833413192352789775509930173400078132
013865451421932538601760149554450777099262020306358230864697832553
720520559531408893891323365102460914382988955124978190872968189432
369838218125719281757417467926097992535246145916358958857056487727
249953244905593436212565455507789247810244286722517198824406708079
844127905403809992599267270631749273988412821134289913998663598199
588503200264183020576456972538151890629277434258467524409260536560
581481531633264869613194231824572091953995664495460647274933501838
290187995085898735287998082790199257771810981056813951725078226312
796080002333265824640587821302796978018062966404518922534073068412
815916126192804472151708854759575744529233650650024368221316389765
375806198369605171385097418597716209413683406067376720974699035163
589926288039371602699034890333637430268840822590178428198898995944
282117255614114493424789849539616144342412559796686599465478613233
970353419767385456018258689819498331355267866716635276625464693496
936525831146856539285245693013204051611923035340818591218340680689
558075938759601877407609473317287636125383103810303713314209549548
822523512233449098634507451927285213688849608902450511929094868293
340994354619956852285673664053295984872279314773783890318323068322
041325599872516707508250605961942657029121343400599746617570068820

383667775403293992560125911210624332715497494939242445636202722829
037768805780037775638549455931330504581941664207260137059778167835
698416280224341251489705769990919577037327752558694120023566227903
654645867594135502055971830156693721527288271879005091395031029656
485911566736290297866171408805683191483203071544929743916717769954
462270819027059796089585885969185709587528937832516069367948336534
628562937166850912531938071613416852767561164349736455829948714433
537472979017059383543811153180270964182801438922405425683732526360
119664457738768937247355431983187263217330730046635731833934425355
571262352261855914884454435554778087164645124643063483532325166922
527947493351391437139219653010532075248440793397498652621644098097
080631498758227554898925848947047807176188765279871800794785291198
771926952948002088075938037728931847670693299163856306762094708309
502942990844584805657508927243255558356851705208879414960951356858
275895601559753256690156857835889096793880870105000312446003484985
439274124655068136436662462548777204501033058171099661874575993543
952951488230117902632682405695749783271928513863942821453975404456
009123567064957962103330767676267963912902106246284749020073685044
080745435329554151756473443146523500720501181190434751432324642605
111345379951427487083782000755273114199860782127313777661245654137
531066922781032444226021766969698316052353186048386791939220147759
809946903267882025322156248083574993759259429575013071758057139849
566436391092284571332773046727557581337572038355257257382242558537
488738072029239480622183997511444247334949316169975367308805311648
070053917103684644690156160073740273872807372567507219608249534823
411049047763915475136079912707182120372072657553546689561052979435
936210791188545866096002470006221265701028319096089124193232736493
514263780097201616020810019537855578791967266842782990480147875469
449789061379858497947424612116945734651375480060946645949072073727
082430081358414274425930314616986842708075581344020910057970753010
960612421965221406326570914081121001304227430029946680735783702921
527418497604782466354341480407052579233746832378331323758775319479
802250500933200422938233385411300980285224803521448835371526173384
795350747585747800249089508527296104294017147354897994409083131252
465403418141542692617041488644600256291891492303027582337330119128
452502519314493419194592893247382621272310613633443056908013408732
539193900154143958937161233480579246804937015164106986297289899069
055763657148093883481954063727438153418937445508067739209782372489
195739669206895678055588974006407295921768911317711710660731674700
601570449552151696268168013225590523912939835150518749881660378239
509190512359449567249533886421750187152954664247116891972636888136
948895020755769676802957677245676611469863506514427783980036269867
729015701781218743852656661871110140270550672513176400912846296071
749878871527219631111923101272606906806627567479629603123184966105
149467674249000533683376788993606919888441758076759747079623880805
468590242374423977433431043872249478023550490596527020192744709187
839583844073170944970981786030925877525032714219674396702471383862
908663140939577206982425158668214757209727477568302840169999880730
173842893356486827004534193028254469743611595207716073097677113778
331759801804418309804014309298078407363419492718529368273722730492
937417185200723806612394818567690830605311771457771240008932138021
060862027766466926900982793995030110844064606701940380484226115618
755163944564765731289257140482000804032291127379141064199300791092
322401545520442712216786969691158447321066318482572211465922762874
762608857433050252807785651368432075228363224503682255363615121225
341455153321280265050479656491462464849471490555819336105574457995
179464963819539595233376876853605202520838259847391660850454262951
937194777417556706976880880176317601455996760432222620102449420505

718727672236238142025385008315441110658333378574552341515475420734
597385830193478599300678863466395461273335629702197958258049140592
405369519397270577715847053579897915480260319356515960262915568029
321751183716456438687036897211386604649809613014563743950449056238
224520808617847576240671629798908334296672749993697075113067093948
327724326851258898196056551295110871116091513630236407314934807847
620354310073101541180743224469301613886887053711336397571717493472
910562751636153965739768309837128376292229951679813043641819789279
299160635334590939880249593622195102878083919716509997568520145088
149618928345059950944347841320379702701907289567689830030169093677
305023598330015141228276402531684889844144786761798171890381598573
249004077246695276304855126223194835136916100601359640210141199430
525652012864244650922164575105850593815497894455728115453448314415
009752386171750494718835466508638511328793157089105851364442990928
883453312447673420003543388629944703928709241122183599016256341144
011205453914094553466814002504173287163092623334557548847146980356
455146481847994294121274079966041321344290228313600338313753773133
150732037253486294420473160705697929565064178874888168876528635903
597387557618072813239337686361726655528881950997359375461062200539
151742384776449957335695832931920400182093784934899794320602412786
838502244494643884304863807345252801927333774537787764973220235413
248016835369145121985960725070800712398435070017368050658604659413
036302852567362032140999628006137388157561172160874531393046378420
596296892956663553466306475396622079127007674758060019468560398068
310939805795089840850979038853811060631919831132233769276534712690
756170244554698668877825318121606096729640465038267975854840492587
603841821273247450630641847756791683900835472651603740337043958052
420591334889127850600441293222749192675036470835396529778964913104
205517698840955133081508140221551531973481651698970454248474856897
221075442149463132066432520064504428898795990421509224616012331466
515012114122658867055315951717690244293188455848083881388424494879
578680423642585404996461880713748453102585198616002124209797885361
906554552722096788230686238999043429961320010628776791449116218789
178246358789652700595822052521174956710285514161907887684587236173
723171827374881510450984705627060378001635944216961342586051631092
251470705662826726083619540347938270056450599432347589076494573220
685166615914054230037384189744365534389495186971631617180720454167
543581001145943175342568965194986643064562712541228387496723469335
631947053928991902863585881563630498798538184076601591427827693193
350283561828113273132450479855177688872797241480555565729058049182
931300884884259650950370298096746176549289900417197673032818192366
526415861705880834308839322490069861703073663516387365192726085086
365488868811102173368430952799182487498854900132149612639139960907
977894856718192669885866972240522896782490012484874455386598823302
170800488282953466152947209947485466728497638434486607498963490574
435597795850451725116160518098296628910445054770059345936307042680
645749301267987649000752537726185963635650733813081500126949597537
505768889482605603560954395176860973667526590156805920648893206423
903865126040789351871590998379442031217110850981630909953700475828
924801280772495220897003728737103269509188386542935134418931908773
088599672724154248903501408310875221946290133034700435110341867312
185247325024035133254799613920299700551645554704919663310314633309
077239079544820542875692858157305886906391267273132368472101389255
324729848940836070752387994878244581129437915046582202347592585003
287512641819102463426391594679443876282831654861021409282951819176
116643297562878066065328322593490695129304473449686308413376193828
386995778259653261774138122889841655646886819922734680490659179871
879805515678826371348673236917947421803493924274544866313312238124

226715520629406899535052983115187026489617361924961400414668757542
944950331436137481334040148741154333627418973398741813714409137211
858492238469271973441979595367938115391234698641607812362726023201
729613583026193491421686797935944168077158706030290478871078872914
294132279486298994659581453491689878123922299667022487917269912286
301595676045115120172595172559899679595600129402209262099289712958
463820228882025093377179977622941090602200710232084829873021386521
527011720160824690916856123594617819445088921931873050067400253729
995257944568195895295675641477185341841852922043516007161877079729
590637529172380604467884803793254909327870452563058774792757039504
447714012779413673341819141015326413829761208845707501535158533936
575247485099968730477240769292926933048587607318135538858498624647
248456494806976848850676038470087132623608902040703468665113277291
917279230671782770898716162401884517364688072733784845847898865390
556090819981007319832558843262262256638118858218043481022258732038
130502263769398723898792939123426646221226036495163713544114802170
540499207368195416487614791021630590648494340869865061518818405403
236758128350794337757664358638567718335131925387159887412650949256
263019435863357744992244197270976996652743089688075924141086244909
722864926744903457747810777969445280066670516332484638232444803596
189596012311729480057445480399217265828383405718264464692254797595
772591020794606596620287946482655700960568476417697676787598442411
191975016072076434924739911894782179423470803883227447578850484598
414746767798676618485667156065093841283671038354253409830407068871
970901518917882423690454156317651177452261265661496964612615888444
604583655822775782040435267028612665728391197370137339677392862444
031140941533813001465210583118473961741521015782469076176671743268
856015606498523540732168120062497410969258560623076665414064738136
843612867089535778576422090474079469160634371036831276652306212850
929966153256511019709158533528875974096944747769822743881770302403
129661733467758810298184312939472389001529052772909489132902881381
825214399492803672067154452056485233421988755757820243069199369369
173611868084423782175198341938439172077470807431030134955038169304
265429431569762833352181662814309433345379341479284431453262848682
617484085917725672208767916291536238482329518581890823601993315149
917231794865507681175937957868996807112641136958194182915952826296
348913428564041452873182184594473648145476468422988205686850540005
519402445148026906315361961839312103922264121741110002923051104278
960051165994911268978246714239128720379233931235413388077082014882
906059877040826330916729625243216680486948147095944185795661575901
580087408668320214580812679781356859535518446556828652014906483062
346624172269985362248283912466923182776844310577630066131226179667
998988430530617592273833109489815632947988734114381753116161172173
453915348223518780073202728808525082158476969253625787121350813618
768178474854282972034693484713854569607427234335597729797655263961
622060776310537053272298406051097273603367819525663588926290927554
020843660525448571697937494506037830734892560249678496193903548360
950519679362388238442186098028620194065211672419114897362641563766
689378864340510809483214285199009110147516795829726864564447212695
743776944277681524676544415250661799204580870334311660376747290880
194145753852460411021344094438956560942156767481186076874186163910
939286148043159595881722265436373196783550128979142052617975845340
424345297047552085019330685167204593057138536730807960236187433220
335399895171487903153889972653203475694388206868595403892729686318
607811577088974075895629880647296147556987171895066287875483517763
000547172205255558842297394159153018904518428071500944556633667635
016415056500419868780225482744793726499960052872890807850870885160
329061182672073605210595764469596892941722689866618307792352664110

9168442571326014558346224372068550052561414998593848476850979677796
9436599983393955885868871378549234436557009147689295026742744840 34
271685660971462970303732098204725720977674112530240538122612492013
7557387130671608385807769387019355032941089631242637747500464376 00
5817231959450540185129651634301348555303891406902722141406416288 02
1866616135805457997220824039533830125545155607454282366414887065 00
2069516144552890387875268207452047895034353094113395188416920559 89
1431222240332003661362508738146504412073261875895889695984006992 24
3251145617477600815657836184407647553319107268324242438683827410 32
5376443643832028168906058224299762342636814601295870274978269943 95
9849720228578714655075693981157893903061080308220741097825926866 64
3653555712840853860350822483119770073907621059544941404658936293 35
8450305968964200105817413450459192586921326525506927449721738756 34
3035314225945688582763502167763959902896809132812136481380003287 24
6114520875246896964783887209148437071655096383244154870612565484 98
0392236722138121170888034169871327767353164834981087021645365132 10
7488978432513076965447841247190563932019109523906782095956293182 37
6012127539173400357213019696041545837553933165466988742044017436 72
0824736459429000794317842940128734020262567174992236069489997590 74
8191458952132652854349506083755323928331587368398048599136257159 43
4597606247086369249370581663530603115525673459539610819579768494 90
7751850489800237451655232467906681829032829045994228722362627273 48
4319081426473433697991568674662837653508859648353439556058172878 53
2711502591850325115270185922481845169931668240248137199327682258 56
8391155031819267092616443842235595598950695592147305458065652780 80
9646849692527144435785972484289034840974054201490369987144866996 64
8889796510620312966230972756694612092755580530482454401042033485 19
7113130664894182916063661319850509053710749218583651148164249258 65
1392820685081996194862394513415567563122102518119953542854944127 07
5216990309875500462446982495461427884027250452496579869939778677 78
9086063365503484652899486514823226270664312084607191854217963849 04
7282200189318824240013804964595354647698790613884607699281661734 89
6605697942852185072095972657149051097452208316548169778953546447 22
3568144829422093421615890773562264013324998736199205833079764297 91
4132478402933515120330912667256322189986373523363754385318087581 96
4450899504101970269795248091613182993549259907897622728403833360 47
5996150438644768076912936649974711139630520854386770802032724506 21
7899063524891559993959874456472182613906121489173196418561574091 02
6024869406218381600188148132895006488331893302264106544554891606 45
5627669115735919870991322503508336063423501393119248824898390517 42
2845545353486008977368379772422478602503774441001876172487146750 30
9424335180653438198192007039219490711602731906532329455686739629 60
2907990329480406470128107733381961356416241161836657403320639688 18
6893770965294213345217137280941808032404374167127359092569274498 33
1507070035093008895894240483968728985801409601451454689337647395 86
9376457360092072822229975205122272761226174121003828673146416964 97
2898920353376270048374980064816047881339679638101208825014511743 72
1264258316906840342709980890461524188349473902853229860333087659 46
0845167407278751147828357343802379325923857043329863366031613315 40
6044591522151318596197340460106629121358343641227455303231884866 48
7891020096039525416955677418000114461966970523727990683386664903 99
9628051098990433825705599278902996135151950513693011332798680541 48
6104981787854211361894922186057079929833843722513631305055025294 97
2061648034061634093830817029643674983137133188597730716600439494 24
0733547232742926404212189430742451059375616479239596808515948347 13
2878073306302147639691611601152149720929429360782377246283648923 41
0454272755977430455521968354919858314933253404985071218015444191 06
4932772944380334951921061881057357171835422032545717183347630903 99

5177802875781931240038169194015885135063492262092646817009868622258
3695146936825948647463999897844383138934968273963303892998775263933
1121783213467520477540551188512683220350820113539927508718420286299
0540061308763367457401910578558257803112227828991840723751624417699
6367873128309330739060291932079200989568710231234553890718169017266
3768678701299966676774368618747002925171701588153858983779948171866
3915176633369209029322288560774560528830052552521569824864665471288
4174704290226382818133315285534365342280497282638505244459343005355
4330891970300635687729612804417336179245177459204841392669851331900
6916677549340221337175101865379511032204241624988919019252989654355
8506125404067805919965646615010172410972748532374347492351590084322
7923657740576310725658963656609166055578175720704603168044869455211
5955918304217939268565492516517739023680710952181753877050629276544
5774727151511846522041527702012331505713648389060416063314945787733
9757395438629293103710410141844189596797032352108960872867437930300
7184938583348583378228617436156688471528909180394480576471365798177
2437290248893563871801712869385168805273109876169330569649798859488
5238812636635228096276250119822896546661223451021740313884928595088
2235945003826617180238796079365663484247314722294315188231657864799
9360230031313859612070825694973751822261824947100260907529740694300
7487699021004053782277316871364033580229267513716228217176455892888
8071860753133608711201498717818825674954438752069458304944936059288
6254872236695181943646342534237329602461681470708932202035201953866
6518445438090525799536598148282252855028486247307989194199580881288
7309369048631454826135358387317577532581485750254718863460986405933
6435895717842785315327220404106526424849436595675476031491769907500
5741827465694890373453866586961520268412930466597042335307373901388
1567476826613070731292005019740289649144476827927664818317258866200
0061286833502493790575409956526608130537759802351625082916146701455
3959393533280863420484797281191905492681876519905511263150112974722
1820487522901888914800344508684334718659125122021917298306624257866
4754117354262981267537701443089641220839304537251650230967464733933
7229898623711951780437679172113989146822380794881699913261137519011
3567000680224097448960286508231858690614493747979686671795776561000
1119230269813542714908481669297895622235141006940807138311383102455
1111640548007890908425349083787004768459160982430481033520475451611
8163959777286284183000679200175069343851527465617973942932313109577
6894950584122176048655505281997251735665438798465711135503146584811
4336798564662019049677133056532750986870655977602676097410866600422
5391850029858141541483272418229623521705956483608460285474551126388
8153575803119971827413703785803889576059321721646913262510126688422
6087501345322389344023937756722117108251732262030224457836728778700
9848078570628347018422667420804164944731243116832908560237160514444
6531391557981089671317776682111256717928869939264404738010532903788
9956537764841773534946598053211085440178849821144796060585447290000
1344480819937611309451895296763747021984398301303115509336490269244
6722303862240382309908535622077860795520002759664005267727338525244
7335953992579785531213990372501069803256418542144096107723124936877
3165803640614639389673109048012709246704762927466860847988738491311
5705583196301981137844809343191282938382553720739960780493239970722
9011824376440178143475091643543486992789283420509758618862232087244
8983195452182204700806561887272388383081379182514453813114548503488
0425249945742055401098940108014496377101689231111551660747209229744
3951420293925987706832239741623002152630017419641740870820385499144
4014663256606196800834347927101208948961389569927787827110092278988
9361242750349009953311544347390537075373076355673402559689541429155
6040925967617977813753507007054338830045554672942567439256097148700
7146519107343125539555115043885113312752067949006477666419742559066

234275256808526299188533336630373823578669769502248672019985194733
223155654833649586210450424419990085893652223783200119557268138518
767759239579694661352287264519588929419515589134604099172884068795
884128007182105075651624402177830275551953680630472404811755432724
141757830154780572285337909674789952819388397231784097198534570856
817181011645973330875050929030735330501224421434446161580995463065
566867688976429250947106190423256182736267799660334938636860887159
551812785979464371988253992556820375389881822786109768105409699829
238754622077877908817018111828884262353288613954223943950792395433 55
485036363488183007237496321249315492006624534467933172643899063667
065792595814926518226200499891718418123274965373657729618913559567
199530442307792895862273262425548659581692560711569147014573161348
439198648796809563203374574820182276195404133194141818700964498325
106722614503497945026888988078074070916665052458265652528918130596
701317194537499857098918713805353544030875437446661421563264198757
038000240545364092485626041008467330141573879679041883451648969638
613094732693547054243346262983969785566564393319929108202663567320
802400556685369489437655668795053988358005338994726956022499160719
923803711694294001067232844762662902994967880028653039756586602677
484872495086342182521840289688038469321664915616280465183094908073
244455525112714360145998825759744899898599856268786195065491682462
885241155660743439629118550498450985967184291028464082438053632879
290770099538936108920775623746738175599262338155980367785371320760
533825993650941225840165904359174456729101749333182293895248512253
998116029061724072698155700163629276975200130381060757543838063760
484872772157283017886754835033636760061446180769151928834053213016
360529220072830994331871316703851284444231460410008127826092412456
199570452812364260421984285347910209446616068369461622503463534932
561178794557103509823145333227717040990715761583544396005158547561
689874800593843834954764589489117410008612277354549686598904543903
084980373577743490873655335423360273536901468715924649997966861343
984892258849863847841228737164696082503760145368038423405437091959
227111866834493644252244960196035523801269593448016455194626309320
501009590822037746829510835920511491256997930242012858838602936694
396426085801788277051045802089662286812486934233216147132229925870
584931077744941898114234275475990438218463088731156977041314925189
610756665967997555036730710012290063888032440871546746968118231821
356014623089237967514944689268234257391101004504820965193374642197
410580575677213790709700318223830201499776113873358237603559137136
631600180039270986225718050590752999102440274481182049321303625212
791465802024571522101998135612852921241345423176007302669204874140
847876434862792396889144928751603494609640396263822353589295831453
484740642542158011167639493856343054142643318947755097427608728927
813759992116021491346641955428348033088105726531141987378625628351
973124471032083564356106529736710642890821811468084753367845658460
237964029540856926310948205860669975983252522484674088789242409045
273703590758481240828924334394755371556634692297326465274789169792
674927125930878450542356300298772054994648857563082418482173382810
161869848421670658140607263170575634932157535728693137523201842943
653429566328366896522414619681626670353447475345238514564251435532
062350217785060612491811915818621214213599671265149387449813487622
559695185191720034126150204676187641039359288669954512765066501965
680195988026602338117800967296819798072273522478036370023172358442
450604716015143993211607957491943529081315773564771593151768934933
444382388462495376353514650959332284372249042234185071259237725796
634235945622059172033204945485977572408338159716007309690411046453
219334666606334666958078940148813563568283844497023492072829372198
077416803870776220475145531699018263217926759901959410773090425131

492648632094118379192160518451512504377028957397008273136418628316
334649961693337344868558205759248821722851785109991023312716215169
894312311268997919884695415142221601165745397910414890189063653559
306367357791891209535380467387629740448612138802932000744361644850
463815878408029048173872891330641075354088267585598866058753119035
310070311365746833166182442566088450556596931891473473987417185210
713455192681277248574583651734103924896814123764644576527552297878
965696502977445419439790207328745602240410028255729130427473527801
485982599143181842170048306700383660407883106446599623123729808163
777980055899774016470265242847151445919515325037368661587706367090
484682809506595609708421253122262979679267660679684370762560788440
618307690610152930560031523245091441410172689649408653874945871448
385774556835483357849457196874270613191496708146984821953797094571
959563633479327395941622531202734072946031718486302109978380889844
136566049203132319325361825118222038579705374640223930360961888401
658749431616702919831178288344495607425740521491777349464859564639
132693239110004882805966166739177971700949025951229233165029343168
319809936386333053603112064265515940214489937849196647390367308703
108987476939255683628597774501405375295677172414775748087037409804
398687087202621468694326971383921728911594230798126859538137574300
992815443649244790111754684276878254397110348578455859670907539167
765812480908777079507473339315509428364719869240231124686904137124
000042056618855017682231764698943613600877179762077197732179959907
887186524353282882420304024286026790096476851135749719444686806954
886069962276588511084681605062027666597805766169644893777299680718
247662469192195624147286152083965338672316628767377633211076341737
939028313221055093965850614239860644241880925118049201060701057761
793425371946888090491446505504462670471156078492337087375671581335
961747578483245010398140188768140356943183596240183916596322612756
763528132921591038732531688565752695110318435361190878419652411565
787889012219910100610248394229036167974133129257273388969357952645
474856477063880988275658996525803639527927525237286546062229466816
794289868477415288251134137404854728271513645045965246606762717648
750172309457768375524614588421846900620211495205785187326599572885
487398725889555715978911415779085605982909421416219923915397826418
638281338138185156286760244470046738975433831578812175609925857533
551974647609159836135290827037085939572182976167992225132816652426
855252345061975709128952088522229403836314932585753988934165954603
409213085655489072501652477692294806262425783895158199535952528448
235683504127368461172474210856668823714080108566937639314539990104
582896168147222812965287792427817118075868604318895374161969097747
579419209377022167237840802785002208962684009258765688468051496381
250824911112933364583615534796714385563649390284953528915053831259
010495166405752864600634643421734980924994781933004047776150215638
232444277470663222110931423547763561073334560235450464178998761556
261124548511753468625926986313614518633845678720671669801051823576
895602367801228437438569318700895347858855528700826212047757175436
758493596075050893792083619892593266225235340779353705541580828688
334104719373576884355438869549219853810679889359101023821962191001
616482365272254794657551734616740291274387546109581917375385052727
219971224929586979235472777506357496207396126256718671142375627311
209906081744520531414122107058379853385955336969645325359981131703
820288455339660319639617745732940069215612414777258684325192550462
908455880926100671260119167137716407537818787829553781702621684416
100585925149456184441693275050451329738408833972558425344453349023
836047403432126921395371046170482130722741568760353437428795469337
886958730705832601061041838637792778967245070089174210773082194506
861080734917346493064530748844350532178764549579220401873871011704

384072875881032706620746648915347772150327535224478236925787441488
486220747079521685912249800519864082651442529718729199143863313072
896454481889398218055602822982507133113733247497117482807948017558
865145538937389472156840212471611528839050229523960995886060843303
836087250633526274140623338281704312993218408389814151079854235690
556578275090589708025600786452317285488166908550680102966309022655
796817214097968317822385419547385585544338110306822730726143162723
651731991991986564432994134401191014577039936578774453221976441048
513392218603221598931974955151150987189166365846484978642862211323
601671054678703100229367562320244202401102006220349041470701224825
782056934090492708190922167101685903308624854525030754270269391478
282097201223453118103939531129367544517424931724231918016667960604
445072641754488483807854470133441246035256990804018001834439084383
734703514005145611448279980997774473226966096751169706945169249642
292955529660851124794790728535773709141746622249830142978657243320
734264606440818702786962924592832461418452964872085175740913923203
160303023273571462363083318199798454553472661869096349740384201676
010562598713319027919411086321301800427069918803550647121149593864
984187596530227030772746775484078754396946386933272563109020950973
452471149562186028598340350346431548913739484811520534991828787065
108073074253727125042364779473389851664615335648951881899876830330
295348785467737663964033983964646919682275980778601133321295837533
732055599892381670555315514243456307479647201615043248731043211692
974603261342984427435399182461135219554505653089984153928630062817
133784795160707037136126716797611343862173111291664796615805165088
611567141553513528574636302617022570136320541011079790604013683006
797939426615758113683557243339524940212239783711547863132387490747
663727654410558448594644499695220200517662968167443668786168935898
669285447747878847235360102421902805945608724299969043784661228755
302004040069609232385507416448904489603464740925329187693939496401
833112402728773205128061663445384217380492976098003528340125328728
150628961950682751762636954104778593008596987345635548773436005714
836362187508303417209379308357651120580390208086035859211532897889
694072657480267343074461108041798235435690769206096304626085362087
755944413269035487769548753782090101890152167425321503042062448624
502661188961893125128939543843794468581916368306897684969604404314
405371865867894399038938495601834658219976893311998555251460203028
148034158075721623287128600930977866516945661223731244901068312795
204423199993829314084816098145561472128310285168751180757702738091
516248277292608356983831226254998599461658016754468103763300697710
445998985915613467890792604125288237714200585524307022670366379298
354810927436272703415234154695864530450158248490558891960015740807
662851776564551263065476383651778755590558760877025381712502706532
130164430055388916696394586940787159590249783843542522448778482812
131987003879186819509148655488882615328436257829006763956093362205
762146635207596470420472220839216912509786862781654607416241281054
775556170433273494636592991208511473295185277168233138727986353990
730438558720938065227923716016178157338683710420709214863192801845
105609409105458701847908309479878835264607516552790464070236562826
668464934960991104403701315909809749091239539697545205715195308386
998270722345208715272666243193619585538106628882805195095618350229
659878306488785725961500139877689157066437370329555813930083297260
796561980549744003832386454626431673189326950131846319782591714166
092381197307357345878538284121760390449252145713652289332985882328
423561672957602045152330973251968722053080814362593689627759903982
894672868410968840012379452007298048106326850738134758174190777859
228302744924515717584677602208580053438966117670344296373501625409
266866374307285731001428325909247034880993875943275397997349299482

0280640739847630073619159616346081658018605997084058268967794955 33
3936818699789929835599598683869470870556841628589966659884058563 73
4498428965751326103287337294077820501886859460067533981666538963 84
5586238028762304450387029722865476367162917143493497378258299859 02
9038908914986129474655324341609396053969009546444776183991365349 38
1901846649926550900773221513651475898489150857157052693025252109 35
0156992808936597642406394127659971035418664282343847287971257549 55
5661097310698554016812416223380368178347862290044560532048960138 89
9072928350493888348554783922371065927999753921014802244083678991 26
0687698769605091162277842278315730934011975043125587957720006044 48
7582691454981861892612529273499011349713329766736662471135271440 40
3945143879092288114894067102885096792803423833941404801977539505 73
7142578492374199129336067896118431708446506399866420928953529735 78
1446406573283836668400645886846217157741904318041743593884231436 89
6403860596752450770985095482915806746888547220562042331012190211 50
4132968475841881365375577006802020771829554198748233022235579926 64
9396688976069053877435406933661854128716032358440956935580946524 60
0598966142664594128191869514023624480053607479177391447498712608 60
9159921975945619761498853842681164958346032100658457346477432979 31
8717489148444996959941773803475660682811061518483792119638975001 03
0619109034856622417786665907569583547014840726698121114404317564 98
9433111182740348987628372545749912131742576189429980406512152595 17
2251867499180550838584113426334651746289675898155443981548433366 24
2522530371629269320850510059297104756913847548608511180348877869 81
6176533469449835486397014620559497684063882381240349914370900549 16
5839612857805446966985675447368639056862631213660713494579103700 51
5351764280572606663417073353681383416835820064091755073471356103 35
4230966347895410097657496846518533095026139462853096177846295091 20
2663822039539265361061864621540623735302643695751251064510938903 79
7139225260362936345729067148481866856145249086742652170529774708 41
6584640553388792220607068913218325435499175057419127605243533880 44
9254917646607691792967190423595525800219264173767487003365512714 45
1905741655663407129061242849719089283699197564972285953297550349 71
4014544449397113385655832485224672783820044802698681451862098070 96
0028358644402984659465686167738825379346068717746307920871012562 72
3494803661720463767444447534229845030649571668040707899572318507 87
9820442682938706877486514018432016224571344142318953511588790364 12
4244588550976169482526573224714225543030240570053945934918522834 93
8784564347172790246238869086052142958565436616757581038878538028 86
4596833061860106598668984948607794003314380244409003979908608801 47
7320524833063589540705381469563487861300296877972592280911915730 99
3905565989037796544374724362934278713913542788616976239892020612 85
4460707600964178757531001110727043027820236152225531790514640170 39
5868762513693576948549799384695050321263574866070455028525284215 57
1368878998573622883341480709574202438762603892146930213408121065 36
8123872983136804014838174660073763484190368626384666540808880387 02
6323013731995912093430583356926238555158127267689427452696211356 36
2755145456559358947104973172224970594484048327145091920711961512 92
1772685820461297284258534334332825190597228005451667527500015791 41
1643573234086568929567966205247658449136823860030987533196228997 73
9131551901226843020233025561419122481053264803207338742628897332 85
8360769248930070061891919355931001022299369135468258194897089573 31
0299127885689822740984486521338941382138229788119817776465791311 39
6083721430868996306564946858536316650848965883391726594746995917 02
8950371960053772262381792124571662608675072305870051373908600806 70
0141940038741926755406887410908229504624088880750293385798388700 95
3405971479742596886768520695379647892113584379161874413697533602 51
1347593005180000335014954247181266205474757988740344272259384596 62

564178635011366900101526091066079150211454847187249462310809205994
854784781848900411720691575797717664639803260016321383633386655978
324895380461672003130947557585570285465505987921516888469820743374
726604623928611113551495961664178392210713501426064670358316761526
059217218325897833880214074701388213101935894717563465029438480312
693454264838649848930228043768410054171712698701961799867703749295
533217615575243932822688644682638868553574552712868143092902855903
450075478266419305939575489859718470663623593043462524496917131240
807158714265154827994714869659932706386470112644159978950291026411
634185318728131040084892164764213837348534278958180220020402487498
537638726293786567769051074100463941882283207785290115744113261166
996070603959549637082068598615028161709223846505390944497265584101
477134821398683505651898664976879964736814748112632864752869525718
897172010087490803890657618291621210629190831679328986790392649194
507376720451249672828738084337584741229144526468976746253797814999
273948640958019392686513422843863597088780296934133116840292361424
415740295454320443876384706743624125021509329238442061974647807051
394755748539913109773284701713386222719311985505687389161096367219
882696404444362847877291604351993074137026272294124589315133919524
994532343464975521904164444838192817221422897936697060374093250547
354680806747033360962266442322440220154891676124159484911143693863
730359943990654722702043230259116373908514429982629493859838003142
573820218244686857539785612558432332712487785093872667704738822244
927923405533052409758429688164725453190915023149916674400369208145
729297004970025040256526405339524784524153479564210882979912334297
611996383236675051970993167107599720353762523692502519382771779532
950871982185833269594152286245650495296492783497768514919950128322
716913438664505515692954196992545604504497582963079385242837662221
183230982332937911497429618504536395406530078250511484927898146207
166392943211835756128413611930733207291752955820392328150987232298
510901480713729965189857239744829253390055203042907303453716450538
232288292695645294820748386174021851918798854352199646281846233887
972820115051987585069917040689125399485667965407671373430092950131
240706496354234349587339973690732162841624906036472788645012308579
509671999379354557232499996727283140582979828297166358674574934221
164818959970523173630842694565078833340034407353016984163288388650
916633167580138628729464511439952393181582607112755412016485809955
026328146693079363345697138104991038675139577575373173512799044821
738428466914091328978643655001545243061193884063160312325551068217
446729813620593689563149594034665082740478088395854347560655276984
378899697756330162803958189943265486199702319950449497726562873780
170464985247521462604670019208604764528792188841194394464204369877
791753468323895233441123668091755705749252307450645623123252215418
066859343373499875969194321466575565971080635035189072717712757221
683327991770936217337035558075273157338019335815517447965949190464
311871618990321029438830035541039012362901803491596712199588843629
930884130315977503173958731979815451378504271734844346797930147395
994680057231744682706385624236987996753939883360425007899520860326
479074657668806310007233906201370853071484677451544144777531205748
362353569895004590018568754345847189049290732647513559297699545526
686771551721271230382513141315543248046290063011070794249575766368
382712733188596822291579286878786947058828527004678795536293232566
884981166150798463067786261513132112218304402824611069345348278767
511622438721488129667787077698989057651705078276904666215008736609
105227287998037324904868906576548188174222349171907485030704179222
924164227149876533930740482227511576779348775640705207617167664131
943956719356069699459036219890065530131417811624594244841497978601
429173653994985842280437796804483029061534335136393097339777935636

557651186259983593177228096128714715317891646535044499949631579112
515975867441975918437335602013487866342166138492981130336243782182
043410844152319365481974987405075208288368468690673619716000188724
172646287175575359582797091749490353647047487882183909326142561836
254925986632059274716025469940585952699242461166045790192490063429
531296084292810624670070275165700897784806695033762112071595900905
700846946232164621589321119150833292213624776160223765674547585312
703001341206756571080484705485516910852032451543134899892558830375
661922394308939017569583620858847420816618721564012079368906952165
888755384453546220114011927354990860274636915019776531884962695164
429366936017260342724754027281336102613032491809314707300163329193
404191324779636210867575758463919264253279615046427572156630679459
018988236198187080091560385304231990958848474578625128544391078212
519962993888607445680287692606281599550228522043736493517621652208
127692782514137947113304775212156916821827629731023847622649534010
946666557267635273214020429844425692700109172945027863366180683804
729339607941242381195297157395226157926462940533331039740299279583
514794348583601147339355864763600601572965203388432662864061640504
329768392257663041508483015173116545863680188591891892088210398726
748093663790230443283972349883246653839602650155081952393357422665
539894238236412452946315639754598767631866736583353452819060803560
562142371640359659370993522807335486500821621451926855273824497251
846054469928132582041944923875728170740273726750648094568371685701
293589674260171798395337114342724243589908740368970323487101214575
608026244996530540818021442686608543732122032134034313536024476262
145083308940700728458145551227201778475724601187829309387418614499
037770862315122884027073107758309422538024254225977686929003437831
873028958446859811035076226471464835706665915637436675168134094282
362929930062341220441450206442465553293321245901323641640429676355
307398980111493754168786256831497937649386243087904859284298393148
196710437820011003559968132193978312353573786479444045893650109910
885960691414606707491146322196157735259453524280997975179579133050
605072181269106773611888282818854264624943143039410117453149360525
464505344537808930660708592512717512294103783355448907079330397276
216552676005791117739796912006980627485888075414341143279292074349
412203198687250332333458359408693838427966786170221469258156451662
521663279229917376968204717558071292713684373903550598840290555056
198665877441126341066963397644945704169594697387442516156047580659
480486268446376389546965202142590535998313721065919989750262635100
681670836274046559145404594697193513854005845888750988649544542560
433522760987233910198940115653846567965737746015677721183804205611
167170272123352395287198747762296551314314637416435557018213769598
477636319906327519639113532219170174221741692030796969394445170703
860316362264792941934529344080295828956475297269557303344945511805
908353053775599609895289384846281499090379780827063240084390171929
222927567995475982087526244701588526847143488951226303077319305029
087569229610793556409658085185642671374415710461189633100004721804
183140524339979376088861171889543347071584024316187570948291195107
019592009596033180067821861690835516867306928401407560564855381109
222710329665581288208785646084806017631746831212088054475478818347
622521378829445876063994742482512275680062393793683423296365215417
278564043479379337528976612385157145534709540373015531153735623436
007124358549593739072018662181136476836520695449568167775717875877
297170300565632094671931236864715235522846894898788300090473843041
986675545943624368355034014987866244814870749973005912905438055768
176768587566553417042273149790368238133158197472932721174300543919
914497133021397560664961113692512540296307747676143075709400022064
024296963856723302444424618438098719619132413031027697842932191241

432387910377724485422849414938407039515151744328259381311161034510
103899334152099415453554215202305308630279040940745727934401117376
030659951713967760628328821848891349502814359868906069253004218779
136202550288075964005176261390844476629141357754155927039637834008
298980832213963272881461018519820031162056376661238909140915102590
759617453909248435765996686671495068431878604877836158675172286913
920603635300751113278055116656876316640978482085776784565871804005
512852488585571069490908618907368453435332818332512960073022336363
237507473135699461579622713953957412035481273266690448912931737700
163064102000678720008103382763262824742218904370009851874283472439
524110701289546082732346112568376949513094771257099821190220567549
628134661366483955749454301813577171559686239614457130793259354395
435637050084391069010373610055435455853502898575762384653433457431
047385240632733817159247473329123283810904268150831527610786171629
373630704256543481210766971327070453481875584492476722259495231802
239855377049859412031042621437180435009156009379711829740444923656
531032315318992473711249739319367354512984422094430650368777048527
904426776392730180320752316039233656069886562737664757280195882751
609206083294451723425002100242149873492316171186277076916156959285
551086018584081939761177353417124753586527198204615882230520290700
772919867259462479182935475627050598389388391431498606925410550776
163319135974276872434370005085529973373288880650284253660348813122
662514931444483089488529639216778278836937690905464015215792046187
820431317840396663028471936550367785754852823355861884739954007825
953678793651122074638942569967388815629450506707839387220025335967
658605229963022855510626508489953789165167293525517548036849658785
621986897926438157086092495900588634666356276322635075927480579722
979989043324321992573614610401146450404878589298388414035940307500
743662899178313795318395437053475122341745422081861913479019951416
485850947454390423521477047302027512739012300330215366223918290058
427058274060615409936125391281333024998668620546359832676921529737
440973385239666122404252156253372354980544095224983875264325044249
277478314712340433035882646967212682337301606700930942792569318166
268684041491675685018063179926468476830855742155202637498487436685
296646027925727551167430365471173399922404646562463733857977440849
627412359595853142030918080446589017121001677471649378538904025648
632685102653667045410794625347833578242043455114840796600683748409
785179304866776825803932833186995721580177654924557308712848291319
285938252081745199550023849702854159875763078773680537717027516048
237982117334397103627709936049416641046461854995230696252156715465
859831337510779617328504873893720939081935351327157956313432667994
883573140596491198363040070251797170617219439242895481785937164994
574198879581339449331659279042546234950697054647371061983042755296
710147710708210970034937612163123692070455455551704183295579966744
033366452589688454975013690702549220999954293704313924808586950897
012226623766693594670994922117591741110521771981857353950773223495
222452546920411715731195824734261206784969881195638196977862498929
668182680714658202013066478051963182407255971818450402272243301936
569583473618593227782996072858491367149361294489746081027082158102
246257694508270910443145840073120142527405835758983587073229062332
846261765398992599988730584678747909508302481028058963234378200684
827003221263447986517213272290887617077170016394178658523541155033
146477696570390112820737876244064365384692270337359208195989566437
064946263832399757987513086479331444890376864162340879280539029674
285219360863023345388539766823326116974468108068927590045459916024
791249780916012002237112972993959534390666988778544863607117775032
371521317538019394432620787395840051396484411986100827872563517874
930206670619489800557614957122558314165533083619029180192309862243

925774625236491506286727733483038626926724305731395404495388628540
939479655749070719350924155604670950644829022571089602981829826884
794530905452458956279008660241496006860932119100619348771413721912
076883383418674418431989812959263659576644879577051096015823041446
633028323720322964898142745840494711167925676591239185443302024772
947709460819446728318696495324447798361734416865674450012533598065
257942420247008239006567873405881389429082355432876545223085786996
907606718240226104582730849299758955124348030482275512833938037989
492779546977436843810178239853159525821380676220402535498685280364
440468864651985684591255644821238240236569999649755346546673537697
049287677250918801582282621104157472372852215247520353120632319710
298237218953584803558854114562715773829763515121486662732351991316
819375664128825964895960967102405137757184722657995693743833290188
400300365225451594351597761626523656710089672032807727609610936120
904838154425490529178248494493303654057418518029534980270007471960
601679121311627123626832533210948473730392773470176451146885799475
366553634767612325055951553989964284627889670145960517892476000182
182242315564153314985610290001968397513951565770939082917167816180
682153175039705775487812592963829516554011371927765011687347750299
174237836471567739755878679719731699499632845611834958215356462349
609727295745624940866550194181284842083690080262212669955123604425
010287536748801227190924356201750119811810766070795208092139458187
979073619709403761210303798979183596329087343750404303063305692423
740047974694563723389969493717658582416152705483381410648050322425
905677603638113103660591076692263774444416518871098572572277263147
242574054763036772742704686123685922721790227592776912074829694166
240735882335983911543528752093765100340096064822213081756637678142
608057301007545106287181310689889093782977657540319020732535231002
529624246176242558899227575734251609581386366527795512744883436297
335736492382259130069906510712067281011468196362352065026420439795
896147860402196217358956230234580830548591712768673973144258904788
829543016598314804125755382565914069933867204663548132921360181625
178307091032920408770843458729944087716499852443301532455479904202
308549762844457004808425350488044794810125089324868646890078019080
138578820080701202122755362099724584707134747717578878515352524280
429812565633485349834345221135333559824302678625105945805336749798
679779176419163553560509974533444415594236335654295506901826129568
450192313764182436719970494685328812880287327730092293043024199767
852119302620873447848254521669530126357043168869532610951149506513
999947573260574599438165859763786262794654944191152306455441278042
021255558485231982270306940253206156392713053345787226722076941231
264517093485431577465879473868675877050978434966207400163228129512
239050946168391371401840995196883353908015144019490669122299569313
564996315242512024788238730072109696775369931397668886121615375723
564192780662812551006451664198812233703317827864680774362900668671
711479777730820236814199605696615122041721627642068881102243213647
067848499801916335818992268413143430196627040560355897481031111965
144852915357397786196765959617920446797837460352448787521338657576
213833545044255160293923509364563230173390854122446090806053364838
100886666508928925771034698948090435288289047623997204146715786161
286743437747507578077727695850688714238034149568600218087518225367
269915712343160494269284432634384365278037270577774863158824705198
633851823586981545987165440709120339806391947009022569745580796688
325549928844995547059747174312795946900465262096701954641111451631
718631132424155156325673449468552527755669438589181724762150313162
752379414000321546259276098329784018963983630064000898741689219358
524528502279912725978852919296611647962557209144099066795320906435
919691029714184958431139639610661119047324084831696204890107434213

083271777767126698896582874700280035485084281958232441445233003703
383425538372103321492811881763051760453133565007281496504884456338
672452963853502287200029061558191245798950679556872824471086764082
902217371930869425221856354102202137437272463151597250831054233278
700418130958876897828528340854806233848411470520411561635790557682
296245237299950873137505944138259103721284896385960549009928884513
797051445351427696659651464155617784370009609708671678971298598287
359618249736948433486084242330367318211047446052563207684332010522
618073727618538849302711345442126493269014885888726963804851334186
284046142167040328255597608416727809827445689534644601883205041549
311211458041573126600573494986071855389209721538907404016804078688
565148570135033587043915405919357479759885009618386503144186363448
386631808924250784019278071636642121832918464342027290124904880254
437214424193027495661236030591204888185209314313096555782491249601
975877364628731313085959471912831707698492942797113766022302849516
417899709674890179719131622837969156621737760402843991720600112855
507375044407397962573490766567348571800056742667791414337426684707
708209070492797705361315460643910878571166849502233115741457973527
174673787422064049591313745908016709834874604441687468997726930918
974226507588583935020257977659857662259549057458738021220248935252
298080253679612492971776448165343746670545950559609783765695499896
452092340494194978903324968341239684465553300058568770042771039592
552212855691449168837245621505354222162441397729915648800780786955
746426928249626098096744831770816592208321508275721223339218220730
630808906999659644887099862030563162641514344945219605231168740882
475490662108192921299191814891762578964090430002651485473232702055
292404327718019633514381984996682789039405629078587562461519287431
236915399358179014261320471079388917043162212493331513520800980085
481243983581666948141064643624416123420805112500194485833334285946
207588468459006887297859180134198489304289758783765801351333609389
141444346752926801652922278787774619932736801251992862758103391640
357636686649950093276263325740859683431661810923363954459122479798
867009348731551361989733212745906135691519281174130126052963469910
211565076514495502011168421036313969455768944282485250373907540754
920600705974118535732090951117774765141429420442275396738573879406
142127880802429483667896123985060987502223417573939006843964153019
058243132520972826195380482199975910057282062692999920548264172341
144868961130501402253984545316313459332893244034282855403664651930
292915666508717636480523825347851824228172461703954209071710566010
192178912004000022772808424281261409192801676409796999781471842126
429666580047078329044268895742394096986724905251903949129787046469
674207611691744477196852645336582515729984123545370848890883795122
769802468281524362059410221099715240981815434917646519666480563715
638045369146534437054842138859928254477285918836190632888697971836
758383283697989881742143768736179836303962400591673797090324877352
576902606287559275860644389126280233179069069138270439662728367872
801610326449395663051734901461177944475188743475076748529489726601
454110529100676616578456313098851712203310267657533116069659727893
672026441949516392974902528377115567660194000433982476207924931710
538053472124522780369479984432402993441920767092700459670340856029
146514481164012360999114786736737009524814042144109543426933798942
104457672396378219505447332855285917869812021462322116108835736758
341890972068532805690514355148201525708226820926036537597364517294
115750501064651096282107868952984339939190652429475780561948207610
195250363048854013730600064682240385770819231395537181950485612128
555265623750441700536728504149988378145376042374655411800867603834
442248586760497211043599125354687661272844641216530483000215081902
40624165116435598702710011468413573741367581707841012333007291830

681137963721866029384194264875318475872599857978173183179281926777
011941989858356617176296316462593428738355248161698782368745774929
128273080101310998157953918590183550723441693108041695257969973966
591643236454675194827907538487939136419167725477697571658218535398
364607737730053774601487227312806141076982094654523260677815754580
209724831230324363146787326919763829143313197863352207771014530091
544619530753824836246776955207955747188024012202109017510250033992
139243382509190427579503174522641620703500192465252812223704577076
865487828627876032507236119190492140840800094614446388985064459620
417597604994187644978846171392542887596853757619536100222506126879
733813922045882204162354675892154896900132606035295120807633918561
412538957938725302719134923831315838570364787301013239536268431396
451656470964614450052972084519432043925615153036671474775221595612
585299015943427081450957082106900768112543275717219868560978659830
245187136170242339952097288564927259423766949717942150054431755876
602343499776486217210733584313157321163947188708851740171737272963
855227999746870483866688958656361644469054720227438928886763609017
954423148075256265347278454584624442600839394025673986139398907449
389527977478236568163890069495754229917658551528785739456950654230
935665536856776279076016840404394603111891074415096542168288400705
714808676424976050654284305554399708492281488858647262023145495727
065679077515929425966129868390538881309607924683563944829509342223
548608592418849368214289697105842947683378634467618065957007193073
310930035730042672680904697621641456102291123117125064272053087371
527469839545158157572736473870343491042229711037798886117048722115
155532401498397390761782346876895943330582564062689212645978262279
037342894781250510003031503839033821965893607787178905465929360695
086173680123715140236452959028154593777236617320437645573877204184
764733293007024015039600689825869909143305002389837262320094299274
789211487412339499382687605200999607477747693124117856437546841359
300387496079919614882933686623443398617822932529501450836253909494
073601694596429377709874466722338655290649301718615210247562893689
595906538405879097592140404807828680714982377877754393893487582955
571823811498589136955461614984244547384326194011176838440079733058
429271844509037292013139772957381102274034696655587213818677940153
696072808734376332587647845964561713512273477385060391593921800212
410259874186017538031823792330459063266492790197287391941120383906
108536033905625454577994186303451814811897273187127860798619419982
222027253441764092917790499488053694690480206174815415123572400551
258624303777297513009712975381713279548881089890055056488595614973
261447046784761341999395395237827462439396152774140230305769803036
035801928740496608177662534174178463219831353820680448213457343524
211092939902167963954590236465883150381463420424051236210030135212
458647623858540749974583381733720869321730901573243705847420874310
406851432309872171822394140681555938395622801068590509329097706687
144648552797185861033472111700662241404705137704021545019249394250
487619538950979578287278217591790711799834491377769795393252490605
560610584051685692138176368166439384600994383392962375895451047623
874187683612914801926018609280673065324640794150266747928956494019
053714473538860446217729774408353735769843388334557140856887387495
030863302353071501855026902022418875155810797602891074852266545488
586814447338731952984158823848476896483897183186263833881488655054
439699144097122069839869567176271598334764688883227416225666909817
989138773516967417914838308338268822619496398957178511001255018277
740040956782078437248700861460308207721327283681318735761604517291
328148872782359192012667494092238766779841195353629003289331942797
876386951786850997812696406394253176435382198979518270325665049701
333576736669302697588583579780732435012686303221867843502123795696

9505854280441269802418136074929890434786406405348795776925423055809845734503317749084785230352313683155080846053741152726087072692171888401224159124143340269043302289314709379006500744619818065964378564262548777260500729067679857062054925618063572652497221506312378908938422187656419564130731807654721922861094590300766653744933670100001957878272492837542731048287015270112929271619784105026822396286107364128170191763065745528874995528779505022494309166778630644855415297615391501237917322427467826234030299498520519201569822365464241580515479653778458798137984801925284514115497545198765624039827794279541066521143667334665965405551356636745324735193931580578715498852895840622099292216746579179922498098827927163250558422647117071201726841051469798686549528037402507233619012793251825826980660697172533306024804410635406592714419259545581028258358989524773139649877970889434441096472268149673423406677540269305399254778290136759573961745057505790303267923371512844950081205989768059450044074427276382218276045167002008852506986637536018751404985159887536929023282483654988388594069097665390168599377021789557586649293075257077918055759757982446445591512840388061513606151341321992801927243754986831902547515831331039084483938295277876814271031186298766967836779425728398109821281449583206370451379843087607896014919506632203681767836731592064676647003658194779554524936038332356510830633686928579564149994560045849649788232610200773188011536961955357218742560242932287765049665515357838659430607934596698293487664346300536914363289274140966384306433964379687246849513277093146095630763316565707291730369185221947518261153332268508483431050715691161956237716057336989497506891991430162273501318666187236985842646837523483254311886606597288869036713452736713972505347601220110477768170753201302324341924030568056119531842550451349934089311416360880099610399758942973424152032173141161653968717623431581028917086399351545687002567955879375054787385983275438048203814503038652658675417470577036189508387844638950623956880299662427820431776715601138630090308138767043070590781194405948668502321638549263629604794700607029147144373810498615598957260210154340016898180391263383863556916875432807007431399102129933971836691198402798495399497927422685034989754766060759816514523496298157147325685908467880680467569189511630392491227693065452453843584091062940758336763354143957872735127457640696835966868017302922908035923233831021016388918865884769309244896041274160840532027912818043446823748770147393821542337337330915357470763887332666738774983034037728292942150725563406076454102118294404243389246816004166263770374839377143900061625663461036836264245670152293253560140742036104038690911044082060884923096044018095888715725387984546296195969856235887553308747787782693290426641824692612274851783430407801823202447371999628104119068162266606317503952574233894448855904667205289136020471538614514636381459664447598919672098545711930185072172823583632851862805522720129013332597421183510861106374498259612364364351949347396765850373366244224692633775519358748599145758743632003629550730898826386458993707695927193234951809230145757694005094593630115120594307948493763201558012290484956075799899842908566217618293969627865246294630599624012967362739166553846204880373564815581346087002056269988668607706404667153754153767935093392224212152891758705585800130496361142409456931493604148958897738497359441698676711828654969621744069201499982229188576183208531187241693657690133684212353756661168214651909017955695881060775888459860392814155180306048912323480588010559426409031137229393269893911950019257440238476238656746654237298037411917912920796615137407755696818600060369682555549144599216605205279054326096339822685299085998990522455966770248916640611001064012635435204131529202916663269291465645417906000228978135344333561949185738

693010458860085216462200050007613100481161792275789871349387288007
390212240505622267132137871434340034587035325561794712471059508375
327985787745082234704073955859458547702999710900559468267169646288
542792069944703182736685123499795194008132551045688859165339084431
041022049021040202448661973280850743516007349702203209129215106671
458425767481613136593466782806943117024519860313145879235395104352
918213938943612076530657471362413092874211911512381432835194921159
835354216332986133810977937756269599713704953152829983461105193117
885571593450686864995981973856875270690016788082811377040812021316
130694878312177410769333413682005426400131598785740236093629663615
478576871492806006833451194591347470303385745229027995419695205288
657722561420053718067848984638353522223579812458537980852576727295
415990641808359980482599213065962246615383042978958209467131680070
509310042415822279331044083058485693686184251384788786868646276585
827727387430307212579918850387420533240897275696731618650770362211
718556519016156172627640821537161828665192865961188109681401396445
666570524919815812962315913638208104666181836014411681708261895692
122026315973614889460095598811485147747572515201141585698743202163
307481359009284892078995406611035962421079762105783718935803663018
776740784389013310524114831734074326821053500485751253221366388426
988036718707681217508372681035570026584903799534964730422738013500
534625300365192950293073233013696673734901632987256727824187158536
887045662375435712971990292114201797296357904512452162098388812011
210730243774751211916407192142824538291215575103807708469567317903
741862830005845407741008707473645924996983464139001351166936721588
165269286449261671202510994047548619427093525606909377526368303471
987892294431946507407641829731137706558796417997594205691710233106
059385443613742325862789163934803068189059695405730569934322917008
137744073312923507708766174122051604075922440031952882198018893189
633892552089297772126629629013014328996357368835644647985230069635
352280406450876166781156871202937222526032399193532510736984833072
984507253325187806827440346453510907186499693387149120496080607587
491475799025184475475801864022744699680122706192042295811662422991
874809250039051877018762039910264411665847698872566842018767507006
334032907318338794188863123160635389903566857511271527984194418531
574958290829324055054968558276040336280922049509474481193903400213
555175282391282675785409772678592332133787102989828926385451698542
084361231069380682675153039204189214200694128883345218657715100019
936371456258100469600848176632689847225994443137183018422144374632
242279166316526152853257705843635185464007637119371613279170009984
764429333086415767890700567625575200938387765737691816891333109927
808510254910086221261211119557122492734690740157728976376591519323
603887743228139676479763980961216462370739021471314791577724274042
106540295473307932511887584859000599287746891581536974576345906540
473036862757465613209893995165209792553551095144211926515159110686
820034080371867367239384758518805621076730536667596468289892080344
487613458282423746234374475760938536615083529724960444657596301100
150493733035562017690569260389181626840079368395329188848066289113
005555978166507130122801888945229066791100925110026525519437093168
294811856000920609217300267885782685613029492980166389704513029790
392290555436844545439493972148328654975244795964925204404073139888
656919446750663526433598405627984895673217673760899740739627931811
694879801788574523643580541340992286714288717245325652502806477686
118219223812280920259258473175937266740733642381339259392607888748
602944605050744292841611318803424588388920043592008641817724991561
880289243907044516958013577994384736356384530662316952438742529381
035727572576430048411241269331118494843162322460464915871165525825
310508415886841208612037368302402495416986136724929754790997629624

6777958262248926818474803714409703854208799219358075898164687641674
4432814618758801017892965597967935461660012694439428394440747680255
4387590991361285568256654687855906237783383120639827956285390590193
0333694961179465929462616590359739748934500116203259183331636205174
2772175218131540725397199428600832702450922225866560161791014973215
2695607345979693791174223568408181221980724975998296539975207813396
2648396598206398456955225708113520748116236310342515925367435941137
9181371539850800877029407987858382780629605432367604699813247022278
8409555037928370067087217508479533087289403054180000388250239843859
2151505452297963487389215722684880956351931523348007195641101811781
3831996539508279428683710926253831957562596806603842720418799886941
4472603366589535520254397190168943633489255933463564660008139361582
4954692095737295068267985776145913713465474624097526037818237502713
1303763209782974977395347438160148099224681766156140235041555677464
6977521935759588226970211807091458054400413897709030575944366023705
5686286606035321194368200606699107432770053283784335472561066665496
0869215615871737298276248747884629258407178704735045011645069005117
5815711205186582780209512885397371232993843472485867564008903181818
4178802065112053356549742810790030319729545515576722946070488466197
6905341998099847609547272605389788563063265864774787324165676870143
4891293882357364771092446299584548456192887515734571102086486589442
5278634437777114608236802596993578895897372875220423520686737793457
6592170360543938816362450259788690033108200067486323742539759897005
6923876418906814019872946552080380561373833970953304075545268678386
5266825433912448142457373259534954974614191927875869724137920937183
1878878929760447657337939279684526989043437646902363801220134460889
3001166697251180886213001588744864819501600714414148535643840335923
7623802221259987850237457713991517629075476692005056344306504257424
3047710825691822971111236092116188192150047825036410721835607133757
1136710204278955944523749026584763220439658101580665530618267477034
2881629309224485629548616929677376706410343509987496288801102736796
7251157037703979376655111789748309702691153745894267774442958445903
7499585425078460414648791095987637338859434769362332955386916209764
3201350407361351235671562552842662804050587097106844690017421046057
6648483313009974311139883867692254599973911147059836164750998813712
9325460388168949813555374454214131672427122202907773558299838640968
0351393089583566463963170590616365201770426527472319400728233713795
4492967415858993024636895660051802561182560620536982856951107741313
4682525852868519567944293536032799560756126836191874344052971668328
5030957844998606150251260711658250977784367549264506966398371274266
4374370712248737161278707591200700456248713683573323314038867914937
2873685871238812763070993589499826378678005854776094942552718627368
8885566147299628708985169818454971368791271279513680334906791195013
4308410908579325802529186032898628027669971300364598901066241963090
9671180501221409945340926707351445898093385595685973820655738468150
3297046102754072467755125538097181712809383034048772352706904725133
9681930576375477377061770216515668266217652810291321397061648565320
9659827995656226636524907939644669005200376545479249204394996879300
5355700156252008282873809196969477786025795895598983507952869663420
6457312896143353359283050200998638601582129197500900581707139702193
6299775213221454349215927783597379519793337744996353476552849751717
9702338259032085746692311195463110326705909860242211743940733182580
1577398824476797584391106384435786208468770705781212570733925051822
0246689687324182192958362861652531277476538255299896681289976124091
3518052272550487438553056165246737960599943623468049817713569200420
8854169846782078392249691837515243102231938562519777343503145175542
0335329272702311943990792884830601106641911198656425649429836254973
3374228780353591623935920726461098933339328619545731750299867461293

840961205789082693070483292543414197315571404283068141521475517302
072847243512237423999172982690911645398209618655278860727228029348
734708997754451856464275861520766448247168149964915728346334907757
576015782153979313648116156226667369781149362438112402653614602646
822966455376523900987573857594265450639134197027211875924571097309
203789021904700094106234499294862382300534431964927220781768961419
411044022955319886703213897413963228802514356678152733107661514204
237778446047932688076038362390128890787245152865934436210522230231
400899467333520691745274097995319175231418164151248626987273328105
555343050457631517053106455985972014442977554842662286074781680123
466139304659216786582790518968786713046249956449061736860947615827
180403072314343457835067104517947315314987640648554971884070686139
689652458510351965020075757427654780040843215999274680094585881912
529442386282291999553226710197849599814744239192215104405345506430
002342213757878286890774281995328633682822060668132576957554967629
251583274705401523291473497008712546384014429411754349030426038052
472982122125079334468593522643467594047392328861885536071499127045
036020502515105237501706003695896266751700501475529105970915058633
543204631199721976135136291304516649266013122582419355202021940413
560088928614419335475152377813420706659213169985169573765819946638
137349832644256919839682824368854260337155320946912321363940501288
815748356885017135913228160936504566615923366497395181038926551384
457934043560467311633026004855177630799362285160637565999744752764
485216463417377329217226454788573777183560402977323655740952362517
980912083434049796620537848162435177479644552838990041386722816623
683087879476244813917086738826434262088888072617549180955714761184
310837955324097741103989190101916108465704423401971998756994497209
715272784832904523563719240055243554892495893804506002359164053150
698609724523077420026467171522661903150875701999065682612237475075
583922111357069755680727348187615141951013439271039976641315094589
720975222507317929435753197255016411549103167492726575128248485711
648261903212439723097291775147656627636105600940882668530979102038
425528758776059287832924836432355305375740442266595028933569482036
083265612964765631228333770912985168464209981164398449090121982130
453360978685271654453564844019706443842451787619515918217961253187
010968048542613789932378784628837843526323907363803572273583926185
309315526777184033951131654260951563598049135500627471174603371231
118475807536570493825182034388466881180472200836910861965902617384
716071694793808108240464979371217149080373880860665527194019446399
689436529241885129509690416257275955868573003187112210902259407862
183122236463576569189258653127462169948651521700314326666172644511
728673094350044832345565392522755539224029045824560530252445097056
407511565552033550876269244478112695310881854222252550678704607936
996078859213529666700918066123274681382563686323301564399270096663
997386075988614119308616380684616042832654926436910147070419919029
890946519927633893141019895571290210230498772670003874799365706030
048829820680593096738527488474124938161883716539391920958972029873
382726498279570999346731048075864762177531258599962425193218839603
698622656506697824439850698141524008430679774182160883638277631379
497064800991061028480656988526140810012662269892739671744254542693
328327178030038709058449441110185868457953795321107778009337613398
239350523142332267861502793852184684948831363305572831716959746572
512004944916128962662255931610790451487589086901316649842734692231
686820584021466060643834083184803328512531912172066569028310475215
082752187287589985929017584281310592632390896288403586364671646816
276669421643357185452316835448248181692446918456609209383585455535
880344566375620166802386688037750245067726804163341057897231823622
162307842426248741566204438674435192582586729177981642985382425859

039372474738865807647883484217497630388092408187523981121268016542
109226550864640631981026595104046666449882825227296207317410631248
383757822114767099914180728620761683391476297038486617053365727891
737182111523496512240486771207938972784394582913823641312526365086
354385895896086070195719937940777128516477731561369705488108061103
907438024851813542424834686733506439385414847172862660259646129258
484202864268410669846066736912326034442776503368870663939843430532
805998835094735527320686654809334464088114840264690203944699404696
778884796994896816225260617599365577948375143944991300248891624433
754925404875351853304727640430296368093270163671469000866613774733
861789622857392422185849312066102095110719225945845900627057058354
542852742939407792894836878870537342829689992701725821580764332998
418787117634962740504503238980921523339886263703611750900348232563
471676050229552258290775012813028169291790803903548119490411962364
541455211084252281117332091658821403036758537699133446637331302177
907724342218811372848497819980251309524725991379010192306573042132
209271832940092221924885192973265171111659557000809299101108253051
418167038803739430539166726494083364744104969213523584672995516555
867124098602141486009698328726978249661150843007054267485171898740
366301849233467151834290277472506681602077525437288297866357671129
117096457439459652269501727304876407825025344239750687272036334331
174743235467348005283582064140667878334130743876227059694881048373
666023084157620574555271904760868439780974144443523891943255469585
548424791182592807524850625437844666588259446123336266428129249458
113704779960987079782518908935346632129881961766187868300423817607
044950805783558931607050437229521632709366363181880747654914786106
563968645913424519500166330078160875431394503008654396190826464961
607755909872410812189661414086753806641785618446994828897313963599
742852152652365706858285986472689201340562246030389603469196174106
679970176246149310895116408268986964053493926209803128803587823048
516711716441442831948487710706064331308989482659161849825759251931
915909002178676737609808968327801126356628582694718280552116018169
405185382360723713836423666899491083149614564146889116146331234638
369164378582250036961973902288965969519265110797999202293306976015
697725605789009336080907483648858739194390794678982808489682059559
732867074414246470917998784520465207270470777716985861116927514105
149726434274333333262096576890375190470728521227617390271407706217
335632245175768368382696387382560334663457475051548873784031356209
502421036105115893881343250753832183984108025617402470497666235165
069443655489180396205903573522993598166538117984388383183575814912
686851651084157180878427059132035646273120170134277683430923415308
517108729505946033467835114641413522533946412538370178310825243453
337282389417927011237390593306507871821170682196786399132672158433
874055734282092909657119513423283541371047226245833432191840305641
174523028495472767597626794407111337904305939952962970768877008039
478691497203208666796874401059174197740535974640113495439179681088
920706106690707330055749375457759172091146742563405243597590519824
414741653017826383433591991716971185857017370687156844789292757052
009678408044224159825456603617254388668811867258721861475870660744
792954566685264807873052852433546228505352676649490073000930869656
581158527416996131246571295175834807497374400237023328344011150912
640780782598660298041282208531574145734360905461282792681306222994
561534253376338406142535440438386521668806840655879009049503660719
652507189853385410126718247113480986777939342528586429906109071700
961779470827211333667390996739283143505861712039202659555887242923
057143295277507503118232080379857241331401673530486594651557843767
671614026063846672946345791658211903977134478984271536282787110492
816746701893615108853335495947878473957737501467507338538977481574

136985625667670409258887212070233980451214119704076710284141907153
916270076992915413903370655718581138258158080476587751350017723095
334185654099555904610816297331995775839963506555497594096595251492
606443894583434467633514504574100944238426169751582710551866796055
574402098221660263598532146750868568801410403770201979791210388699
936817811472677328862699920513307897924848935007211696068169193606
429035311792230517873669871421760821876715563732358778687735279832
322359468200795413840304557617488184540567623916388239842217596298
511406655499951056049959563910243802935387401638345570405769556670
135841038086195047106573844457833025645351845082524244740438078531
384969079479266019842268352689960708220015334753751560752328070551
149743110589078021144006931800034993709451220658603864238886564857
780684423545996577858613114937316611329005712874464122382794087935
994365909679434509579265502673456050099548370351996830203407696296
089016620303329460578173452196205430977841507597198140124660622172
344543540825923042557217869551182996225016632246069276966624357029
489842574237590025647526677871384938608542311742230221586355844614
999908624987594373381448180043226191313381755559294539008330991363
481014916279719983025973081414849000860022108674807603460105182315
815677661822587989316282190103692812263996200368683303058344336314
282710456614883344875160598567327415195796588563936582527728433977
056821585250409399594129837672813596248765369840266283703166736595
811201419160609847901905868487697162300208018618935537500159984131
777130586681123540834176535349414536650995336072473582475602220062
780063937026598287060378015630911816879650577916441066465863480670
824350112253765867024534673225061958015562181993616079630552271564
949695563218072017133011006347803280578826830380835827614508411277
594928976733965277276243238689468082655700816367092159702634824795
920849757075357375274506898682997582971825073529770628757587533386
214528210502119086469102010340649947270341102632049667116818203260
704404524637688423420504929159458154000684479753891713906436606764
331299281506496738045384761541304663863602951470762438603174016261
546012723510645390977709188624015585587026773491940369579095113849
599143599273922804154318629430124249857877170246861139419929199824
612145399993190314338777584549265235283515349779072788952506340666
881116663886216085358930533087720402175664932348811923314955613526
492137238463584188447437684908843394650343146823078695890049724010
484194862917162036117328797640431998038411266592593318899603263197
270754836211678012389103903540689016535102038984391978951102377465
230791742942086516877330605729741077549142413928752091366862217178
966368482205834844352408292473266463455881523946107421298983953327
980970463830388360991811060808950971646039492830804666945050065040
394499520373136937682838618889892961952821043896137950651942773041
729259885072436278596722201292021117345821048367669631317709622874
322145165811881079376207080940254733061152015426760323925951813614
502750123218896298841783185135603641986822604161511579012241688996
151908882260052915445414917650085731456277763112399878824027260071
441177623030748729258548934582770402190219750764745033809788092380
634203145865983025261479316857231060929214177006677099920301251990
221612351713848497474411674485306996864418128364720369659561956174
300576183423244417987886455274411063904230840652886331155502377776
253631158494534889417361062629804896374421896344530194795028732590
722685654734054750075678212499524380464853878278964296865327984587
245057972402681424557985348379297424825170970213185574726473190558
954057427601065027023634161489036809299457174060892439406666897860
388153925456330574998928525804877233283640819861905135888101371905
448807333611977323360415393225127655077597863781826189204256723521
779846459820769579617124948692441977940942964436177356284689456522

483248923129887377265295707301683068799880200023007548007692217710
450286724243729903779430450514106219583797166165863193830549211937
430684588070902565166084689250015486556595871441570731879261460992
151807367930063034281190639957404053883886924216594227249104615117
660964528114764886421171412723362552489628075702461730654688747687
560963512203793285878112325687676825409769667649730376737241073020
835043783532692980198855703872611010970654156497486320644210371494
233683265766835480675897276470520286177775852852064538413013989520
974866344956222179947476373284823421438572336757184105430269217756
800296631215994849558621772868882298047842855912658332880677357589
300314447017698645638709599344594672922749662027177180341806744942
108258400940071142899637322508792612103483742955250476720208120700
614877930492579340485333126450057574616749334701687414683613282906
839856124565309665582635509990079597163048970966919290828246404175
454516461064569707215106647218648493048840595097139183022464909630
728030738357249412062714449888210446537524712974713276576815468096
969107576516069717500986125922625501194654716858319671316498453180
648771884041459899910756396204831971182355301943699187888938850133
916636769618507578645513950004169956474893360244947095512070198250
515308267590410725985039131702265975010888159205438600515059939810
084856373825572239926720537111484371835796257350560274822109802746
182207929614654540240068663596017932238138466143360758757392813347
230668270477451909316276292613214202868493154734464200017199565881
632071104322911480586896269151287517240651560146330968017160302350
979404687327081950680065512361833471691275220616381501708167840690
736524197131464567091336851047024135366395334545317960465246221713
882476321330777610032495122800194387976730400559969406989024700313
605878656136763515307947831117087908932397584609332099099629571333
188585034527535169793811705393886058400350468363352853462962424363
948393695357590565899903615534428336634923347321638832227366136264
580284870099463390538066014902508563761332239181040498893461798148
582983572114958645579382594214303482362201564552428422623021699667
909024574827979962841706347496734791764411913999468934159437616612
189968201404810201121208860061736592785442795190150929005013653184
218966778713610565715486987192220740113650671533767156510846000004
883555686022781275231966117357075644979063560521419175684804754456
493863696607375257012423591088116599345050420297010681648051325282
222348947989018294656944288614702194998279129392164218750659374759
725794810222163714759232443732427134721905007653270697434370387763
847870375799024809876701593395111746967374321021585273885428601910
211278301217562685132739186802763721607657205177113324969245047746
033875727351845364212540847834318806416263770140820825134526424414
366907994568440420443032332107079025521396610619019873078271586801
195458709449133053320675196763106646480591427013372542191005135124
427041406214507189924050348850453314043777643306333657267809402
262077676744344181195802580700965887557469442299762546549711793310
249909088926088193675505812071531600220856379176289399186077742554
297302132684122767659919621066173645352725085838917586023608333183
079213618668697457231830731316510172009908507109996677061754650632
402335175196664021937590501424593169935717890523297925686252252828
343363087919170104730174425572967847619932454527562770363149214467
535302253945291673401851424757041839857342772036843103534824018021
562153664028336207252772686045316696904858153506866961945269319929
892566528245040648161494723927174221342783306543246447743108940769
718368725780617049627958505757131879027206758466747865191460884246
738472614454179636819582264668578914468538378571720352324052309257
516497589961775782390465087045882468975360487368200628079426688746
118816476422813172095372717453249918005046043419207265703350865763

774858685971478043312597370026896295329681019211904211657324484291
291623914605111880949346653677505535218156723600017417243192078350
399057327421587610726635834502846838286953884651976209147089077113
130852520502841319601021766688643763963165140190799184537986489683
515041635805977694990929260504895892581693162205248211876112521175
821702476777710252775429784312162653308029508817306929673498748082
310363864741737507248201872494289064873647848128240032904298884750
626710712754064768024056938496279169600099096920614280435854999084
694730335628482370168468811588719497342578060268178411433992103794
626933798204044519808920111277862606692360556404178649880342208662
7757143132016616016457809153994З

231725905508190660292158962042933667639050483151341931262994663080
135605801919441281110294440745701313915406536374423230617614175395
155955752505416793089459503330841424970729436060847300354068256869
698930387358323078916189378715400254792281911136408742845297185529
304382218914848036313339596767663081048894279819397754123109606363
856192704182636059731899942167627701763068386415774674900617445232
440112723723700968144427950162403752961234319794701986212373350006
376109835255439601867558238078175793777889482439604867219521890890
880603613972226670384503751320535043823418611871816225142352149411
555431030619817561404829087990234957192220101208455107113465406266
460296749186820500250650261915922788290301462848508367323525627825
586540925939397964055048195199214768605921736093997182645638297478
723645449049728557773291971666809701242018027357123341716963641160
622582742806577163074791214426519563279807991036934925712914850321
216806749301043635444288413981678364878917626736036030151711146495
750048335952380491284539483331935795015023245507365739454418851731
018490240108701470172963157444065972404666368916670492897681053585
707266922015882321400152948353057094710275836111892138440731990396
612442200119116384416708470917428835672824782106875593928180438131
435596213901440418256565954975276216782702071471709550141666930062
704833144664052920427774447996121489273439730323385810420898173483
424020486878471222813763062459571173888766090003045853511641618530
493711893522150727190899025223221416531016339531731230999152734384
504485964272470678229993787354406773535257901426409801749044938833
500919591432572562625514205692119876320191889993944632744720518791
403630466861813517864957684835698713306381543601726906865972145019
381465303282055663684956748984074498758960170919766063563029065877
963837385404634252951470005808049506582321271125702191895387695186
270682588089159471960785212609535975447481845118113821443807118911
516264138620478098017641793077461560442716911760582505591621133309
052582130899215050590433812902704409852340946469132118889582903727
976828749540207437620628263675109554041760349765160092055998895732
304138489225274347610867656546999671045443196704555760966781244834
130724942457823066102792157731098357995357803956529989257483325869
294762243161333243527457590456681626614351214373212074143422697728
720798259100836150355858029667144496523728708098157114272311254766
962914557485327628886124899896550369964862618556976522310062490643
824396966571976487091983386526183822403629176700063465783834714349
827516766445082144879328659034612935711473179967030703609201552664
238023332839986655869599463860248840031957248823638528395839758530
050362617169696195650289465350626403612621205398730767059216897561
046632092552981283381315097423786095128271790631647139464446459386
807307881426166143489112265268616595733895602512607682414590544835
435963777332895094393363880138288389163972079843024692325196620877
306037918314048542761183158154044744989509241475662370484628085589
384325688440046657867291029282738078542044352842710025822032508939
622339601545839152482610956511733229638725651187755307815282009807

7270341744855373433008708445777570202438149562473725535587452767744
0584699449926118902782810522004718089447006884655999628152568577544
4639176669233805027558727618052598678442987313633152927114617580600
9558619586250083679223795005601698774899580022049826926125123915411
6703226041995002933800204714018036033344926341595300925581189387411
0821506332116030529045191773516952247737362128337035827537532629499
6537273214533534554805898832666437173682553125422923709459839020044
5062864144988907329054532236226798170595710117571409175628866446255
9646821594770787593195076519300164152286187587826528592879050939455
3428878032200732125546798324884603167157339350856904972902939392866
3829259106195057894911936046610759368585662641071308989408385372777
3266496895226981292832421667395153796256198388725438883996658571888
9273662053870161013546418915429929570541763100510680673963285459466
7988746752777804666947715324522688445118437275203451931935639914344
0260561484782997090595248021192159080877390141784961496428931202822
2925027270386994157666780899761576274294047301624165848128927873566
3638428616474319843297131374420003152585351231219430953953726426522
7882356485148713412600089896350744056115237023403061628303717576977
4862176087677877002505767489499162920264934466174175208491927608077
8779807870256033715214037127037272830798131220431794811083189844477
0541776867649831805647326061452407564690319820736114058287645705455
5419400602577432696444622483902019034102603561899400619553213527822
7653970469519763703899858451875863596340659420516530144894040442377
3385301366615312152766515068199004841241754963620466692611800758088
1507688616378516491943851150926045233120997739545467719052975368022
9560910201993546598430430035119434335114094898444160698732279428199
5370242876508063219572870826587904250796319581042240802001654969500
1266166942468197572297410325727514783599243898244381494714081519244
7394074882890806773827903413656853335730070899137294416069474957277
9810447462917787369998266496189020206694854820275302908447235579655
7611906170698551563456567552120802007691228697799693389486131386255
3329206077957727398859236435601189309824253557254420324262338204155
1093148515954529935917378549085267898076980392927828018487960899977
5611889235390848509277533324827157146621970014034753305795477902144
4289067064167961381738653666419851280330096296345479580207959808911
0118503020615988084343013991403588211011804406749236592767012051322
2708220191744987167262127467398921893258359764004484358551351850499
8745555873428583160636946881747575748644547847382131483501994685044
9684522643260787738402489268987176366245546093623004611058338287699
9976906999711424833720815913907326594333069366113072587425893388799
3634721690105053838431930340153540733259054191051939202131327886999
7788046868382270971862025296635334976008327139364874984890726962666
1986001177842523007531728755630259539022259238377295290924199531611
7527232435207730162796444866867383123311067928056191905974888164211
2754736094738763761549877609459933018665413972222805991310487079155
5559810766167225167659959690772083980477537579752676086071027890233
9123197072470224287209171063025057762592265638691815768935425037622
7646493813976538928017029211114655769231601688067980741486798267566
5876610047863205617258577509843891092558539805647391296019287943166
8978330511429810401960498856475210491169057467913576428079112832111
2854640686401597634023632206710099000584535295749366378072577817755
2779572081667403452978391302926848521816430181188670112594776061055
6632405345137055048475343121817379239794125558891103206925626791911
8949043703120431016873243939855086660279543711885367220426149060711
5274551892491458855839521468475267894589323520744517566606350056755
1094721737082291389888964787178477168982005062731317551320403502133
1737921893975877823439592536831784160351505866851602096530506462155
7098455757697463135908540160036503895606480846780335121842329436566

939256744352317349364860721200672021785208983183514402934695840135
836583502709408824658543215323499205366451023792916781117412243946
399190098050697045799970524073510865094013618623265187731915988561
032408794712231477663072115234553526969049818787171443337413917244
621964213183583937815309059651793192134649123218355618575549606992
099408432875163630607643642813904106737562136788024212164324146268
467374990300455296834497512536981209202515541318271347132356815773
592279611138620257660357913907761326069938173192506657333253947564
673614275505024383029701602921869674540830333645493771214094116241
883285255434614092793903013586132198210236002037906243572074658765
211554672847548723786490693591419691282033533133119540761548939437
465048658634856138691033187266556157214754182206799346567924920938
381192793001175734364368581645415426468534404341348265738263557743
453284733507407239461576839144831835179254209648499501009224504451
543323256417954854092444743109486430179988458322253227960723315586
771011035977850380676718541681979597678238458777753995191347807443
430327088076891830330016228003780180632191976277978765106911106889
168149757366998830153728946399398794811848287651967911793738641568
973408320718117123905437439998286704979446893655790850208795164823
463878982216093102044154518897342627387074940946884997335063113958
828802545825335135816762022931059694695435090830014695035245611570
996470812406200802242973323887131435209812229709076843290392865194
369625590125643535283113996233181579133012444465652089145918840853
942378418146074763981899027627405427585500545714285961175883784978
875593327224702443403642991034823018517481660206306004516761136834
720067867928335915775869233768958920558518448471077085015949723819
593804868691299576602539012341889021323319193407376036577363602317
779206167076367803716769348336469879521035272742912258925966976938
308892543600470493518467838566056047009098512504619769876727053383
528979983000452429679380132969575294533161382847233791625813837374
697837963029123134725783997922604620854853783557162000995823466525
692397937834928668974290061354269068609930796363549449915721036180
726397649684059467736264521951051305203589742843419785447540117936
094591730375137096227197373643276398792201997729224712465014005874
646545736500376926180097728618585220384355000707099212229495978794
565129270658752108962570050450063557145620767143582505124383706237
654075307688516392908417262694768244106680372772132286127528629864
453638594636680035658868417811795202193304328917787433241662611902
880249250232847028848902451140439400243902129003634196637574052591
419761880206917456501712314506035625006833839864383481273457604981
364270402524774149629644063601595605751381075333364010393910432202
804450867485086354068247802645358866831260223958193758497641423346
745161385478531413119140136206750437568531764779785721348858563291
596565953037447294961762486052301832070342014505708431032462075865
036341193457604994135932189618623721787252374911476237366707993246
818433294298400045704711639320724089693514609539638685939566086950
208770912639260867558447254739152729424388004732363713155525407406
237769560476425613873820304946757128246581824060771374973943920468
859308137571458103562230579789718912632981909392115128871614104369
533682999862360842218236427976793446654114153744824636799950243412
231525849995087508889852166556884746634493967631789023080227814906
411803974991451652783466194518331475524563142173288840287854252933
581286292698274279295785426910654345920379206078918139569110883768
098907782439539496689996540972526034051983093856746516031194882833
545852404129920278654432210034766727488290271919865777957201340492
932094044307502487897156494302868990773161040680067060987536349391
943452271606699373596656180437977839025308090849961699910375620236
492078656044854207760459455811417401900723677702309394675793544881

3323526298244468386604987329294605484985269070382465787111659123322
2487777070860245089967669790165312431705495660672788203713397352572
5361440790637839313227069810941814034079972839951167998098707227222
2481320937831755011737887158437821155800107121834710190945396477702
2883378282778579271572142855288612754841544958273824626571247090962
1477510515372621622508861772108682383571851431491479261821472178562
2758045660514940912601754051053431712224750025051264812534867009092
6865383799044687832764110233610043264474345479422725897524819131372
5138213009025432964163774298295997625333304501752664535647809536712
4639099172684654473794069311553464320113090797258717856049058603642
6331858968193406459359565796266030537157349317087190208530235069432
2927124492484634798754818838716750441944824768607749935011971883312
2406840954560837553361327986863855138490935048548856685973271036402
8530785317016729153480121272387843993085642582839235520861204063802
7886313766647666748901127268668124769081013308742688202607440480702
2012985458392847807580545959565652287530120180720046607207702815162
9695890402119696218521962666438867875258203774454065469211895280402
4905804074753958283994890607770955811130919033950275154802357014772
8684849392057503863101931513367650194150042854357007664597636522572
3134298314796005933975296052923511789144198796043467451307504817352
6440142588552118151336365698610939285522388093753284369066914632232
2724917609095213563467268500301702972059631676024592156521610237892
1395988329404368863326246062688060041792228282089364164713604713652
5059884673441672522668295384910843510209690845289521265699614322722
9293631201506812487564399110898134701278085161114208634654660205302
5292949679585278126649020011597061232187652555161573137208887718932
9628244918164444695162656805179323405054367483175799110942361466102
5336808008829714786307831561097902407630482231876573368504155100492
6479736509864973645307299616334395354948996442726629826556069062822
4233467947911852552943436536247368928961677703956870442034459156002
1505529848937545880602314633052680689278164939886807934318018656712
6428317944250337221324529488642536836133397236603217151309078807412
8880229123956141534719700230657537215243705526543118000452967255492
2570148348786773300340445565204837540378735971179160861928711017232
9962448311419344030872624960523313184682526709828556664693261500642
8484294827411730149638151989929847716962378028316569089511522762242
3066375118087024030296002703983833278464117254944961011076467157972
3573229578826434875364603160834297198446558569727361013436142081822
2763818309883310333795484311239325309560062951645381939277039520282
2550823828963567512349347804788533231142661747442793997566400354482
1277322937665220503137132528669502744548182985159115851650093351422
0982077932914601102379421083899526600461944880546633944713189242882
3977496600263870216869504395616552281059644923463424285321788838672
5812048305672615567767006813659982712271968346782433104135515840292
6992545540991917060186792265896532888078659219170244910102184271222
9788399954298170895895554083648374086733052783093398740594239712702
6987667010476907698565566587855520732304233572031076868640128654482
0063175235300231210384911504653557959464800523718947106279076314722
9432510200034681033566198021576420397705140340845500712762009395132
5919751825872783562298427975142405820134958367456298500711232318102
1504997427673348945497469199291296797948905351891258439903782046172
5885904900747966149896628744292225484816692018955456590566308041432
2023909590984126260869473448287312645131683314605527613945222096792
8867846246386007525533283131222641375263552564734464888375709915092
1312358916402054878907807379336762856780612586423443185731768298232
8513143057430593853508382604206789348794822891994121134457428234522
9060296788172965899286667900357395093497271433445244791341337297062
8768737191118469420173635901668659310576941044542761529916361934612

161154670524000871697506704044909761187843993826785468386292555649
75487777385713114853348210262426527534519019952583608567196065957
181775793699261488561845397797084799391091775626587703232521478759
488988835548189400581282072184303582594051714839116734599668133008
296578061311044871889311814661753237040891720748589025821013594770
905417653644113196254497378244008868142941903604159609534001179206
545984558369247773640217603660712368734060131535805819947638269814
304335834150692546203251558890729175821114682647789473802973388942
159118829309373480319827145209413118996730056889957882817471516064
826066680310991138198965322982877287319925440298191713143679792458
457740101707796603823149986496632012398425932031539482591367429272
602544420612228005729016897078239427865832136554307404709855054610
434968177541729465488591480957731513128333056090433522120834823849
548114721483341463797702772019261427024169448962827314992162232210
998059412136279244037099311826951490140015021255670646336943603815
828210071612130620279186490992932736220408308311186430144275930232
554760042424733213070679730325642693330742633127744608115065642651
030899889172098821896826964514300300236814244240752960032168061872
620080756367708470412049127747580077437840787530123609422697393486
779308281184799491537164397197887759858960169538778934499407625566
817985964818272189144480029712260290791803455687620349033935413993
910455281063346283856291499757238306756273625509504076236716712148
107128240198045544546786544082486150453996328328344095400955432598
952207794141728193766503785940592700960848459691158784320997895371
594805347305835982265584084451704796541846731863964420962966376541
812545074180332227391481803320095941813710000894890963262044987663
497910433384661934624530916967578330996818017050445337636695836798
016538988848768994022983734240917426800215321855186947641337127703
962993302741492636162704567171836446567934280129620706068580520846
400459214646783294187844662155147760697512019382242761639886759415
200573094322827168943809710489477144613309808165403465752120557996
577816365667633346828217438155835188915902603176519339371490151492
985082205997964574279732616060945421244185999921734605677446003382
706931637046734594817519717840172410152144763463729665434513814543
886298252682890511318691193559827848273098755000431161719286676200
949230602184902616631474538152768697877546787349548032992198670192
417019881284282369476946844277307014799641752172488405299143759592
012951066773953339985306829038979527928954569101894828580277088901
887740463490093666105138977749454249194401220567695024326045059802
131598951562942716070436534603310353367466349172682922474659500979
304029867115636703440084449367317076883059120665504619393719155580
629386394078844570564292866498664413004329073216509978386469474725
712471373411696295676606699446011437975587427224444965838602190804
863807657777785812118261272170473493376483825443310910829028109297
636197785999250929370879697240861517733591575762533902249241254812
429528756474624505998508142843459861856419316762330142670982389468
266796852600259610374180931621434848863031545724489774810312313879
047512352825266102041477783486122812569705484811114331720841508436
122855681680245277689867315409373567470367188211003249060347495689
977382236937801549436807330954726582486924689926444314107056428596
217897363107085603013946220378831817328518264349154238147565168280
488040024768382130484907514430232259924215906616180655497767138905
325381238878249191501796661500180744315438202967277828855559044608
290064566864574600164114312933775505908337848459005304101013458058
370877062305130551076775740555402200822388913966173874385234722973
639162980880612350232910722789184027372522053957947870300718954709
040601973433601456471454898833170250614805609157714860149147576703
349818869201157768683925797557904344015402105692054173749269093908

543246549769367411318454094568651149487423440522990591406257245119
518453964438909890143631017586798827833194688881862413707879918345
112881440017263767835470974963132145673436519979962608254731048766
943826527323083522016422999871091107556643501561356065852956320974
284542460038830549723725318916262383307843643431864798923442643200
787062909113743493990211951593263552528222014317604450147886787315
473091265889741339875530013857605661070260145516995374785178356172
670996234914326224884131134076250700615868162661211091646402231540
575997591220630227103084458939721931955684242444834550078149077729
305628061282514298073697900362452533630360096016740900498321882823
175104393203128076217250580410690617204137355240296724752787548845
751424495233787102874706591165987800719264674424396020277797728831
164723217173202259621372736943343450129933538754291118953157560097
429787434626520672959346333673393500462717419575356133821972980759
751202140376591362664068491735641385928892480059417820718327242456
852271243880343848166481112588332557361351643796006561036993589355
106266651752257019126703160858227262436265629972376212764375867115
690250959932407738973803158006480890050887396791020025752982033121
233457515008630433907657014631845013912386828325964006817626361276
118071412991668214064993488794398196159152595286484991062040630011
617069958912558666769526967189498065094855000854727297731017409503
335517450247209687316913521800245615702226123766794269346958308755
497478160500730193537586878488827333163376928141809014919758581043
182031432646189479453435650840413999605194089518964079986209283203
391837883205938737258065784231474624362509112417558389233445184355
396967952454397144558686462338924680126103612929423518320022897687
847556412051247610262086143737828377892285553271231903687743441635
901826451174820720929447784099734267505269840411998887663595345742
702735214672114806026553731578343949095111385845304057956162793563
191132018035608059290814797729852533227643098921150646463781903862
875321031123794674956199291436228466434416581228281404722618307697
364594917159091081498620213070693237624143642470885242224556787029
330972719329597626194446426893226024500992879218647913074376732672
707978058688221297591058667823457101624315826141327323707333099998
898371950065400292225992679446990728528056617834198966256281070152
550729744200900737788782363533695301215521800606949403283161225598
920770310781759911169617198605604253331205705333092653612757398655
859630038486754922266604880799816538306134257628106727573185904991
759990772868668880813071095226140065229673983912917793723769303102
235354914161269570244538500008524383373196809547282152754985770312
581954873596106210731948206673984238393665937183942196535039901046
604614362004631137780678461451322761221738666684390997219115915278
208469164372225609305365797352365029332204053727641053784247599347
202250750277114754096372938888675566023418734426074210168701098610
008661322719003405725988006822053082971169537393254333616826226200
415849567587787687396320466727767702310585457770884288975379385284
134430075537253998821988438776233022935894387543509851928800994326
388859188195344241911694541715476175940458793473805199413412546141
240217289988094856635738516831632576272639005555239024980284628731
846529011547308063980231152227275469165075924872443668274881475446
054053547072008595835766732030385948447891143070458860560569190802
367815454427987359851752318035258973092942612425339880375209401708
258590640825586335357415745782275550029612342088418153802453030347
822532301123531800958836160306752272229782042671692499599357133633
587209255958228670174180742665654334685615441771384625498620418030
112419781446923516869247047162101672392697983449624950738555069905
093271339203621842532237096198767401098791914981683374797153495654
619447833134004808183750966625473655882130819225827659145317026973

485925525610309886593165769641403511697438496779354255212464473675
284454008781291315812112119653842288569449397816002658558989822510
976889750383776399012502339548245271506474730713887956431333895624
711872403059199439537736792461906193484724035933301177625241439458
340269060784065363718329365773730244189513727617241135926596317214
392929708572341757294029160480416865077065363227941496564187382426
688157415390747398861120200545088959193286614360809350483240359578
043438455783408203883278172165318680548756072423232787872083850811
223778573483937462725804103702777296181923806368048732291646665759
224000435211274293331644425810109561046338346123970241630530736007
195561614768221867316024524950298552819196249645431360454951299629
120138782512527506636107470545108156174498800507649304843087688157
233096221159123675556569979628645804155181893311938459320054392513
409069407576322413399934861692426996563016713583190866995785198279
125300909170562097583605265105176539353823094343460912309071053204
430545334892000829053547671195669356024042153733544241091985825147
796974005293821074507538830213954101192023743435496880569731524363
788273839043933788407335678819087495287282333236813820446169257907
792859831193215133000401750105220542030394804615028813286834409880
896870055721219293906539808685542359893960161977104472429553718332
651765552381966663333933070303773894563345383843467864938436020049
472793306548870490681904360676936455143389861219439103392686779447
843843780388071692478541440872855549668297746658300965184122172852
115736310118625447027207626374929658379201462748949906323885823350
140081917931937784584203825696034706944766569532599597415952683206
737456567997532200757859243512264941954364826555530462765802203015
110130510384896526671533083759663767910754585954087674271905315848
129934502097090816735458753196764701327055166065781466216195798548
846150474738026504257219000536127914688281182537680659658975697183
538184718606495312356589376946599973712281293917392535719241964425
867048828543241652731137206816736703570583730497026353035021528182
369767267953461690640750591634626760304805112101658283107769849463
095938379428244827568691843027635256272621533637314890322209245182
918258478415637457416878463898321436936632543741300804055614687097
757425366723047454682368775506685019359590977545537689901383031112
058238455965918120561586685036095204851818221576794711897658869371
992237211658100759737344172239616773772709794791547334204322903244
425389634582076766767196560922413665086850044280197108644379874126
659418079583518409680596703961874915034665584320587976838094230748
345386664526087880538704979674742592562218840821926013623951205435
296521299146258552924980035624149853533721170571703750390367858186
184907181442585297770728769183200284433608727922398676649373261176
329280908755273765011531756090031459929793364618227423811619152950
047353619719525397417204989639323747985843262414410337887932830067
427341230164327060145079647536233138549050904587367866404507462785
819625818947666745705829584329486502941993037540602301233194439408
183365831204601857880579917484298277948176006334804849924087834383
650137525191327765708600096913968844579211034502372729595394447800
627842437702815794091556765601915131479930009625652204760387686699
582839586298784459304701402369593940875762652839035938488581394344
616178580667161204600141088350841466845732061829621301363574471069
802409202354014921052467944656094453958967877208294918090430090452
978171425633830357302250487310770493378415368506469831234038187649
266812349214041914526662863946919404467571213705021918983543732005
365175744269421634442836225853497350522800650513364202449631355771
728033542301003988618983828470852815108952304866986096686567148271
305823544948777588490152569331148972752793189449014247746410132346
097794040067586012399996831496655943717743096112277760250432328962

25919868459902033679158235388759810879581444488200879242423042190
299696336525795875980034878647271242365175018661980551334285103636
213477379410701739195520753540306687125146659368452309423054523271
954175176600157962342674057586077291648593263618027739050636398315
949264471326925724345210986288355953031143138471578084168593134434
366222074444721102453013737557404128541669152813245405632115879496
076073618946995742276501027304322658728412587410621634615438217996
572102185144259338694510725939644295444667813602272242384147673621
323815616957064790706926704921190001807923647133652294081491169440
146512629074149735243518739878508198559976717150368718246080748365
285829847538975347472088453108596135864905406481196418607950101732
299730780038242966880541550774545328512593137289396369202934073267
550052529230502835283550456977790472971705113529819122283181048349
333892047553219911420131453203154849037569229787391703208830935550
035165278495437564520581763900043048629493902307971403039200503953
439667270661064211619780316817216738996309439672896622458660131649
481643911317380543642116013523608193902897215299131811748944333428
323796416075154958398439717531260969286560263451447903779467717463
151511756829678304516622133531593181530479979309027971593842705728
879892791276997461371024279326834739249863235480265747468101891894
860690727509485032413684630341830714217308096148892443970285472395
969352937726191666851403842181586184898941917170413706827026244732
141606382857948147506788893527165552671898058329251710860890262777
066326137148120023322089088672552653983626523615646160179520107214
460514638505396366660584243047701597027005296382238593294385860336
485769033067803023552228789920887679797041073611642666012070225356
424748392343093181491720858941236382394822054013065431002119392727
809272932390906620177750239860089818248863200652916986388104830790
033632135021266572456712124434080192692964426610647542379707006271
878446312682652801356366529898593345830709114651252444451296459808
983258345988081035527741766930284710355152001205051494806760233914
125677089186326628526894772080345618541629987509768358674878317531
271067315233389806287183543145701285569226526224546728530500257177
704930268240678962134244044694373439058930033204778974576514451539
33114206706834778509777069753697128523805236738530437221372533204
427097139148088082861291321794559942658531082808832360197770654656
824741124827454108333928550519952191401148993673063422121289899976
264072002082552962198526673439329535243107676724948425388816260701
065530576280658946602025435981594257134303695271644500714348638756
971200025776949438111330098478032110101129467408044467990665993846
627345733758248053634398814045725403812959258208524244530480159540
408481907367930686397111077374317514914963841566952019893880429025
116844538256137479939051033737767944944947264227986583658296773098
030954245907956074862112162352461362273896500169178582967947891268
162556499320611347986264591252908310430600518278827433361536174825
637723891501925180496054453533209563019817458658649606861905708019
392836349682840969994767341176536863928350589721434652073497635052
605400474756810639419247798302664799111373815915527494242332779733
516493747600302771509980148288902844762332975333143142579868956286
688680321133314232357992692239221888679562434030665947684862653907
577906922746695988420410610941359716075881596959849456359535737188
164766382091115551284877309689186951826446104883588852262261003010
431601477431563508123572655457192040182860175361179492564126126607
189874274481117445325732548176391928838202042281273187133883533674
985232367937819292886827003444638276791076522813179171082062804070
856599243412189972717101700326192428860056555814643513054797637952
499739920145810133725392449704753503690769260067050707895093906519
729581689025510450923453262589930488734711669328882837191005648136

060834034409814304040258456693055643640321644019435604134673852575
871486555203620010818544788573965489474367975217733407220445779169
173970655309170147205017449716586414449956652610984104395250421294
682580908298638240142797995167010816242807591719109625747086801472
311921102900317350697254030801291418966020886494949039704877601013
895622271401998221703833862128471586024568405196342703982507579533
833764101607902567898419395073061876480625290576429108095789334587
769148596543487265956576670052646077295178972775554977087289075005
042483532563871462202099941643971057219945601111352779930835277205
768922746650379921337287634703763779688947296805980957451143909572
375949444367051243808548617693456128120293807080898677204536716977
636114446835837965997869245039695801007428291944435949929524004386
377512747896818668608423659334320039987034296279448203184545450798
639626194326259956237780909796081031211634529005236789178268974550
868068774640496151828232259197381407508143920280965444247302422176
573866230378132106691289155043161449884447740373916738049790034562
612370463784223623160796555070776618752882750309918420223365032532
271403009597942234211733817581662784299179411106192137620944038647
251360518195870124262550666452042273875180350317534456568169304298
388402727098803042579861760642704769692990290870420344285219683293
299177669118613011754009626982145574453924912000748987370595343007
015912622626192831696478687119443346811774532965875687773869083754
163765268086802565019520095174503030941569027940819861076900318016
551251527747864199170193729997760228017464131590337454048226933158
391149619802702282598374427410283780201245198049248781647003582080
182875241771565946828905709653888450384500295607196172635155126067
516666122078961689522134626598801400656374478883833836647546922565
042593712713359180060872253584608631374197932134485080880664652010
920001020672845190469127943141553385794788003099592179748578229616
574799261063634490115461477421627038543259787698207582719442215966
213186235012090265379325623806146568166270548001140593572972270176
767414101453243230591382575562537397296995352321120294689520474137
744138311909542959245250373515837658179953167981704689479856268173
931825199147826010267277358788609190690004992406283139392122835339
182344076294391883843323152484069160473433010843551663181753650696
110541815653728460878715624301788702751120506129112477162531342862
720557373868778707152749850917244610699223433336818623964227606008
578642979091688902839125438592521510459953632877282320991687509571
710201889757386603350103619986752993932887587224068843622801685379
984634229295554247795327143277666115090652944666828485544871892639
841069882855194496390971285207373899499630428324859834528827027005
772660262451646277305612693169747040098093841553039172039691407594
333384599737829238164681559651812683263649911903111611050922899922
769072449212461199092410073601839329266655711582235247666855720205
694244097271339652922420464292202796678397596603296452496500875548
109860628030008944237647116804056309148432260278911156167505953402
321139175245931636532028655657885741544012259314648023545332158381
866193432723748790539171305708329995335702326110725186873951250332
279639556878735967664388082825232025561664692073287904072683990784
454976760770998371521548927434885668422128052466916594287458866443
079694369016614324418636448485204054445710331787135758538220652720
712303199725205723837156932412990101439703753743639762390091431037
513829422231822214534527172447181838395406659137336958959454909229
441508331113916411153630738280347379630621874528927041828314901679
634474277721845701889840554144201955219821324925261808212243009421
578486410324628748396850478077880154872595720284470824203286079793
295157259501322691619560744923677678913061805649821354931408682828
760703066647427630856614834758808504680359516176969625214914136520

60318970221368392658911269073111732624589507208681682309007277 6804
02991592738011531075688589893577447244700068567354929064677389979 7
24060030425907893649822992030792899935849094239340577725720917416 7
10243108663722198297672238087371186707607182128007889211491602815 6
03253124940555153659160474996080742356016473417815013206197544569 1
95577376269993643939393543527573911515038327594895717433688475355 7
74747109068105501505318269153845359450668931243929926424160812659 8
28955827119726285629056922748490815672945243369676693445243715718 5
12585148772520077919164006264937721940022056000130030659100675461 3
13372957691609046381452804907693911073555251055167356006276441334 6
08086143893774626897346412974517969490982802790447423777397970060 0
08191134742728823392827045455225160099019251410925560857348847833 4
97397643768933421515440760172543557436755420075239949280322112076 7
50287872980304660339271584927980896665776332196145753134971651251 3
56038878625518641585030528077292398338942556349265624101289799231 8
40734893644791590714245417969614041210283417450514654259529800905 7
35716289966839739729374623292703407134932639361737606368874621146 1
47703322243387307806697265398325970090741833743717138803161312809 3
76672375666826258999459780900895446787263872734037954228484815010 2
06986770966769668039561527214358658722066413052362681532211976324 2
79326083255643214380483359918081141607805648953672954159470511798 3
24107692500875038466535956476416404921481924138009876947943995588 8
96839349956688781008859566844980464836416042396982372176172977997 6
46171276691273169765126415383581144023768254482070551189900872764 2
25631075793948250785771836970174066313727765177355788154557923448 6
42271513361259184158937112308523636873900883814169786573112525679 3
18689499904751510178139206542640443597576654728293587431065907806 3
60962012038841615015275395365865437968808171111519616648267214647 7
54886303353095175581023689850716930069223019374053545690903106183 9
69918569138248359953855554959073641071938327353376040340918242080 6
25721359086529906799856049092868834539850754736770880788425062416 7
45808453349038605133438162000476400376183293421114487510336755769 6
16366872627544009743080491034745388043049857908012384385116432477 4
33345274079080360092312242602229509484261842709420761001785761034 1
60127572178718327331683420077783538581677057467672418521673773769 5
14187272275276541201887001575331936698407749211027392715343391341 8
66051988591723638118091980530761284754099544511656790671180229415 8
47524496008377724381912176881931842419387657604704563675001782527 6
83839056155634823274297777335099544352130573606823372556934004830 0
44508461250949932943450491839242624760395360495372847939479247856 6
75554702070080292609184310500103527495486577555211517441565608150 5
16892882387766585662856106191849456228383022790452263080802443700 0
11894595372114620990738287400497728649828827614409795036617614549 9
25691483466858365934041728616053690662989816493928521537428559712 9
63889362332583933009636543414179142758064122733856276441488390906 8
98088262752182544218955651922578833821484596751337879285109051558 9
39228271581670333810299493803153239515067251941742683865144140576 1
40188357958217499113545790171488500354927197692953976973631573546 0
60892533084866950396358355697588715235737995621894370521141177545 3
13637035399820046688637611942932572461838621603023753380892945433 8
64039269900601481662071531984287437419950198358595861069258544928 1
27967426141379595579015556579699841108749818510544685114080020952 8
47097403255362229578733188167181985343616212206715859791082012815 0
24302573630542713645480484047677747680523204425674527945923568742 5
06232433349988711978921529807182254159471411814054831641021018025 8
50478755482474902891800561240286927094638401609705368029047477901 0
97415234870107497487157000510451330374888719306055176040693644669 8
77633884685334179994728966138322938000688723580118527522918479029 5

935115886710802329095496962828153904081536890942981814992402747732
346968782292519240993817338819799994541789196521863869820114881746
436279517986315017506793121585025923505092335897683703869694479707
007382290122357606710887137668171001695007296056264930868581649982
489084473741836300402161211326884492576983154881014491218543868852
950327275972957128716028972786421414962312015751111213818324549492
250996034893157041754940578166465134736839920528428573458177877120
455804314201545171611872975819033018270864272888627318294891885842
918506758988907171968341693679386213977066544075268737774344176146
802778664809684534765486997252118437548879681244787625609348480781
701689743336177096930255566569164437842261521427197633099387276712
390881227947858456433540238064898336346645798211320274880863745236
658615149103500830564517003809898564867887483650926163456616615482
313634385751373025531137918477860491910907666377589408364605119218
175099933972032442321297490594339242172585753067274882412795518327
353494211556116720567073161306394295313034670857575190159169666667
996783884390456925721329625756682086211227725609646861387662914353
289367322582116111750754148215325210976811303880732165351202862740
218082892793498395452697323069908561432704963722917493401785590954
603882838974924405991402305489814657354724938770787584966659569255
742908391478558459853253061865208800407354634980183829373995882370
349759718276271592470549480570962935877514976977187561028946014424
490419821908585500145981262901643031851866062675287647780911207899
861974560443766684226495566449818805774276596949357678743947363524
379474941931258878123210977659454116134332438984571849264575923225
955529966124028766691250330592130726541656597435658517247796625915
278368185741271447192565520017107173332496271787301020891744692744
352971124493012094555170273257160482055982705879843624381998771160
749404920777383422516557533940500471877061916432528595270642710342
792041728092426472682765059811578576173668590767088962137606461806
030247415752860472012552071044074729346657660425397110074360890673
401449469210656929306914708517633151377919736745515051190564396850
987777008440550350141078496936956502383080847378215683244483371351
344571205601228343547452244817273431052716979509715394277038860983
079575583258465312052224973104085963115541223705656197404310751072
479976778139931771295731363467894643386823838948784414497283333932
141410911700233742371579702101071888629227111025261405138407508750
396083263383780069235792669505221023415779198857484092625562219012
302374409391459996719587555939036122194075798888730468963994922484
254879817733875333036542417566253177347947648987982913375785074112
669177759175181457718165720129877335202756199658196529527044955891
309289267784095778537506071615858303890709083728557483782413036428
265950327280576410999331410001983219786019543591241804659019364330
220791467570780656570707053052390427884205840661232834979139750972
534623336585384129220225425670774895121529909628194381029912368687
087927711524689776164249398352488620926565038637873575463522467728
057622999156100109609187329546456967441340969209781905408920236226
727715573848587586307294439533977412326372123319702337951058497999
684353558378942509202103848127720352720063948142601288454386964395
045213824240035399787218918294080104686107969438877489822531345783
485622781827654305140467352074051776471825389836009089825480570331
416639345587411286177446592236927671646047674886107160965726183703
263571415279817369179741990768651980520453305045338352535942229908
896454665399364120563231462442816769050676174412917236706233915137
193725301005303765666231025223116955961964558940298885946270695901
052841524392225394652581986322754288251538695460713506023908986647
778748690840226580462313462297028806612899936817275174342620660723
162903214917476945740347194023394018919543797495247141666924156064

188123669942538264846963296523076449778563741565552538112585582828
165832548910447381502450629580322530348825429105213832557482582978
029364262710339779527525274252194698586888643444114481792786569165
806585970772358105794160308990955154787446317788720931525947629048
042317002905616533681838275867215581005772017115532442276125876909
827707611658418104870260879064881493160202893560218147681308330460
476462827318586808555823064952816387251619649066098633711864237621
778834064409878097227739268479330225190678803879069005503676649251
949496228513730250241853019580861844238881924782879940609920032129
624923666917678433827546542145555686003836653062420138464784977979
832089673403487482480613656194366885554871167884478832900592220365
111289332867569688563768080020127776313639792252705478579503186060
453258173967206307389118649906186398942280081730555181554223125948
805066313926710668647119560631323143099933112317992239078805769238
306999357250446952735281423644222765033537446789382694583960323356
957041084745586026270642610638696339474952703929698743183166806344
607355001013601956882818070328513639747755063150128392751876084426
840989148389110958358254762817628970789184664156686400170060721822
126574526631709480634920036091177757796618034071769225247706090219
736779932246330613203002595390578528904325058440758468161865410833
640780012074095604137945619390554597134459368689673386080181388373
727757834481063025506847508936067670191833305585852793338146802493
613876340759186827107681919877253472860757487621571001776578852781
756663855317705481262121247558266450866624826411558173860727803639
292100814138867490736011650909046141782854940410995043975463397508
753950565248844536604715329623565262699063394950066080706320319030
791686584549651499755552477730495258562361492928793637857819534339
662051276879058912919351005527574572490956212933827844230221078992
505847971299115668799668146619506017009786980211686432332928670307
400139762982780975192767051473357658447129195485662938185722305084
927223089795654196465985627186985058888475107158377866921004868738
672286297562236894686338612223326460813852452945648933208953889013
542081961287316540121093860238810919334882471720752996473016275076
532858466035405409137631458150561539921222545239367090382631687187
541291348350966270461223705122038947151718572267074069617760560409
236931203701898034019779041624275993250825032232374131575001822469
019258100226722750804151728875224905963249825027590474055749113398
447704251226083735583011731252791954972522794103299513500044469377
261365598079283919764307866851543215792360772685287235072904072926
002415947696108684880155362655580370889097942570295681342399675629
135596143305453638185645830734318334792823621681728732128166453127
722844183416840338914901341254627978905977009337338876269476067179
263427980941802019539397661847908232800870201772166337566896249960
153884350532595107050276151322871792919157816642645557478847428601
787463665092532995702160946195367570979961549724972662504958138560
236871749391232613777156178279744514370150592351665965080393413501
807740495938306363469670630360310428355690507555580061050777865678
349642652599982599711238037331424715575590542885657343822992715490
412891245956984743933397843723840867611706460326792399180105933479
710553460544484406841153094514656054503148570742286910136682178984
540883545856847294533745431412258092021555599533266304061326458005
009244739454671358062625285529864602824771341672746489273164524224
881537591316539697109720897092830760671733539064126877888604529479
891317036645716993541951235356343636132592292716820746080537675451
959917820121402762026618082581489696754166812326997766248550744322
743055697538492810465525055417589249848115660280469015396633152749
725970670371955981128513260624384396119388586713932050792848010043
567582328595859262319136584298965289036073941513598448940858562339

0228148375353995001024011476407488514069468904849500969462401052 46
6476732761564244665162734707470395127439085986458470690663855555 66
6048249638200452725496313131889927164468206791614662344190168985 26
5145070699044151138949529511710004300706396303569119746897903927 51
6111767723534054856099684945045758464956500478661114456365329116 35
9606388014282535581568175861851157879136743441340673335428366900 31
2485414261064740171818666572117629115386031509814342613707154662 97
7252916113005893914883649740690317016378854280551859963685841513 28
2185856753209985776672321969184622456882899513236297874435846047 38
4469156783575263286883343408198243425328016209926490900015898632 66
0092002341342669658323864788937525916102192875391017246009640176 56
8863103703130072318712474138533455557821087708386977157606857081 07
6061629107643909218916518574528594913827772517678212857214250494 52
4215323960212880909580671484565441767463042022235330374261026237 68
1765196674358973374784081727220177714535070013335977845621613485 15
1920157206884630354280739222168818113348353816898250645955753027 93
3493043104519088189419800525216958174113429896141015644112793674 28
9746747951715988179172717616722606092279052318946935337155169015 05
1990833782026022268787813706274245630806561820715863027148614725 96
1756884654739818326770868292714839022159734626261384062626084430 40
7383472497471372359989039577738858657735326675343424443669061198 33
4887547091265586007244766683560586473302436850461540155489232053 27
6042235366665466745535009291954713921436709909910237027862022721 16
5815898817905011957925730379424855683999408194044159774282285164 93
1892252463182181162924801551799226273246289017078022234888617100 62
0973154615004545979698979055834944142762643609918791962358591182 29
5276134957941240046739892352671962292954664067482328913455243625 54
1767145256932085661188962065011050941237993546846798980969690166 82
8084395245366297048252731624735730029246083170662146257483814114 71
6167472943597496107666097520201811914486381608313430568417306724 68
4948632444213587646090327776629781268083701981331833821427299301 95
6422127337715941520122189839174701462846772973616814841042392820 07
0089941857017815979719587553208618822952912737882396264541168456 47
4196822215470173255351029859873200666436946162513669672111374107 25
9233871289399517817271324594344470358391718954106617961969164949 91
7718743695391797316675077127054289003841324738174197370155402744 83
5894900026943105860017852377261818967064250080000725209328666247 01
2560151362144945286252008443862696754256051302822803586746610260 82
5148753999560261964372367692692664220145021250837078886601609269 50
9232514498397593166530635557944713639811755985467408170857140987 65
2521121885739785501588335078116332837661864879869890495706039333 78
7416353651665851001558013180692641942632611828348301127800810318 49
8206601254231452474202599666013166179545052687500253085363398215 88
7598655787075326127095802617192660914906586131786302477507892286 31
2064108315943312003968443645913246282970899100580828921125962582 49
2994251126369052156458700144013718177456303197754707988563164417 97
6585738593965922917959829989610531530771174800860457189869728059 51
7674776119773215800450015851656819395788240436943593627977264832 14
3400157428823450923854402661395963771249100592822935544246124340 18
6690236872543563739654936819965611953988175417472058180586517764 30
7344357635993219869075801906251670892591733904861076640125256812 06
1198950710265101240129991791603201214187321983898566840693439289 39
7231729936790159665053467707931039820066977856830844997649522766 86
7407299929837637385438617144369730260193632454317890366679488194 10
1183075521352965468108435672070697127636377153418283035893678141 95
1912032575147639902304368397029313905066723971948369204889971230 39
2141776165837034460034085400570638123216088975077351163237027974 66
4517314421950478674536774092607809236458906888529632092342729654 59

662333384259844868116073081120015394050910893355647260389922382106
844103685863362851723714762187374164717501193979233092045782790703
736092169246802652099839782653883150383956189457056952179436327504
738432641997485732670636702942989733827034968236931842498351841263
316983383620516570958182820122345688649559518275539777987031166691
216374821605346486663374877664920636676224464928652883760004200258
296277000610994422670605183609361754619213905388214829675058155845
279220954494003999840137998589527076681744371675110846108358315199
240978542420424839719197498211765147599751295293023810957248632734
634907014601395157125138800233530863613632015956792319173549910870
463353485891910379326254059806556644757011146662032627185659664720
164321449439950046069760618930474250258276203399237528274778440251
849190999291567585596992128919931433561756492245667232956237689496
471198852649269397780409481372291849187070337508416387929044458506
389787335601462558282280839905351427567169225223854613880466912971
168064594651401222405874378557039213718984269211277753246329735662
870846544230723894133171142621914008927966495124237891279474202698
282217411782698438959024030771820426822676584298048762120655623793
147694633366875901536220973928719170400362363365871140937575513740
609296598251679347074112335953586876077253763314507320532699249199
915594186480057747842456540240515599113200466040424500781207894789
326819680944121228082636517256297009976450144263974656688874373445
613607256308648234372809122153676618368757296774477847506950867484
413341542421431201721749451763758940201450304355501089696779993061
864222794101014494512886830202651262335795928523087988466439885585
891909712505078701109464523566580410560853718302764536199828456055
760232372497709070429492490151337918891607751887277938215147719986
330498516331122509955220213827804606148347195714365898333137919633
211085229331741469635366429069773947314032922866927402442478140352
652871264573561750662098533278344453864524112169677618691942658423
253803551034966700858254424099040285242168957129554325857325086070
177625141763821187843680338619936693397737858871901735057151019654
911122461951967369790451131438381836678858185904734397051394053598
081609489911528372442200542883740614771309066443964860057032264102
545875375478701702100597029426412438504955232113244152879259982051
831880125026015588971109947333010481712386180470112753605535960199
770472357690007445401329594328478548040163777883549353968818183502
895527324509615815534894888426617225405143773217917103750684211175
495736556657636135717403719808172402949585191872941594744756936348
942464834221920572625405122307569858871264184768577896110761595262
136144400886891486396824450822421306949281637479774947393634045430
949717158483145951668900196047695515886728606853674405372342636971
047618475642683641604227828612020510365786014930929206024465829846
205044616885002645762565243249644893456458288187180147974842838528
318754713211572538232096281183620907981266394316173309766655967114
325773586240145113770592685487328834053034781379865441510340256953
066745762249663605567662033145330060191745320102459789361410099985
359200372995425030024070582728765136777755099035830245020656887366
351446681545021563616759546483008019582681299882560460502323367749
981418382294371318758089765112603529578113389788369525434123887284
051847464562969034832531970635626451457381007007199881305398214825
789605052513864535775777057222603656382844333572063128221324097064
973527260857080057067320608270948946073453399965492601591995994204
438626394462124819268562761652527522326579376913139835093028576838
264949900532691626225649548206533098883704497084693006703641237223
356156246446818296308946751646940045902091157675207734687755594240
660747375643242393514705016849855098541593761618054937131890478167
858164869182893663930701302983772704149047903062641259234868381687

472497030247600332258253234541107802580748644250798015080291794258
948240033351163948973014258409057428763598244940457014615999142123
670282711671565644508884205765346754474205680793033052098316721514
155484793049591446289372059925209703752715817183031300517222198018
065098423581206980549930590700326856070847086581299010313014889415
928164029095914116732635744651858721698384217030381725493260177470
065699475811332483191539085956000508168207652454478931386414916336
847272245280471657692558899409754280527111069522492717437086788098
582440550609000338553489446297987849108858504536306187657541572691
294177276326137941793572811312648451225235107320764390939710920486
031374682863680845829643458547980279565075382505519338873523249751
540962065313108751052123064226159865980167019499821099314287820155
699685058527312826995352493774903122656755358577212934397995674709
090146428210245870683098595095329705176618179329345304179112434462
148833355332230030389388519498066756712365973801884101565176859645
852902370423943008635342160678181988278619664632800663789805361273
740503603878107070529296030740636731902115731794568347439248361207
868825655513751199603498448348663849848815031835223070555799513488
789829768991594085520389436462879342914773188956876563881476902411
219404525233068875823360747310670640307088144741698926883321096817
329729975367096089888531188737878629862564047345820488104332491878
673109095944721742369185309768399711343746584396904737674317460708
094367699145371870742823754340617549560691808193901453134012591020
551050896432596940122370758039176316522638869681071598077734499554
971354116829898630780505692589664236758117775693337545727846310161
157728361162599343455162171431236652782928509671455219711457560949
184608643495704888633750575229302245043733748253219602153550176753
896300079292506173265032949683036777788045999131478985779045174511
307231783600774277697750935777803965332179978429451949577364636332
573290737259291356269753705636108187164968301787326178132225270591
815675858594384107731980769665879632232457835156362917532771402357
117552720536984227525629257965387268663277308231219943452348806242
408707601284188769563929102941812335405891363952457262636885428193
027597509831798701906900874504318960203920940202157939415073591925
068426103662717037641609192991584242493936873884017867224771611016
423553468663109430198590147900508235362327293103145121100317803553
683447472827726056688432094653110373929480327157113959208818515108
659442209984606995120308162118013650883207711168710514587736991648
485526214898390479258516008918427181689674094570422420327378528969
512937118749970151124971510863058691462599571781375076928723889765
483788228269363624104207336559517624276540469909438776133512466969
151128140805179963900946616903274712260951133152191539848517625343
871139885747562270140694845994542451655310266134982498354623020632
289874806063830233911365271598243702597824631976462521508617001695
114027039530598137508510675941679527576746527908401207792149742776
093143896385505316086166453458903047124391324726672036759684846160
362042542541800177466181781866492087945282200264480278177246721289
534488514969269336930652954179311682930875794605591974600036713608
086090078446779618827693047562956409037227650586960838652144963476
708480148193214613919405894329284209789440569738445058184683745843
943449662189801265740523065882685110171888832656335145941591106180
051037405013265564627270591570977419963426144420665743353026408500
673515620025229841767330439728206500611758838908537989918178285512
457280069272140965765332911353366836195610001180284226142803134365
751630161456847047965640028417199916135653150776551046994122852681
452311606147657866492782876148294198337051551397323715029950592381
344528437072605101952514756565964937097174479786232544332827336959
916745305675830817534188275502292182980413979760544210250973817161

7578972088514115541864648746893036645202642737566295547744303718 36
1360118736576536009666155706599103789204128798034799380632668832 20
2098026439178384129259106815882255463764336980859083661620969234 77
3083759990694390206762233013489409474075536831579193458195827271 02
7837166135684249575227584281087969621606240119647506673702336908 76
1262728786395189343103080767810096923768677864574840747686880494 62
5580441010185392891070205794241170587192070532888904733233781663 07
6191795020128966939319030476743598194801193342606548220166324688 69
3242726500400442957597529134061879756520167245082158716458901000 64
4052743789396770971743299094865642314055238369398299165913286343 24
7308310285008160819706948187055050381344078179255997091711977558 60
2913948016653890938217944288405289354898365560120945151460202170 06
1025286444742768543829456238660979806400589036229811346094404180 54
7802639600256892635445485281398032276835249534267825302374243276 61
1451839025273483880324374636446438546925679036500912126742748389 11
4772957400599952628849346328699086591176447999263295868710267626 73
1181236189980794979662268415947268802135651304603582169814684676 41
9217968138611128490802084634146019181622660720784028485366556801 98
2496883610123987942660495620000357072152164928366248728586446897 88
0608375224123353537057313189801008220540757522459324373304919945 19
0417484659417578698370791653300312592332982751183353877159731621 96
5509907295036255986112285510296420969242340112620841308936366471 16
2222584363810499793224977773376266720952533359115319593913266556 84
1020526565406120283601570660185614755763930487606497250720067844 58
7813819138496230218642341436070305756564552483941685423738379964 22
0311791455526592759454401266864156771005887627271453681119139731 10
6111673341706384902545338436081388868275303045721626859115693466 56
3048846977560481297372718081166419635393944763080930601185886652 20
2749042906955713314752394194566177831742082339451051161094063205 51
3877039056704219609115744579877901156233896128345153777872879448 18
9985903403289785339410231477664692826620833651624957586745183591 06
0698327018865656278298091634981845064405555291406871266902257956 35
2949876737791504163998084295718483913988680233009499682257703130 86
1988519140750529711165999808606380515144969525342091017066653890 27
1676076575197103228110406839038102903518948451475732470708640723 66
3101265042670923923254016503155974921048744131519339124776591327 35
7910913610450058717934158158003071333809718496726967603307285402 91
3656232036989999302145680641343591495897089805660187513676115020 63
0452090992171225284390066863276879083174620871106565288999985376 25
9453247861249632534667098367978115571025971459257817367977559632 05
2845300663979403424889627332670267531561895280926571083091589100 92
8869777334057989223757123205173138380516118857174740214099086295 38
4949813414961390583006484828366251641698878886861622473875043541 29
6715924680792966385708621455585356421262771540106970469365341875 15
6138520734912544638578966979728959796246905110374715590360158920 72
9197102708140312965847886489440068663867715549446386532760524892 43
0834972859498718276335367239421170607472995793566072822298086521 70
9615729730892199505494836925658929084474631567530324168641742191 05
5340663256048771108931755046302577194732652665611947352246929731 73
6221604666980419711338732866985964467946508898014232837277900837 75
1346793199817323507121098078220476850258841673077031702907505518 87
2740561887550800149867128767210259042824195830771809340351395864 77
9282382000247452477232289914094153217771285226347975833685018034 41
9502909554112443205518227257388704160566910152840771093129164424 40
4285704914351415612572152821974877540955388420590874322770184179 22
4559797954857947090223775361372395474445078879605070870397592231 30
6104583265539118261051228373336193873022933582413468255283835837 43
2898404272274580776105593096556016732728689756778286096384312122 69

329599242748290218181256330121039472411287480231625956124679408691
401962186762501182857878136943150363302991684297830519583681682158
437359738526988401154359197555709929104517039835411234188696131908
484379495244585000813360279899307757854212656941308293320161946515
070222153163984083789473365400831787710180008423610957869547171158
025703860519097307823982439040330827528314736872618387074747501303
206189310076041974465104217177113360765273964905015638173675248987
598186243099035998369635073180498410538083866964241295092463963297
977567479394522282803384702986448017876093948929218653317918769509
759125781201766560210597745160556243473419758459385128286377571261
955267903747032494183054746386064553046174262935996520858054707283
314836285263632331891239281768963361627130170130073309782305919995
806527489323996940173927174121904917817231456189127514959816392404
055814277907952418061136237974013661616438574923448835757183775194
970529182498497761456643515643101907418971440543009963274503888885
439861696652397823514819486560017210121777126114757887841794807236
030871076085553106019879269022912321313177753465317326329496772405
435567975486584351520181375536913924164482643374376289470773718303
519839585281575004111328747394257445767364284364219936709217881285
445503176659526949996052590705024194042350496143039820555105401143
496816570395938186567359762330469634842808305203688353696189807015
306273179769341415899690770041334737053104170090587393611567974442
158155231855977850317900433935833306854908624344938789411442766488
639376317787564639918401394402680467715210368573407518925594523422
959459026454749060120257876414573376697849334757456673342793929803
616176119114758652329562246815479346185347181510020268277071045461
195447372858742059575486950653218053093702798049295238878471093359
653798080021071253429638049741737516595876000575612466357201640130
281309468114066588094883932139100073680088743461486697361870457534
383919325201084628069041695351822619126599626784427398115999104595
424855303967378200027726483266725339678759110386869138279202766293
904645143998420995521298310261580695506414815496050311064990000432
983640719589890717295700424607221771943431843772466997160533274640
172136218426226398702951107490535175908439760430153506576153275650
761284729845163107636300559548060857136115085007483935332777521465
249606527351835669000076931858873506441134303559139190083331541129
332775927464281104823584420607876896335669166884917700088024450381
850983696600283734068673956124844106345463217028990433297516044005
251058573599376458358831232970589251650312800081300735225384756399
304747075537897816216493024489478042071671673858931962574041904593
267722509835711763590187411987546747719349784872584812431052907974
570503712687586176997180018995241457634760505133794964990067991897
342927648992642624385231716833791266701864564242254135130741009631
400968922426311546034367882234310192905911948290166593114775711157
197094858422394267378710267968371368476339361085810526077409824962
935484004978589584976384277333099949629111828108445595923574940615
568076071358401708495279460428153363372480084752164972497838531891
307146234608518920854380237611121255831482175938539857935693843416
447767864927455122663372239020082120806911540654769552547369494646
891699897614637499017787076852022196072357176838862774251972575257
541545980692042299685470170314517005764838780865985438979037665340
751370434209814963264968387089830798664134900133753022410404252328
372567722095242335860311994634265704825336502489161426350821988457
488619823541714465224493819207128651720448788423219005807217593192
958385963435054058785240090849757793163712965813543753574946586011
434219489682866277739672030662764704533626186572721994901448098448
191883902594849516319598999314623216108824274009936069880781123283
062795615616703880490748432998737643448305590869125508186016485969

2958576617269258834400872887473659446076903834753141698020473802491842035677015169411492128131367586987872405960649774816366280307116038239429932583115304118978159629856050756448824069939897658465207935144115292444310775139098515036253688538183315577794001866610384198594193588134513087555269435234838458333282127986350323103414087456262461494874806306037906222594428157835858438060954906305983279634791672284518569393232509959141324438384281787101486975718258083969957746736720288957181965647147857152911023502644311900032682135013033251038104630765415735305625309727717700231471171997137086766710538419831741541370237181934433663582433163787060187279882783320693126270407736742132004221136151032282840330849549494728913126003410556198365056741617833449904598559347280065659545827293281389509392364109227783144812622385885316578563461486049104220075338075699983843915536242585320657692023439565900225043624645540442292847526335718269024865993489483718282700893807833724692175843720256910081999307805311209215335292643819458434638559460803368015726979055277849819240810080222800511669543718036567088304997771610176370038160134719897046974195695975498783936316105201541236702245475497315233493970396165963261362654227929729944109538309080383459267256572715357516574224326935751060566724031231730683342610494297781300777023556015039978497864259086838788741035902774415633507540726846225873185281299418573017086832056178941219613891908301155214982936804182630423224994050937109082120288901055563853314096051627943653375436417436020862662430185348480484764923556607953507387080412407729286589127556090996196268649858226604162216510854456668454702270417972119767379219670823687572425391178483121863804452192204136879824845253960645289971555657825484131781431851730741868711325507174343548822484715373923408844072269294709052993872999221591346163069784674160369685248366607797640541623333180201699419897693242610726813388633373283348366611805919722277983003264488198999200857923114765789956652506034949114427180476358964352092527033109454397211726072924028424741917686113637144625991093655836651798045268977561879753952011099825990451067509569147205592709075953765401584840038060249686355975516824353200022176860554140919471425933135979959620063129409801813346881779290274760044099931941442006799539340974406461440203304947849487336365877718679082224815510576166435551544756903651647667321043123054053969288580666688449442090415364155918372561891014827217755925631074521270341668679177013415635799205069559231321219658894588855789707875754039411322220246088784386534012636313466446653352860224096599471493548881730093314975278931462749257652691426203239416457142686870229365357702347334626211276153942453565407414182830914514023146889424157015845376402454775520891169485102862608078476364724480651731089223858621495492490277053164779045401337979935688610506018799714625841367441711078820425246912921221683178416322543258823678836907624157775260078185796503696479120421461431730218631811681930608115218285485109770325266139235945669690113135583292106952431603535811146922477429873958702340247641576598878107893478524368952973276299000423811876012688184615212373867319810255470330115091564864298672151628451909764182220538465516893694237505189746507953516216794895969963488924914422075659161877438714381885747152916785730053308221839952412880325975828510819288095566162596138575531201500445540746811444537650135777849569540885257417903001189185553580205096231563852159383398067174972283296793438494010130393467154583534086322932889317934847580603118620227455575225997878478290482724338274220396843873050974812837541840712449676435639926126234934787725849414149657488924254262995488905676945981472336454859653660390355455697592512991137475592939749209911833021060617020983992116861461114657878017021180892160856924006016144898919157548666

6545075232486018781878429275089731658410694729534044732531219398660
023535285201273822948428474753479063375058017488743749867898923935
125485975138035604887154437442444076882119418355470795183244534857
386075057366596375230702269040237076823296717141783932400711866420
788062463993652980839974434659643271610658805763115529694089043622
101279211928653945085433027753635661647403602810310816318361099329
744849010113010476239634279931375003094526549416425482904615574738
681224246328733433563427408577747342706501865453361503757311021406
768199981510781936028654412672908775932247272774284993957163163875
315553903687370774230450373104202594998558072759638571883277375904
536356230269316605361710796803238094962216392581598503276575882907
518748470622267745186204719203273991040183571955890998469092411349
039858758261315527234714120782209949645752618769768266435134993907
759138091519514488030079715341856065829853205448972552469656123818
638985054141380241148143988115360995861157937266697371152341153364
803907751396430490043415024920425670739214496433307701848403581438
712499437881381806671832954381970741558090684967902424802235031388
224451790542363098535034335195885199274457406143526124168319510014
664149879249946609933576095679859137590348016791511765102477586884
689124607054453525802991063686210637223004823105941045175965443110
292140359724707429508007869711596029988552772297319265673627772628
852069117753336635873321237206331323952203754907163063969822476493
456563321633534300413329502146799676474406250413148395912591071243
584690795953653930577921876898494651034261486659301629289561910823
674353898655062956768232360915175231110964170046644655756685077705
254927912951643593169286298820061098261168914145997770874735202464
140224212760200364283253118632712089881767871927689441523389386472
634037822585504518564388749807562024497124278837733606849272971246
552113082150226626217627525328302151872301391665782739262484965111
678232496878916331570732450426382112947295960573227766465580965548
527271132732653916487028857994595486665496418013505658212252730523
508075502083146855675666645080820003556059319833958360062066424418
009685530524163213443504881639120359021426086749677108357573103948
460929174363124008125883533919671705749000582760654581865394064298
973703118438627874288054772748118977219369209870622818858075227357
921623635758385546364607908470768580254587311705399012301739033694
776228645387562908920266735398454880033949490806198177433757569030
559501794078341164235338471053788348963328246713236064144087810413
848998992325406936984295161330280993130373011760698583942698541942
637317999742260577055750658435417864080857910528089601452579385259
439887350822249079088325119333855664711213429901820168988664879326
954391811485296375273168337413494339390737573777410313378579935571
116445139960786325521717252085478246117136410877561947608681783653
636753302611073753680549539773977510957352244819307656971644656119
236970042812020066203656261308394095540254353033754184147308602003
168567708234631653236816151093651476251094135098078244048647389791
234285223437954092134301119089678518545094978471015976570184169066
561081216824212819842450838696672751755390084670689910041644358058
856732162875959948639143792481504516199481081439190277341936083078
773374997977062345236647761205698205062279975899512119610436244540
597489723671645107546672555613141068861364559730630902448746637407
472267989658395856967370421653053742890658423195799941072412450916
693094728417085654349866999215354143641009738303696214514003574829
095877774442338573347121772047118715509379685516672873105665929880
319527510237507132610179239216709748815626905064950329041558128047
450712386054483980823105379364401308614006835255140008999886935850
665637533475189181207579099801050892863000171669882940666070359279
396845102403504944836421053884779708076741449893569082161466440792

5269773861527654968327182506906625183271350560101716474283142923421691907006782040394284739220952131748953683035161463503879882049496659440958091755482734154049040142907267360095880575303056609567696455034395537870817902040841696570840223758589722958432828257258058138362014000291354044098975049735314684341922424458198435358506135961802676576937547856744228611532569328989783706017032404050177125632940798757264228764356472469357801209521009981617477002972438737007099688654783809514109230858323918458142783750491355619795949746900369762821458716899980274032886788197325377773796945275250702921531576799384365257587237360577794512790418414490212289741160670451462323102899910541429623215423265381943545766009985882074008118788906180579950625949177981186501047843745704149584561126719187029043009782641611446968912785574360512357153582651467319357248961013069136874453476613936028757899332557676100361950117560084640067236685200081869095282934164538396972508715982054111757521443983485533372993752402765181963397067336106220167212794242100291609922486933664497226987765308087777078026668835605980699963518550188254842239079367156637015952203573710922961994281533960980169274996130156004362976848846208548927678092112144218504366903378769554152127372820186572715011909637390493273126982144236821712988802341633075214607750188881034993342796738556301648051060877098533601716016111802862910288506443747315375231827447764174967095545341945156706000282970604805346322360752254566359439159025440925628998272045236693429231376787033279516838275412320369025910681575587530835988661500173123533087872724042554818949234598026506454840820988025786025815168247418182073302449005663573001378336517890014723076449750053401181624477676184666241563932417454718760580695709287970543534417352243328596831457953956306240828374835760618841641472631537658430496813139199140167785211520593466203485250032430240832458076782090363429216286136829906926086822244635854466193011299180639614300779533468564039969013686855814637203550054977680897878572077400102135895861453379811710123749338767134796794691939974695932408738257142607354986410784596035885179262984069556055710496583788882277700964011837443696971669922503511279265982960121289313848440117218468000895323897630506380203118422914065822201048989780929731037191711851933225152201566507390922664070793101429712124314553117859550849470924276163795260599257680141332239563956286791751715629116460292178945424092818856186014132289534109814887205464249838169634145672017571403962740644459473716195062265388975963512393230380211436983370176733529839889124663885595964412858738630029454322893434120719800805820175068041361429736367379257160486450003052063820279428311637791663759576373507679437519759644211664808655119963679911317734256078308929611210565563452395223463873993031988643270682282988931099239023141146260800382151749119957342999841472044104567823791253092532999691086912076545639854362562700248182453224657141680547467347111987035497425190450118259125451254555368534634001510602198252635248910784233816471457872249397411909576468907484286532744102897335148755437689771751142583249474164987244678951700459538812191590512427385116890894068603622033874868776134256249262735694878264390580512682189308750997666587620621287339898159822359097177676230382830080686161453142316380800324413478366337564699167763383181203827817340123810089585251084027112952617419482025116024489163367241202897514607593117575781514728848263559329824116979717576654140228898280775037696973904394303715703230773649384705393391947012312282879734614635377538309477221172835466788485754823185386627534412911028903350745968004446887402682323540694377423313774458553060204513244316457864660621407876427538560686339586416853056689343708906991717050192787087820177814579869267634804603634834040772359364652629522889020908430702

9250830281551978657774847629083777957288122109014852786401195604835
553986478802024827856511754108068399038236493808218020152051603850
949036872173665542949745557747454602496829999830203583681866638233
271322348822955626077455458849936515015466728538154977414113587875
309980691156715461968506333389203343854330972379403911638562518636
168550779031696784788371613674051747581406875004098593227675237007
354751966923387431930646520780749637634775296052844443315533299479
043046913307362676272008381001419056743797498007776176094862370013
065366158008285068973758132976505470248353133401765382775033063624
971486148051505486386086885320576488451440063258837662285802702213
869874557811829409161097289598704742799890062350257111955784695352
185433320690967725505807998711151458902271219559342875020486240780
170976482774198703346674108292045596673607815667284861596461933462
118580996647063454913068068102894047758882933504574347967527402561
742010289272473150741967767414678422059193356722938929205273580984
424215327863996289914367780898457064771120127660206692338317577145
248356174733788035320274087196764874303216274194270839290228046957
503686789879042905964799117208489129443150056679737956123876221634
727984770657975809742262956411958950532320160007218142205018788768
844146041653459109667899104568630101461405442738716309629649198063
486131963386255198466715271791471637984454355116643854829377160212
253512804838197322803194660732744514828202173690709074524542841210
888091102535692840243676537724586701242953742582640450070352401661
467456810969780456506645430176859379546386109814066461640895686507
781720241583903918057330515527475762333463072594481798752055458048
892822416725948110969586447977927738652854562312960039812647288338
259684066900229838881526091144712031822657928913107689349715338542
688003735198672547875366584474647351348856641209797157376412306204
683041596532006680523766087314387596487922778932973810516950995096
198592313503021669793782071363623119978188346933713920618298899823
732447699351319618262851433666523086981630442766245573902461323411
293573556434105106523282411430177513427528878116212207957041481626
987953059295776490608080156003772043256393730427184954111357752369
836967428887256613089405810190587256008125095152880421152301772765
285349770211880740700533319909973481918863616704778054708334487822
594059293107402663545833729223911092748142635001709857478780994258
698757566235493743237444655673965276483882082104550549852983853413
275395404744261255330521964708411293524340829486735872152675700779
248465997790926428591538689947326851639175133163936798301967914974
429844586902086410510848889070963507665707591037666735539450968931
839099052089565913011157612197765501978358789146919004586231875276
303708805993477974959085893835594544138323794871319367363700673837
473159360202455487932230794308231033666747527516698221934055262968
076143253368113158721572445679501020074279834415099927732232884531
897162284830244873042932232548731692239194172748932674062736905434
183715722744234359899809163719564491297100327925628039609471573514
604351887528361202655241238817639322618846223018667693939222496648
080856187327277099090214617710771251700332670253153754546110548892
597821029716351462111867568396696127089426188971919866665389636114
445657279313838715728612244182257270900215897684060730671400915612
809717336392297893958525131768077028103965254349052178236963982886
316623125277029956494404945435915279494307977703592488639402533983
184604199047059821693322393293957554075758479802267157667495494301
479873706904915002757582992304485511270670193490451375139213115821
733644089067053816967019369936134368147043866805442857040664830736
909518082358216874259701778083054204578280348795973870860654536133
015793945527197472482095499437536794277222152448008833744408287038
481512326541239794392981110334573227559870419303384689710273858224

072971167908298071803295297678739368555426862888699145411327118817
733429244083429981845368097803884052423798340136493257916805688654
826093101226982023689885397746274470454802433203057337563177975018
595006789053920534002993448361795460149560637888005341227927455367
202293679550550223403124304134458399460618069302100201897203066365
344167033225852056979462786298438728744075587589984024769401494955
488523381668148615032285320070977866588528388370359030092011706763
751721468293589690062694586441255735981579493506919918154710799036
854142948126303916680172968624747850899063563835539258803611250311
991532605537810556663676838557244617216933053487814876377639236622
465057760314246724512704204944552444646332893795873868558749447751
538511134557401863594427188025659967761022232415882591345267424871
179883642642845421959503270617968299280208577381390552984068945656
089573668084153657519752471671552229332621329263131399028106995530
658919527957320022740963799162774386391944460944826462799018504251
610943893982930912307208674361265258727431030521161761305522094923
795511066856344220146506747029686345885572677125505496052273962799
764630918895458389848538327835744300956148204708147167278929819184
128113010179051486836549747352955247450604185374678359644352305212
723278486993766200243743657850506789377824296351474790625382134049
073502971328847643084628175418479288369317641609869083028734765999
629709628679704907790463369437379839033753006846289185019957852247
317840478740485788669246016663048026376736863947717251432473568781
312132442129652102110448100010410728931536897602154823628452504075
023618071412245220398768099840198878569947710233047142970204088118
251606199195182533422367412458105690392008372405012262892678778472
919838594114356064777448417016289511960447939761868800266021999498
388117764887919767282979880115558677213525441428815928810759008866
620076104977602589586797663865429934492441274406095066941910532857
834270730891241912741166616525671222091700585441562353846492121886
575151994897277037448644587217962689484611355914006918475815015113
927473899417086477063802568778162921902543958050279885885920573845
668005177399838176678032029322785659375007313265996214447139332185
213578146772093620878914347765790000691133424936229487869522722074
213555341863139983622740624975799258525398495400309209094216770829
617926403764990884723946705249622552303374494883799525417768243759
125077356166168679199127888543592361827308842056896890909353836830
210731931386759919815583396980311188976978179097473417578983890756
144857678364760578269820814594785708575542858119984210571388997098
404470350710488108181004335029472824128386762602896989748935853770
457003603858716323643198015434746231160647328695299111766617225582
563238799346572007959085890454466705246253800879486003894767535970
837507781060854863195635225745966386614640189642872017425042283157
411081905638169928580379023353574337594033279474733324336020292638
012402433193105399081903578200054458189504769254095397224864382480
452029535305161557439954173092414143451164424267419295202973573145
590620402095677357896072890230778573318563006204714392491036474650
771684138524071133869285722537622528419068391992890132381157874576
923857270696179378627185742124233702621655914774695900788792484602
304935635224037229093932173201925970867524744113290478471706530839
415896634620348926324188841229587999898627876244261596152269928053
702132822226307136840554565764599616821875895003378118494205734167
865838481919547422275496362497389103802374589664181218703860946391
906215138834196314395359298887842216111505344562340986996692326176
618920953717954776345082969399641408390685691337135643079448829262
292829881523751599716857070696619709925132181673510109450393634025
420003665408616172724734450844621278062511786322097219428798626321
659729242058170212836483062305670129613229885084858300666676879009

976053538644654872747179357640541632381563189181024134759502638049
705900037564967838098076052614762053197750497050809172870887575043
577036200209897183186220523527848133152452693000580786172940220158
689105029053627837620760745709713602245256074858919393999114839255
233261873929691056831125115720833330567611604635254270066843029565
098390827300978127241345882204535692943670457109138498643822695362
699263820321342428137937582213100664443111676776642067430047767757
955551142391951183431602814475439525096747455612395486908316624421
124052458822174337436879086082502003625404501420818674416718575378
876755206839708238647125277900556012723844370483218498714039567457
050938579264152242957377606319418793419811198334104734005952681234
667652979769017320949449310273189899784013354933848205733622791789
950832993984219102995445742023516912843142730339628140555298205271
965825224949151395506561585534339686304127318518097585069623653235
295120902897528810850177502563716538353565806544335909229299525010
845569616763690334268324885500636252602625029252945771024180796747
009821120093089366741283114294368101279310551594701515717434050913
996607343405012502040411259382460144276721212104098674535989033166
185533432697987525771263296673198058100770402929832437481959156964
042541017012826235759105128133817270167595687984134187885032508889
964121217663656646169326645940453577459947605231907867811184237961
520534188675674642854075812937717838357570664268300472059031677557
920870826644675964796594974128385157327641923680575645657277427090
089951840892309339569478981061596644976166178703984258617500120743
135629056852914794175869770077697047185296193808826303575698172659
206749904674559604584575381790345183716415638215449345025059830985
229564798644712533483962671087031556064036637355921343498082632212
460702256558211643179066672287522952257493296570697488554088796231
164355458549223951109856999367126308256585036409762944415020697121
298992235181103366238830855040157932920085670466084574450917143203
310628064371756808966191550704739679781986213620521331403381408731
573309737557568447882459679028546671726994357485992678522010408215
645962101112325504970913845651476297519089134079191358021383508101
532437185464468434849518161071944563335451316587347094904120774648
192055799049732082305146772553204256919589788886492375147109366822
800771630092423452846319943598720851403818048957836057248200272607
795419515813433596680947718725204273784563086431172230544738314821
133901567787265867632499565244846859634483227755926264320116088063
040093892275056249410353785543163966508404852980981035302862353617
085039799639241435812009523827837231739942677748065003380810323441
936578633348489333758647645687705101885491871819263558165400905003
704902419963139636583864121570999861938578735988032210502321454183
480749266996735424438811180291683915738023875153181522820492268488
802706956262076619786855550137987218042866155368118644083443162970
059564000130432086703140289425591678406771198876721703213251268617
589345439176872421212369136513996906726138462792264773603825200349
006040505162481815978564924733146751407443883474642666612413721132
484371606549483495072234928045419837979740146693010835084802320701
512962045243097997493208919543667957174367836116123519985021884461
775945767664524154299472953178471896593332080124237400183124718250
945389086367516074224517342586335335101918877913292502258791515128
464222671610483240336122004571640616745582599195171175623969574891
551199170112124904848143734932772787636318351297518009541169021488
659644977466747666128588262278270325301488258762919983256708161996
292232221363055372103712178594951844873107022706797090420403297892
230945585491888014933619911814237284584527369819104000859018298539
026188428319662581421313041033164440609768340442275644377797225466
807723049090801643394204643211423381728449662301902414283873701274

946566392401286559950568682041042315877416341861476097323730040510
708902261175862111070848068364814434305161564647279300459289863327
092590634956693868895690781025886745026839098006415628663222104557
173602428610198967270170568077500884478544454612360397646573342574
643706682062197428475555603444790846518940911437107973373146457113
941070888559879893072163691099624409307686105269566790478136614753
873759985658116208257584012109626580296261337338247949217982911675
067682691119495600077472179652498648628890078875924699489077366046
036762359096349448286303957427073920673719246663036175779819296383
321258321104419512849789310793739452972143570105781995220052266365
789602354687324356801352280013667801977391306946426152643885718129
980920146639685565905152187019697907275623271307947036716686119730
095792994900903149950086751509244785038683387934796607321516849433
292175770095116535350746328056741834064910247245411316182518742601
248494572735347466243994859473125959496682055501349468330265216959
637501361618267371744166764666309794113737729349436352636202113964
099460792885982555831487253235428230225270307486353990026178702945
840634524673474060094947060386182898106933860307911535534339424719
506054465400376842441329373388168766121488914962081673246768244520
603683802509545752552368369185441003884491669245633811623158549706
665370524001027692271863448390900535656701934967365985810125507564
707750498687576801957908660110776502208830479763869448832909507597
724400816375403729789307959354179489932958886737513229069066884621
667997083661692052352490156561088775419907246712435043677052507173
657398606409353719677066156552752063165681243119623185062855852990
980090419934769217766663903410324952162510041670062259061153871698
358522728739762725005859106672949533260090569819108937347433371292
389173881524078617450522339518987116006848178752665577057835837953
071679465297950642171317208641188333507258322085839593999239296467
582473088317389914393478110241919013332177149350673277894525520470
006096135004130772474614273856592439894100557283976638684902480184
665029017016329587733558297019398973210001842411184616078991024366
683810050399895794238345255982462353822658404916566197762672569354
516041285455634014994266793527775533743074559589699466124679209693
547716739516061262402139321761832366590161581262995419347926923632
062241869466457851692712132825531603898898918846918559463818066523
325106528957416121395690521066564224124003368456466260564907814068
119420830742739636416607810339130480895993557621801783920250628014
680466507451257601742082891389586663046831377958550645884789259454
635252192629657944083355202892527693148963387479225614456590642011
431150455231506104430257658547005054845999494792080180869058838771
701147333639815763713234755643740146365248157411444681623818590940
974841749643062861302427355704580146102701186109130345640712612946
675593539081860586905022989621817792321173959568813187706418883277
054626971557197008546361426693592286973216348301451843581899086632
721373440343897359724393986152209235362271238347223761788293872099
773214796598899464710314723331431714176428778520476827789256300852
297658614012145984489888191386409383517408784188176091320974731659
970734746884476990555932158029780255303173587604254947739694440078
126945721246602308469922796737515456533201386807980055372427792422
139747754570348330910934395032290991545654008294083936858065527295
599152619479569036792297548919230672963203567640883894286266898671
591924354612108819992814756200365279589643084038731200314920667894
418854465083910373049081179406750152024111830469742422786492884359
450196059917048114428189331543811180881057326042380543517247138972
476616969924248969460862744260361065894420030697626025512236338263
923341681972682599853922585452420327228681509902426328303441770509
609074465265018065404785196056948545899335114154619020963051669962

378914560520729432601423704593272750223942921022359877616980157169
336330011904027197860291503182443891282920477818483434567038741459
540360372754428061858584404762512353882757442328634342127832715555
717104105942513819613662279446328727041993026550154983687857378351
911854467342213619076065405784272542708901551571023208769007560739
734635526069600267427216474939334225670387867472996542026215208615
619685726967931862596803569951514484539046645626471715637544018215
552621867430143539746336258466041919861675885057138173085611545870
654763503507479131030105629806609721327873638277018155238000617373
980911776096536631195266708561698312078916659622840700531707343503
344700810572951591591612806907881824004862314834428082515140548593
143541146776461624115714532488543924046088376412989280091774975633
406166870196755565754339371535817213295312734182594821757828484816
454094053443338874052934439748091410626895037265203612394195124969
316387806997537822388806451650771748670925296714078296927902975711
231390520401383760206435397813022268482776559391038662953053285185
716510132833556638677625218166777549287842956992677627055802753988
402422797642438588192162175407097598054797724878165965524964123504
856904233121002792061778163127431958355224331288331814511588868297
805603531066310500174462382288171903574570382560578089195204104393
024083406306085280620149834121884276238711136522869869273695978729
306399702613417573556116580917108041483216314001380199537460249500
354322098208345249771071010439786053100433627587465451141425984662
499522347158050707755596293583213719492317391871706252936965670386
702562577206777655423739565285103867918770229403934999023294137699
944514995426987938482164726328292526071055201524410964827262553419
948304393243935584510613987663127568004353303859239182721385040618
579822788344848589638036890571304667334694224939131088838567116800
327569926332013157697627054135566962568886359327287484565139164015
912633873884158947034141637088787636440156040630153939655263849690
103566821385775209383227518025545761207583846364828965173083144741
675617704187649224442428940485190971994840234158788053931524958606
241041974750214151612433505535433753989785149759926496471944721644
419473059621289912999187213708688195080900832194311374497595953268
603434456424224113548602792442026428859260280575117189437843786349
653061715642610724722608215432586928200736305090831038867296022733
926275922510967260225604866086047231411150834636397824323646233780
678957911888720982246007425576147461644220333109429313322525745905
505991531813586587364045050790200984976922300291793985989967285319
504182817651833396818433477283861432663955651698699283423844435873
995486160106345333736097465267031665386804969296261837165206373459
825862504363375980264751135529771094896053347599448968570501089726
633225619694566490264988190867384310652739081975037306320407242801
162455380574058142931327264029312489784887293694340531609657626497
985149811134539138951804021540458014613657259157467580469458825846
510386890697187093091433018968069652376122038654287895200248131142
043816237591539926680830922865538959004111696269719324340087152972
268706705798480976772582290957277973777655014844736100159241236645
486709053963173614006883233243325853445103734707009682469073837389
050476106028761772887293088298103937922295264948536896216558046791
244529593368570306722774742854911509128358491128548575954854235068
256924276842586710392327801386009539415595849014752104963545810902
149057980390467796776696658228692671736683243684871925561924133616
076262652604684478923551452654680400682002911475929928118091240602
544360619142028271687408365596900430207281036612012689537590430564
626215715302723775840244474636152202461572349712542350660588850417
559032688747075395633380102687320789371308120202854774099177789459
000431961679700733798749384176474029713056084757627003779877589427

509515502349143173407350643657309264431599190283719888603137492642
633642819771762460681199799968778667718263705945147184692954739409
342570957343512000476247557888633971012132961067451999340902614567
436264261314023887830579109058910973106814879885552893761506487131
062971156587807667377496610838569625484320224561326841915489249364
352088046796777418816363441490627351580602303134352401586946330052
327459049749551104950162817948008756480096770708931571875254697700
361974325902144577374489294220297132835213507142305568780755953715
689337634815534852159494261209065790765201580811476571730669213049
788978950094155358857589886259107032572992283549668156337594456096
351719547272486359884367576596272120250205789155663530760853831835
355181848922879850145498615276315064480130287198638761621902481906
112185838036100525668027813415655530891540973223321774078922189063
610744671325397850739130681642603306730428108189646784819124306694
763979780653564386369352749538012511957142065318757247147777328284
831097640223205666543246727152682476892410904922431016355082318941
643486712914592442432390530742404217147043712694692158539720699516
855539466355557879439668238967043898687847290714437974509464845180
576070911971487317133096827342869319888868684936792552187485555691
132174992966413291886101686175580061636822543992614699859883544995
328928589852585693312395544444565318707502823639997310410641432211
303868078705262587048771767002381124533873678549315988080356287645
685138403986825024388038834325188885231410266058223385333623887099
894978210048282148220711104992223904209650977973690527252578396319
922492854573075967661398555468715115197839193828858884277308037234
116227769164480628435845258469186957314451207459776970876620641168
519924505781036673988742593490561323950750815079010068025459942932
869708333152204360597811828033781539542061936173910077985952170222
783976373554582594126998879635444551833709973409742667655111672463
064169643946501253358506809424444141289679019268401955530935442321
142777991219993715387180192442108922360659922012423864327252778212
832421941475682782111927679657902004665731666652959280999849083771
380005583578414021564023281345115281543593509365157002447099131269
274800655688077841668029537711065050579011674764467464000751907887
934553498491760221411695670116518703559718958531012298108179092764
197799348678303857989019325465728035185097127121301566775749073395
120741601365582926769438451755417574447680714011756135748240666239
259878205073044183387030127368964101056768452990277406145988182840
279972715205686352882107904642243270493370950988826941329155970297
333737466590316830901314469636318231087884625189708054510076830430
312004281177352535934146733889592496871837085437849823940700895085
986944126217332857769141244346610580294669630264850439023003081776
502073750272859557196110954762380869935881409986473547189532849856
078108860031958754023850187647969481803000920188219418166989205540
663737878635524737440673282740751603215788788419861819775109640737
870088972978091489045529758318901021649896527282857276963989698048
249072214523233453581677050667150966404745353703911048390183486066
171831340356470734450152127320876249779288492838566137869106753375
215918982452431156305049780642687976641816711028906664110138038325
390311869096813656480332649767211622865144140378818223131648704500
160187376812631045664906010415193406229572753405199352191520897507
381850935374131930507026055014501636073508402589923210311959326533
540758635261081006266004799997707382584965038956228854810465800447
015366407403191203138930749826559358439459740046137509465421636061
837694333161786893017918758276504810448472912338595464389153694798
840293790309667477930258353307408088711185231466171283684295322382
165795067317093298536696603069426561323124047621203375567155615317
133347077115109606055227121876954066974866679769696742073837499636

935047284564038289223815083284117714933620958122213092986101003058
635805658402143123753087086026470553325389961835166946356410438277
633748990137234810792572658904709794645013665178987061682066290764
335896884515851429522942865936270044300049888671334547954928255539
165459122177256623206459700148261447641651811249551728409526606368
286656731687448379758231465980707731899980682259076884988179255883
267600149697683625896902625254239963553796614679779914712144850083
977633387286109237501730238145774261700987034639352120046600040254
127584047513879076735281767383325199698758678147046108621266744892
010682490492043113560458105816996034982490431489304346317611804387
205396892634867122163031781747522996116892067522781139312156730164
619133652908427132400426561362762332076860602398166732886922876667
979848091793786435430479584539020854815766004737225475940580000968
823243080117876450130867461463577929302290648185638984203845701905
100827749542528278969720731946683314264186912638302815931301724533
779949773345965107298066499110273529973590314925993993178780787747
146590721527023504030845756074744621261329737892428561013606936966
521462155336856537145604371794215208480055610955342819929764819536
042132964706803963977576580799891796180506428190839292253251986774
972125314630139524672228630825218970848936124516292959464400037193
650114094143700697407184318878268127815675239964044066736868279563
917677114810833088637390978620010612181287932422140029683888940762
982863995331367601590936521845313346133768276054361200403692546848
453510455455054343031192086508264180452865448977849274928576452324
129787566540367954407776886990740597475018827296492798067177272121
774581648623262195033053598598688317954160390056185834710845685185
210564813190592458207504197217349544216951004402030645901262835463
956078162165172756655396860519956915756846569917767004588129313847
048037534625275002638514245107422901325528204994621652286347352003
067207285700649558989599909071077110520332204363948043148770115039
987446831806750047923648530440926711176445973197202894749065214443
648128269442428962662153461761473333484571111906981575600037381738
634828714200722251845128409938877531464494123370826267646443957292
347854248475329485992768608168318076637907389675646324338476704335
419246678164662585396830301786244409745252313259862520412046998161
194153813663097175641572011896801461738118806521423072588493764805
116615093603100271990467260956073582463135227925854155116544209681
017680415656945816831911438654058063448523370389971240231633507200
909578295854812607543971039276630913239482815869893290933552501877
955108443813319773157021946045314855869038761032466976133675202219
647968594871138030575373435824775136209993792935240339903185117606
912528276553525921130776047101353551720152455457448212659502970017
273711196138689840266514480231172746437082073206214709672055316338
112953259099824385304911700109688336238796364527127749422434722164
907329123412133224550358424565193437652825332935566285036245616949
131641308636894326058114382558764115440287776412461499572110474762
507065289446478229548051697692449436772534746127618136064648841854
391533493157672417978926800481650854214008173148948527340190454761
739797944179870910900523054599929547072995296754043204495134087336
537671483965180248293376318997406684247631379946986739229290583084
181820589819449429321177953820531858855351492444786165782661355287
847075420934425323299485937803773594674268100804023785191760253998
538319522278145951564822698622322471939784334701071159236888944184
008825031926470925564626132491955490676308710029165191461671563748
581170086436379375757162088489682880088848022860780530660603726555
842765110526649160214504313339274326272767105513959845798114749902
963368274143091359891560165144355358628819385875575167260146721240
473326958869192803241303268224252280679877318295201315459338882825

440734582134326699387693928921081766780887445365966571657807788614
273058811053134791147030082328966546962286141123833218552249247958
057621308676677299684261131650734837567742906036724289921471889341
145827296086070141436678792460183879850283106647187241154676169185
264113320962028630978948898855337770998564729631066965693273667666
700503887441944218955683950074721817181806638639601259449866657247
546730540170675296003062694253903784736249583773298698495801307154
939176793609080619475647776999697629265367032565911763139893783755
564253868746412300021201861016820899183903112954777544974654925428
974251180552171438058931073183062172415544772544620002332425110254
245824177336539231601633692449465371585086382777303000918494206721
754930409337055994531442020594687495285935322270322085451357791082
713208645468386819048757996107343149306297851570406436900482702703
669576712358301551941010801482965808320450572580198141874604630866
877528792694819660726325968583636454561111895221153923502915772378
651386961690191245582226493103664911735923626339561938890555560124
675828775878323498658229203373810440208574623154419200874437796989
362176977389521431709173165908711746071319179270859359040365716952
773635667586702600571508387376859977222429876994699168211048543870
656677161475843525089165381356043088973407797594630292632994777906
928959190931772637506200244902559385151848395031417840252549499334
814952902411323885646244936325651674478297304105996884388275834908
734819190646738237894904464721807777433344524714218229848317232449
548591401059047309949578390658067575992724520628201410604011166767
574390944215949594881818773098588778843958445778183823436256431827
897104919562286679363234366142089238961145425450590306847768714204
362552372727773448265126562579694874727332491287241561125890310779
250241224035943512298823642008315580477587987740850276526411848860
230719977544685341364781369797061677420093246053524207741006086953
202828736191589995392232012069653063884107167904800674365087272457
287854030986680359774075461330821812981750553641949678552290994613
470648377742475919244484504338271544733560772219208857791684438478
817052091809002271732660437036835468975388733970150600978901742598
659628020748442614543946849659379198672242860820642823831758708342
555222226773700183364965539383442963318235526852389904872171910811
075401231125436262929486722845984159621646652298403507395480780869
887075613758113154674485243366172986697831316196628990970564016399
609964898212189639681682347032603941836381045794977082774836641299
246338551399224124718989929541166828695606138110132911339882880625
793508606435773866351470199952791052213732922323844551671558341162
296591378006787688111019871375956274444967652116755086539376947435
044442326909592745795086478066254658089743468130663071968223281686
133221943131513563035163544422910765080826423191242864796517391613
596682951317904325064343109073254925091193475104098655637899892688
402744237343106054236817065167634853454629036399847189578474885181
886466990899289799329814112688088703823020092159938962304095079698
282453485834402579341392407491134492253680052699557646110097254596
837588576146034785232721943491862750347816455037539784017413658215
095677605639819392083505565611838455605856085392551743855245451836
153173146211683751575723623737944461467494032436684086729472106741
534353029078066920208965674737192885657742964381973077817789342701
997487146823833995378991276147496264610869142686088380339366013614
455904183237129827110549616123113929032069596506052017745286931039
019314638174294407672842725557757696719586295458877845802781931069
120446308501408159893347236166549668042356721085239384888550286863
929373416712318138661307405859238304545465348609222150878073181114
692151631675911194806415998048770931136725212452813708397668410931
169456611453429497100856106921233418416552144874499785942813245911

136178695675308861295552516434506240130081105111960382435573237312
505611267857804262039833905724944225056484394357452563942136805238
431873292744652425227879073218859357478026338428528022186650453750
954725837180026717886968699134197142872551864112938831053833648748
566571809376997249728034581245947825555699307057513887557477520690
025741202511280050282076739322794994557733161508733369086153440771
896854308705565175834322389478221050046586185466707584739393799628
871476764664035707370619652569956270078197283225037199671371624051
952327536698635291884572705256267980131316497743202993291273629686
962292244910270085217378715286620263863460700944683445922176594531
775012062013995115579293953705219425165186692152840378905104971788
915458227413272353947534345175918752854930321230407032040312592457
278993407938080558021785709554478771050282769831428252971915185677
487210927635045819192730137439257310908847002019547381402110715251
770643037767133223927134820646419592654553994410513513495988137914
661589843533006260992254360311745723315898576194521201932492007114
832948544910852065780390707450105467717950380377581746904406125017
153313742408736067898834437823300442860570853402294798097957402967
093734092200077368403554224115850659918432723180386723123268255552
054496213503280132083711949290937924381627869918012680731189452552
182628288323977182254847530786028208317308633330469079605795250954
630794457264942252368622201246743171970238484159768469751166796480
732362353821676179536487311676669199913997627566826697260502626702
665420473165463168943484197362250773691871761904446690949759500800
850907383709429265123313270349543555561514999953297741485160817881
763746226456634277013788478510335420375985711439806252578026639682
030457025346123943059142636630827159384066814391548452880845008498
348046005296951684195326263444996666693083777680276406577396666769
488472249444822365101766401070143494649567084399868574737136407070
508220529700205687519274667214873319739966923632688148011513698066
442190247519486495287104342072332017374606141568391973144772238900
139584230085413789995685427724346969109448987953045286627048125931
034970031816816450076918090889217622251933336579188036218286120788
412667732465359044681792948606649108043735506778358085708016248299
759094317031339959319421610875509695106739491740753368324467432358
132802109625947750439703188211743505783168648290661464966035858457
961435818571637973885674225531982526228144045501058194793677231347
324576311715878714893033204049650484366082542369815086659540129523
881391536307227976334745748012389909340969498642898774545515164267
176361375168750500253896338052833001391667443141209682136664303441
195219210712580541857721140690641867588737766365432971132393972411
721001231359444900342480902310179358505860667909253313595913704048
231869618910201824499429809909443405842056903385132660298574447816
865090682302986493174735271831133974864383151794065551735809964287
386893101242071028754461586642689217152311226017508314252150283841
796303680316615022256560139385667158379200231577970206027924160250
354358182578896180301788741753505607570512683057271113723407327047
306863821309362383695728536019434875074949176143457330037868653437
913147554282727203204766382771357254183677141017296369176777278701
790819409046633412993300207206138388049699180236259309977638053243
927618023389594630003867675297282316735324639254602852303047743013
533981815377874986402760941467901523522952250590350164307459701786
691099044460696342422733856185147152871232805205846871059438047542
009713023866211576736440669877583540306169280782922007694956685050
388666658330635022299815293315400487381635064515448429155049258200
207906063715650911077903167410093907087270690639756331123706469515
864190565491983971105139192247104665608666238975118823977011683579
213546124663359117355097350900017666715352427875682038033370941668

747890202520207247975178773043737082469106609490955082950518073174
055600931287915569992406499521764909103592134198644094265346004024
363285206252109198959710518657247468294013068681369046158102411097
704145909411103822100725743162763399343874125324249953045404203565
322927359631687377512255048342166321833333024702907770333856071078
433793376522966166684934146286071120814525429243032788723047983408
190599108595493739705975102897521510104173014891842652124698971185
007538266376686897022125027363513066360936444234039859356544527640
858269822180371634466325905540888425570667004613089245810185875194
036870721714580357358014287517773768430547662150529442445822706938
440428598420765945412239454038804242330104381098347245794455359677
568342640154213793487463798917672120823414546916922666725457760179
425716085413545112617493505946856054763622941315027598959905043912
105822743480260827330517514760291557174708770503882239875176227067
333857643489661521631895730098952332011632173502820116751129927375
071326726005287630188020975934641277215967291734966486237831617433
669804120664719214498226894054930861121856512022144355156789092572
682364838088710175281066795532548842431277288102340910448487743925
299539121358161429098025572394343966755956075899404915733685381392
848582119461679087461878946891798872807316835163337851905423344518
824866926736153402420881390888801033484046168863689359662278827768
526133836366742308949863084643393088777179432346340629811803376899
751364669532744676395709174573721316289612447682274673437323980454
543684224801763816356746139261749965889330192627313813748750756137
890701601681939838183306251968951745128994190752704672732969229328
595399836305598826464001539336104651824384841864434050699024267018
107918107109604245840376137876885581656913606528464417729880607773
103008794051575033611381222260248782705711135546108415518113365866
766584533170328546867271970727227215127963791228588377620992734813
497067394646892724128188313456520405792316488569216013720892861373
447342610105990310072536696993523735915111834974759479869920443998
752006642672400862163815251732900792435966998974499723303063255232
006215695130931621542729652253061744722163007130552863757402021184
472024907937184094385474006664471677582137921885593553403157175524
371666693497921229248032112871547397883465234374403654095734534986
141407815302224510802092607974211459246284115974048016862063286737
590238109793838168351854648972587650269866971889295398832508165797
769688246661179252469649173793820446746027555979275031724466626270
601375347839219076588430758672782049463277409044387803389297996264
197562962295610489389881369795511848041601397617836698870861499642
772834138378632048957352805045513007014390023769032308729330481633
666495585939652827367694109970589474353052207538122381325087571926
235120182746333322707109351859599958454728952356333663848704790137
073880294713909825386920771220480251448475430445028218483375287885
479886362001406005060237553733376181407441157246244538103969868932
872438142454209613932066518787563989224249813116599429759135091992
534048482727554177681475221411697406230680648158010710495703266745
497738791148135681167538816526350534364934693206569004146212850269
894537025645765925764154499555042520076829228540268484882103775806
265827205160477509908298361374726702045718521870433082862659120462
177363804824428525776420542992026329507504341563859876529214353760
184502306420407941713888378720223968876174003766684062610064572590
260578228129194169317790552209843439166522291180839167093219020623
130461858549835932349801984520953353175806011129056228292275582681
598292853584697465383119630711983165763015211691333720013779129495
891792230134722522524747375690057485666606125770602168876851165817
837985205985931677338745477924770792734481528058995259439691391699
763841457629018698678794105175718775997267172816982252627355112865

756721698780919821318770289607484920772155737148564730854649786278
332833396383237804057669773383360326810054151427001253207146732439
104803472945354392082771221788726053293463651875810197641918891541
294956679574740451104977347494324850682894796674992655927325876474
304201572681119297846072891795594022102704640502497614934648711451
049962761455355266778827914264977654248233528731682570596333280734
889599189299545234395404546537430186491311437668833833944560753259
639741017566150842941588960381593958283241181056997187590596816175
991337799389772427441707200434066333837728122999571755383127863073
002280988348956168280893169568354555132457748373312397227556706628
268045250706519034521598768763386868854751024385679380926760863999
239175816082035725828625485026224949923619485197436100921397397896
744162459305337401147975148564345437383241306837917035939458911889
934263636537575466043304100849625265251969325405337197969443239934
124283362374368524186101282606576065571933166592076413212861747819
680971669968138991639341891811488141184467468412223953629570182356
113176537274339890070512347954913822211813623376476951555653186639
409230701958382086914882595497104005357744446298715999161862009156
640335408074933078863886025434785799031175509509894712146232983292
633335923591994588787135067869767638662484357837865067938227689091
800638169656737188236991868693906843374080945236674715169815056195
822261789991320863890100357317082228393634342085829923234046756823
224047698218556024083496597223945638165520589027944627625167457044
645597111806784264639826308439570469216976670167021541839714524068
111078960964431070144229618338290493158138023879227749602441866415
538281921681029156513129080429939969619243209971962741960766271691
030127187230183358443478074358552337531034524433453286112113772479
009223044114150641370354434292793828988648275575774289529837494644
534965697890742365041930845257242842975308695403921095282908719896
781994180588072315128880047789337004410799671036094909316307297059
651451691296513041276233580317918143099566522761787264970367229629
143617050628189403312424686105545447734014738751599871573226310389
115729576279218028773258017759052443490647872418013837600299194173
901139808163417962098707654371325969122663668194330622493316095188
628395699412298592185956555715294550505631752722214781864633408922
045731001297304271098835403011856943034640051339619015052164577550
734848409906564254140758451847747645730734626238175143895250461726
298222361716854960596211075928326963344333526585633354487911138905
595867047387518704648569134710144755430881850703997229770376135923
235945682042234351993497965125790154717956729060239959906671794284
655022810675743285146465200604750787512592095185636026918510476917
137599504893256342542736708883874563232585492854306321916326110116
672932005806004504143929189702410682450279495924410966119985319875
453822065751849771802175050578517273449845536530631638270262075671
879463054965085954956909764339842164606878754586484432942473442958
228131279238525118033441125589231012596250416900122222399180886579
980558668973194208116380529856848740586685243797310892184678803766
518829513973507672764294882297333705635972018002639939886174189913
472151471563797158263916679805272408464651807745003448331517301689
545453335872497486695533557572238841631870055913845854786851474366
407994725858733723054059295672511487751518033922618974065328716559
233048978869883224673866225914772793314021580214148421243391147245
047391458534435621406267762271001597994753885401164432708699191482
963222269460610395651339465531044322477602538214206936752619052058
602918358304859858938230941383340625938337892627869182770862912756
223461817703479899758534733657597949524459830937345207939418490156
294606390205110962931376255564881170006729010521332943619634355756
520587486546219702277025780023490476796102154361304222034182930262

555146259450727456175671382546092641076911641733169692605638474070
379887587025043209324906089717532426448085141785399315026710188476
005814469362701803878018408891224944243385268841491571214622721286
140892179832945588904134852970213090930350682734602577785973249854
484280126069457912731072258840349417670990989006034288717084722663
826007065975781358159214345575894621662812805256705734476674194087
510486230588492153375937300183131449196202147506767513632789893147
262114809625860376339489441551417447096734789727817743424314626468
593826587071772835819681922697621112863380012254374415378539800223
763449372995003798524723333413764264882486961740504098874416620103
860870880883123776335389411837171156494805984111338128760876380750
385700515814295675423427486489066879702923894166721859374685415715
218788486251633328162222489469651897811447139338794797333857917862
797988135727963615718779018234042508215154438042417862992492860061
552704859975876044472306676908196724702308032435593267294086318346
365550459543741268729754181476263736980372098942896043337119209076
495732704493012975526632555918060505811499416150813967492076728073
174569194025209323205492217630701812593242147793442515444146060803
088182445137466256047459594681802664921837719096756115445775167839
412598157068093271893212129153127152820223033918234758061081815274
581588924990310225710769869701274049002568395810038271760303830051
015896832523857442375090139111228599758261939489860821612678270778
031654871213611638653790746991063882435784999937257980944921777598
683881718274874751286579149815621446413168223789739577989944248771
156313921830361251228642928792173431546032830828734533765369353812
735482827789449532160458517235728684361227760834836242778822001344
915973515531800833254931756590200719794301121311184923332782026549
786824292744843366418178978122495472452477552223251040278627924044
590436369537797163108991318809473308790695649948431857828116419396
248076998681965940258484179945554810526963906292619438254220584710
131647367066040613863602463501964606349706387891002380682836893012
019568924885010403479158019935869583457512952042015822288272054745
769735468869944344198471942722293648373365939170289499957375064202
773042247756482131674888819135805988111890692982777772482379179376
194709020782753032705705209850834999595894832850187585815020872181
299718742262087958892444675677687439454079446788922625698246189832
587096470539017775022330941585835130312101527156705775294537590786
530573646566160274278988661416326599355927936280546213396396633299
190686562176797370767984898639196514979893048368093484352880214899
203389048323978042993854444706309630904916727421586856015014113775
933028718271239017474288156985731841266037338850438363936504815659
617124919168710285526237242347442222687489888307412176505446484667
927145207121873895040846296977549077996591332754341817400497049395
851891894019774562290749131054882238123752490427858576563550106486
312255467887279067194521776923686829292269952424549522914028815928
019691704994662751042912755589473041324116515370226188184729367260
211849042019043492213916787549556861042747440304591494645468018080
304650866948213308070519215093166006336750441613810974407536921195
005734427684883186394535629114531346425285651883954826223023346387
100975139345935786936222516081950522978101513080732037666525120008
795313698743979017675629174017483694568386520885912208563327412747
050116962484753733722314967489656378236605102039447654103016470953
322679849868027898803864559930548966777365568861370895846432566650
302107479523448537717659387704984570917733475165016755900135377519
768061805710065696124000849010093858050054830018333110600601856827
041234879630897073144904479397338462366150921807305496641279404647
026883417573297056150354215097112977876611376285263458911124300029
136674363823942800074740957803742969953499097020635678839388678433

3513654726119015455744252103555912010534376086575551661589122103 43
6247616345228491479278262663846981875301323846843838481989822591 29
4319654013030910358495655688604233992937641972775377812975765767 51
1042206746925082611163134834217523947148508368948856907981373285 87
7035438415456680658224364164231463938542036193922212954900831903 38
8670466369095491639802927609292377331817116264586222880163249362 25
9459684581316090045575249164412735153811920288181105177878340704 00
9271730500091533156698217832636230741027478089835182689634211694 35
3118236685711350182072881355252839866581284887177163390803587232 60
0886859722842258111252157958486119196163414348796621527963384295 98
1931583040784693043718770598959810050206806966665800589337130838 40
6689657884135863890637708867140340399738851692796902558584472488 74
5241624649278253457794336598652454487515359972558689023144906104 68
7505528437155389713598879152829258282555050120835419120587880510 395
4962024358774182848090428340126233179135488242507860755098682660 22
1556905386167217397070165529518261851497851559916874134807718035 39
6476962531263791339314466915517752428793983765839968049063306801 76
8546528336908119417846493436243829998179420416512251552816486622 78
9692413169672831757719065981066149201890948149667661935024634794 71
3256571468360997983668771671176457683638466793205076045684230136 45
6074677112822914544104578362295484190057164603383652849543626643 97
3131121579909004818737355146272400020405283767480550460175052622 38
3391229222052782088264761784333412824670904342815557991999367870 59
2424465398414152483371850309823650457039518718325475058891469219 72
7877474934761374314763340744327236723578896830721871781560699923 66
9926078802347265825841118585367854946347040895379200774061632452 85
8548320124277962065712557406190015405686663593551151914859073854 18
3367389436877712135766803563955549543196776432618447854583365485 91
9644751080858682417024425352522035849764711681624768399536244767 93
9082234282929530813009066893806352744200043638833870698490217124 45
8839678708195459567031390501961333024247428675455688835979890257 69
8920065894342002372758672588032116926251701449314686646805490007 89
6322270317733061013130171870298649499302591773911478570497087050 92
8009408440983014171594181614899597275510048899623612421846679217 40
4025579357578418304118548098298513982186982856476644290284809902 92
8299225862429896852052598644052317227866081916942774374705757718 80
7610801781701444129234726812761690613753461563045947649597658485 82
4403587996783733086380922467731648886601375822301126677143588182 69
3220528628366006846604176086698120853889664484236341278304300197 66
4385747240555867854142445266635564782338147488020054711907400969 34
0766237231965007136880198868566322481833546175394278105286340454 87
6841501481778611220049902044745915524008385469723843865268462360 50
1650347458958564204870767381033449984213916272550920081664283184 60
1053470258182980053420902474985118817500626708844123795231950420 61
4207295917801204411082100431393233160501226616047367209730557539 35
9783959313912177091662531487278037432000322972883501284526320464 47
5264582496769538340933317968119665779172788299653910349818013943 78
4195582297131148265236376063398286063429623982797764964466869686 29
8372670174608779657333975378138766320446277375915116118028066748 52
1752569248586037187110772252325736495101572212470610018412611261 43
1130203715087649154625609502557447887273002418076957758943010976 19
5885392410713950511086718268859217991463470361859657414169751603 47
0502384000132034972016907501434544818407850019596165555520217503 76
6142083536003085542265162831390008975535293045797927990515455417 05
5868204511356371467044119427618229837307914286142958647679348290 32
3957224377818313783830909745244632848910325786854558403646035053 84
4397353565391034246689017692808127542457126479037940482224169728 27
0546299891666570139969782325080989306193053048748465057143945515 22

130923050261480079978803377249805525957401726449051295118891778545
751052809268213446972071235540578850789568719093781853355007751043
065888274679607849931894474395039999440818345801504830345039967155
327137758714638778072081624941500103065127483383647834568784236910
304330175565872230771194207625044108524387177687336893154848960604
981667626690323755496624275319348817481407832457316079552872676837
126118081584623942044542980533497736915195469050498168948792939639
968752324908065516345216962542132037649917330724161582043172409779
780270130087004141876079184028490145991177142665209285453570636243
160765058847376985987107871715794338130707580432717296927019986816
588918070391000277603084358151804591335015658811959424430718750790
126976529417234363240416807336041725105880539857167060382979606033
118535820247244763710051832406308449237674456287167496676490605645
124991855267272564935779149936017213357891928354146196788689475497
941118320386041934887604287998426882664136623387737479484053621544
989893738093944672955532085964288239560931926733241512640389426756
729012135781521056356502450634808667200331532150992186650264551465
520579140434331418931744145838420034720114527627475566386463637199
154891556164136320487255709853796453133178054994657384417413499154
230689959953012234156670160551788060454883096589803517762589040817
303354734957965719804431576804129356102302309380869894586449484552
998450548608120087719720164982137383165934861750474894264984687492
483015557556088823382468631822938489826958743128999273455955791027
777823999739474079071706240114696142722460394052244672743800904788
068009204257381456815446138608539893580229084144989604154179801310
601766049783453641531633197224496825336807416715398997449480537924
789476725847323987207948415076975129577918946249822894144335476631
853499993586673581654758791933439905537468403042134167767371913878
776319919673229649624979546496568363762555201482210355676498158036
856868528035439933206733394042646651584569953881912796585701315163
723035971515092329099272112888339073900630268586743036381664750134
279032424692734424028488879997900400655379849337708746593010508071
048941423036863903046826850163688100183578933799329677697771516244
432831505342567167908835992414207504466339326227247670420359784332
815578267651026243239188433779193494885924473013410522507517984038
779077812791771316017378485164931516371038572541771694565531677933
276154956643657568533225261023257517130919222912037868211070106815
689349821999351886051472789723308956152755259112847529248525450462
215444218657403751132591100938338672834069400299224989263821091937
119486618171512760816517655776727261418602198834922131227759032397
499396244564780586620774443935110169653881841453023655559151086374
832503926500145515591650607843333853192817359581558458366214501953
701708825489775034719546868729080417781621620256162930998363284038
401945381868215663424101427934990548626635944994402509452009183025
520397214084740691796595681301659021732590209567459603718940073653
349450183082615318467364198037639325330286271045821606050861605871
702342043549305405651136441092980288760148311068004486037089144269
050402978340847669181085254217115625518889434756998384372769449941
429708519559026365592385928030262310269084975919716402328847731383
904355979530301955847218432375525820627416619828984383021062971782
915921569843316111053018858411779987507490214559725971447090225625
560205015783836145588178379268453835346710734530611392405820451156
727209613739119106945585108712014423488743684572259093038880828221
033831988164490376440625650760124548099875097829844098463810310411
827722681572136732476956946590412064482082337446955994162810986211
350871573563474400228807960266077457333640152509336919698130463835
087376041843648153203775053730654315844428577432972215583088816557
325209144771385341671813443899989727793495960845508696953243213134

3780888599514266804074165105930796532523718464599992992942398322371
1975367998325528618523573264878710093267957924149964951806878525791
1823147618723930629521598686937378237290921419768030248423379312491
2120912941713892101467843972368739307081660139152865149578661929921
9164439118903211626114809089660026853303945856250873153359850263071
4848346906105447014249023054829299661850894289015259478813384460261
0028009617289925714974777075894917567289921149108269974117774850221
8458594809609046249459839157778081170718003471302906301162028308201
5140384864141569628495368791235745053793950827888189072862544907461
6221707783805120018809539386352510234908914762718133723225259106601
5376421140523531926134201406350606300187432845145934730553459704211
9947546975701929130541340893368859424830027480627046640443575161161
7415276495155237022144876988626846595805266660088846455496818011071
1009909364248889966982009757583460573853788034470034204089604099471
9245743166938181538696062637155037862845057054188450964696328962051
7056292348826251337925451036444853080872538730944007350347981706461
0652347503789824110465974717481155239890312363488745726348246274761
0957517438198528192919890889743292656407594333165862841246724010231
5655690481117569753737086162435839678751877009847840583691976503051
0929709154181824064011312900104279320543904411739245556173621925121
0830998456641624805764707386059954205257697741047330195414833615331
4240073481508862892579364150423402253408493704434164662057026135881
5413312616712157351019987224242692783799237163539075049774326854871
4338248930262067273633607793776075367700462927382559310066025042061
9025358331972614728631742206538472465520630618072151259282154759251
7828854706800082211190153120865951225651470830249538010652748002861
6287127462213996458324577131012078227598763520822289382690288319491
4077772543020190149164010198782913990163247907191802436434625177011
0696153522120288789546337752002232788315679671189938532933536593941
9903522938296260379087717906949906119125422332681040549797248525951
9491095256230147834898201045071956735116137525642503562293164462541
9940499533763935606957000818997615661104639996968504159253857134821
5988136895394133983051248427298333256580001030513153509680790996521
5737825476708965111939364287896837275776845935078123417746292367041
6159317039902885813378987545460643406593881863986652278567241854301
6304162097294686920039610154195508035983774355888736941366897257461
8094724417601896962815706914230959157670097594765584986670528924641
2208889780000051543895753363327777780048638731058542396083548466981
0252413564183341290213942664070448114213838095809621677599456910401
5908669812865187486504263380538768215603218337307404430486358024161
9945134548245177238652032319352003662291015738060744545025072911411
7045165082053002528350760305671802176735610289235899758448668716021
1543775796514290099151441658535552932583816382863657600898384374761
7972804092752500822022496907611955017332562673284383738858246640391
8155943521281168905998147088079444191830776585591804084943131425571
0892885292490987354315360737039483562192855283379008927965446639111
2193655696471632750812596369829675456851024862840308743355397966241
8219041742025273544284231772764873707816328369163501082664202079721
8533408734892267083142585499141101668403192792861404454428634822581
2245094365804777222659499237653291515384749554204367363315762705731
5678725541454831075538771684911434311272502004294746902048758570591
6687893397307873667114082913580284627017952455906619170558647321701
3941461655344148026161983502248364247934147172530412891534045064741
4165650827253312325107593688256197051598562206270940238792736932731
5308414749363386465028182764873700358561355235930913221343165812411
4043980308595800535246967078265215553707022012926927272437490253541
3237886194196165495204872062313270142581298949265471709614557028291
9558298867419571736741057610922022553977805597734427686847839069641

741087202827752992876421573828952129480043615058553309611649590619
368202640717196086067462055669329877169852302061833592941970280514
581314621534936503156147210184500626379460600239912184908249741755
506877427075780429580807094390040728732474475159818802337294122233
148465035861512152220817891130789956877444107166336586502448608390
381013298927074479229490228048968354005454091170385857352842668460
699888874103231204701461691577737594237941588168112439109572879679
919403126484982986216752425139083013264007645971021668361736296972
391016160119935497749557869792405296729033931542391684141501160806
726687800926676805214283706693493728437579236256751104330469824870
582653376431854435859157652754714308857902316007859802950230619709
033107024924108913324651645994557708921325730998420105037301538751
461136011009196276460337496137944692218680785500894811272456339897
817476359911175147905364260452586653452235981308799574585924492013
204125039624563289878073813730067133330015755786085835778085608286
189746896708443240654513253003844708381454326352809274253847386546
755776877092191944378553962567901315888585419760784899970899036352
050378989108603636995590192337635404667238414621756466502097366846
335239234679194162667240798368979312275722949933628915637699778865
018640202696095705147299319963368259115126636447044600666212663051
289878453732049699515141376727975243456405511136044445605708014391
185704705551738082865844736344141269868874958323479530603008032593
860694618519200106429193658218454415456936681056320483571573764634
539036426293266761753387252523903856467751805138622619177324726240
430645977603498706002358299230855770510900937417657434723492503394
076972193908639429635388795389007748923836871660754379424689975505
043708546748172015964808395204367564302050107437055683132390425989
129984999194782488190441967483941357124233783961099853543209021477
794940757159729652976394317201439466515126924917107171326952625229
591218857141012461798012010170033730265854332662620691809426744276
510874184400109206087727293789214761939035036513004424757012107761
532457533753793267466063733780905069540641798216647513051140440411
722244974675813656605020527128085423815600160900808397842671113319
856647746494420286983443413412020554030216702070678990560438147052
708968483252884203685729099258234913146664038748375152809000315273
781304096558763891253048041439432220701409482076281490489269593875
869155340719287470993442557109007407635118465452245044195151159874
769396591888001109929801544507041710299465222387243055683513501184
977807570474848987035685687194982040052217472334947399349772746982
410934151859526747110431418096131581684681041473092906388465027584
609881069335866929757005223706138174156013412902959349500968895238
872190138393250697294199966028692462262931842051141769418220662542
967525909462989987833289804498300658221335379271406379364171313038
669482311254011813635685914467282575558004525770640488425957860777
813173627191342990130005401734461747215149245580817748342261915397
181633718653793354462153163797036706028256725662701353300915506359
447772011479216706681799179017047734364737033727532070069701205279
236308965927705428385239106651368929389926576708394254907358335602
733621031885732285724644330034326926111110993952871413424318914113
830839211831037054689184420845746177750725897860289229357495173671
161308445435703857295661861638080683062297468171718702180074594617
729526984763294634432039297316704464537018388327643218889474056136
085220127042844083738468894854197598215409305779154335389810877061
010708560102286676435760100072674970007339711312655921263314258837
835377702076498886096464614570398692955897961957259970556078763286
853834355609229110975111154384005998475773515480725390190606749301
591932074693212051478190577585081087142379751588453560885947334730
113091622800427966359061700907008495077707347978615696465158173734

2002984196849267138978915551519845953669914886895675980818516350342114722084003012061996960062758479518416994021128004227893568102093323053159963128592938985587121691429987356420147261576442491834012038371579991995118578941269947519832377801054246057648509907567962411263858013361900172365430560200562847201023092566935675587681452921859823033689999528329072597865246071453261777522336234596444761499281646629782274794231371875038387420740071007156689387998214744302780843080105194017792276766653269065825784501776936465630959781000757982856713995218900636907760771625805942837052627643101261658481139121366804999141553748856584409616047638058239389750453280843815747191119868817213961258775074981832447184526738893546516238914012602070356482395860129032298603824577469062646011326159025872291206842432350992739184846041149739571296411007841269991098329855314068051345372166147257581810522955880930975860404470640746155288509768634775203778365127697610798973932831593858950711430780938065545645877095470040393013546870378080386321234085682087258197985228833910808224938998393965092216192603330255573508056062728782788048910673953761103095211837994964378275686887583333707146722861599605910503580218635918872843895486178146130771180910812490849963162278832846575594253052046412139689226088374329273541037175261828029101532617894960248100037019341870802286820509709007942988471442418218777376886184309981095159064716282763971085573923236629954336951795667222161777614590122020502103564752344765409191390816954151524842248599266586402510220742789607321087576359350225593676396014622197242944968587568071507049559151216306062711211214748908797976262284575996567192754132176502724328298687362317571199938792732298612570059832873315697897166270590931973243879465798541775053394609472199873178007671600820632784695595241096024886327080752683472304548879506725586113701484154286333242127443968575535015091547113507742347621178107322168416492278265920094061758925905523805158490541803556545746626422783296986634866085671730513110157903700370460918705281784455357094843184818000058820368746031184094824563145763097598052214007882208750375965294611081704476987146712878046528550080210504635681635077961324157727428767932554635460436483218530267493799014670363139089011895074675721001497143059812199351267318731523662459656291079797041480674421049010178888788726127061767843574542123364529831741025499684467382977008418868763104787830318093210808618299839728489006577706575165395153741156790428609784064575787465964681082420477774114268085837716188055749351735785455653004672224550369475114894057160044435302381357270066188842556133027502259107518594569300942341881984494918355532252495460977602605784983944871369128757848698339369839417801670789195924733512728075459411509498711418142663982778883682969457522116857581591209892227011218335256517293636762105193214500494814044591261532745945100669795303142270854688739184581770729009037819269796624770658590816491670804621251388870006293134587080288077892463472851097104086923706145800315959093554156727332647133570197305099368186330307341691947774404540924841207576945854068897203424218065627317889710178233002288138303035334715210570576834580946193354117764999817817164655212777017711674993606360042462919551876557088862605556545933357822533600789247893652020679381808396637414994290018644924705346089379264910588906217464756885247761023913063099430923148860539138904982695483771613754386219379403960927719163755920061277043795253518343934270072603737618338356853864264612600561169885893436004058887276147816211110738966198852262401133789427621944912445052091556521703211960490654367392041337519507002626582155651458186910692501133249876716253380636303645961095709131139825977099038077329841512653406001615213484828789252628943535359053493821124628206332737887039486632226501793136478365149

006765112121432058629195422014564355430040704547434587012323422381
477377636087854909911914835739772310311228169027738631634873551639
929217659357511601855721663814078013096261388050390442265552227641
596848399529842001866522826306057594623273468384434340296273667178
949243321643931772528777341508133838585318218581725674510622985125
635843437212538067084671465169236796579040303652220880073859968143
872360385447052707870496466035763327859137368263001591113817869243
582422810149438793708181272819961511956310742022573428936818203032
722096836438091786086970936447486630185090074078808344756441203410
778667170729971836046448069385209283837219662579882250577641776077
878380374983401620860026089071575068908031524520878062118688840341
302300373096221373320729928866701661440575635910928876306263566935
036190300897565665684886019723914226448098470423063112191583813865
061679629686822771256242728530684940994645995404949316740876971089
059412491661690868662802698293226116044047814937083045488590353087
545353888060449086088379366083891104117668264671122788713748375924
563215769188007102527416875516480511079788226515694648334689887474
707107706768181254615072505358692982444212868302442908435395891702
809428775817017813011825500018758098589151171281180368133351093694
467309207759098615438200116279275149954624102703683051147085833369
809363764927756052347227670931847724753025337646016281299293890055
052390252626480025498454627012162635352957564321520222277824287246
118826943658945581269555540074754085573412712585840243353451621728
900998433119440983988208271143714443920975979785978767686894083325
941709733933574796419437929963815999816357330280502418586265250800
386763011502779094057876415048042125538693787210622641858777182145
547841326853651682964806614245200608398417730699778235078668517283
142511192432204535230568036081464653653136153967562967475996635369
857888080622297036576927634153363689356887219437010377395297096436
281737796558371039969586392304940879591836955533965907942252803126
130417998568405383340408863830417620408464895760852552405794733865
163300658287550742833953740327882436803542070727765089992737165102
002363266815591489734569122133169710204085033857960002490989543836
408775978057642219908785899965379408995055595543734428000926110307
006684692629646260986337442090544371852958820184726717512524863876
770745017105179238084607001342476664723921997553845198101639705148
541967588285629344158147628762701008537760499732953927911053948634
398594581304762183450505341646625824487475215604753883582342912489
230848076665179669301642010467755151035106410704290804191860720915
976836537981018567925037250865811494953946633559832585551568706652
446338343668219021916533067382402063051299074665479648873122013013
681764029033454386678509700700236936779102551514248168841870514727
857058742487712238661477424177480720668237284712412764800631891850
211216000679704301162283120169527922681326006865728793161219294819
232432561549394478409489393938552749384394272613151711919944370107
618056589458208371216637636414836998817974230215596239223813182567
006511223226039055603750463597353591342836819544293756331833737113
055646471946737268489127534324315723736038942158847956970129040876
701918711035094698784576308512487944868869510617741555636015969109
328552867422012341916435476478265303499556302331648273407365008182
760150705168366139167826237383393783312972234249127335619326635678
015025943403559050401772840582018369296458984314658356376170369564
441875992482108393335036450416180334084958301086956120223327244391
720170983951334225601719310339879187131038932931140342316598583473
445312109295688587816167856056366693960464327179891545142011992731
512812762680409057675488789883412240569829621239651593718582010721
004442568777054095725016722218777419923969974242454805250800700365
177229498649901544582762784220545423668125690900093092290468410462

840005508536782083941243805474983123556650316397266729210367202193
579445580437670200982779020190503567734440307704528228787942690232
087246308402956600883102462897650926621613169688668070145136924445
407275332600208866602557752371354015821090447095607211776067721572
251738699552644828165392496291793326462454556930701752105786883118
863976154375918184349016075015551819429121493931465093436959004543
411821593703581674893218420923553579616417097071026657745916347435
030593852129175795190948789688936569964636626115551422176470117609
142763623541356014446987308710885255940155770293330716806507176826
589061515390228050168719470602989996694289139651617004820858098670
241916334874648515636660560188050527405093771099563973083046782836
297518821688662677557735105494000885282726524642158660005740772284
066569482581335572560974369259119058341023295217578727980729923896
176827398048954906058852859612690949894260353030292658158078881210
382695833032747460547174805328631026414973095982439913157936907311
445147251233424946733814478966606984479610575375908431055320393057
729202018960652427085659070022674402210229841556336514667369221363
161995527318479517974393027291753697602259752322989667971992038254
163311549723188132390948682472193903907327923208922064902109208610
621532152964427585595627068003147453619453064667337618516688435140
054579595516390360908318534024172460264782785510653504672181568694
502085900136320394554210488977016903221755253527203439012025405895
373259805468235190722467912025548265000168949873604852720975967050
942939299438267549879044192202042818419654498129417222012416408407
108114080239202738710277654534415896204050945298103906314347148394
298993092566994451580883764470277249704281537541403733840876233560
031721798735665881200677024800524342584100572727816789918729011057
834895163277454345624608173512135045447559177232251166417870394921
004225707428479231963345522858074444475872283607850527137841300142
294036587843611314811680761105150102367765805645762827001787064872
226313140597231528510942673048784618457230651930451793553917793697
359623433870925449008961642842149146255376032884948724943769816530
469359466083274925042127109188608399801715154748403227072750115912
530976139895546696390166363555160537362970299815348192612842226610
182774683861357990677908850059019358855468448662500366004640278553
912949056366183740948509569093149366109815181653186745159876349361
119908775253093382708991443573161402203033942595616544717143323457
239865405966628819595720691204491916634030698106989377700043965327
488620420557843550618795370253877098255654775700944957640510307952
791557163931493399926802208813549025110769777399264405818027145845
783961661603337128495286472559121313165571856473763010746738795560
400892379474647112760904696470739028770063249138817518739416903425
383382034213674217691213904304776755624886660060102976620319670397
052305021987824734057527822757453932531064599877294858725339210901
925660641432942935444955212643470195394363870733014032502530397277
472546499461419980823986254595947528582179058859836715879056330807
328499125745187823167124839350762840382643270941437677931361736001
450719368026294652971394005463101346480149911526469652122754228935
443050276902585766457852642347414682457558997374870043780641270731
361148147950436769611848407918426531028930765857395165069720461744
350483812258916409833032689057266565563492848622455696404978823181
021272868515897521114200881008219370462527304163474655160802418240
992005928782224449646318420353494652115389338726656707796490197439
903340047162541428984700321280530112013434003632731926627171660529
424307383475945727607789094797110189355709756539878269266663437696
386761776779427143443509536252641040944857387842925565942763327674
191890543372553491142659784510838554285874625364275288138204985509
077791359256761895905807549627513438728306328894275944377855018970

013423703699010917655017068820810422433433351856378595129218470442
487790172946877813388584765853418494564230843975232254584541870585
059409234154992326050823892348791518283134375405903503545037976246
817092565717232807717998862109779549530132881937252322927169599018
618537590608507830498979182821289641775828334301731744187751366997
921337252284309242011562759552762918563538268045736171489805020672
709740189126541482756075045989103061622020012351577274355642240430
248401998611453063869488579671973350187550836684997514235742540866
098253849559901854622075749335203238170482626703403804670671374621
391708326712612767515562422975623189478414789446792675459709808808
729968356219103003398237439845514708586348625379582933142875480363
929533391414925907410654089485188506744170725598270667221226974828
520730683817266968658817008567564758133916895408574461368344127384
007270205907335692415155145540712038484903880303635497768174718503
545608541319731920783235258646483841318702588571269070978285712935
008070417408180941579495255508833845434638992040738538734858891105
024882800816941451383286522583829223131475853858393279582256800419
969562084186912291114250311771955667846934115901095078641799292572
351091518115559836053388777009031313271909599137236471581758035720
555228711561094158563878063265320605888387199826257917322223662895
171024037101772875686927534717342830891621136043261025209148811782
870360145311907460943380766849797124023747183637116819407958422224
628083337982026409548974113921572738171674136979584792037689323070
133524647465713195303863182456302910180873999567496200909493186369
162027016953739662436571536630394401902423601294981790089732382467
673918121028880941498049233156802859214186878360023527052429112248
629634442629455216027297407221474487645587106488094224621011301411
190325195396060498261348376385234086219075091480015231994970853151
694727038698501928627522029791444435624490879945192243578203875172
062187754438117412873851286718991992628659059124627519824380424289
957023242486811331701186188720776916196219551594271887668556688348
151439796060108881983822356980416952639925207581682447375244045811
533476007680308027561332184420172015933801046457449539078864611899
955059208644667312538211463439054619761576459558766054760750358596
507400214877481533842867836894622992322259311223987263072888448295
666660761383263441463728786089244854567206302227645213741807045828
841286867409874126561685924316199572602347579275045806144219060760
754325556199581406013623751864414114322281040338531568277294299871
037869484308000768631029952106540503295265312490951283916099496200
863749689581723981090104865776121683181696882151923238314111136169
247776053898873483426243576591204519525721911206259211592857521352
073191659105885887787022587663827501853008315591887037362328149521
028091985228495661341923285949419770060553999221568496883816739181
275298938488995903440000088151628572556467326194747335027428675381
776659846257771561239004488177582799818540121621224849999162699583
222144468544064213463912148677036404516490232030051453261166125078
164395029786660592660526237431697876001206217488789426400355837520
617768923611019768849918429771130267638794179153938777070116533300
175824097665897367549129598193701229010427442705341245697932518877
369971009565147780926552856100678614307892084145110610557411488608
604673484086421486268582967458796822162830222548443750191352795020
202610144149359612375667370637069826047831172964028414500633605700
716501103868487487319913674200368770459330850192267439512735603719
567151991224576695824890708668605622707826740748254328883990945763
145010063753779106598357640663567508018186139640675765123603403648
878301711355508403455128960701152086412498303651068886072733093144
289358491030502487684554001008583473938253412926012974833189941127
657531155945164027672578643188240601860856214546096077508355587933

853737257095058633294128662332240145649099081934067366997908030780
199015545066987229118432137634633506623171220285324684473870366411
827888936200348658575390340343182863394985842078288804064921427677
615330895433016588494728687050732472047555062954488371484935259438
106787788625227032943525360419984476708369644737172909728630479592
793677486868975694841457254489048870193668971191106258517487329557
793225523030005673960012073235490925297786037294223616566438250025
589995885277118180372672405835787633069882581981935428261046602845
446873600640244235033834431083522364902624462087513490332142339451
226556334959101219931126252036504805344481613244105555752654791746
310455055928505250787495987112371445236237997582900837445210668455
686478684785017949976974764750855044345958122951632384967506134315
102405218605133653161850754258595933912804963416755713212746626694
688095641728477538136949190137575851277254440415630074050215028311
430625007139020129896031269837134698881154587068501564245840243587
656877721027223967123808804882099014233017199336625644479600855529
532931719823666313381204885052668978587061845463690287373091004290
601057433983149825780074616689805470942184790230260916641540182338
632718340342150042117498852953580584229568226030651221674062264348
094739547411420721831831173447845766448031232016492561714090033762
647708642899235652258883763222100378550112616016634932765563111900
210721123609535665547068241659030675654834006288425294998305878187
593537654831324395888522727625074935402235412338975778883284244405
298932752224199865423440030266883278155675648135626374541534041156
474246005170942921822273144138149639404117665757737725010878620774
884296858495606345872806287431788497993385617314425795600625438251
598551453022935164176060699485935263708128786929046278545919306181
085393591021328010091651103911210812800157319608824844365665519648
522760073022388650637482824307538375087738496926527763398421164558
307774531396342381305333198192958289147338661269539449731672566724
153460346099970848410626839373598212530889552180354864231199496917
289715192928979444467023800716493481312442459987903393723134732458
668721069655805847993280433292630603993665555640037452949442123044
809557332288545827994107620461119915224282845500345710454539313101
768225274874105279271681339742950116661812766300102988856328424046
565808543181905015498553535151570531482080556621243285335752769129
124966332965849669092272519686000275197789582188736202355158403119
388882645585652347028452667755623663775095447990678192001149385934
917015952268123344903888752823670429663083586768678500013214957359
513646936536755511403599040777286191312493622272560431452772167991
915887276131259642596049700929046535519014397515567755131561620835
072026783972854546369254563241590285872587271571851087999181207666
563538347374159770714863677602992272959404729257554567983549690693
614284105764982037338644452524391739431012449112817981305292621726
823097060964601692869445343100489332867416772908683067919744541543
614729479620214065518232431262641153764878077060057452743320709652
653623026119641827265137579272499561367412879118232178517462340655
558095684144122277122271557358073371285028555645891362345394022552
926007346250991485388065874901586474392879101243389327371252511842
702637332191035830723186149932264885760526825658141871384562852802
218862007696267647892530708379360758533405221109297837839660629293
119204613981064766495564816605355268713351682698746648959873891479
006434628922182680883162607388429195186249905229865398802128390007
011088255602077170592184795598246128662904344930353834746879653446
222680552961661356416997151739594697497386947222360811547961970680
409012857794471590383948225309467282273242774906227928119286061892
628463140299235657996382483303556544299789586520990478651495686146
681404714500733594803131365848549565630638086517793951320135825172

279577189324130362446209585164278841995168092001030632636929949422
245386486539872769123701305299563058053944680524695509891214324319
818486282834042810286713360607480230680980374152490154392000093070
703689675675523859293819791348349437495621636233264880041903783690
591547188740587733953552421120333290462553803565624328563453706320
430492932396663775571973297283933265585766493742592365475607989197
698225427169906183053065123437160591451311680757163555035752771152
916078492376233223692286378621337760708374674011051252338060995092
423116645919965758234913341147345448555583991667098820954543610826
324279804355506844619341238780075228703210116411501857623330214740
057315925402910760191583265505519047491899704682123817655595016688
912303027500788056507580049031346842175909606443224903836851287507
090680526328945378274709136103813730671704077526323169360291748270
722882647772515956999185710259156904217363646052031768445574284012
693294274385149515260137011819429654618851237361959927909264662123
961296099802436923042994576929052539878192253564689204748617141389
551333087656125837520131341923701892920552179724575416356342910968
488237438514496531071362763523709517411470905037511585913750643702
019058445143752510437537169683331824105672176816941540307974353610
360445732707079611600143005292794212335064344556837668000430466202
618940210851085350270371201792832329893172046291789183288459279138
293506627031110328120336535719917889650227014006028463586734263348
403813815049463607793656747165626407610804195781984081000614349130
922074459248223726232076890578776489770217011887192262413492472545
176353078634130083526374845155056525625629860931159833714113908635
498492499774711817806335798866985065374566128050930185374484380156
460353278157161200122544825405832476437276325106361800805473204928
964115817623485116597295894508751449052099563050289391267908395771
754123146701812007626360368604027590014058286751176936234976007225
488570882041829932176640505832645887086267379959940909947229364871
136386987289617604723233527528876686368991125725878780966532888780
151296236250527595997233120509885787330278437617474112850755731460
734437316342908026098665577494117820293702853393239824925951498603
929008458681784059001502829840148436452581636428124681610077608519
484637729698612780243409947746288433303219834358865839398020859510
542638726439073693269928371482684703889155629572690361975374229159
718057195927499315557656417855737505079613118934633771016187774306
099821854243213824672968358207459044400713861196502170724220247317
680216276175569504433940639906956998302035442848769598372929821572
606386279646279113429925129704904649058166376858495677167725715454
316449191886787925707733389084993382002862170811545195972041619889
591921963169060382158091021286890230248103934686106773181389529965
890788642975598998491279230133870472216119701690281629676613726294
629132945483098004213790123118486280645295494928155719344344954918
733919171387484090848942584848729854942532266445244776123991470666
812787566786784371059526315774565252022727510164656252247922795523
959421371667485887276659450955632490008970742506202682701277176541
777812417595017790407588062944089651966374677448657745649613869283
329892881120184307874245432265735553265782121959459994745816028150
276062718940032147391783446073827759119202210968980796759623061229
037582763606021163372172341243676462223072325836019216675643329359
970330702055891840874114664851659034442324963656326813020355381996
904852410738834444505620361377054263847387212546062369828681927966
800722289252717063234963486201308545800490120353952789842460208332
306467915766319658793329342156784380520215572985391107023812742873
459692564177666291847426228315882261559982307446859666695338069391
504238781354219526222194651355348205719272397307283547154768226795
659300496111337343536409446183284959422172643965729761154468640912

182763903066366405768042627377672639103667577893716667791118309632
673734549217038474109842181929932870402294134277708024071582704529
795334331707700424513047242848925759941829279569589963227907964826
143743884670720631936507288012420944026765301779529814686505744499
320189253169661408201033347347457233172917770023499106040440096220
881460575052511656813910215345493006800374400903367877614928045919
103145734127975125257184175473672201228966592953624045339708271462
937487249399925801450625861099419208086296844694610325740923205322
982641302460880014729134560750695730773976280294155384827273974729
643191575726074948819348493419687313623148043162678373835702377931
754770686421985634510543468853036969036217558078996084075297755665
635311024077497985395693028284079509156094430142012579542276043212
301716663551392935158862828410385890199134433649829898294376442818
092696950790299368416228764022920159955626906220456651361376774086
201153400142439897964161262181684904076865976296663668273608461936
077011505752374798678937001009516203725342619046856538188188327136
477081429300700956173748670222977225028664663601738596876680780638
583138799490240060994973905385651063893589910794337084388640783365
544785881598618384947430899788882329659752450266335136295920436759
753392860084962174180466303212415308853312108594983844476244960414
742549812729544982232465409909385176746048518161634609308229383894
345859642843570714419759466420493838746199953394806756913314507997
508658785434998905065116403720678600031274330900347190068072841949
979454189150778847802451303099888884716467784918120449119127237579
730835621039493340962416701851610581760740477389589258559431991721
968476225638043261399729804517116231917734119300979381000588869993
473304112629151768549946607102323347520391207000131425974724178283
304314948838929230145849072225316985358919739869926403694984573898
039793142185178992517031732724115886696382017886935467814148188365
998613370087528772176033832251139280903629251330785428184475952720
510979329896737952934389554082968045845488026897972871681217612045
996020483299138381131286540646213997225401984880374858605268921990
687754092914860751166716478028895820992904621897109093981218115155
299274992663663365239772456047030754131175963701711424908947667074
161620422977528747931155293366726245764821268963744909814685912670
919482117005702370392096268373036654852721716089778942837077168847
609422616070754652280972051969954572273140353550107044723271670085
026414881048019082458223584632613796857593451404940490168133071998
147345239943053283609171187642675682892048750868041772177189873366
995867547710020990921918324637986284777826141089379748351778867901
080590928566295139470577011681821290154716933793366036733885058678
237258953860517031291842310904112909024593695403191571296651175036
156264528695973868924916372697308137894820256397430099804122867056
940439220637606961482765154743130098289730421281615087365912959120
921464348830059688587873903123670978213015005508226059042196229143
719287766416649954122903155081655758487344153444488378990699163654
897451019191217387603195316129895817712234314334583125948045605603
514079392290994760942251991489358681580683979791926345427062335167
634014004891642466451046280246637051076422827550237003346567685544
651987521283404110816887614638469024834336015935101706588397626449
472495578696082091505906805170703481657560720182298010470472607970
798399901019585091774048420445318499359588129211124607352356963736
450846546048948204039206290524349281854532226912744881282845915846
550261288127621078266367690947215710267063325504595423312900886352
212220538926850461432940355695438540768819886439460330573027765295 4
845107078030110708368721294213793457802493662007291190387625132612
972611211763908653470223650264059314107908391497634768297633470438
031636129505676990703120462203158777976990157274445179215555806770

170819344572974110713001269968453099899936239055966850309028857148
924854272596565559937403683634077802868738547380325805188802269619
693730528068664939067614868143378816872671390519012630928932156025
927754018872831123571647644892758210693236006691164064632795590159
198533846295436087093849154404378795336810585838339784141236614257
580674548879063131800596699075335490410099151567812985289215472197
322809383120522806211837770993246044807089119503640353551263955301
796910252578814540342149969482805349448083438738949944695062812645
636230050818636518055970306566581877859271350551736323767166855215
961359354427388246383279619430219254557952305024446505232361523971
155852751646542839848432485908854153032234853236315690892585095824
8999292405751167219768545874709352037285844526805313626315936467034
400769185644315146777287391446768577856091137633363549480215814963
423887434288586048253678516071213710979311704703135600116366835801
956998818592663407829082429671000965026234376745073395384730736129
826642209227361363959736782520136072787881243893087831625428952933
797478748859785277438627022443880903475964729849120071432007235594
713488243833134604291291470290042805881289881276907586307621963939
786780438098398128536906944611860164382410895442265880394510710033
938220851666607167008311457554179572904525304394735335918169853739
783878505936086434164138572359542327898043763673190091468065290051
219652370775704820032612653685194355933144804520813305861023248490
592219123801197492488107347767030932370564671270453950071088482784
207659868193932082380201442431392894079586100636527121576123528062
66646634835103438747772051055558778151172914882554055475073212417
087065653565522448990770520813986773829722517519911233466535337318
276699144544445710064027657955209578727178158717318045026044968342
527184505359050508654503394554144788463483303255506465382820079233
982714415409328224504253583019038919978801271189273650400537082110
818616263173615582047185467827253397797516472473898080265822843192
084907176291496395740953413983576987870015285058218051958854730902
841121820726126164297477059834871369734393430071214746288762262176
850994594802097017140704745834434028749225721477816376415317835320
38940248831020711194599633409777958367410398218808610058843232289
838189197866649106869800787862384430083608482062269570793551958236
724320961214505239142763164261085938200915299459307164359811509744
471399610746727963006254946006435690761355048080395552252346783932
299234036896773294937781306487790982224320958372209877062533962694
612585787218219183027484623301161892836849192787802470304506840133
470131692923654597261273609629125903509199317183362125521597444895
929012539038729311142783505440495348885481350496182633480614510241
409882632467025746233657958488261166210852788614684855614235967594
459844314643446023143948486342022317127554289753878443235327081432
398567042852982795767230319747780148442895846935223907431983887194
656310190393429573566316924244937977151743939275568857332386904714
405538086918271588808591616051919986062574341101198989490525667143
892905505692146371145126959221108498459953465836743478430705907311
672571665359511888392634254724318347884827035739438294766160949289
529563023749577563590454037677619891874086766162887566873868109632
513218071819935454412044689631688964186378796481740820620199255831
873302314991035192530086999689309981528890965603168696185716943887
220826974646085728531135598174151752781031092330346762940184546387
026461913746580079299680507495764958132058340412485203177241844774
816802375697068929557134499602214818158217088931919664042836408913
155276361583691155296902814613831790766465878385109276442547547757
519858688445541650813928941357860834039816911022339576608888740266
573146218234401068704886921492941128865313448700896352736694896862
195127660559272142286606430638508332227432854799954728207724699782

477661541452434411841076745474507920100248709574284724627209073102
026800195766428300292894912507151121024962421653400943291943923231
118338465947839008144016093262962430714275045249507827537105771747
095136888110026552115580809691419025123849886651710280443849394358
923120210001802829913890081885045604464324007084834111220445335710
298550940225441130757503870855116921936715421340345105158485638301
086768768902753850988213495323229943997092277284204923121935807173
318054508657932958689830311685358277864039334629926487621487905021
321358550265353951243382881314213917972048733544372623722931207641
064036112524798287093597955723584364596776199446110133027101759389
908794920962517046845145724623727497223920636085458126815932496638
525913846335426794440484699404481673685085997350647574086916713131
740094431543173396378737083889255692917939245801602438593630101094
347019647538406603130596476269469610390969582932719326897629157678
935269144353971950444651800568773183294081792620736085847881334106
436614584374512467989766162506969073758698591799608553715668432840
812904741347070159944098119247419686336244588028696923008740456350
940459976835006176373348234862290999909345604389767917342718752950
882972700946813209522454292910692330475680998745193706966996399214
654909605190101803581525925629511788816557600408579722911412437441
637373886449302552539040003853822607626466931145500775214249393362
036976132246090046234947356540690164298044196657333106015318935089
841656371748152982806764509218479920572882353171494589597660274930
674298034056935181993001889867129075173932864956241186176402659572
864665135279178449317966278349752517634939904161363074237098229142
320244476341796202360115469735498965778581277744702532542553085702
821937612021212307951975619248074217221643242373932213915662228236
845367785339739469530432539522816591502104211183980829572978922838
642444227408346229135355585252104570113769224097784773107991988836
344386219522330962583077380209935053959683383888184971572475262019
481484924480526387544182041021511847529192604735330515134903487256
535300428558903307590135185020101822529975005126001233514568797015
788477949473620974571901924368056556852153470683443159096493184425
003391809796157290816859591392014783603141419669124986587679409827
777777030700456171857300221152948844594245524322382862559231209997
198493546238704083314580263102044171533517455171454659811995808683
530608968989527740917440644097214771131508313828692664516064331163
932643855140824366032310956377698926978401349593545709765617661210
315383170158735588184590594916414336834772855132580575835656600952
174994103990229706585948997787379747012289442322986179397114009731
020051500303913140630498737416470758352556642772320509456935102083
915206596171619219360011939097598627690459978014255390216752076616
804863673057176892324437026878760430859948210365651855121467021585
127210864370907050322827352612332471959092086199432761734606324128
775248490094253758578214202298028727675860551016155050304762608980
266929963196534318775508099134756579737724539733584945486481045535
730948036130863698406002425019162832461949177168349079862725530631
663410627246893592329224117822437900762757195328717383974887105654
057730756453223922809225948662150844286554768916385172706054239174
301665012783484037401465530583693623028305408069560221998150997796
974299715659476919446815342074324322449396549317134879764888847786
784382000134962609722005046888691892338382688449141383516757276917
454612316230687792414527789261484625179739707831486341372469289094
397016829618084078211992713453710341166640988855489797459248097808
351038667919452414298482154789485233251227546347511365428910946596
403550246392744986195665151857529408843712453718572906524019771435
471549836804664237560383133813633152539616570750329651013369854422
068538742571714161889625998915090398928791139608992328094972273500

749971961419389107790892175387066918273876838685365680043881242242
602348421803223779190989628683218548564668691491654379894259070780
483434297862472107141375979357536528959083590858175885423411435468
989151712635778338849710009412138506872997415809904301932196233974
292314060239272575752869072127358436060817412384320794519019926989
119953223680107179838325178624818354549653750803390465417427035859
577577252081661359889132497165959078437678018365061617319548979479
840341725582362385948735037505916503724402002438350833460653588396
358137797520899627601089088041031716345254858523640160602617892837
311597293245786625779536204820587313469674958221776222059524744499
175471221108951115835314281871629356933846375115983142619689398547
915408958147124706550050574301809928283691129251310167004659762043
593272391457693730775961734813562379417027626662686073589413296814
024455446179462922996789655435153728097509006127516829968232310651
106300227129059289474750790477945066141080920555277990806136130105
593864796656036176352179806933719623438732859876574671057977862616
392217949189537774357506223559945883850943979452937247107565125335
372515106532588347092683078480646138819815705882913523535085795646
450935428402358162926467626923718024343633770387392541507536702695
467475990138397401942283678931074014273950943528310784736434263143
172196506144483420438710791195956007397691902427156684191619646530
277131904696539690182293162820569664695368154505944816473040814281
106455942645593515346978168932141342398186323290817425207526009834
696751606893497233553887889147803250925404940836376339199314920376
998808724086612070992663146086097223128992691741691714900756739335
471180596083340172787439098911743779015992620849191031923723338782
276477029485450391191306037593024496406261489719704318605573546647
347751598540025931878099281550346165563877401080863635565090890033
051602625937536674337088496116307233154251113781028246395579630492
384760020631128113194593397273385941478118896521441726661229775519
808607766968793065324650914867361130609832632879315268369618175874
927492583080273802194745685481777418026216876188871652179538868194
414841632023947844614730580129670313994925167760546050198293698659
846473068811551468803975447563021519858428908783800353646061607536
715513189400597336620047685197691184391436479485519893210650198089
979246264512811708740144309063948287981536733530451796474333838528
971150918004813634985205992098226058919590968666592400971918371380
391219409861110708181185885670535629538205428277440318762850109174
269289071525463233296675731247533531403345090757607623011506504382
712925922692623535909687051335290882519442638064061898469289391172
775368474162510799941106228773454284191937451998930996392130450285
739447661757578032194614040009073270132472587503491605056559734161
824222703410441979326103734246765032838158290154124961433249584807
377239391247870788608525165699077639881149493667598626166403869237
864574351522044045827498617326193675448030883095673942685334495781
930820432754685624061952948205619537514594278863563614902660040971
484188765183583149451178289522009419842984364758836023680174115931
088788104386014070585640000261590455317537383281901394160393979187
422127347034159476992972299245554429585863170272133522122479633451
634336393036583239047977593278843619810856073587910538598109692064
649251487423931289561527114023114810331462392845606976812448306319
051361297989879663554929321855024793577409749183730086320587106332
023069474978867874450265868812325549133920837964301365729412949503
373622796980637144560134904868733855303624505750629687047914079650
914940917448135357043755293859594677943257824500026675250844265348
063198857849588311901836175736012073097265618050349313558837520340
423505909286467152463910620743821970497767184187026014816279592105
702815505896409719385348062302834148683768805743208857293769182424

129777611706265230858437662886809969016675371066431363311808744044
698227918239083530428595963705949031289212372621002056837075782194
840217423368991797090954625208144866675890280062339276659788701561
192629169931209277988564757955020825098543665464639513143960818947
944170578528362555271172116841082573184621444268375393788480984494
722662311706099831566714389069530346576767339245845267931856785763
129765579395594402223990707135026339025995068331708473477124216199
391304683859519618375073550077404897583705386025277707425107222504
386779109833061498959343368704153225195394790662711427263623337266
786845726514394430287287571609186260808340229852303535754915230615
671252173350183810199821316075255175101247837820745285936793193081
723495918307639744357411304622971722703641816243326321176541125927
843478772677827854910011567095292834353162084476513881312466901726
723129722302755393988813377605705063702774667293434784871205098488
729014430584088876559873483395919434214813550057910018463133444671
372040979205572188244303855529816479207935927517063048659936072823
834007206227152635964660905587795079594820328351206773913969732181
611155250578755934739086726971131079604673396149833964068675973817
806354163583557585465474943742051184881836574874549205963458378055
386241074459662060778233987918245984180171389805343264378929993873
893631279490665736266663272862783599204530920371025333163215918190
681470189817385942776808087910979011132618602358466719582007943047
444367791505419397842950933981445766331408369094686340811648980512
793552067865753370411486419297518118254341171887671649002352009134
906757741732420855141362829937986849851304512436996328538727677775
306652856373429916169007052186194710422918363710106703671378531034
460856046722835110982882900870229588583165132811449370516196760745
152601358504674519872809689922644560606257215754586982389097705197
972359972031546583340682355736239299184184406846623833307494866063
596317172674363506582961496347843814569195471002998453648742272618
113643192348716046315302865217349650866727632232506727445005724887
409161585222362587817876843324236417177255665241900591637096615205
721410296698596105058688010354159997150067583981264831702449659689
702253011201131286502186492532360974432073034729666665757820555977
691507259795557411468480743195132346913333591779968171339494926368
909619419873213084739027135267598868053467416072362784360555700687
165333322463147843381896916365027479377157414237390940643882086886
131285783397444410124324425998917925795394672248347271977115824162
924785706993525700088058331652266452543892049880125555390746042940
978114098233349691686007040098931402747115589832689863091989003221
038189977968784699333126701732579875175167727638660400331834617769
716367998743281981636557708047682404894029618908301802591131090372
769454645171337605279833180017714400544675789727268730055033470494
190477845575482148961743580347548672482237474425043297566837890326
137522823456634511619759621548494831208447524368960566501303207043
707756601214011241828867836359155340936574092768784869541348142607
014327386730723105468165478291784078485041486292524378334149214504
448819780329917950743601345711087903085148009420247083043933772718
787237236242962053017231364590742122453090781691500538146776608176
387025502205932550691835971119861135086373566261842777811596682455
755956068391722126014324679618441168541552454847166249409615494355
401756619795372276727742874846036143461234951441385139182919217140
930938963260869455003871766249392312776098037875141682436953802169
009371693795094668830470839968078944873813878432728349454722972903
738574774835876770947067869674033932745276468454491969494843114867
986221746831217949629855670050588385648862737657926373707593515001
208510006909986615943485108680380708315903290545294284176467692618
385537485936795231415753214594238920339347862546408905931014680941

1360021532228881827964036698929250843228709793868588210212337230353974798331473481274338402391930571417956083959322997780204680103601994335174632096123546866601008802887384485886487146987883884392632740380605173754576950695590036487069060570365564372422328664961528950195772210710932414837180945750843535330819983811384224097111434676677611549925311204504664277448329125632431900573336800842835705813133771051852896274284957628320281534764626235011432588931935009408942257098819356551772529597839734367494291733687059953749537309488523765481972410028051469659060261984919348809774564259193741945648461279453864719563782365050746666110812013689091428027234678309347201381165761147886974995574887325214798200183290186697946943169093813725508119002142775047549412142324476367791931159497598158875431688790975264746813669910594253110768704144033545390890041010533720780126128647073099495407019816828318035068512359728296503420659383154785557314960974970946105400339944583042835163173535510790112340659784697286417008516072882865484944927460657835185523677641011756294688494506513501935614729896821459924879152413075966284439149749227314270109984196929277527102536031219104168285981008313346058727776415763556358725676257788328343906544985282894682870436845713965090789042342716966888084612824395671771753211401938489749845083518637324750575002945253587150954410057834289674080830830144895744141817968682488396278100990333210919026597143322056590949505354655173816682427958922486373391297335691002114608824756112120333657038340128218148034455980919659899428843973342753103069102819682861861579548812680783758141300343797409142460676909840660991135948656850171958951526801292504250146336675093215396768731777603501065824486279896408698407156661759764712487991146291337977172720344160943389452116526869180753752361945660408617986403165359524823564567776590045647112314156387527696501524598834765907350599257598589042398942612010189202165016525062105864207350730831581391540128058609269973848043952697329136442383738758252975269493142363036481743930090698769747426100076122172384156842479678822235071773523692996252523838907899993937156927959853152964188398505751554206184231433229080578044792730700050330671377720655741836730702285521669950226938112786302914387992115764761461895153750119026775732147466892840701778609721251259706707932716580342670204583663725546775782670491275111050452876825269020754936452680880416951202322433184317155813056287615334803988290383261345689450798785131493435885140534093336158449250498503335344896793721312223443516103208387245466905646271058124600886263072511865713172613354294760538228176950380501996933646180760030854082101878812930337168595091644275453375780426449135846791772745955806784882871105230079514507920321220034829531103956459375111455072479519923239155569887194062717908856195752885568063563170239044601777535223361767177656065693756193619362595700684922484382891442879977842801025159717952482817934205022994369733988831278689438088369498972039963180689613004578499947471605893533828598369075887543158127479461173471760372228648947130170439398513610970124821835213866618782132376616440663254186729754836265525098194052773582030746905418434768121264640700240591465383256435999289801818378015569111506399256148995220185249835316390390607438832642042794271905850615003469431967160639362712716136989366068847181532504266096516467058976584294383404133448998170350958524507037625086897853033601517729745230087711998093820218200283224819687652317962750315011120893588807556086360668652272562025155204603549818864166563966539983497550250044351737807810891197100700185450607911214080043502990976533737064370772337957896457954449189868661093072923373377995637102815384031323992916928875488858364585513362810313037597446599763246144388271779122376408799618434800168246368288924368859049779160034010

5879370396288124137009003347518383178223493197255376795918146325669303732311755211865220261680164586533147919032005561523312037658471762268306954945993509912185835299271701866246619554265055579169220899220937416063345966282865027706133383785265940526441183010165255978125288906246057525082522471537549396538923884329723498887218816835844706100377479756523757990019736393206053268644021743293720932058884076565124647946918222231283734999162171528404168463843656625319072215916463159085985632645653821980535360101903472295907771081796392001692044443233763567811667984413230300356669641803400850527583039715215309498065199480776343718582346703571375219012623959720235366692506079971412866623285813110300182669698698236405620197965237829190217070596537031174753903268130078684500867436454988670231731081126462755021988128173095236218211546060701287306650195455515036656659229317392643019494284811383092477055594739712381421274460760696233217270594150713886891920959901890370634175504994767593127533737609811856997178913237214852658499025356718063193153373840208318944010735872823139644749086872274442521484351796727856788573478207005475006215778724374695067690233241968078869746222850601143261802787427447425821382694394086602436411347101351157097941023767356352567234624158660847050529619579325015208545691231923285254012202989727949116734741352737945214451484328510367096134964256687197878617093890079021446025466127854216995254171355478595825126732690124746277689875034981324260214187331411169187585717644552778692208946814485820993862641065187020293290533186367608740175587804268252826969011489759156845363237064165749986001849620446282360368421350496805774944803613487713095837219673314898126883417020695380219191985100086598911709157381841838615181712998387772009467756175258520740962795827193352189405040644881129456161953393278212881720054268759489533145783557492004857625375068309785433489537497532576895405471932627091772036408894467127907974095830091284204357704884054408356621724589944963129359240436035913355496397363633163728610022556758904216951605526630510794942256918548202245722572079795172277326419550722579692721685905218628473828359226531148668862791533156835121813707088369302072597783113253188649473703551055046677480309052393540648658710566048891226600799480399149580308117440898199398340385383421509802115461693035855668625589248049454439523959372931391111627735673531947995637195437443144200247401245957686481687087717975414122803394275362407605979384904735708535794722063596018023282925210448696282218816240261892567084925052745929925220438218825895021344328172883612192709566056059484404067033388610338586878753031042042040568813889938479578131287680983263671105567741565420236664409766808154652044264516131713542492241493088397327498026439566212533379400552989836219604615828359306964832181150008190967352768990569948319719417698422132293738233937211548342529190865550974116065193280979563056053478388950682528114360997646682823393874841471939608899080383490762602594307447976737071051702488208144548532122456444681673416532262342619055983149920006092631526920678309549023428988838821526131068197401371957873879734470295029043544086904068675991743762662223946046443498655673649141541157440664028641699644733261799539660452142879179739077054286215250548189129033267769530091038453245205324654194004136473254811460661581881867990681705414030195492007132239772209550276731147174267311105344811387495700163677220871509057043833004310158164600248543330650069985693298328323954592053026102109782950889039463098645696631259191874253388746597252686493076183409810940024308757029623926399208813839199459140878344856734121765356007301111666681302543588829594223967244361576764802740763750657142900193412719368341177108074199308838731885759725805352608217936733206705359049015937804876474348648387186601152061511191

945226618251320227822988318830616495341012214908970167249374560367
666611681136635673611275999547543645657886471477063521594380338550
111827742781193369500934941518786797115426549458043805950046430209
855126055327159809176054110401317700737790673317874654433320603331
763327644165301699938815776879427997665848209763632186840614370031
851603674389368395181518380687060129238050410397093701335327540704
816441021080323233412029729453728390370391312026514533277171963114
320348795018029478139154167112254682602066384827323588891469237738
028518202635894691742980606882641770648736204882730494772227608745
619410649235691294497055988773130548738716392890728185889262432316
502858409886430150012194712776494136310336730148987857217905283568
530745171668376252698743128033407287120142322888651270075831658005
826796599995228141856216760614086335941848406283815388207702772222
383059267825239772896290607290476494507548592250511926175730777005
829898529995918473011230078011937265894954943137648667078406229598
481528162085638648567971310461138148812316618416179597623720601803
807146131429105500744217055672629121554919314057580730274131699894
362360595224507423039711621716494503382787182391721383280661316024
416564135723697585915531673678271136863692667393887465717684844287
076554374402586230704412288942484338213442025231688316819907179998
104807414903601184709332090737989268514143739096250515885033618034
805736962536122382030758400625596895315128308792622209933157802149
024182832227890541051503082647762367721619816706259773830772812786
415270911274104138289344174619221534314883435600750296018350699304
537770071816600149171656176193032057131018075875511221684489694784
177897929072269678247225995468397816642077886293360662992675483376
3526348235705661662233069049931047764600407774795790369545327077779
862485827216826675228357244202854292517696899124839257446289215971
932182438004732407150910722559913507323548924221791494984272651357
437138920132223219443638836978784258118448653181013535998674372089
887703992234288860553683159878274566334260006052785284967897252639
297495200599625245679986690983574636110806722217622811807691920625
264869013641532888344975644253412796776830577354644384417106088410
844141037912472026065451227914576587848567012746683525904795253781
432452168658310913366139102555828627723984610952150923974300726851
635724455773831109277851064017385959197571566975693682380039304349
564336982618604119997982574422479721320629923825869389320511631138
359027223978185629308094563981241807236611575357176577175091525862
864244992398890845159196092623326804154020284991403352937994886612
990584837989974532198280774853964998370900118975783632922156991006
513522516477779268457359327682761052771081261930506541554620424278
852614346119590024753219589241287094843962436677304078282904295097
980336698019966186249102271524901476483474090913930557855179337105
088419991350557649168818312162668498949619048400503943318012298816
877820200144492999901403482280100765091766105003655188517464385880
523002918408011229443178528227624140836036357336513617078847921141
562124355513691112687490209219294994612274047828983932385087752829
2534514715165653763355564763992622297744756561928502537832594734218
251730746058849542532733503487603562357419716489287193991241787510
176014605930258256911426829351039928962011749465103455266937094608
260072195362967924730417335114901782640523492069169348865607727271
732145811795659040292770602319237353954825786592886462884348528526
825348873750609726958934934587044101062886316903618945443068427698
726515167281220381812336001874046399131421710754135543229384107296
996321808787177519730938666327606185430818902559606867930963592044
069328545359665472539171193315438809386409188838136400160224151781
605859159085820353938780338296200821409586815670317113139862875148
502193691187061827127541017332355576578305690711675241814208584748

223981851798605404189046121887526287596942450786843515958542051141
540215503297236405369685138247495827220057941325205518884347905170
867245027725908507760268804959261347074275385978300375774215333246
616369314681250709376179652700587770099295260687666281716409120716
092933308815387639430752889779354800620945458072225107915676603443
515845247560437020839663725483717936273281068286082891709423414454
092281109495574619878908754989737358077357516057444196893972602913
518664221789448079327389182916245285007379103218027245713784277297
999090681306053228414600990077698226147928514784499681576790509290
490251803754608063301262410798268036790021536656525223735824939682
620085077653186321481355706014649087755855014322834897028558376699
777964793929060275706569001926399262952341824046541465511886407912
064464213323797086603172449508444278682597845354473145307516458271
978532834258158419342980531029824883827999285890439100298781170665
388332786779813654750270413559999333024626190811049391862448843199
686765783572010058971263510100913510237620998883642650316390699576
275732242485388549002420214588325300653468044377933360183287074921
613299388840086118619554643342831608069694396712491330981926923874
937790334723097980005361858485283025147638669491520745557574389531
363440303647607958986279085482158324727622116651922838975262245518
591629723238088745693836794956666141808565378105073192301674955830
148770041132113704132471595464645480160266861083603581867540763278
950475084065251046763834685859613818131531429482738425449872106044
865120290887252575181149931348256434052359445475912770308801120747
983405998437193631550871177984491425339393624254435464982285213146
567939514448104326675196927832027690231689056518300202192161156273
030531804426964785229011999527340176092228257643138389550778773702
870704498678896263755237737174670821412188225645736023411513131968
566942459755111310380363968820702702005921532600675195234857887708
906602029932259979608197745614957624692059906125326412993796430544
113860254758704615397092791436324623173261366943786549364958074251
621902258871299639672132035160551711941414171711064213126946277427
189116564054712791949105938834137615430401381317034612174435422639
145777476270722659507521056744671113615239318171327740334775078496
040747405860433074111345414598026409308209688771155105695226772798
089447194067858558993273673253140705777657353017823327817347084150
963752492507429402560064947772534233411562455841355327977725770217
319468412015247866616142286554696136834614700631654442715667369748
279191042098822752414034341001416283414912402388840688354363401328
085201402655663317415381903668740103900591632239459034513886802089
207529266009483871637793446557346687243976613473828575220925156371
720082071666955578952596050351873781829303539407734491751670162421
527094211767232473855061745750250311498056022381099948952356447198
129189357907571046576887311453125221191496589490052954590515675701
452079492342913394200651349951438045107234747730060119699306777906
776824107271811279098968384526750779422343272071153361342239499877
991683575095569687698750832896422721852654592027573433462291886686
939385567945458386653186914350779745883085181605566636178995439193
976530882986072640066432999660308038017228638903286199343515708552
759995425764567556681256278385199247209586267017257529064230787664
523457264442845181926793259936977469701695951838633477653134746947
177198115270460022842857820836803946190676287092391249052893558156
534956984742354377270838995000676293334086361809196781687150588325
472726256714577314649800453048617141717189210581191166709389640766
230100387703153353409122894237379805927310616645007976983069914278
225107776435167371990840842620659730173098646543453759316099568560
366050828171463559817567384530725240895169722747786951315754417344
454722319523842469417657225689889311037411986644891577622736979187

2420558652076079899558584430114492990142055387105387376532560803329681845461686610828115358318167961430456583180717294406694115863763848461100043821786731183590668468450363854531022542362709460429344065537556014298693785093825141995425009306275584836582645267318795545818851650630024040227718248274711746991639279354106486160334659917170726863865485157139421974871191635707284322459832882084302958557623479175965249107750985688941470276920065483334966958488859770908803076811769200053914084707132951017281461218709195151806511040503781564141290853921698108676506850812134686179795192587891603212667370269368679907297728171765280488597560307850318167544118004858734611713772870812123336141562903155587114474038758996695805665319660528368352252434176052773329344897092428335280862061757158184220148063073687375567565707457065826730899619674838644873091052517143908838951201331333495400284089327909176420749930614456263373799608908614874689774462333802472710002138760013001641987914150311483454608576274865193599691896759676822573791016221557886132312552337335391438431644323431250569957998106885729960583339810350790539789148761411530231402748800907136063487219782707285723970624638034976282068438881613384776866170257817535255652892751548151049683344185394826590754183300519225238451661155094680507716085165849445854988856528678259717354781957243998982175044000960656641069241687721501117989828381109920108257618788397638413323621747316038500646610818910976536014753896582352433057008393613540046214075206830759989418635034669203550876248627615431115036843066764290828007444098839453241118614027727213072201661704054812334814045873343504050374006400488265078711279144360588671956657617660843063467185398005831077493637541268373790738169947643765180917798148518015700664216922863113013285653372913430426416116030603570273195405389388923398444356807070697951919132807616471478903173340413027027814501407478629940377493006475033774401666885187157054537345267096983042921705295974346753502448400045860648432125106718272611499125550774102837706653386377171202112819236335823336340387663099681382103749512126293936505381482766561103659286017097746547111675377351220356300750542947208255469972939797957500198318067845574912703169375061390782412545331434698155728514735072092514040230284489312525928434277387420200660236041624700034030513184695759723709458287575938326895511078242559052371242261402781371200573833472994523713628312287666867228229494371577320843852286652319928491232485282142099076823741103105304317489378272132767878657672450745808013035633650687367073590719424875839673315790523404748239980777074114555131318608025775566929347904667295542129894007251243766535553536991827636459604521109217030113777192373257056495080197838520131307457041315612801140927391512137410920021536731457220186439413270998821856217565956593454472985062924279842233947432058380651422551458784227784575165314523776009283207874579015939503417778540345247986215608717039042466876449299118987280419207260330736865800889069795674057332863211874860253691362227711170390376714966175621422787104763675019772948778697155170553205021565649232122991575881926241452471728142492041825762382575539221373125880887736522282642007290285558876661872895653363728796379003490166278999455845572507232051084269986443707048857956232231282197645270548569315364622050744086008220164929694727237869663189728853753529549666452944123839963658670150965468718828024645996291251894364539598873457490217436540820133920609704305758863484394659969361375113669922086008507819190021878435776155930155395592882290714274303686962084517716808692475064253990236003976602710763590656274897608571123023392663398652398457719280821190751060945189042763079392461828830799755183177478571334312823282611215450246737271201163721417916891078903113369966706387684525300759756246752764883645190666

2162762307388500978488336685856067574086110656005194140599859159466
8110571271796360445505174144025459624587878979763542178837152108706
6297661852842814049333130562068554228930763459201360872260074152723
4635029438916116516679812840147280071181734812916556039451105737
2660435039248469519651186632701177283998712598037348685203878144573
6090398913779851896721855794147014757893607678124420555553375747478
6704419171461334204425205753110107928952220798960062537113023115
6827243427312892007384945416133386492731598170168987669608646428448
3849610790432291721333278914040614432943539806898704501133883044662
5378659959556367392179771849991083110702771067190624724189771893
1395703540974673149466121125395481783523771570739888297169104166344
1510220804702298243519531958540311402838556776311414159627115838925
9474611576979407081235440052461052912538447752495471821598134678
2825104315649470337194506231527911174645287746511674488932106999794
3568211014912925862139701020874532365464140714252654516853123847337
9483867785537183848496938623195854267302067885769105745674943978
9465782169150250744276503986200613658152009057903591828161480174569
9847078398439648493713049225055256025387773380185622903699771337029
4354918103486670793110644434598113672156791243149007173271354227
3746317932173009717553736350752874778473693619528085144244425311664
9157826391722486327746070694183531755650601594404671665078730971285
1114516831425539658871799031365781193469304017768834145175238533
6001257844076353671234950801711026805104627818593642357014391312094
8814358040904981384600349971366653399159752520303998516195898058307
0019256072784036969372987355652902436431934058514890191836522571
2922601242295107624031283464403286263713634470007263192351521020747
5200984587509349804012374947972946621229489938420441930169048412043
9064628136409898381872779754109938748555798628430145920705943132
9445612545199073257324237580094766758101266122854048507226973202573
18491414938800048567428892